Bangkok

2 COURSE BOOK | 코스북

이진경 · 김경현 지음

길벗

무작정 따라하기 방콕

The Cakewalk Series-BANGKOK

초판 발행 · 2018년 1월 5일
초판 4쇄 발행 · 2019년 1월 11일
개정판 발행 · 2019년 6월 28일
개정판 3쇄 발행 · 2019년 11월 8일
개정 2판 발행 · 2023년 7월 21일

지은이 · 이진경 · 김경현
발행인 · 이종원
발행처 · (주)도서출판 길벗
출판사 등록일 · 1990년 12월 24일
주소 · 서울시 마포구 월드컵로 10길 56(서교동)
대표전화 · 02)332-0931 | **팩스** · 02)323-0586
홈페이지 · www.gilbut.co.kr | **이메일** · gilbut@gilbut.co.kr

편집팀장 · 민보람 | **기획 및 책임편집** · 백혜성(hsbaek@gilbut.co.kr) | **표지 디자인** · 강은경
제작 · 이준호, 김우식 | **영업마케팅** · 한준희 | **웹마케팅** · 류효정, 김선영 | **영업관리** · 김명자 | **독자지원** · 윤정아, 최희창

진행 · 김소영 | **본문 디자인** · 도마뱀퍼블리싱 | **지도** · 김경현 | **교정교열** · 이정현 | **일러스트** · 이희숙
CTP 출력 · **인쇄** · **제본** · 상지사

ISBN 979-11-407-0498-9(13980)
(길벗 도서번호 020237)

정가 22,000원

“

독자의 1초를 아껴주는 정성!

세상이 아무리 바쁘게 돌아가더라도

책까지 아무렇게나 빨리 만들 수는 없습니다.

인스턴트식품 같은 책보다는

오래 익힌 술이나 장맛이 밴 책을 만들고 싶습니다.

땀 흘리며 일하는 당신을 위해

한 권 한 권 마음을 다해 만들겠습니다.

마지막 페이지에서 만날 새로운 당신을 위해

더 나은 길을 준비하겠습니다.

독자의 1초를 아껴주는 정성을 만나보십시오.

”

INSTRUCTIONS

무작정 따라하기 일러두기

이 책은 전문 여행작가 2명이 방콕 전 지역을 누비며 찾아낸 관광 명소와 함께,
독자 여러분의 소중한 여행이 완성될 수 있도록 테마별, 지역별 정보와 다양한 여행 코스를 소개합니다.
이 책에 수록된 관광지, 맛집, 숙소, 교통 등의 여행 정보는 2023년 6월 기준이며 최대한 정확한 정보를 싣고자 노력했습니다.
하지만 출판 후 또는 독자의 여행 시점과 동선에 따라 변동될 수 있으므로 주의하실 필요가 있습니다.

1권 미리 보는 테마북

1권은 방콕을 비롯한 근교 지역의 다양한 여행 주제를 소개합니다. 자신의 취향에 맞는 테마를 찾은 후 2권 페이지 표시를 참고, 2권의 지역과 지도에 체크하여 여행 계획을 세울 때 활용하세요.

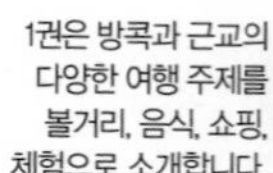

볼거리

음식

체험

쇼핑

이 책은 국립국어원 외래어 표기법을 따랐습니다. 그러나 태국어 지명이나 상점명 등은 현지 발음을 기준으로 했으며, 브랜드명은 우리에게 친숙한 것이나 국내에 소개된 명칭으로 표기했습니다.

MAP
2권에서 해당 스팟을 소개한 지역의 지도 페이지를 안내합니다.

INFO
2권의 해당되는 지역에서 소개하는 페이지를 명시, 여행 동선을 짤 때 참고하세요!

구글 지도 GPS
위치 검색이 용이하도록 구글 지도 검색창에 입력하면 바로 장소별 위치를 알 수 있는 GPS 좌표를 알려줍니다.

찾아가기
BTS 역이나 MRT 역, 랜드마크 기준으로 가장 쉽게 찾아갈 수 있는 방법을 설명합니다.

주소
해당 장소의 주소를 알려줍니다

전화
대표 번호 또는 각 지점의 번호를 안내합니다.

시간
해당 장소가 운영하는 시간을 알려줍니다.

휴무
특정 휴무일이 없는 현지 음식점이나 기타 장소는 '연중무휴'로 표기 했습니다.

가격
입장료, 체험료, 식비 등을 소개합니다. 식당의 경우 여러 개의 추천 메뉴가 있을 경우에는 전반적인 가격대를 알려줍니다.

홈페이지
해당 지역이나 장소의 공식 홈페이지를 기준으로 소개합니다.

2권 가서 보는 코스북

2권은 방콕의 대표적인 인기 여행지와 현재 새롭게 뜨고 있는 핫 플레이스까지 총 10개 지역을 선정해 소개합니다.
또 방콕과 함께 연계해서 여행하면 좋은 근교 지역도 소개합니다. 여행 코스는 지역별, 일정별, 테마별 등 다양하게 제시합니다.
1권 어떤 테마에서 소개한 곳인지 페이지 연동 표시가 되어 있으니, 참고해서 알찬 여행 계획을 세우세요.

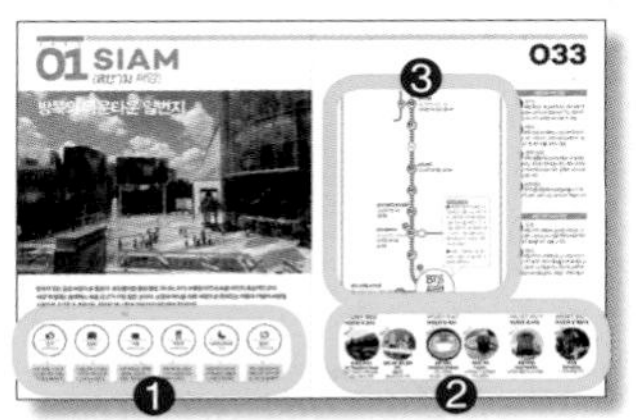

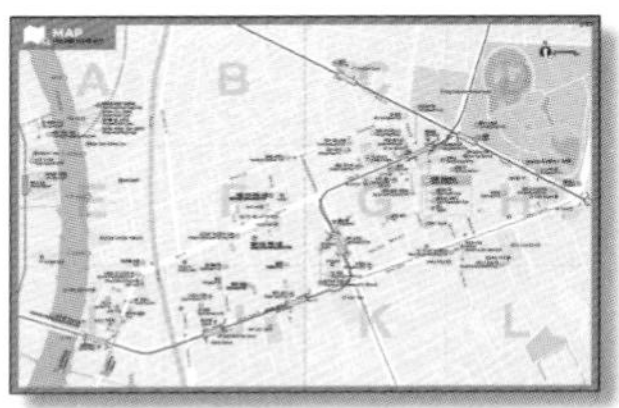

지역 상세 지도 한눈에 보기

각 지역별로 소개하는 볼거리, 음식점, 쇼핑 장소, 체험 장소, 숙소 위치를 실측 지도를 통해 자세히 알려줍니다. 지도에는 한글 표기와 영문 표기, 소개된 2권 본문 페이지가 함께 표시되어 있습니다. 또한 여행자의 편의를 위해 지역별 골목 사이사이에 자리한 맥도날드, 버거킹, 스타벅스 등의 프랜차이즈 숍과 다양한 편의점의 위치를 꼼꼼하게 표시했습니다.

지역&교통편 한눈에 보기

①인기, 관광지, 쇼핑, 식도락, 나이트라이프, 복잡함 등의 테마별로 별점을 매겨 각 지역의 특징을 알려줍니다.
②보자, 먹자, 사자, 하자 등 놓치지 말아야 할 체크리스트를 소개합니다.
③BTS, MRT, 수상 보트 등 해당 지역으로 이동할 때 이용해야 할 교통 정보를 한눈에 보여줍니다.
메인 역까지 가기 위한 정거장 수, 소요 시간, 요금 등 세부적으로 알려주어 여행 경비와 시간을 효율적으로 활용할 수 있게 도와줍니다. 표기한 명칭은 역명 기준이지만 지역명으로 봐도 무방합니다.

코스 무작정 따라하기

해당 지역을 완벽하게 돌아볼 수 있는 다양한 테마 코스를 지도와 함께 소개합니다.
① 모든 코스는 역 또는 여행의 기준점이 되는 랜드마크에서부터 시작합니다.
② 스폿별로 그다음 장소를 찾아가는 방법을 소개합니다.
③ 해당 스폿의 운영 시간, 휴무일 등 꼭 필요한 여행 정보만 명시했습니다.

지도에 사용된 아이콘

관광지·기타 지명
- 추천 볼거리
- 추천 쇼핑
- 추천 레스토랑
- 추천 즐길거리
- 추천 호텔
- 관광 안내소
- 볼거리
- 유명 레스토랑
- 숙소
- 게스트하우스
- 쇼핑
- 즐길거리
- 학교
- 우체국
- 공원

교통·시설
- 기차역
- 방콕 BTS
- 방콕 MRT
- 한인업소
- 선착장
- 공항
- 택시 정류장
- 버스 터미널
- 주차장
- 경찰서
- 주유소
- 병원
- 주요 건물
- 스타벅스
- 세븐 일레븐

- 훼미리마트
- 맥도날드
- 버거킹
- KFC KFC

줌 인 여행 정보

지역별 관광, 음식, 쇼핑, 체험 장소 정보를 역 출구나 대표 랜드마크 기준으로 구분해서 소개해 여행 동선을 쉽게 짤 수 있도록 해줍니다. 실측 지도에 포함되지 못한 지역은 줌 인 지도를 제공해 더욱 완벽한 여행을 즐길 수 있게 도와줍니다.

INTRO

무작정 따라하기
방콕 지역 한눈에 보기

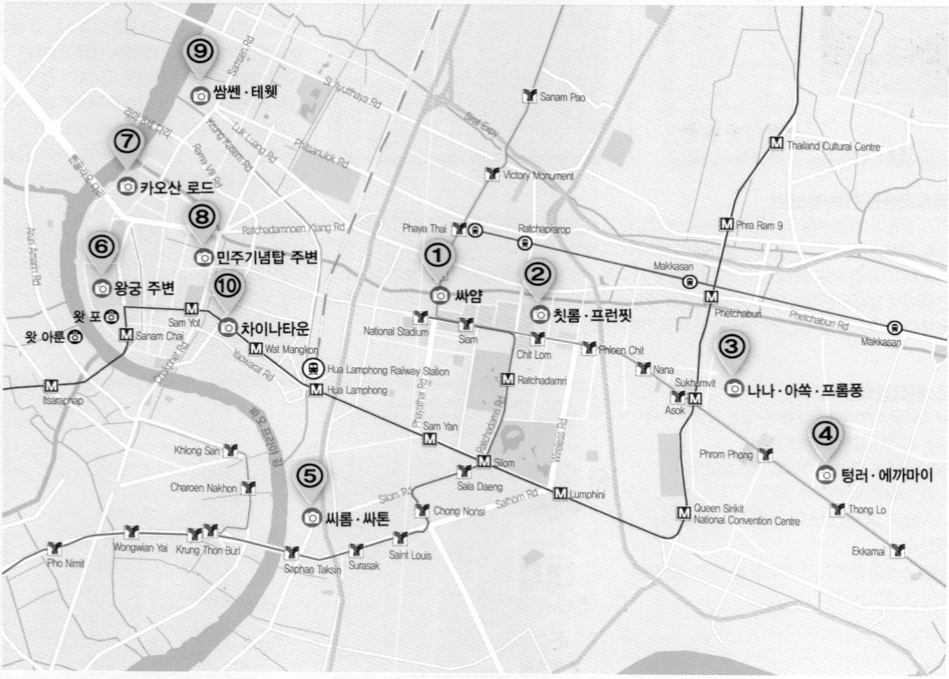

① 싸얌
② 칫롬 · 프런찟
③ 나나 · 아쏙 · 프롬퐁
④ 텅러 · 에까마이
⑤ 씨롬 · 싸톤
⑥ 왕궁 주변
⑦ 카오산 로드
⑧ 민주기념탑 주변
⑨ 쌈쎈 · 테웻
⑩ 차이나타운

왓 포
왓 아룬
Samsen Rd
Si Ayutthaya Rd
Sanam Pao
Krung Kasem Rd
Luk Luang Rd
Phitsanulok Rd
Rama VIII Rd
Victory Monument
Thailand Cultural Centre
Ratchadamnoen Klang Rd
Phaya Thai
Ratchaprarop
Phra Ram 9
Arun Amarin Rd
Makkasan
Phetchaburi
Phetchaburi Rd
Sam Yot
Sanam Chai
National Stadium
Siam
Chit Lom
Phloen Chit
Nana
Sukhumvit
Asok
Wat Mangkon
Yaowarat Rd
Chakphet Rd
Hua Lamphong Railway Station
Hua Lamphong
Ratchadamri
Itsaraphap
Phayathai Rd
Sam Yan
Ratchadamri Rd
Wireless Rd
Phrom Phong
Khlong San
Silom
Sala Daeng
Charoen Nakhon
Silom Rd
Sathorn Rd
Lumphini
Chong Nonsi
Queen Sirikit National Convention Centre
Thong Lo
Wongwian Yai
Krung Thon Buri
Saint Louis
Pho Nimit
Saphan Taksin
Surasak
Ekkamai

AREA 1 싸얌 SIAM

관광 ★★☆☆☆
쇼핑 ★★★★★
식도락 ★★★★★

방콕의 다운타운 일번지 싸얌 파라곤, 싸얌 센터, 디스커버리 등 대규모 쇼핑센터가 자리한 방콕의 대표 중심지.

이런 분들에게 잘 어울려요!

방콕 최고의 다운타운을 보고 싶은 태국 초보 여행자

싸얌 파라곤의 진가를 깨우친 방콕 여행 마니아

시티 라이프가 적성에 딱 맞는 2030 여자끼리 여행

AREA 2 칫롬 CHITLOM · 프런찟 PHLOEN CHIT

관광 ★☆☆☆☆
쇼핑 ★★★★★
식도락 ★★★★★

스펙트럼이 다양한 쇼핑 스트리트 센트럴 월드, 게이손, 센트럴 앰버시 등이 자리한 방콕의 대표 쇼핑가

이런 분들에게 잘 어울려요!

쇼핑의 A to Z를 섭렵하고자 하는 쇼핑 마니아

싸얌 지역을 방문한 경험이 있는 방콕 여행 유경험자

고즈넉한 랑쑤언 로드 등 도심의 이중적인 면을 찾는 여행자

BANGKOK

AREA 3 나나 NANA·아쏙 ASOK·프롬퐁 PHROM PHONG

관광 ★☆☆☆☆
쇼핑 ★★★★★
식도락 ★★★★★

방콕을 대표하는 유흥 · 상업 지역 쑤쿰윗 지역의 일부. 유흥 시설은 나나, 쇼핑센터는 아쏙과 프롬퐁에 몰려 있다.

이런 분들에게 잘 어울려요!

엠쿼티어 등 고급 쇼핑센터를 여유롭게 즐기고 싶은 3040 직장인

밤새 놀 각오로 고고 바를 찾아 헤매는 남자 또래 여행자

터미널 21의 창의적인 숍을 좋아하는 감각적인 2030

AREA 4 텅러 THONG LO · 에까마이 EKKAMAI

관광 ☆☆☆☆☆
쇼핑 ★★☆☆☆
식도락 ★★★★★

트렌드세터의 집결지 텅러와 에까마이 골목 곳곳 트렌드를 이끄는 레스토랑과 카페가 가득하다.

이런 분들에게 잘 어울려요!

트렌드세터라 자부하는 전 연령 여행자

혼자여도 제대로 된 끼니를 갈구하는 고독한 미식가

SNS와 블로그가 취미인 2030 여성 여행자

AREA 5 씨롬 SILOM · 싸톤 SATHON

관광 ★★★★☆
쇼핑 ★★★★☆
식도락 ★★★☆☆

아시아티크의 길목 아시아티크로 가는 길목이자 방콕의 상업 지역. 높은 빌딩이 많아 전망 좋은 호텔 루프톱 바를 즐길 수 있다.

이런 분들에게 잘 어울려요!

방콕 초보 여행자

그저 바라만 봐도 좋은 허니문 커플

이브닝드레스를 입는 것만으로 행복한 2030 여자 또래 여행자

AREA 6 왕궁 주변 : 랏따나꼬씬 RATTANAKOSIN

관광 ★★★★★
쇼핑 ★★★☆☆
식도락 ★★★☆☆

방콕 핵심 관광지 방콕 최고의 볼거리가 밀집한 지역. 현 태국 왕조인 짜끄리 왕조의 왕실 사원 왓 프라깨우가 핵심 볼거리다.

이런 분들에게 잘 어울려요!

방콕을 찾은 누구나

특히 방콕이 처음인 여행자

보는 게 남는 거라고 생각하는 볼거리 우선주의 여행자

AREA 7 카오산 로드 KHAOSAN ROAD

관광 ★★★☆☆
쇼핑 ★★★★★
식도락 ★★★☆☆

핫 플레이스가 된 여행자 거리 배낭여행자 거리로 명성을 얻기 시작해 먹거리, 놀 거리, 살 거리가 밀집된 방콕의 핫 플레이스로 등극.

이런 분들에게 잘 어울려요!

방콕을 기점으로 태국과 세계 여행을 꿈꾸는 배낭여행자

일상 탈출을 꿈꾸는 청춘 여행자

여행 경비를 조금이라도 아끼고 싶은 알뜰 여행자

AREA 8 민주기념탑 주변 RATCHADAMNOEN ROAD · 두씻 DUSIT

관광 ★★★★★
쇼핑 ★☆☆☆☆
식도락 ★★★☆☆

방콕의 숨은 볼거리 왓 랏차낫다람, 왓 쑤탓과 싸오칭차, 왓 싸껫 등의 볼거리가 자리한 곳. 왕궁 주변에 비해 한적하다.

이런 분들에게 잘 어울려요!

보는 게 남는 거라고 생각하는 볼거리 우선주의 여행자

역사 탐방에 관심이 많은 중 · 장년층

카오산 로드에 머무는 장기 여행자

AREA 9 쌈쎈 SAMSEN · 테웻 THEWET

관광 ★★☆☆☆
쇼핑 ★☆☆☆☆
식도락 ★★★☆☆

카오산과 이어진 여행자 거리 카오산과 연계해 여정을 꾸리기에 좋은 곳. 카오산보다 한적하고, 좀 더 저렴하다.

이런 분들에게 잘 어울려요!

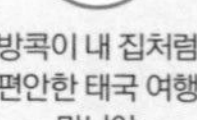

방콕이 내 집처럼 편안한 태국 여행 마니아

소박하고 정적인 분위기를 즐기는 배낭여행자

현지화를 추구하는 호기심 많은 청년층

AREA 10 차이나타운 CHINATOWN

관광 ★★☆☆☆
쇼핑 ★★☆☆☆
식도락 ★★★★★

태국 속의 작은 중국 야시장이 문을 여는 저녁에 방문할 것. 해산물, 국수 등 저렴하고 맛있는 먹거리가 풍부하다.

이런 분들에게 잘 어울려요!

먹는 게 남는 거라는 믿음을 지닌 미식 여행가

현지화를 추구하는 호기심 많은 청년층

이국 속의 이국 풍경을 원하는 사진 마니아

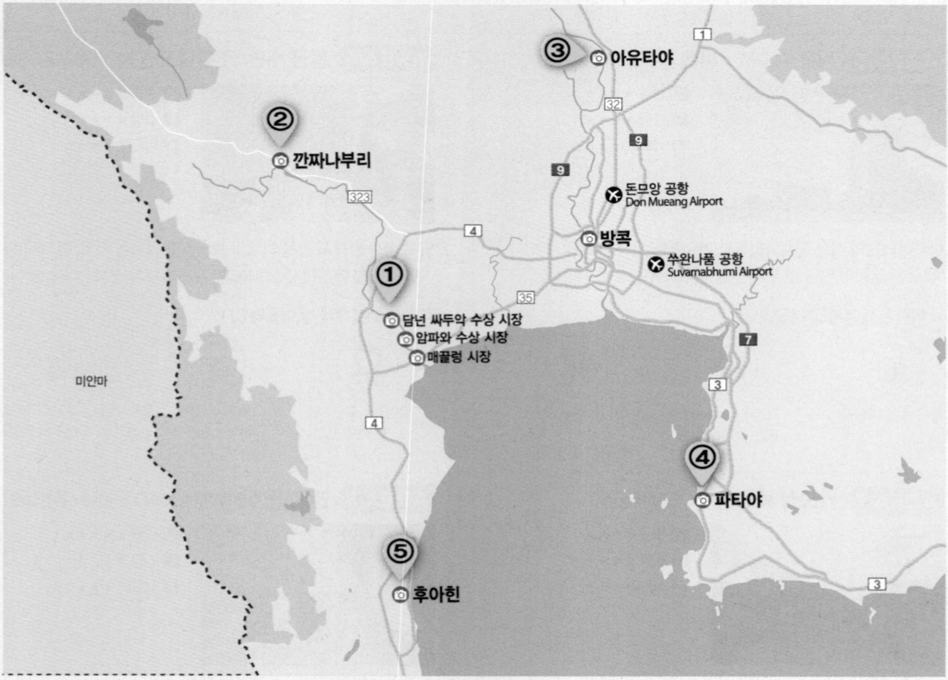

③ 아유타야
② 깐짜나부리
돈므앙 공항 Don Mueang Airport
방콕
쑤완나품 공항 Suvarnabhumi Airport
① 담넌 싸두악 수상 시장
암파와 수상 시장
매끌렁 시장
미얀마
④ 파타야
⑤ 후아힌
1 32 9 323 4 35 7 3

OUT OF BANGKOK

AREA 1-1 담넌 싸두악 수상 시장
Damneon Saduak Floating Market

관광 ★★★★☆
쇼핑 ★★☆☆☆
식도락 ★★★☆☆

방콕 근교 최대 수상 시장 방콕에서 서쪽으로 약 100km 떨어진 곳에 자리한 수상 시장으로, 1일 투어를 통해 즐겨 찾는 장소.

이런 분들에게 잘 어울려요!

이국적인 풍경을 원하는 사진 마니아

1일 투어가 편한 초보 여행자

오전을 허투루 보내기 싫은 부지런한 여행자

AREA 1-2 암파와 수상 시장
Amphawa Floating Market

관광 ★★★☆☆
쇼핑 ★★☆☆☆
식도락 ★★★☆☆

현지인들에게 인기 만점 수상 시장 주말에만 열리는 수상 시장. 반딧불이 투어를 위해 대개 오후에 출발하는 1일 투어를 이용.

이런 분들에게 잘 어울려요!

자녀들과 떠나는 체험 여행

현지화를 추구하는 호기심 많은 청년층

1일 투어가 편한 초보 여행자

AREA 1-3 매끌렁 시장
Maeklong Railway Market

관광 ★★★☆☆
쇼핑 ★☆☆☆☆
식도락 ★☆☆☆☆

선로에 형성된 위험한 시장 선로 위에 자리해 기차가 들어올 때마다 판매대를 걷었다 펼쳤다 하는 독특한 풍경을 연출하는 시장.

이런 분들에게 잘 어울려요!

짧아도 괜찮다, 인상적인 자극이 필요한 여행 생활자

엄마와 함께 떠나는 편안한 여행

1일 투어가 편한 초보 여행자

AREA 2 깐짜나부리 KANCHANABURI

관광 ★★★★★
쇼핑 ★☆☆☆☆
식도락 ★★★★☆

콰이 강을 따라 콰이 강의 물줄기를 따라 에라완 폭포의 아름다움과 죽음의 철도로 대변되는 참혹한 전쟁사가 공존.

이런 분들에게 잘 어울려요!

영화 〈콰이 강의 다리〉를 기억하는 장년층

트레킹을 즐기는 활동적인 청년층

휴가 기간이 짧지만 방콕에만 머물기 싫은 직장인

AREA 3 아유타야 AYUTTHAYA

관광 ★★★★★
쇼핑 ★☆☆☆☆
식도락 ★★☆☆☆

아유타야 왕국으로 떠나는 여행 태국에서 가장 번성했던 아유타야 왕국의 흔적을 엿볼 수 있는 유네스코 세계문화유산.

이런 분들에게 잘 어울려요!

역사 탐방에 관심 많은 전 연령 여행자

배낭여행의 낭만을 꿈꾸는 중고등학생

휴가 기간이 짧지만 방콕에만 머물기 싫은 직장인

AREA 4 파타야 PATTAYA

관광 ★★★★★
쇼핑 ★★★★★
식도락 ★★★★★

태국 동부 해안 최고의 휴양지 방콕 인근의 해변 도시로 해변에서의 휴식은 물론 미식과 쇼핑, 나이트라이프를 위한 완벽한 장소.

이런 분들에게 잘 어울려요!

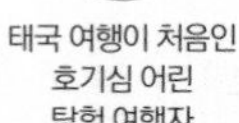

태국 여행이 처음인 호기심 어린 탐험 여행자

밤의 추억을 공유하고 싶은 남자끼리 여행자

밤낮으로 놀아도 체력이 남아도는 2030 남녀 여행자

AREA 5 후아힌 HUA HIN

관광 ★★★☆☆
쇼핑 ★★★★☆
식도락 ★★★★★

왕실 휴양지로 개발된 고즈넉한 해변 도시 고즈넉한 해변과 풍성한 먹거리를 즐길 수 있는 휴식과 힐링을 위한 최적의 장소.

이런 분들에게 잘 어울려요!

호텔과 비치만 오가는 게으른 휴식을 원하는 3040 직장인

방콕 여행도, 해변의 낭만도 포기하기 싫은 신혼부부

파타야와 푸껫을 섭렵한 태국 여행 마니아

무작정 따라하기

STEP ❶❷❸❹

1 단계 방콕 이렇게 간다

방콕 입국하기

출입국 신고서는 따로 없다. 입국 심사를 하려면 여권과 탑승권이 필요한데, 모바일 탑승권은 따로 캡처해 두는 편이 편하다. 비행기에서 내린 후에는 이정표를 따르자. 비행기에서 내려 입국 심사대까지 가는 거리가 꽤 멀고, 착륙이 몰리는 시간에는 입국 심사를 받기까지 30분 이상 줄을 서서 기다리기도 한다.

❶ 공항 도착 후 입국 심사대 찾아가기

공항 안내판에 파란색으로 쓰여 있는 Immigration과 Baggage Claim 표지판을 따라가자.

❷ 입국 심사 받기

여권과 탑승권을 준비해 Foreign Passport 위치에서 입국 심사를 받는다. 종이 탑승권은 버리지 말고 챙기자. 모바일 탑승권은 휴대폰에 미리 캡처해 두면 도움이 된다.

❸ 수화물 찾기

전광판에서 수화물 찾는 위치 확인하고 해당 Baggage Claim에서 짐을 찾으면 된다. 짐에 붙은 태그와 본인이 가지고 있는 태그를 꼭 확인해볼 것.

❹ 세관 통과

짐을 찾고 Exit 표시를 찾아 나가면 세관 검사대 Customs를 통과한다. 따로 신고할 물품이 없으면 Nothing To Declare 창고를 지나가면 된다.

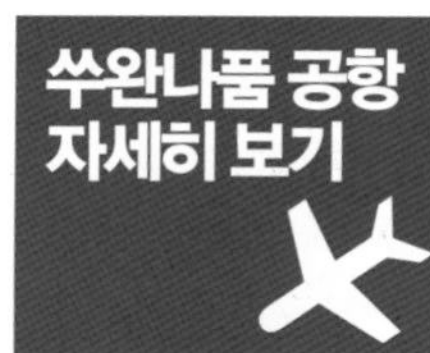

쑤완나품 공항(BKK) Suvarnabhumi Airport

한국에서 출발하는 거의 모든 비행기는 쑤완나품 공항에 도착한다. 인천 공항에서 쑤완나품 공항까지는 약 6시간(인천으로 돌아올 때는 30분 정도 덜 걸린다)이 소요된다.

인천 ↔ 방콕 직항	부산 ↔ 방콕 직항
대한항공(KE)	대한항공(KE)
아시아나(OZ)	아시아나(OZ)
타이항공(TG)	에어부산(BX)
에어아시아(XJ)	진에어(LJ)
에어부산(BX)	제주항공(7C)
진에어(LJ)	
제주항공(7C)	
티웨이(TW)	

입국장

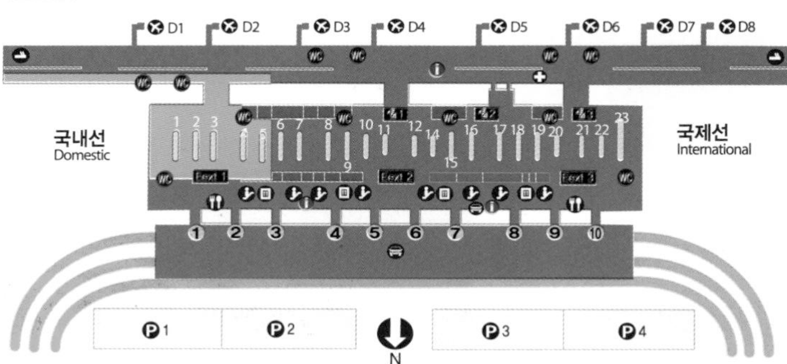

출국장

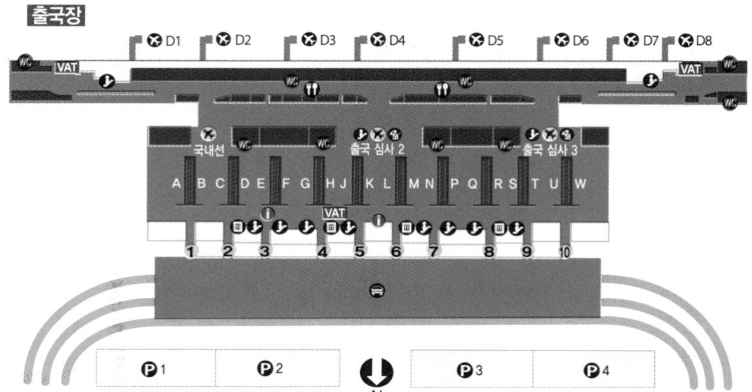

쑤완나품 공항 층별 주요 시설

B층 공항철도

1층 공항버스, 택시 승차장, 푸드코트(공항 내 가장 저렴한 식당)

2층 입국장, 관광 안내소, 유심 판매소(AIS, Dtac, True), 환전소, 렌터카, 짐 보관 서비스(1일 100 · 150 · 200B, 24시간 이후 12시간마다 각 50 · 75 · 100B 추가)

3층 레스토랑

4층 출국장, 항공사 카운터, VAT 리펀드 (10번 게이트 인근), 면세점, 짐 보관 서비스

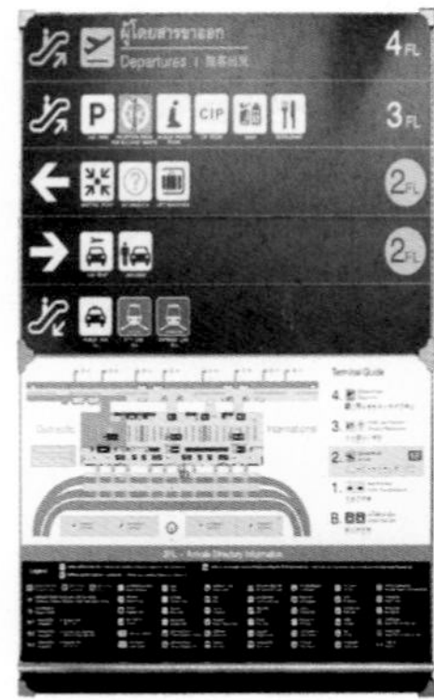

돈므앙 공항 자세히 보기

돈므앙 공항(DMK) Don Mueang International Airport

티웨이항공에서 인천–돈므앙 직항 노선을 운항한다. 약 6시간 소요. 돈므앙 공항을 이용하는 항공사는 타이에어아시아, 녹에어, 타이라이온에어 등. 태국 전역을 잇는 국내선은 물론 중국과 인근 동남아시아로 향하는 국제선을 활발하게 운항하는 곳이다. 도착층은 1층, 출발층은 2층이다.

PLUS TIP

세관 통과 후 가장 먼저 공항에서 할 일! 심카드 구매

심카드는 AIS, Dtac, True 등 세 통신사에서 구매할 수 있다. AIS는 2층 7번 게이트 인근, Dtac와 True는 4번 게이트 인근에 자리했다. 시내 혹은 홈페이지를 통해 더 저렴하게 구매할 수도 있지만 태국어 소통이 원활하지 않고, 짧은 여정이라면 공항 부스가 편리하다. 가격은 세 통신사 모두 비슷하다. 데이터의 경우, 상품마다 정해진 일정량의 초고속 데이터를 소진한 후에는 저속 인터넷으로 전환된다. 초고속 인터넷 데이터는 시내의 통신사 매장에서 충전할 수 있다.

한국의 전화번호를 유지해야 하거나 일행이 많은 경우에는 포켓 와이파이도 괜찮다. 필요한 경우 인터넷을 통해 미리 신청하자. 인터넷 검색 창에 '태국 포켓 와이파이'를 검색하면 된다.

이용 방법 통신사 부스 방문 → 상품 선택 → 직원에게 여권과 휴대폰 전달 → 여권, 휴대폰, 한국 심카드 돌려받기 → 휴대폰 사용, 한국 심카드 보관 → 한국 도착 → 한국 심카드로 교체

2단계 공항에서 방콕 시내 들어가기

쑤완나품 공항에서 시내 가기

공항철도, 택시, 버스 등의 방법이 있다. 싸얌, 쑤쿰윗, 씨롬 등지는 공항철도와 택시, 카오산 로드 인근 지역은 택시와 버스가 편리하다. 공항에 새벽에 도착한다면 고민할 것 없이 택시에 오르자.

공항철도 Airport Rail Link

쑤완나품 공항 B층에 탑승장이 있다. 시티 라인 트레인(City Line Train) 이정표를 따라간 후 자동 매표기 혹은 창구에서 목적지까지 가는 티켓을 구매하면 된다. 공항철도는 총 8개 역에 정차한다. 막까싼 역은 MRT 펫부리 역, 파야타이 역은 BTS 파야타이 역과 연결된다. BTS나 MRT로 환승할 경우 따로 티켓을 끊어야 한다.

노선 쑤완나품 공항(Suvarnabhumi) ↔ 랏끄라방(Lat Krabang) ↔ 반탑창(Ban Thap Chang) ↔ 후어막(Hua Mak) ↔ 람캄행(Ramkhamhaeng) ↔ 막까싼(Makkasan) ↔ 랏차쁘라롭(Ratchaprarop) ↔ 파야타이(Phaya Thai) **요금** 15~45B, 막까싼 35B, 파야타이 45B **운행 시간** 월~금요일 05:54~24:00, 토~일요일 · 공휴일 05:58~24:00 **소요 시간** 막까싼 22분, 파야타이 26분 **전화** 1690 **홈페이지** www.srtet.co.th

택시 Taxi

퍼블릭 택시(Public Taxi) 이정표를 따라가면 쑤완나품 공항 1층에 자리한 공식 택시 탑승장이 나온다. 먼저 키오스크의 화면(Press Here)을 눌러 탑승권을 뽑자. 1번에서 50번까지 레인 번호와 택시 기사의 정보가 담긴 종이가 나온다. 해당 번호의 레인으로 가면 배정된 택시가 기다리고 있다. 공항 택시는 50B의 수수료가 포함되며, 고가도로 이용 시 톨비는 승객이 지불해야 한다. 택시 기사가 미터로 가지 않고 흥정하려 하면 조금 귀찮더라도 탑승권을 다시 뽑아 다른 택시를 이용하자. 수수료와 톨비를 제외하고 싸얌과 쑤쿰윗은 200~300B, 카오산 로드는 300B 정도 나온다.

공항 택시 이용료 50B을 아끼기 위해 4층 출국장에 도착하는 택시를 잡는 방법은 추천하지 않는다. 미터로 가지 않고 흥정하려는 기사가 대부분이라 시간 낭비가 심하다.

공항버스
Airport Bus

카오산 로드와 왕궁 근처로 가는 S1 버스가 유용하다. 공항 1층 7번 게이트 인근에서 탈 수 있다. 리모버스(Limobus)는 7·14번 게이트 인근에서 탈 수 있다. BTS 파야타이 역을 거쳐 카오산으로 가는 노선과 BTS와 MRT 환승역인 씨롬 역을 거쳐 싸얌으로 가는 두 노선을 운행한다.

쑤완나품 공항에서 근교 가기

버스, 렌터카, 택시 등의 방법이 있다. 파타야와 후아힌은 도착 층 게이트에서 바로 버스에 탑승할 수 있어 편리하다. 공항 셔틀버스를 타고 퍼블릭 트랜스포트 센터(Public Transport Center)로 이동하면 꼬 창, 램차방, 뜨랏, 촌부리 등지로 향하는 버스를 이용할 수도 있다.

공항버스
Airport Bus

1층 8번 게이트 앞에 파타야와 후아힌으로 가는 버스가 선다. 티켓은 게이트 안쪽 부스에서 구매하면 된다.

파타야

Ⓑ **요금** 168B 🕓 **운행 시간** 07:00~21:00, 1시간 간격 🕓 **소요 시간** 2시간

후아힌

Ⓑ **요금** 325B 🕓 **운행 시간** 07:30~18:30, 1~2시간 간격 🕓 **소요 시간** 3시간

렌터카
Rent-a-Car

공항에서 방콕 근교로 바로 떠난다면 렌터카도 괜찮다. 목적지까지 이동하기에도, 현지에서 돌아다니기에도 편리하다. 렌터카를 빌리기로 마음먹었다면 예약이 필수다. 렌터카 가격 비교 사이트 혹은 렌터카 사이트에서 직접 예약하자. 쑤완나품 공항 2층 8번 게이트 인근에 에이비스(Avis), 버짓(Budget), 비즈카(Bizcar), 허츠(Hertz), 내셔널(National), 식스트(Sixt), 시크(Chic), 에이에스에이피(ASAP), 유럽카(Europcar), 타이렌터카(Thai Rent A Car) 부스가 옹기종기 모여 있다. 렌터카를 받을 때는 국제 운전면허증, 여권, 신용카드가 필요하다. 태국은 한국과 운전석이 반대이므로 늘 주의해 운전해야 한다.

돈므앙 공항에서 시내 가기

공항버스, 택시, 일반 버스 등의 방법이 있다. 가장 유용하고 저렴한 교통수단은 공항버스. 빅토리 모뉴먼트, 후알람퐁, 머칫, 싸남 루앙, 씨롬 등지로 가는 일반 버스도 있지만 느리다.

공항버스 Airport Bus

A1 버스가 머칫 역으로 간다. BTS와 MRT를 모두 이용할 수 있어 싸얌, 쑤쿰윗 등지로 향할 때 유용하다. A2는 빅토리 모뉴먼트, A3는 룸피니 공원, A4는 카오산 로드 방면이므로 목적지에 따라 버스에 탑승하면 된다.

A1

노선 터미널1 6번 게이트 · 터미널2 12번 게이트 → BTS 머칫(BTS Mo Chit)
요금 30B **운행 시간** 07:00~23:00, 12분 간격

A2

노선 터미널1 6번 게이트 · 터미널2 12번 게이트 → BTS 싸판 콰이(BTS Saphan Kwai) → BTS 아리(BTS Ari) → BTS 싸남 빠오(BTS Sanam Pao)
요금 30B **운행 시간** 07:00~23:00, 30분 간격

A3

노선 터미널1 6번 게이트 · 터미널2 12번 게이트 → 빅 시 랏차담리 칫롬(Big C Ratchadamri) → BTS 랏차담리(BTS Ratchadamri) → 룸피니 공원(Lumphini Park)
요금 50B **운행 시간** 07:00~23:00(07:00~19:00, 30분 간격 · 19:00~23:00, 1시간 간격)

A4

노선 터미널1 6번 게이트 · 터미널2 12번 게이트 → 왓 랏차낫다람(Wat Ratcha Natdaram) → 왓 보원니웻(Wat Bovonivet) → 카오산 로드(Khaosan Road) → 싸남 루앙(Sanam Luang)
요금 50B **운행 시간** 07:00~23:00(07:00~19:00, 30분 간격 · 19:00~23:00, 1시간 간격)

SRT 레드 라인 SRT Red Line

SRT 돈므앙 역이 돈므앙 공항과 연결돼 있다. 시내로 이동하려면 방쓰(끄룽텝 아피왓) 역에서 내려 MRT로 갈아타면 된다. BTS를 타려면 MRT 쑤언 짜뚜짝 역에서 BTS 머칫 역으로 이동하거나 MRT 쑤쿰윗 역에서 BTS 아쏙 역으로 이동하면 된다. SRT와 MRT 방쓰 역 간 이동 거리가 꽤 되므로 짐이 많은 경우에는 불편할 수 있다.

요금 돈므앙 ↔ 방쓰(끄룽텝 아피왓) 33B **운행 시간** 05:37~00:07, 20분 간격(출퇴근 시간대 12분 간격)

택시 Taxi

시내 중심부와 카오산 로드 등지까지 200~250B의 요금이 나온다. 공항 택시 이용료 50B과 고가도로 톨비는 별도다.

PLUS TIP

돈므앙 공항–쑤완나품 공항 무료 셔틀버스

환승 고객을 위해 돈므앙 공항과 쑤완나품 공항 구간 무료 셔틀버스를 운행한다. 돈므앙 공항 1층 6번 게이트 앞에서 승차하면 된다.

노선 돈므앙 공항 ↔ 쑤완나품 공항 **요금** 무료, 보딩패스 지참 **운행 시간** 05:00~24:00(05:00~08:00 · 11:30~16:00 · 19:30~24:00 30분 간격, 08:00~11:00 · 16:00~19:00 12분 간격)

무작정 따라하기

STEP 1 2 3 4

3단계 방콕 시내 교통 한눈에 보기

BTS, MRT, 택시, 수상 보트, 뚝뚝, 버스 등 다양한 대중교통 수단을 이용할 수 있다. 상황에 맞게 각 교통수단을 적절히 이용하면 시내를 다니는 데 전혀 문제가 없다.

BTS

싸얌, 쑤쿰윗, 씨롬 등 시내 중심가를 관통하는 방콕의 핵심 대중교통 수단이다. 쑤쿰윗 라인(Sukhumvit Line)과 씨롬 라인(Silom Line)이 있으며, 두 노선은 싸얌 역에서 환승 가능하다. 에스컬레이터와 엘리베이터 등 편의 시설이 열악한 편이며, 역사 내에 공중화장실이 없으므로 참고하자. 개찰구 안쪽에 경비원이 상주하며 불특정인을 상대로 가방 검사를 한다.

요금 17B~ **운행 시간** 약 06:00~24:00

BTS 티켓 종류

일회용 티켓 Single Journey Ticket

정해진 구간을 탑승할 수 있는 일회용 티켓. 자동 매표기를 통해서만 구매 가능하다. 매표 창구에서는 자동 매표기에 사용할 수 있도록 동전 교환만 해준다.

요금 17~62B

1일 패스 One-Day Pass

등록 당일 BTS를 무제한 탑승할 수 있는 마그네틱 티켓. 매표 창구에서 구매, 등록할 수 있다. 등록하기 전에 비닐을 벗기지 않도록 주의해야 한다.

요금 150B

래빗 카드 Rabbit Card

충전식 교통카드. 최초 발급 시 100B의 보증금과 최소 충전 금액 100B 등 총 200B이 필요하다. 카드는 5년간 사용할 수 있으며, 보증금은 반환되지 않는다. 구간에 따라 1~2B 정도 요금 할인이 적용되나 할인보다는 매번 티켓을 사야 하는 번거로움을 줄이는 데 의의가 있다. MRT, 버스 등에서는 사용할 수 없다. 구매와 충전은 매표 창구에서 하면 된다.

자동 매표기 구입 방법

1. 요금표(Fare Information)를 보고 목적지까지 요금 확인
2. 자동 매표기에 해당 요금 누르기
3. 돈 넣기
4. 티켓 받기
5. 거스름돈 받기

*동전(1·5·10B)만 사용 가능한 기계가 대다수다. 동전은 매표 창구에서 바꿀 수 있다.

BTS 이용 방법

1. 일회용 티켓은 화살표 방향을 맞춰 구멍으로 넣기. 래빗 카드는 위쪽 센서에 터치
2. 진행 방향 확인 후 BTS 탑승
3. 목적지 하차
4. 구멍으로 마그네틱 티켓을 넣고 나간다. 래빗 카드는 위쪽 센서에 터치

방콕 교통 노선도

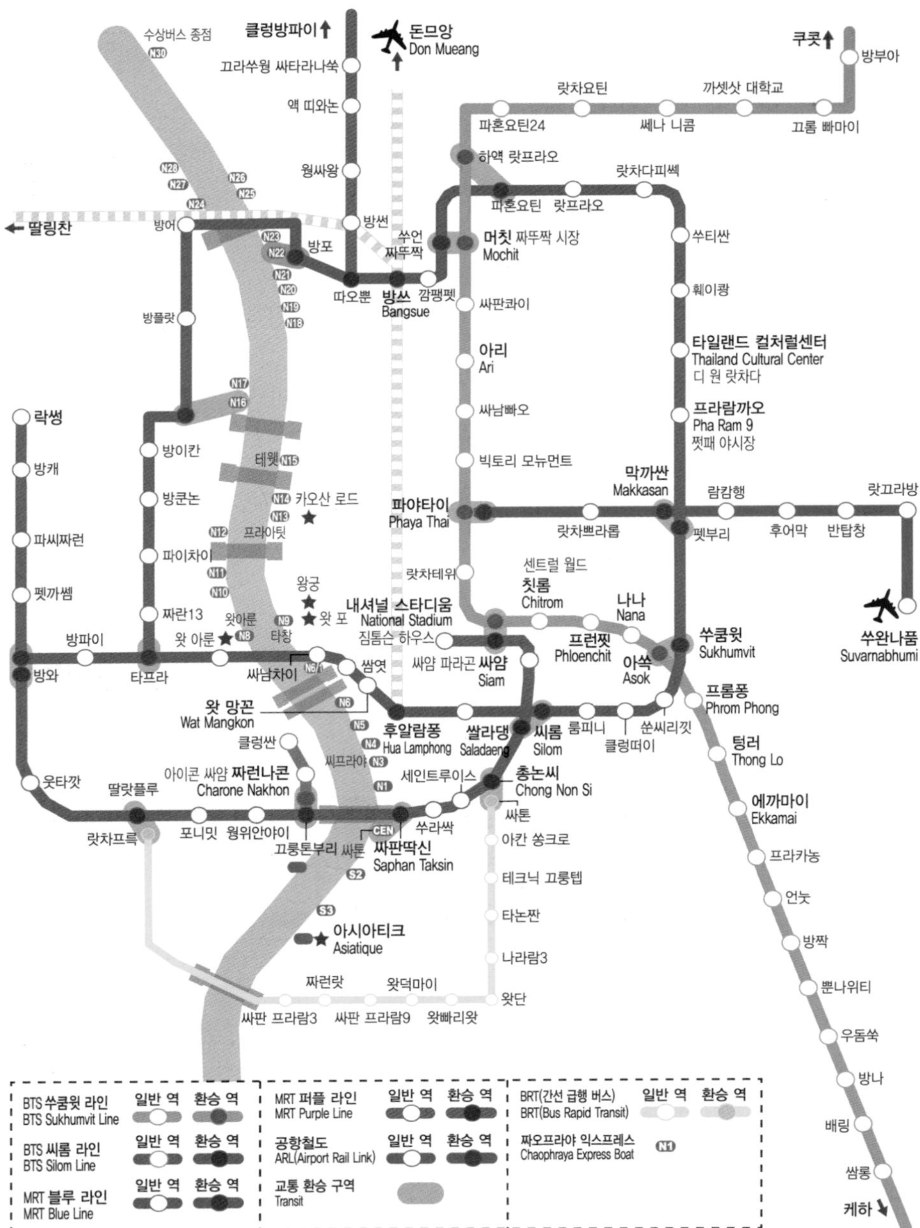
수상버스 종점
클렁방파이
돈므앙
Don Mueang
쿠콧
방부아
끄라쑤원 싸타라나쑥
액 띠와논
웡싸왕
방썬
랏차요틴
까셋삿 대학교
파혼요틴24
쎄나 니콤
끄롬 빠마이
하액 랏프라오
랏차다피쎅
파혼요틴
랏프라오
딸링찬
방어
방포
쑤언 짜뚜짝
머칫 짜뚜짝 시장
Mochit
쑤티싼
따오뿐
방쓰
Bangsue
깜팽펫
싸판콰이
훼이쾅
방플랏
아리
Ari
타일랜드 컬처럴센터
Thailand Cultural Center
디 원 랏차다
락썽
싸남빠오
프라람까오
Pha Ram 9
쩟패 야시장
방이칸
방캐
테웻
빅토리 모뉴먼트
막까싼
Makkasan
방쿤논
카오산 로드
파야타이
Phaya Thai
람캄행
랏끄라방
프라아팃
랏차쁘라롭
펫부리
후어막
반탑창
파씨짜런
파이차이
랏차테위
센트럴 월드
펫까쎔
왕궁
칫롬
Chitrom
나나
Nana
짜란13
왓아룬
왓 포
내셔널 스타디움
National Stadium
쑤쿰윗
Sukhumvit
쑤완나품
Suvarnabhumi
방파이
왓 아룬
타창
짐톰슨 하우스
프런찟
Phloenchit
방와
타프라
싸남차이
쌈엿
싸얌 파라곤
싸얌
Siam
아쏙
Asok
프롬퐁
Phrom Phong
왓 망꼰
Wat Mangkon
후알람퐁
Hua Lamphong
쌀라댕
Saladaeng
씨롬
Silom
룸피니
클렁떠이
쑨씨리낏
텅러
Thong Lo
클렁싼
씨프라야
세인트루이스
총논씨
Chong Non Si
웃타깟
아이콘 싸얌
짜런나콘
Charone Nakhon
딸랏플루
에까마이
Ekkamai
싸톤
쑤라싹
랏차프룩
포니밋
웡위안야이
고룽톤부리
싸톤
싸판딱신
Saphan Taksin
아칸 쏭크로
프라카농
테크닉 끄룽텝
언눗
타논짠
아시아티크
Asiatique
방짝
나라람3
짜런랏
왓덕마이
왓단
뿐나위티
싸판 프라람3
싸판 프라람9
왓빠리왓
우돔쑥
방나
배링
쌈롱
케하
BTS 쑤쿰윗 라인
BTS Sukhumvit Line
일반 역
환승 역
BTS 씨롬 라인
BTS Silom Line
MRT 블루 라인
MRT Blue Line
MRT 퍼플 라인
MRT Purple Line
공항철도
ARL(Airport Rail Link)
교통 환승 구역
Transit
BRT(간선 급행 버스)
BRT(Bus Rapid Transit)
짜오프라야 익스프레스
Chaophraya Express Boat

MRT

블루 라인(Blue Line)과 퍼플 라인(Purple Line)이 있다. 여행자들이 주로 이용하게 되는 노선은 블루 라인. BTS 아쏙 역과 가까운 MRT 쑤쿰윗 역, BTS 쌀라댕 역과 가까운 MRT 씨롬 역이 특히 유용하다. 짜뚜짝 주말 시장과 연결되는 MRT 깜팽펫 역, 후알람퐁 기차역과 가까운 MRT 후알람퐁 역도 즐겨 찾게 된다. 역사 내에는 에어컨이 나오며, 에스컬레이터, 화장실 등 편의 시설을 잘 갖췄다. 역사 내로 진입할 때는 보안 검색대를 통과해야 한다.

요금 17B~ **운행 시간** 약 06:00~24:00

MRT 티켓 종류

일회용 티켓 Single Journey Ticket

블루 라인 전용 토큰. 검고 동그랗다. 자동 매표기와 매표 창구에서 구매할 수 있다.

요금 17~70B

기간 패스 Period Pass

1일 · 3일 · 30일 패스가 있다. 해당 기간 동안 MRT 무제한 탑승 가능.

요금 1일 120B, 3일 230B, 30일 1400B

충전식 카드 Stored Value Card

MRT 전용 충전식 교통카드. 블루 라인과 퍼플 라인에서 사용 가능하다. 최초 발급 시 보증금 50B, 발급 비용 30B, 최소 충전 금액 100B 등 180B이 필요하다. 마지막 사용일로부터 2년 이내에 카드에 남은 금액을 환불받을 수 있다.

자동 매표기 구입 방법

❶ 스크린 터치
❷ 오른쪽 상단의 영어(English) 선택
❸ 왼쪽 MRT 노선도에서 목적지 선택
❹ 요금이 뜨면 돈 넣기 *동전(1 · 5 · 10B)과 지폐(20 · 50 · 100B) 사용 가능
❺ 토큰과 거스름돈 받기

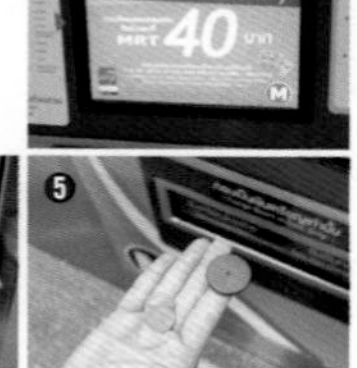

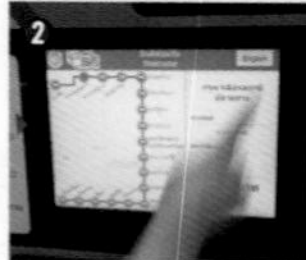

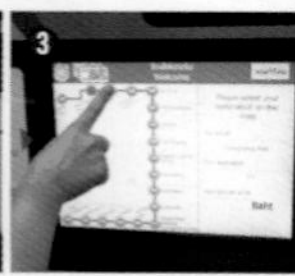

MRT 이용 방법

❶ 토큰 혹은 충전식 카드를 센서에 터치
❷ 진행 방향 확인 후 MRT 탑승
❸ 목적지 하차
❹ 토큰은 구멍에 넣는다. 충전식 카드는 센서에 터치

택시 Taxi

'미터 택시(Taxi Meter)'라고 표시돼 있다. 기본요금이 40B으로 2~10km 구간에는 6.5B씩 요금이 올라간다. 거리가 늘어날수록 부과되는 요금 또한 7~10.5B으로 커진다. 가까운 거리를 이동할 때에는 50B 이내, 카오산 로드에서 싸얌까지는 100B 정도의 요금이 나온다. 차가 막히지 않을 경우인데, 방콕의 도로는 늘 심각한 정체에 시달리므로 2~3배의 요금을 고려해야 한다. 차가 막히면 기사들이 고가도로인 탕두언을 탈 것을 권유한다. 고가도로 이용료는 승객 부담이다. 미터로 가지 않고 흥정하려는 경우에는 응하지 않는 게 좋다. 서 있는 택시는 100% 흥정을 하므로 움직이는 택시를 잡자. 거스름돈을 준비해두지 않는 경우가 종종 있으므로, 택시를 타기 전에 소액권을 준비하는 센스도 필요하다.

수상 보트 Boat

짜오프라야 강은 물론 쌘쌥 운하의 정해진 노선을 따라 보트를 운행한다. 버스처럼 선착장에서 탑승해 요금을 내고 원하는 곳에서 내리면 된다.

짜오프라야 익스프레스 (르아 두언) Chaophraya Express

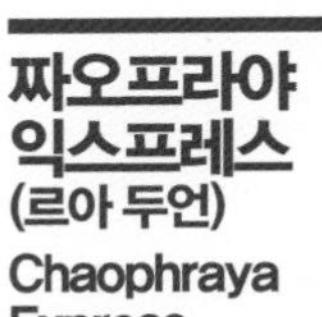

짜오프라야 강을 정해진 노선으로 움직이는 보트. 왓 프라깨우(왕궁), 카오산 로드 등지를 오갈 때 유용하다. 보트는 배 후미에 달린 깃발에 따라 구분된다. 깃발이 없는 로컬 라인은 모든 선착장에 정박하므로 가장 느리다. 여행자에게는 오렌지 깃발을 단 보트가 가장 유용하다. 타 창(왓 프라깨우), 타 프라아팃(카오산 로드) 등 주요 선착장에 모두 선다. 그 밖에 그린과 옐로 깃발의 보트가 있다. 깃발에 따라 정박하는 선착장이 다르므로 노선도를 확인한 후 탑승하자. 티켓은 선착장 매표소 혹은 보트 탑승 후 차장에게 구매하면 된다. 요금은 보트 종류와 거리에 따라 차등 적용된다. 오렌지 깃발의 보트는 16B, 저녁에는 보트를 운행하지 않는다.

요금 오렌지 깃발 16B **운항 시간** 오렌지 깃발 06:00~19:00

짜오프라야 익스프레스 주요 선착장

선착장	인근 주요 지점
타 프라아팃 Tha Phra Athit	카오산 로드
타 롯파이 Tha Rot Fai	씨리랏 의학 박물관, 씨리랏 피묵쓰탄 박물관
타 창 Tha Chang	왓 프라깨우, 왕궁
타 왓 아룬 Tha Wat Arun	왓 포, 왓 아룬
타 씨 프라야 Tha Si Phraya	리버 시티
타 싸톤 Tha Sathon	BTS 싸판딱신

크로스 리버 페리(르아 캄팍) Cross River Ferry

수상 보트가 정차하는 선착장에서 강 반대편으로 운항하는 보트. 선착장의 이름은 같지만 르아 캄팍을 타는 곳과 짜오프라야 익스프레스 보트를 타는 곳은 다르다. 멀리 떨어져 있는 건 아니고 선착장 입구가 좌우로 구분된 정도다. 요금은 5B. 여행자들은 타 왓 아룬과 띠엔을 오가는 르아 캄팍을 주로 이용한다.

짜오프라야 익스프레스 노선도

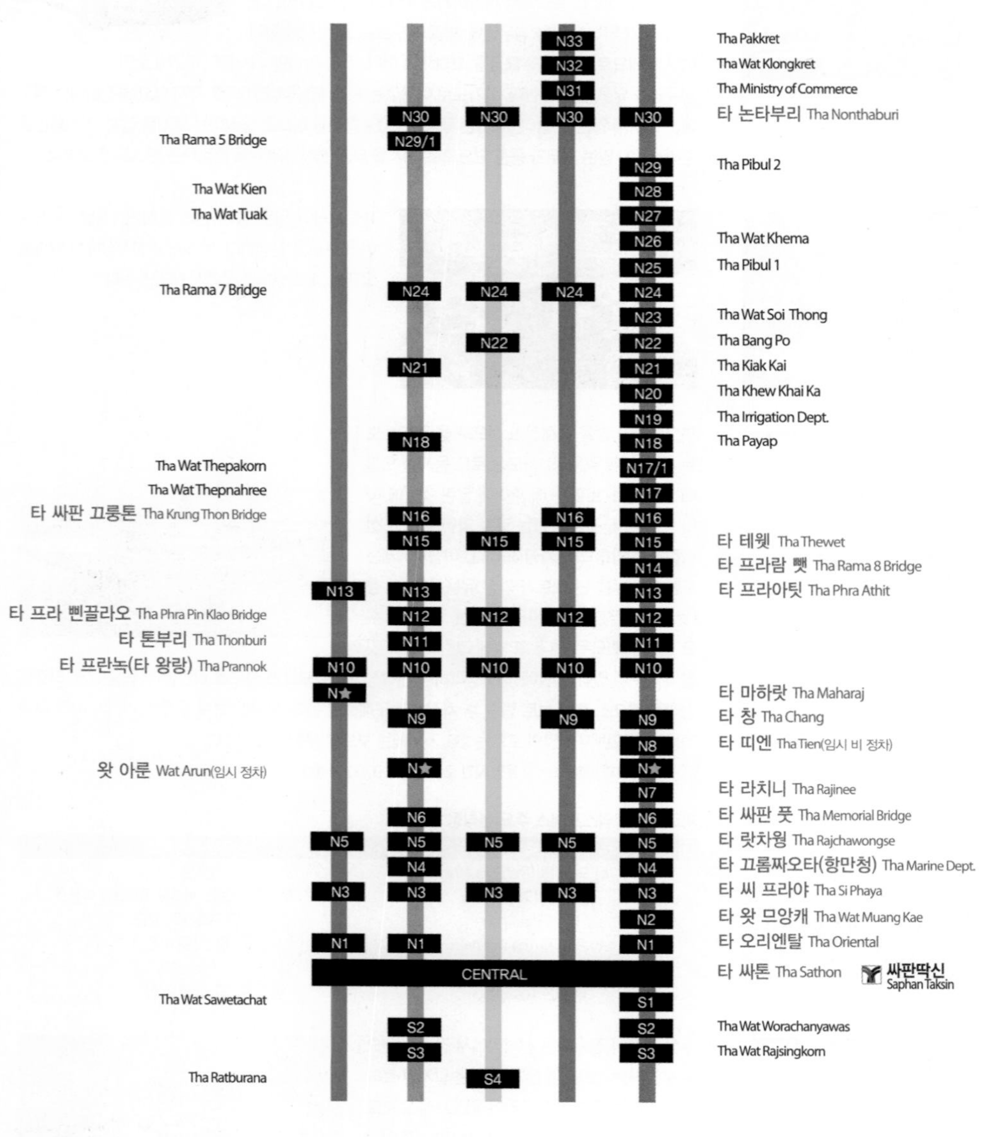

투어리스트 보트
Tourist Boat

블루 깃발을 단 보트로 여행자들이 즐겨 찾는 10곳의 핵심 선착장에만 정차한다. 150B의 1일 탑승권을 구매하면 하루 동안 무제한으로 보트 탑승이 가능하다. 1회 탑승권은 30B. 타 싸톤 선착장을 기준해 09:00~19:15에 약 30분 간격으로 운행한다. 타 싸톤, 타 창, 타 프라아팃 등 일부 구간만 이용할 계획이라면 그리 유용하지 않다.

쌘쌥 운하 보트
Khlong Saen Saep Boat

방콕의 좁은 운하(클렁, khlong)를 따라 보트가 정기적으로 다닌다. 판파-왓 씨분르엉 노선이 운행되며, 민주기념탑 인근의 판파 선착장에서 싸얌, 쑤쿰윗 등 방콕 도심으로 이동할 때 유용하다. 쁘라뚜남 선착장을 경계로 다른 보트를 운항하므로 쁘라뚜남을 경계로 동서로 이동한다면 환승을 해야 한다. 환승 무료. 출퇴근 시간에는 발 디딜 틈 없이 붐비므로 타고 내릴 때 주의 또 주의할 것. 요금은 거리에 따라 다르며 탑승 후 차장에게 내면 된다.

요금 10~20B **운항 시간** 월~금요일 05:30~20:30, 토~일요일 · 공휴일 05:30~19:00

쌘쌥 운하 보트 주요 선착장

선착장	인근 주요 지점
판파 리랏 Panfa Leelard	민주기념탑, 카오산 로드
싸판 후어창 Sapan Hua Chang	짐 톰슨 하우스, BACC, BTS 내셔널 스타디움, BTS 랏차테위
쁘라뚜남 Pratunam	보트 환승, 센트럴 월드, 빅 시
아쏙 Asok	MRT 펫차부리

긴 꼬리 배 (르아 항 야오)
Long Tail Boat

가늘고 길게 생긴 보트로 수상 택시라고 보면 된다. 짜오프라야 강과 연결된 좁은 운하를 둘러볼 때 주로 이용한다. 요금은 흥정이 필요하다.

뚝뚝
Tuk Tuk

오토바이를 개조한 삼륜차. 교통수단이라기보다는 태국의 독특한 문화를 담은 관광 상품에 가깝다. 택시보다 비싸지만 추억 삼아 가까운 거리를 이동할 때 이용하는 것도 나쁘지 않다. 탑승 전 흥정이 필수이며, 가까운 거리라도 40B 이상은 예상해야 한다. 관광지에 서 있는 뚝뚝은 호객 행위를 하는 경우도 많다. 바로 앞이 목적지인데도 멀다는 둥, 방콕 관광을 시켜주겠다는 둥 친근한 영어로 접근한다. 기념품 가게와 보석 가게를 돌아다니며 커미션을 챙기는 기사도 있으므로 주의가 필요하다.

BTS 역에서 내려 남북으로 뻗은 쏘이(골목)를 오갈 때 유용한 교통수단. 차가 다니는 길이라면 골목 입구에 반드시 오토바이 정류장이 있다. 타는 방법은 간단하다. 주황색 조끼를 입은 오토바이 기사에게 목적지를 말하고 뒷좌석에 오르면 끝. 웬만한 거리는 20B이며, 골목이 길면 목적지마다 요금이 정해져 있다. 적절한 예로 한국인에게 매우 인기인 '썬텅(쏜통)포차나'가 있다. BTS와 MRT 역에서 모두 멀고, 택시 기사도 잘 모르는 이 식당으로 가는 가장 효과적인 방법은 오토바이다. 지도를 보면 썬텅포차나는 쑤쿰윗 쏘이 24와 가깝다. 쑤쿰윗 쏘이 24는 BTS 프롬퐁 역과 연결된다. 그렇다면 BTS 프롬퐁 역에서 내려 쑤쿰윗 쏘이 24 입구로 가 오토바이를 타면 된다. 다만 쑤쿰윗 쏘이 24는 매우 긴 골목인 데다 썬텅포차나는 골목의 끝에 자리하므로 요금이 따로 정해져 있다. 목적지는 쑤쿰윗 쏘이 24 끝에 위치한 BMW(미니). 여기에서 썬텅포차나까지는 걸어서 1분 거리다. 다른 골목에서도 이 같은 방법을 적용하면 된다.

방콕 구석구석을 연결하지만 방콕에 살지 않는 태국인들도 어려움을 토로할 정도로 이용하기 쉽지 않은 게 현실이다.

'텅러'로 불리는 쑤쿰윗 쏘이 55를 오가는 버스. 텅러에서는 오토바이보다 유용하다. BTS 텅러 역 3번 출구로 나와 쑤쿰윗 쏘이 55로 진입하면 세븐일레븐 앞에 빨간 버스 정류장이 있다. 버스는 수시로 운행하며, 승객이 차거나 버스 기사의 마음이 동하면 출발한다. 승차하는 위치 외에 정류장은 따로 없다. 좋게 말하면 쑤쿰윗 쏘이 55의 모든 길이 정류장이다. 그러므로 자신이 내릴 위치를 정확히 알아야 한다. 전혀 위치가 파악되지 않는 길치라면 제대로 내리지 못할 수 있으므로 오토바이나 택시를 선택하자. 대신 텅러에서 BTS 텅러 역으로 오는 경우라면 길치도 부담 없이 탈 수 있다. 텅러 역 방면 길에 서서 지나가는 빨간 버스를 손을 들어 세운 다음 버스에 승차해 BTS 텅러 역에 하차하면 끝이다. 요금은 8B으로 차장에게 내면 된다.

대체로 보행자를 위한 인도가 좁고 인도를 노점이 점유해 걷기에 좋은 환경은 아니다. 횡단보도는 거의 없고, 보행자를 위한 신호등은 아주 드물다. 그나마 있는 신호도 운전자들이 무시하는 경우가 많으므로 길을 건널 때는 반드시 좌우를 잘 살펴야 한다. 우리나라와 좌우가 반대라는 점을 잊지 말자.

무작정 따라하기

STEP 1 2 3 4

4단계 방콕 여행 코스 무작정 따라하기

❶ 방콕 여행 정석 3박 5일 코스

첫째 날 새벽 방콕 도착, 마지막 날 자정 무렵 한국 출발 기준. 호텔 3박, 기내 1박에 해당된다. 1일 투어는 취향에 맞게 선택하고, 2~3일 차 저녁에는 숙소 위치를 고려해 나이트라이프를 즐기자. 레스토랑과 카페는 동선에 맞춰 자유롭게 선택해보자.

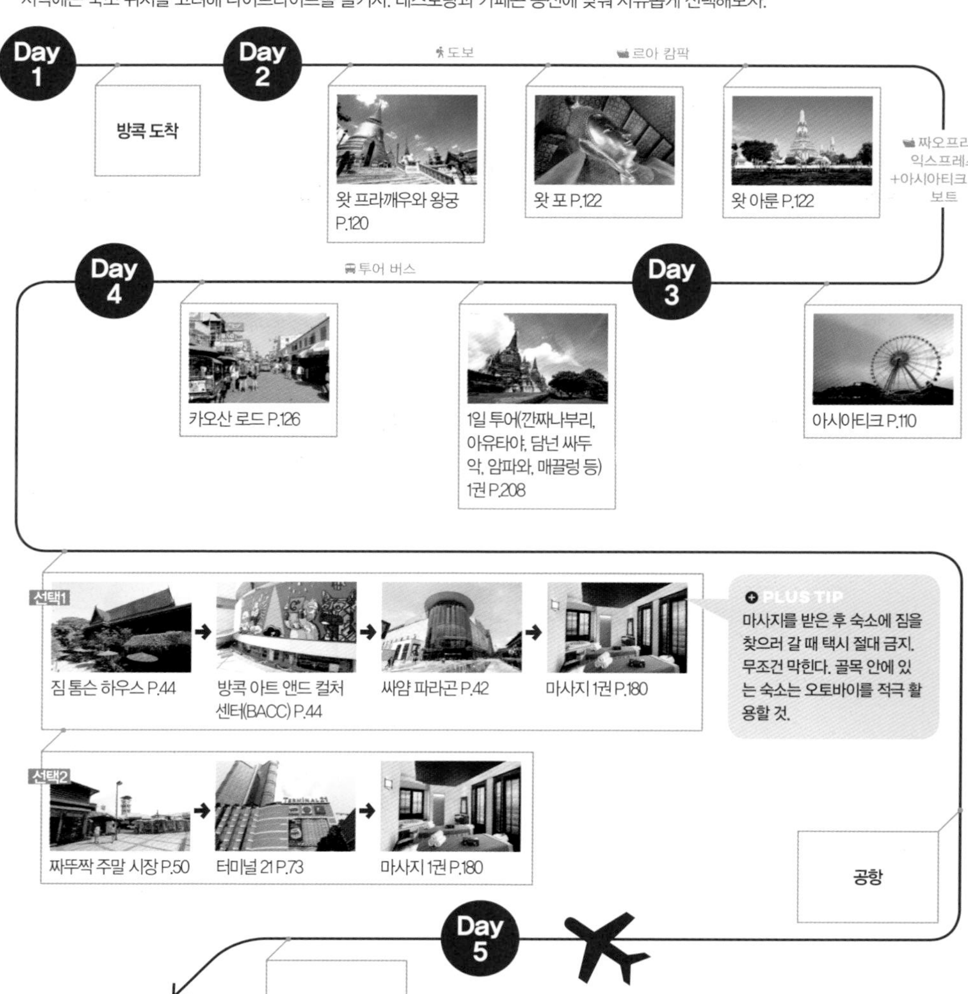

PLUS TIP
마사지를 받은 후 숙소에 짐을 찾으러 갈 때 택시 절대 금지. 무조건 막힌다. 골목 안에 있는 숙소는 오토바이를 적극 활용할 것.

❷ 오로지 방콕 3박 5일 코스

1일 투어나 근교 여행을 하지 않고 오로지 방콕만 즐기는 3박 5일 코스. 왓 프라깨우 등 방콕 핵심 볼거리와 아시아티크, 짜뚜짝 주말 시장은 물론 싸얌과 쑤쿰윗의 쇼핑센터를 여유롭게 즐길 수 있다.

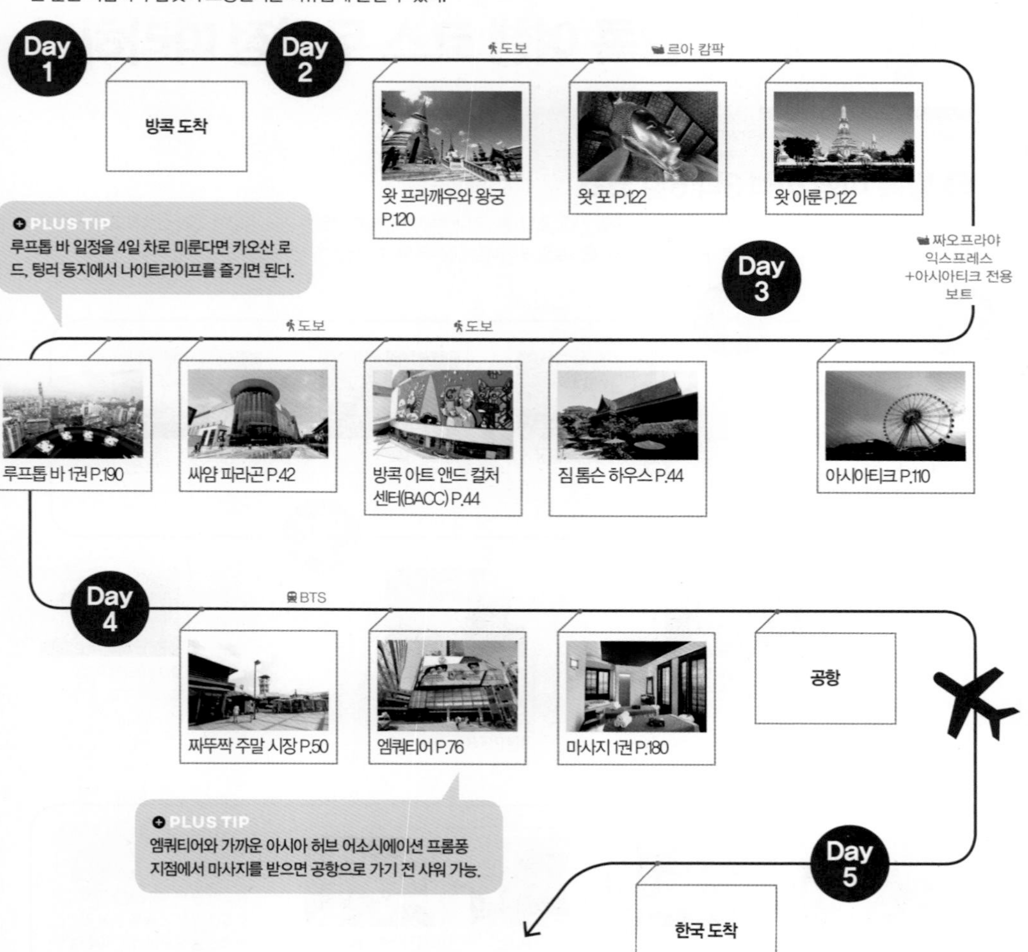

PLUS TIP
루프톱 바 일정을 4일 차로 미룬다면 카오산 로드, 텅러 등지에서 나이트라이프를 즐기면 된다.

PLUS TIP
엠쿼티어와 가까운 아시아 허브 어소시에이션 프롬퐁 지점에서 마사지를 받으면 공항으로 가기 전 샤워 가능.

❸ 방콕+파타야 3박 5일 코스

방콕에서 하루를 보내고 셋째 날 파타야로 출발하는 코스. 둘째 날 방콕에서의 나이트라이프는 숙소의 위치를 고려해 즐기자. 파타야로 이동할 때는 쑤완나품 공항에서 차량을 렌트해 이동하는 것도 좋은 방법이다. 공항에서 파타야까지 길이 좋으며, 파타야 내에서의 이동도 편리하다.

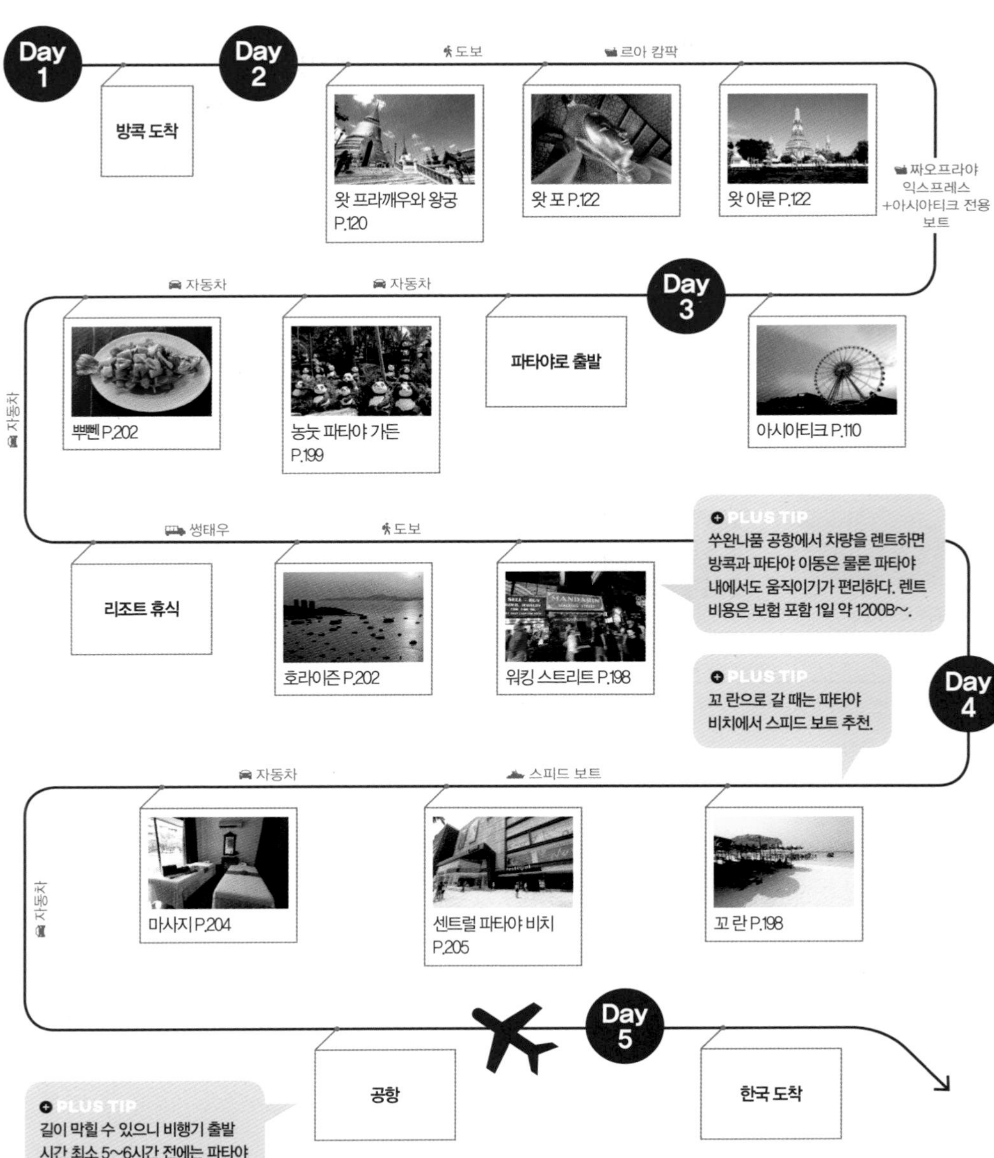

❹ 방콕+후아힌 3박 5일 코스

방콕에서 하루를 온전히 즐기고 셋째 날 후아힌으로 출발하는 코스. 후아힌의 리조트를 충분히 즐기는 여정이라 후아힌에서의 일정은 거의 없다. 넷째 날 버스를 타고 후아힌에서 쑤완나품 공항으로 바로 가면 된다.

❺ 방콕+근교 5박 7일 코스

방콕에서 3일을 머물며 방콕 핵심 볼거리와 1일 투어를 즐기고, 파타야로 넘어가는 코스. 취향에 따라 파타야 일정은 후아힌으로 바꿔도 괜찮다.

❻ 항공 일정을 맞춰 꽉 채운 방콕+근교 4박 5일 코스

한국–방콕 구간은 오전 비행기, 방콕–한국 구간은 새벽 비행기를 이용해 4박 5일 일정을 촘촘하게 꽉 채우는 알짜배기 코스. 대한항공, 아시아나항공, 타이항공에서 1일 1회 오전에 출발하는 항공편을 운항한다.

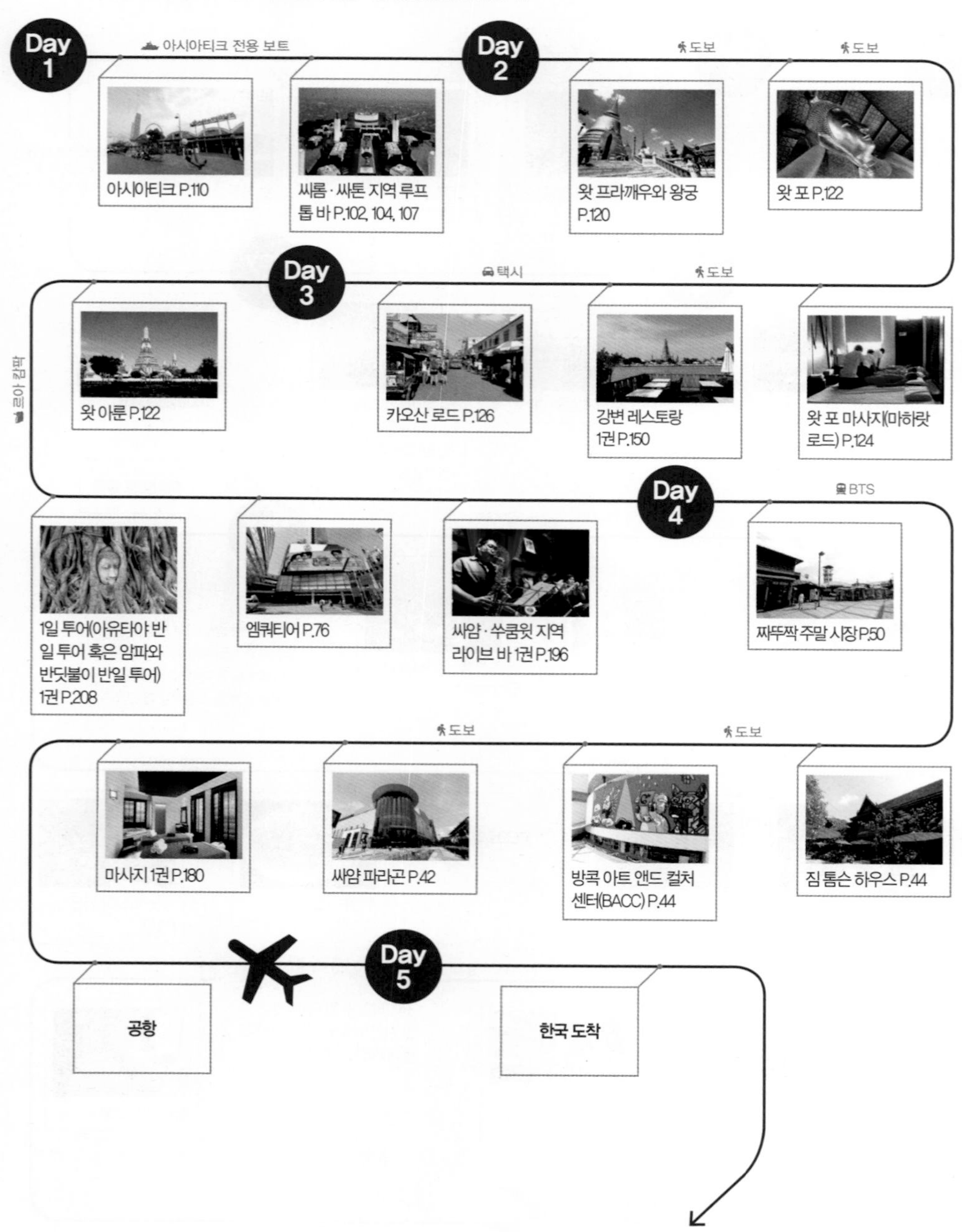

❼ 먹고 놀고 쇼핑하라! 방콕 핫 플레이스 3박 5일 코스

관광지는 빼고 오로지 맛집과 쇼핑, 나이트라이프 핫 플레이스만 즐기는 테마 코스. 카오산 로드 인근보다는 시내에 숙소를 잡아야 편하다. 먹고 놀고 쇼핑하며 방콕의 시간을 만끽하자.

Day 1

방콕 도착

Day 2

호텔 조식

싸얌 파라곤 쇼핑 P.42

MK 골드(싸얌 파라곤) 점심 식사 P.40

도보

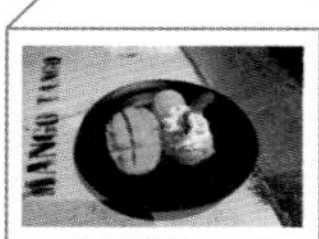

망고 탱고(싸얌 스퀘어) P.39

호텔 조식

Day 3

아시아티크 전용 보트

엠쿼티어 쇼핑 P.76

시로코 & 스카이 바 P.107

꼬당 탈레 저녁 식사 P.110

아시아티크 쇼핑 P.110

호텔 휴식

도보

도보

BTS+ 짜오프라야 익스프레스

택시

로스트(엠쿼티어) P.73

룽르앙 점심 식사 P.74

아시아 허브 어소시에이션 마사지 P.75

더 덱 저녁 식사 P.123

카오산 로드 나이트라이프 P.126

Day 4

쏨분 시푸드(센트럴 앰버시) 점심 식사 P.61

호텔로 돌아와 짐 정리, 짐 맡기기

짜뚜짝 주말 시장 쇼핑 P.50

호텔 조식

BTS (또는 도보)

BTS

딸랏 잇타이(센트럴 앰버시) 쇼핑 P.62

옌리 유어스(센트럴 월드) P.57

레드 스카이 P.58

렛츠 릴랙스(싸얌 스퀘어 원) 마사지 P.41

Day 5

한국 도착

공항

PLUS TIP
마사지를 받은 후 숙소에 짐을 찾으러 갈 때 택시 절대 금지. 무조건 막힌다. 골목 안에 있는 숙소는 오토바이를 적극 활용할 것.

BANG
KOK

AREA

01 SIAM [สยาม 싸얌]

방콕의 다운타운 일번지

DavidNNP/Shutterstock.com

방콕의 모든 길은 싸얌으로 통한다. 과장됐지만 틀린 말은 아니다. BTS 쑤쿰윗 라인과 씨롬 라인의 환승역인 BTS 싸얌 역 일대는 방콕에서 유동 인구가 가장 많은 곳이다. 쇼핑과 미식을 위해 싸얌으로 모여드는 이들과 더불어 싸얌을 기점으로 곳곳으로 흩어지는 이들이 만나 방콕 제일의 다운타운을 형성한다.

인기 ★★★★★

싸얌 일대는 스카이 워크(구름다리)로 연결돼 있어 함께 돌아보기에 편리하다.

관광지 ★★

짐 톰슨 하우스가 핵심. 시 라이프 방콕 오션 월드, 마담 투소 같은 소소한 볼거리가 있다.

쇼핑 ★★★★★

싸얌 파라곤은 방콕을 대표하는 쇼핑센터. 그 밖에도 개성 만점 쇼핑 공간이 가득하다.

식도락 ★★★★★

방콕 대표 레스토랑의 지점이 쇼핑센터 내에 빼곡히 자리한다.

나이트라이프 ★★

쇼핑센터와 마사지 숍은 밤늦게까지 문을 연다. 호텔 바 외에 술집은 많지 않다.

혼잡도 ★★★★★

핵심 다운타운답게 사람들이 많지만 BTS 역을 기준으로 돌아보면 크게 헤맬 염려는 없다.

싸얌 교통편

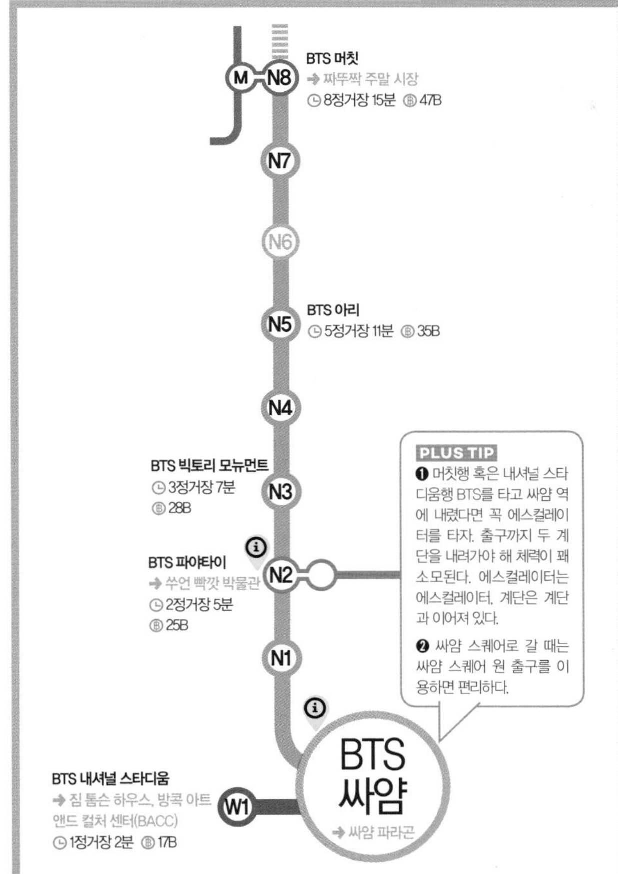

싸얌으로 가는 방법

BTS
싸얌 파라곤 등 쇼핑센터는 BTS 싸얌 역 하차. 짐 톰슨 하우스와 방콕 아트 앤드 컬처 센터(BACC)는 BTS 내셔널 스타디움 역 하차.

택시
방콕 시내 어디에서나 가장 만만하게 이용할 수 있는 교통수단. 'BTS 싸얌 스테이션', '싸얌 파라곤' 등 목적지를 말하고 탑승.

운하 보트
민주기념탑(카오산) 인근에서 갈 때 편리한 교통수단. 후어창 선착장(타르아 싸판 후어창)은 싸얌 파라곤에서 도보 13분, 짐 톰슨 하우스에서 도보 3분 거리.

공항철도
쑤완나품 공항에서 공항철도를 타고 파야타이 역 하차. 30분 소요. 파야타이 역에서 BTS 환승.

싸얌 지역 다니는 방법

도보
싸얌 지역 내에서는 도보로 이동하는 것이 가장 좋다. 내셔널 스타디움 역부터 싸얌 역까지 스카이 워크를 따라 걸을 수 있다.

택시
싸얌 주위의 쑤쿰윗 로드는 상습 정체 구역이다. BTS 몇 분 거리가 택시를 타면 몇 배로 늘어난다. 하지만 시간에 쫓기는 것이 아니라면 택시는 이동과 휴식을 겸하는 괜찮은 선택이 될 수 있다.

MUST SEE
이것만은 꼭 보자!

No.1 **짐 톰슨 하우스**
Jim Thompson House
태국 고유의 아름다움을 담은 가옥과 유물.

No.2 **방콕 아트 앤드 컬처 센터**
BACC
예술의 향취 가득.

MUST EAT
이것만은 꼭 먹자!

No.1 **쏨분 시푸드**
Somboon Seafood
여러 지점 중 접근성이 가장 좋다.

No.2 **팩토리 커피**
Factory
방콕에서 가장 유명한 커피 전문점.

MUST BUY
이것만은 꼭 사자!

No.1 **싸얌 파라곤**
Siam Paragon
방콕을 대표하는 쇼핑센터.

MUST DO
이것만은 꼭 해보자!

No.1 **색소폰**
Saxophone
이 밤의 끝을 잡고.

MAP
싸얌 한눈에 보기

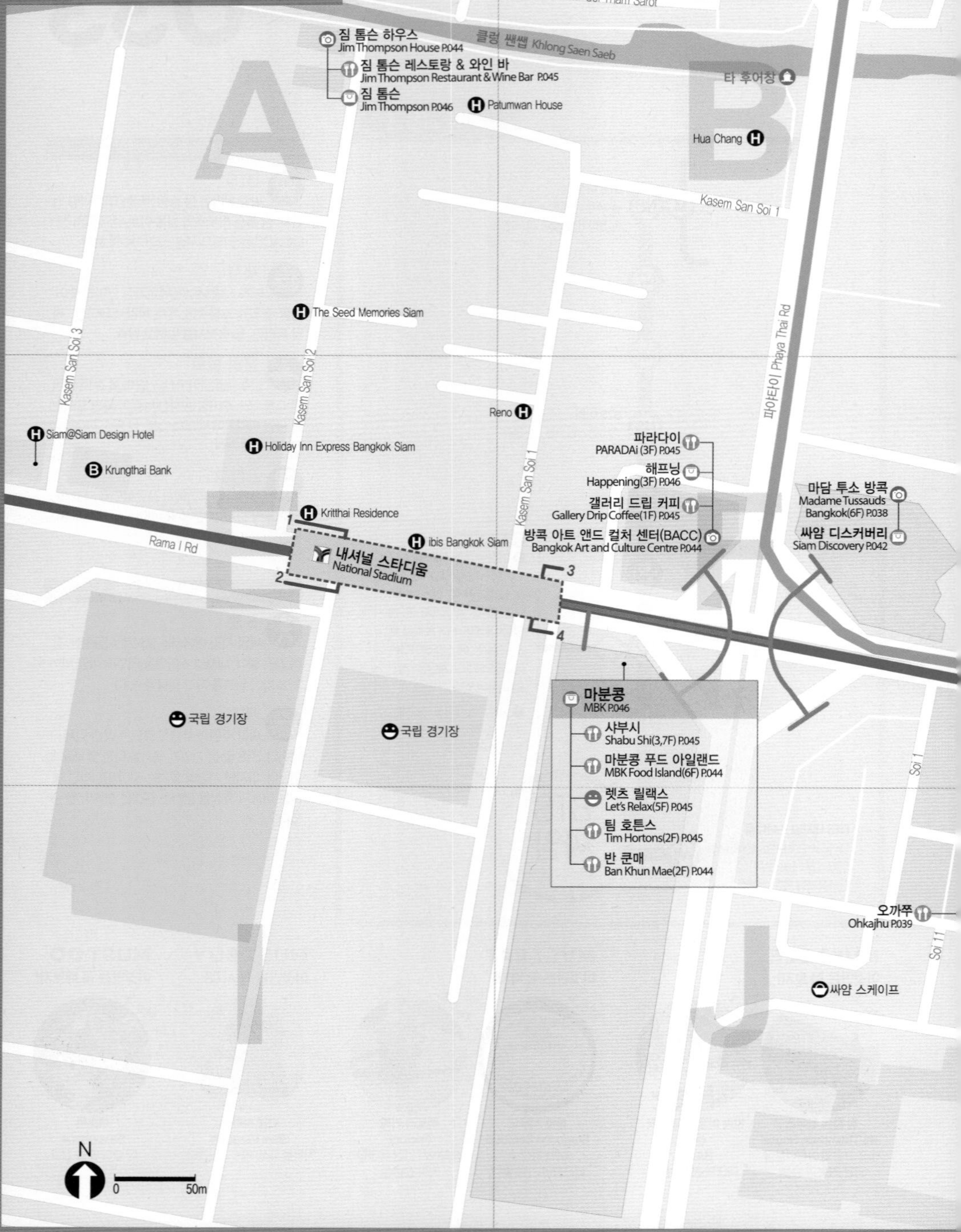

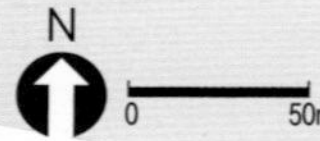

N
0
50m

Soi Tham Sarot
클렁 쌘쌥 Khlong Saen Saeb
짐 톰슨 하우스
Jim Thompson House P.044
짐 톰슨 레스토랑 & 와인 바
Jim Thompson Restaurant & Wine Bar P.045
짐 톰슨
Jim Thompson P.046
Patumwan House
타 후어창
Hua Chang
Kasem San Soi 1
The Seed Memories Siam
Kasem San Soi 3
Kasem San Soi 2
파야타이 Phaya Thai Rd
Reno
Siam@Siam Design Hotel
Holiday Inn Express Bangkok Siam
Krungthai Bank
Kasem San Soi 1
파라다이
PARADAi (3F) P.045
해프닝
Happening(3F) P.046
갤러리 드립 커피
Gallery Drip Coffee(1F) P.045
방콕 아트 앤드 컬처 센터(BACC)
Bangkok Art and Culture Centre P.044
마담 투소 방콕
Madame Tussauds Bangkok(6F) P.038
싸얌 디스커버리
Siam Discovery P.042
Kritthai Residence
ibis Bangkok Siam
Rama I Rd
내셔널 스타디움
National Stadium
1
2
3
4
마분콩
MBK P.046
사부시
Shabu Shi(3,7F) P.045
마분콩 푸드 아일랜드
MBK Food Island(6F) P.044
렛츠 릴랙스
Let's Relax(5F) P.045
팀 호튼스
Tim Hortons(2F) P.045
반 쿤매
Ban Khun Mae(2F) P.044
국립 경기장
국립 경기장
Soi 1
오까쭈
Ohkajhu P.039
Soi 11
싸얌 스케이프

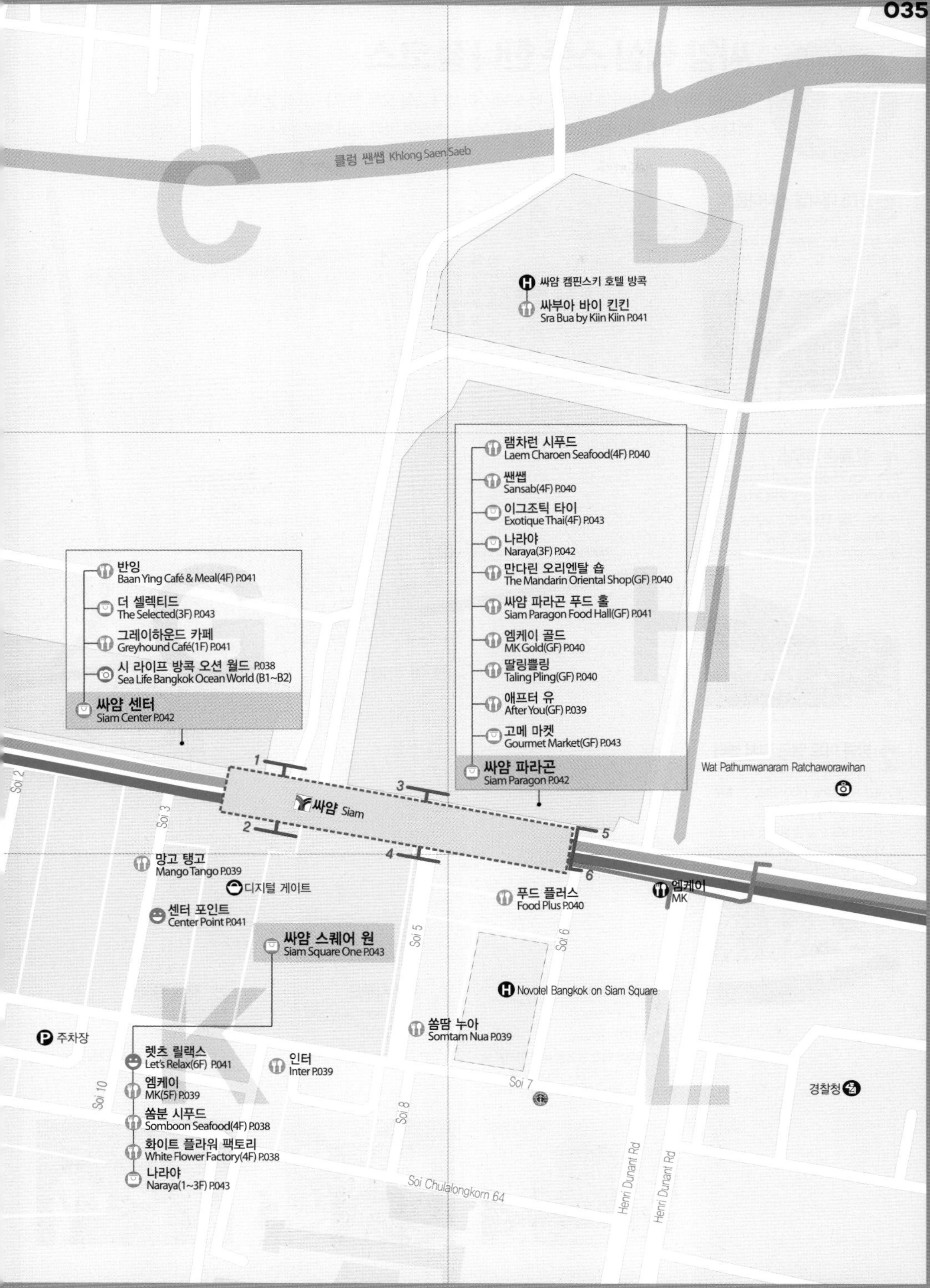

클렁 쌘쌥 Khlong Saen Saeb
C
D
싸얌 켐핀스키 호텔 방콕
싸부아 바이 킨킨
Sra Bua by Kiin Kiin P.041
램차런 시푸드
Laem Charoen Seafood(4F) P.040
쌘쌥
Sansab(4F) P.040
이그조틱 타이
Exotique Thai(4F) P.043
나라야
Naraya(3F) P.042
만다린 오리엔탈 숍
The Mandarin Oriental Shop(GF) P.040
싸얌 파라곤 푸드 홀
Siam Paragon Food Hall(GF) P.041
엠케이 골드
MK Gold(GF) P.040
딸링쁠링
Taling Pling(GF) P.040
애프터 유
After You(GF) P.039
고메 마켓
Gourmet Market(GF) P.043
싸얌 파라곤
Siam Paragon P.042
반잉
Baan Ying Café & Meal(4F) P.041
더 셀렉티드
The Selected(3F) P.043
그레이하운드 카페
Greyhound Café(1F) P.041
시 라이프 방콕 오션 월드 P.038
Sea Life Bangkok Ocean World (B1~B2)
싸얌 센터
Siam Center P.042
Wat Pathumwanaram Ratchaworawihan
Soi 2
Soi 3
1
2
3
4
5
6
싸얌 Siam
망고 탱고
Mango Tango P.039
디지털 게이트
센터 포인트
Center Point P.041
싸얌 스퀘어 원
Siam Square One P.043
Soi 5
Soi 6
푸드 플러스
Food Plus P.040
엠케이
MK
Novotel Bangkok on Siam Square
쏨땀 누아
Somtam Nua P.039
주차장
렛츠 릴랙스
Let's Relax(6F) P.041
인터
Inter P.039
엠케이
MK(5F) P.039
쏨분 시푸드
Somboon Seafood(4F) P.038
화이트 플라워 팩토리
White Flower Factory(4F) P.038
나라야
Naraya(1~3F) P.043
Soi 10
Soi 8
Soi 7
경찰청
Soi Chulalongkorn 64
Henri Dunant Rd
Henri Dunant Rd

싸얌 핵심 스폿 한나절 코스

싸얌의 핵심 볼거리와 쇼핑센터, 레스토랑, 마사지 숍을 모두 들르는 코스. 방콕이 처음인 여행자에게 강력 추천하는 코스다. 나머지 스폿은 취향에 따라 넣고 빼면 된다.

S BTS 내셔널 스타디움 역
BTS National Stadium

1번 출구로 나와 까쎔싼 쏘이 2가 나오면 우회전해 골목 끝 → 짐 톰슨 하우스 도착

1 짐 톰슨 하우스
Jim Thompson House

시간 10:00~18:00 가격 200B

→ 왔던 길을 되돌아 BTS 내셔널 스타디움 쪽으로 가서 역으로 올라가지 말고 아랫길로 걷기 → 방콕 아트 앤드 컬처 센터 도착

2 방콕 아트 앤드 컬처 센터
BACC

시간 화~일요일 10:00~21:00 휴무 월요일

→ 3층 BTS와 연결된 통로로 나와 스카이 워크(구름다리)를 따라 싸얌 방면으로 걷기 → 싸얌 파라곤 도착

타 반 크루어 느아
1
짐 톰슨 하우스 Jim Thompson House
짐 톰슨 레스토랑 & 와인 바 Jim Thompson Restaurant & Wine Bar
짐 톰슨 Jim Thompson
타 후어창
Kasem San Soi 1
Kasem San Soi 2
Kasem San Soi 3
파라다이 PARADAi (3F)
해프닝 Happening(3F)
갤러리 드립 커피 Gallery Drip Coffee(1F)
방콕 아트 앤드 컬처 센터(BACC) Bangkok Art and Culture Centre
Holiday Inn Express Bangkok Siam
2
S
내셔널 스타디움 National Stadium
국립 경기장
마분콩 MBK

3 싸얌 파라곤
Siam Paragon

시간 10:00~22:00

→ BTS 싸얌 역과 연결된 싸얌 파라곤 M층으로 간 다음 싸얌 스퀘어 원 출구 이용, 싸얌 스퀘어 원 4층 → 쏨분 시푸드 도착

4 쏨분 시푸드
Somboon Seafood

시간 11:00~21:00

→ 같은 건물 6층 → 렛츠 릴랙스

5 렛츠 릴랙스
Let's Relax

시간 10:00~22:00

→ 1층으로 내려와 싸얌 스퀘어 쏘이 3으로 나간다. → 망고 탱고 도착

코스 무작정 따라하기
START

S. BTS 내셔널 스타디움 역 1번 출구
350m, 도보 3분
1. 짐 톰슨 하우스
500m, 도보 5분
2. 방콕 아트 앤드 컬처 센터(BACC)
750m, 도보 10분
3. 싸얌 파라곤
200m, 도보 2분
4. 쏨분 시푸드
같은 건물, 도보 1분
5. 렛츠 릴랙스
200m, 도보 2분
6. 망고 탱고
Finish

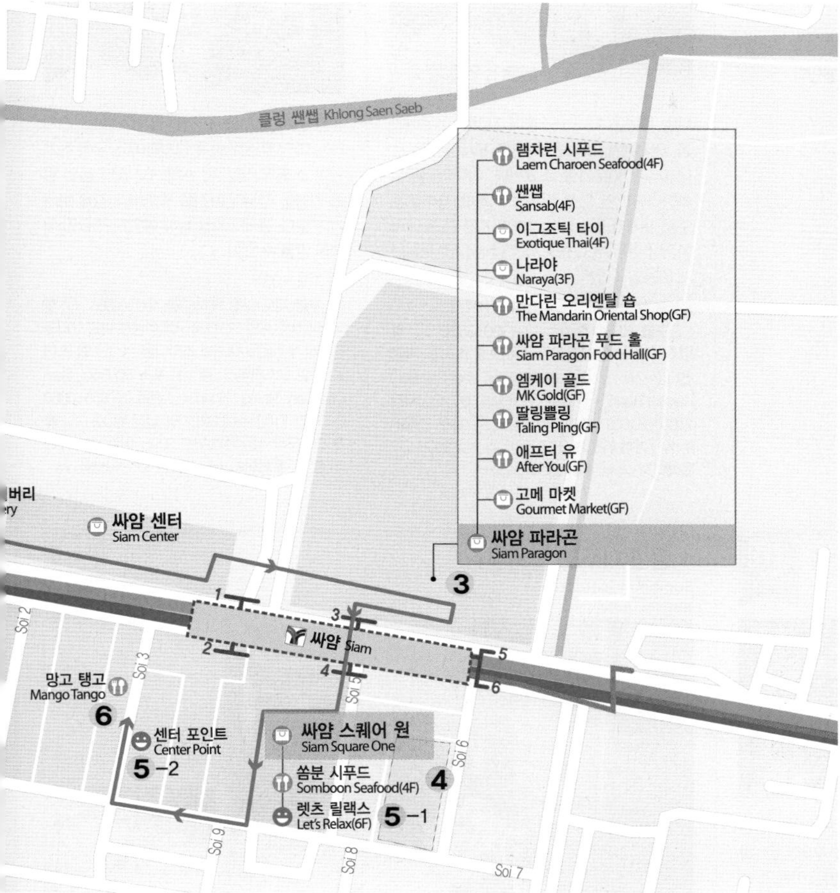

클렁 쌘쌥 Khlong Saen Saeb

싸얌 파라곤 Siam Paragon 3
- 램차런 시푸드 Laem Charoen Seafood(4F)
- 쌘쌥 Sansab(4F)
- 이그조틱 타이 Exotique Thai(4F)
- 나라야 Naraya(3F)
- 만다린 오리엔탈 숍 The Mandarin Oriental Shop(GF)
- 싸얌 파라곤 푸드 홀 Siam Paragon Food Hall(GF)
- 엠케이 골드 MK Gold(GF)
- 딸링쁠링 Taling Pling(GF)
- 애프터 유 After You(GF)
- 고메 마켓 Gourmet Market(GF)

싸얌 센터 Siam Center

싸얌 Siam

1 2 3 4 5 6

Soi 2 Soi 3 Soi 5 Soi 6 Soi 7 Soi 8 Soi 9

망고 탱고 Mango Tango 6

센터 포인트 Center Point 5-2

싸얌 스퀘어 원 Siam Square One
- 쏨분 시푸드 Somboon Seafood(4F) 4
- 렛츠 릴랙스 Let's Relax(6F) 5-1

6 망고 탱고
Mango Tango

시간 11:30~22:00

→ 1층으로 내려와 싸얌 스퀘어 쏘이 3으로 나간다. → 망고 탱고 도착

ZOOM IN

BTS 싸얌 역

BTS 쑤쿰윗 라인과 씨롬 라인의 환승역이자 방콕 최고의 시내 중심부라 늘 붐빈다.

1 시 라이프 방콕 오션 월드
Sea Life Bangkok Ocean World

도보 1분

싸얌 파라곤 지하 1~2층에 자리한 아쿠아리움. 태국에서 가장 큰 규모로 모두 돌아보는 데 1시간 30분가량 소요된다. 아쿠아리움의 하이라이트인 오션 터널을 비롯해 흥미로운 수중 세계가 펼쳐진다. 홈페이지를 통해 예약하거나 마담 투소 콤보 티켓을 끊으면 저렴하게 이용할 수 있다.

지도 P.035G
구글 지도 GPS 13.746752, 100.535018 **찾아가기** BTS 싸얌 역 싸얌 파라곤 출구 이용, 싸얌 센터 1~2층 **주소** B1–B2 Floor, Siam Paragon, Rama 1 Road **전화** 02-687-2000 **시간** 10:00~20:00(마지막 입장 19:00) **휴무** 연중무휴 **가격** 어른 1190B, 어린이(3~11세) 990B **홈페이지** www.sealifebangkok.com

2 마담 투소 방콕
Madame Tussauds Bangkok

도보 5분

유명 인사, 스타와 똑 닮은 밀랍 인형을 전시하는 마담 투소의 방콕 전시관이다. 유명 정치인과 스포츠 스타, 팝 스타, TV 스타 등의 밀랍 인형을 전시해 사진을 찍으며 시간을 보내기에 좋다. 홈페이지를 통해 예약하면 할인 혜택을 받을 수 있다.

지도 P.034F
구글 지도 GPS 13.746392, 100.531665 **찾아가기** BTS 싸얌 역 1번 출구를 이용해 싸얌 센터를 통과하거나 BTS 내셔널 스타디움 역 3번 출구 이용, 싸얌 디스커버리 6층 **주소** 6th Floor, Siam Discovery, Rama 1 Road **전화** 02-658-0060 **시간** 10:00~20:00(마지막 입장 19:00) **휴무** 연중무휴 **가격** 어른 990B, 어린이(3~11세) 790B **홈페이지** www.madametussauds.com

3 화이트 플라워
White Flower
ครัวดอกไม้ขาว

도보 1분

쏨땀라우쏫쏫 125B

마하 짜끄리 씨린턴 공주에게 수여받은 '하얀 꽃'이라는 이름의 레스토랑. 베이커리와 디저트, 퓨전 요리, 태국 요리를 광범위하게 선보인다. 분위기와 서비스, 음식의 질에 비해 가격이 매우 합리적이다.

지도 P.035K
구글 지도 GPS 13.745383, 100.533749 **찾아가기** BTS 싸얌 역 싸얌 스퀘어 원(Siam Square One) 출구 이용, 4층 **주소** 4th Floor, Siam Square One, Rama 1 Road **전화** 02-252-2646~7 **시간** 10:00~22:00 **휴무** 연중무휴 **가격** 쏨땀라우쏫쏫(Northeastern Style Spicy Papaya Salad) 125B, 카이찌여우뿌(Crab Omelette) 145B, 쁠라믁팟카이켐(Stir Fried Squid with Salted Eggs) 195B +10% **홈페이지** whiteflowerfactory.com

4 쏨분 시푸드
Somboon Seafood
สมบูรณ์โภชนา

도보 1분

방콕을 대표하는 해산물 전문점인 쏨분 시푸드의 싸얌 스퀘어 원 지점. BTS 싸얌 역과 가까운 편리한 위치 덕분에 여행자들이 즐겨 찾는다. 사람들이 많을 때는 에어컨을 가동하지 않는 실외에서 기다려야 해 조금 불편하다. 대표 메뉴는 카레로 볶은 게 요리인 뿌팟퐁까리.

1권 P.110, 146 지도 P.035K
구글 지도 GPS 13.744931, 100.533854 **찾아가기** BTS 싸얌 역 4번 싸얌 스퀘어 원(Siam Square One) 출구 이용, 싸얌 스퀘어 원 4층 **주소** 4th Floor, Siam Square One, Rama 1 Road **전화** 02-115-1401~2 **시간** 11:00~21:00 **휴무** 연중무휴 **가격** 뿌팟퐁까리(Fried Curry Crab) S 460B · M 660B · L 1320B, 쁠라까오 끄라파오끄럽(Deep Fried Grouper with Crispy Basil) 420~450B, 마크어 쁠라 켐 끄 라 타 런(Eggplants Salty Fish) 220B +7% **홈페이지** www.somboonseafood.com

뿌팟퐁까리 S 460B

5 엠케이
MK

★★★ 도보 1분

싸얌 스퀘어 인근에만 2개의 지점이 자리한다. 엠케이 골드보다 저렴하게 쑤끼를 즐기고 싶은 이들에게 적당하다.

지도 P.035K
구글 지도 GPS 13.744736, 100.533999 **찾아가기** BTS 싸얌 역 싸얌 스퀘어 원 출구 이용, 싸얌 스퀘어 원 5층 **주소** 5th Floor, Siam Square One, Rama 1 Road **전화** 02-255-9999 **시간** 11:00~22:00 **휴무** 연중무휴 **가격** 춧팍프아쑤카팝(Small Vegetable Set) 180B, 팍쑤카팝춧렉(Large Vegetable Set) 295B, 쑤끼춧 MK(MK Suki Set) 530B +7% **홈페이지** www.mkrestaurant.com

6 오까쭈
Ohkajhu โอ้กะจู๋

★★★ 도보 3분

치앙마이에서 출발해 방콕에 상륙한 팜투테이블 레스토랑. 유기농 샐러드 식단과 스테이크, 스파게티 등의 메뉴를 갖췄으며, 1층 카운터와 2~3층의 테이블로 구성된다.

지도 P.034J
구글 지도 GPS 13.744791, 100.531935 **찾아가기** BTS 싸얌 역 2번 출구 이용. 싸얌 스퀘어 쏘이 2와 쏘이 7이 만나는 지점 **주소** 426/2-4 Siam Square Soi 7 **전화** 062-309-4545 **시간** 10:00~22:00 **휴무** 연중무휴 **가격** 오가닉 샐러드(Organic Salad) 105B~, 치킨 베이컨 랩(Chicken Bacon Ranch Club Salad Wrap) 225B +7% **홈페이지** www.facebook.com/ohkajhuorganic

7 쏨땀 누아
Somtam นัว

★★ 도보 1분

싸얌 스퀘어의 인기 쏨땀 전문점. 프라이드치킨 까이텃, 생선 구이 쁠라텃 등 쏨땀과 어울리는 메뉴가 다양하다. 싸얌 센터와 센트럴 앰버시 내에도 지점이 있다.

1권 P.161 지도 P.035K
구글 지도 GPS 13.744497, 100.534286 **찾아가기** BTS 싸얌 역 4번 출구 이용, 쏘이 5 끝자락에 위치, 100m, 도보 1분 **주소** Siam Square Soi 5 **전화** 02-251-4880 **시간** 11:00~21:00 **휴무** 연중무휴 **가격** 땀뿌(Somtam with Salted Srab) 90B, 까이텃(Fried Chicken) 140 · 180B, 카우니여우(Sticky Rice) 35B +17% **홈페이지** somtamnua.business.site

땀뿌 90B

8 인터
Inter
อินเตอร์

★★ 도보 2분

싸얌 스퀘어에 자리한 현지 식당으로 인근 학생들과 직장인들에게 매우 인기다. 인기 비결은 저렴한 가격. 에어컨을 갖춘 쾌적한 실내에 있는데도 100B을 넘지 않는 메뉴가 수두룩하다. 부가세와 세금도 없다. 대신 현금 결제만 가능하다.

지도 P.035K
구글 지도 GPS 13.744197, 100.533540 **찾아가기** BTS 싸얌 역 싸얌 스퀘어 원 출구 이용, 싸얌 스퀘어 원을 통과해 횡단보도 건너 싸얌 스퀘어 쏘이 9에 위치, 총 130m, 도보 2분 **주소** 432/1-2 Siam Square Soi 9 **전화** 02-251-4689 **시간** 11:00~21:30 **휴무** 연중무휴 **가격** 카우무텃 끄라티얌 프릭타이(Stir Fried Pork with Garlic & Pepper on Rice) 70B, 쏨땀타이('Som-Tum' Spicy Papaya Salad) 58B **홈페이지** www.facebook.com/InterRestaurants1981

9 망고 탱고
Mango Tango

★★★ 도보 2분

인기 망고 디저트 전문점. 망고 아이스크림, 망고 푸딩, 망고 주스, 생망고 등 망고 디저트를 다양하게 선보인다. 디저트로 사용하는 망고는 가장 맛있기로 이름난 '남덕마이'다. 매장에서 먹으려면 한 사람당 메뉴 하나는 반드시 주문해야 하며, 계산 후 자리를 안내받는다.

1권 P.175 지도 P.035K
구글 지도 GPS 13.745306, 100.532787 **찾아가기** BTS 싸얌 역 2번 출구 이용. 쏘이 3으로 진입하면 바로 보인다. **주소** Siam Squares Soi 3 **전화** 064-461-5956 **시간** 11:30~22:00 **휴무** 연중무휴 **가격** 망고 탱고(Mango Tango) 190B, 망고 딜라이트(Mango Delight) 105B **홈페이지** 없음

망고탱고 190B

10 애프터 유
After You

★★★ 도보 1~2분

텅러 쏘이 13 매장에서 선보인 이후 선풍적인 인기를 얻고 있는 디저트 전문점. 시부야 허니 토스트, 초콜릿 라바, 카키고리 등 시그너처 메뉴를 비롯해 커피, 주스까지 디저트의 종류가 다양하고 충실하다.

지도 P.035H
구글 지도 GPS 13.746682, 100.534747 **찾아가기** BTS 싸얌 역 싸얌 파라곤 출구 이용, 싸얌 파라곤 G층 **주소** G Floor, Siam Paragon, Rama 1 Road **전화** 02-610-7659 **시간** 10:00~22:30 **휴무** 연중무휴 **가격** 홀릭스 카키고리(Horlicks Kakigori) 245B, 초콜릿 라바(Chocolate Lava) 175B **홈페이지** www.afteryoudessertcafe.com

홀릭스 카키고리 245B

11 푸드 플러스
Food Plus

싸얌 스퀘어 쏘이 5~6에 길게 형성된 노점 음식점. 국수, 덮밥, 볶음밥, 과일, 주스, 디저트 등 길거리 음식은 모두 판매한다. 노점 중에는 만들어놓은 반찬을 덮밥식으로 판매하는 카우깽이 가장 많다. 모든 메뉴가 30B가량으로 매우 저렴하다.

지도 P.035L
구글 지도 GPS 13.745229, 100.534512 **찾아가기** BTS 싸얌 역 싸얌 스퀘어 원 출구에서 왼쪽으로 나와 방콕 은행 옆 작은 골목인 쏘이 5로 진입 **주소** Siam Square Soi 5, 6 **전화** 가게마다 다름 **시간** 가게마다 다름 **휴무** 연중무휴 **가격** 예산 40B~ **홈페이지** 없음

12 엠케이 골드
MK Gold

태국을 대표하는 쑤끼 전문점인 MK 쑤끼의 고급 버전. MK에 비해 가격이 비싸지만 신선한 재료와 업그레이드된 서비스로 인기를 얻고 있다. 싸얌 파라곤 G층에 자리한 지점은 접근성이 좋아 여행자들도 즐겨 찾는다.

1권 P.115 지도 P.035H
구글 지도 GPS 13.745791, 100.534674 **찾아가기** BTS 싸얌 역 싸얌 파라곤 출구 이용, 싸얌 파라곤 G층 **주소** G Floor, Siam Paragon, Rama 1 Road **전화** 02-610-9336 **시간** 10:00~22:00 **휴무** 연중무휴 **가격** 팍촛쑤카팝(Healthy Vegetable Set) S 260B · L 450B, 촛혯 나나찻(Mushrooms Set) 300B, MK Gold 쑤끼셋(MK Gold Suki Set) 650B, MK 시푸드 셋(MK Seafood Set) 950B +17% **홈페이지** www.mkrestaurant.com

13 딸링쁠링
Taling Pling
ตะลิงปลิง

태국 요리 전문 레스토랑 딸링쁠링의 싸얌 파라곤 지점. 싸얌 파라곤 G층 레스토랑 가운데 가격이 합리적인 편이다. 팟타이, 덮밥 등 단품 요리도 괜찮지만 2~3명이 찾는다면 여러 요리를 주문하는 것을 추천한다.

1권 P.116 지도 P.035H
구글 지도 GPS 13.747047, 100.534252 **찾아가기** BTS 싸얌 역 싸얌 파라곤 출구 이용, 싸얌 파라곤 G층 **주소** G Floor, Siam Paragon, Rama 1 Road **전화** 02-129-4353 **시간** 10:00~22:00 **휴무** 연중무휴 **가격** 마싸만 무 로띠(Massaman Pork Curry Served with Roti) 195B, 팟타이꿍(Phad Thai) 175B +17% **홈페이지** talingpling.com

쎈짠 팟따이꿍숫 175B

14 쌘쌥
Sansab
แสนแซ่บ

여러 체인의 쌘쌥 레스토랑 중에서도 고급스러운 분위기다. 샐러드와 구이, 튀김, 수프 외에 볶음밥, 덮밥 등 아한짠디여우가 다양해 간단하게 이싼 요리를 맛보기에 손색이 없다.

지도 P.035H
구글 지도 GPS 13.747010, 100.534361 **찾아가기** BTS 싸얌 역 싸얌 파라곤 출구 이용, 싸얌 파라곤 4층 **주소** 4th Floor, Siam Paragon, Rama 1 Road **전화** 02-610-9525 **시간** 10:00~23:00 **휴무** 연중무휴 **가격** 까이양쌘쌥(Grilled Chicken) 200B, 커무양(Grilled BBQ Pork) 160B +17% **홈페이지** www.sansab.co.th

쏨땀타이 80B

15 램차런 시푸드
Laem Charoen Seafood

태국의 유명 해산물 전문점. 싱싱한 해산물로 만드는 요리는 기본 이상의 맛을 보장한다. 뿌팟퐁까리는 무게에 따라 가격을 매겨 조금 비싸다.

1권 P.147 지도 P.035H
구글 지도 GPS 13.746575, 100.534508 **찾아가기** BTS 싸얌 역 싸얌 파라곤 출구 이용, 싸얌 파라곤 4층 **주소** 4th Floor, Siam Paragon, Rama 1 Road **전화** 081-234-2057 **시간** 10:00~21:00 **휴무** 연중무휴 **가격** 허이딸랍팟남프릭파오(Stir Fried Asiatic Hard Clams in Thai Chili Paste) 220B, 남프릭카이뿌(Crab Egg Chili Dip) 220B, 뿌마덩(Pickled Blue Crabs) 490B +10% **홈페이지** www.laemcharoenseafood.com

쁠라믁카이닝어마나우 395B

16 만다린 오리엔탈 숍
The Mandarin Oriental Shop

만다린 오리엔탈 방콕에서 선보이는 베이커리 카페. 싸얌 파라곤 매장은 가운데에 자리한 대형 오픈 키친에서 빵과 디저트를 직접 보고 고르면 된다.

지도 P.035H
구글 지도 GPS 13.746863, 100.534506 **찾아가기** BTS 싸얌 역 싸얌 파라곤 출구 이용, 싸얌 파라곤 G층 **주소** G Floor, Siam Paragon, Rama 1 Road **전화** 02-129-4318 **시간** 10:00~21:00 **휴무** 연중무휴 **가격** 도넛(Doughnut) 60B, 크렘 브륄레(Crème Brûlée) 80B, 마들렌(Madeleine) 225B, 소프트 블루베리 치즈 케이크(Soft Blueberry Cheese Cake) 145B +10% **홈페이지** www.mandarinoriental.com/bangkok/fine-dining/the-mandarin-oriental-shop

레몬 바 140B

17 싸얌 파라곤 푸드 홀
Siam Paragon Food Hall

★★ 도보 1분

방콕 최고의 쇼핑센터를 자부하는 싸얌 파라곤 G층에 자리한 푸드코트. 국수, 볶음밥, 덮밥, 쏨땀 등 다양한 태국 요리와 전 세계 요리를 판매한다. 싸얌 파라곤 내에서는 저렴하게 식사를 할 수 있는 공간이지만 다른 푸드코트에 비해서는 10~20B가량 가격이 비싸다.

지도 P.035H

구글 지도 GPS 13.746554, 100.535520 **찾아가기** BTS 싸얌 역 싸얌 파라곤 출구 이용, 싸얌 파라곤 G층 **주소** G Floor, Siam Paragon, Rama 1 Road **전화** 02-690-1000 **시간** 10:00~22:00 **휴무** 연중무휴 **가격** 예산 100B~ **홈페이지** www.siamparagon.co.th

18 그레이하운드 카페
Greyhound Café

★★ 도보 3분

의류 브랜드 그레이하운드에서 운영하는 레스토랑으로 서양 요리와 퓨전 태국 요리를 선보인다. 태국 요리가 입맛에 맞지 않는 이들도 부담 없이 즐길 수 있다.

지도 P.035G

구글 지도 GPS 13.746582, 100.532202 **찾아가기** BTS 싸얌 역 1번 출구 이용, 싸얌 센터 1층 **주소** 1st Floor, Siam Center, Rama 1 Road **전화** 02-658-1129 **시간** 11:00~21:00 **휴무** 연중무휴 **가격** 카우팟 남프릭파우꿍쏫(Chili Paste Fried Rice with Shrimp) 280B, 꾸어이띠여우 허무쌉(Complicated Noodle) 220B, 카우풋텃 느어 뿌(Crispy Sweet Corn with Crab Meat) 240B +17% **홈페이지** www.greyhoundcafe.co.th

꾸어이띠여우 허무쌉 220B

19 반잉
Baan Ying Café & Meal

★★ 도보 3분

캐주얼한 분위기의 프랜차이즈 레스토랑으로 싸얌 센터 지점은 학생들이 즐겨 찾는다. 볶음밥, 덮밥 등 단품 메뉴가 많아 가볍게 즐기기에 좋으며, 가격도 저렴하다. 대표 메뉴는 반잉 스타일 오믈렛인 카우카이콘.

지도 P.035G

구글 지도 GPS 13.746296, 100.532481 **찾아가기** BTS 싸얌 역 1번 출구 이용, 싸얌 센터 4층 **주소** 4th Floor, Siam Center, Rama 1 Road **전화** 02-664-4510 **시간** 10:00~22:00 **휴무** 연중무휴 **가격** 카우카이콘(Baanying-style Omelette) 60B+토핑(20~40B) +10% **홈페이지** baanyingfamily.com

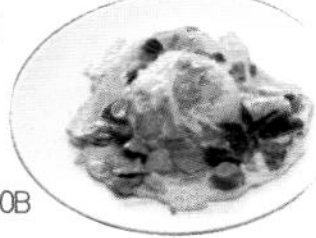

카우카이콘 60B

20 싸부아 바이 킨킨
Sra Bua by Kiin Kiin

★★★ 도보 7분

싸얌 켐핀스키 호텔 방콕이 자랑하는 퓨전 태국 요리 레스토랑. 태국 식재료를 바탕으로 분자 요리를 선보인다. 미슐랭 스타 셰프인 킨킨이 3개월 한 번씩 방문해 메뉴를 점검한다.

지도 P.035D

구글 지도 GPS 13.748484, 100.534638 **찾아가기** BTS 싸얌 역. 싸얌 켐핀스키 이정표를 참고해 싸얌 파라곤을 통과하면 된다. **주소** 991/9 Rama 1 Road **전화** 02-162-9000 **시간** 12:00~15:00, 18:00~24:00 **휴무** 연중무휴 **가격** 10코스 3100B +17% **홈페이지** www.kempinski.com/en/bangkok/siam-hotel/dining/sra-bua-by-kiin-kiin

21 렛츠 릴랙스
Let's Relax

★★★ 도보 1분

한국 여행자들 사이에서 유명한 마사지 업소다. 깨끗하고 편안한 시설과 친절한 서비스는 물론 합리적인 가격 모두 만족스럽다. 싸얌 일대에서는 싸얌 스퀘어 원 매장이 찾기 편리하다. 마사지 강도는 조금 약한 편이다.

1권 P.184 지도 P.035K

구글 지도 GPS 13.745203, 100.533784 **찾아가기** BTS 싸얌 역 4번 출구 이용, 싸얌 스퀘어 원 6층 **주소** 6th Floor, Siam Square One, Rama 1 Road **전화** 02-252-2228 **시간** 10:00~22:00 **휴무** 연중무휴 **가격** 타이 마사지 2시간 1200B **홈페이지** www.letsrelaxspa.com

22 센터 포인트
Center Point

★★★ 도보 1~2분

호불호가 갈리지만 전반적으로 만족스러운 마사지 업소다. 실내는 공주풍 소품과 가구 등으로 아기자기한 느낌을 살렸다. 겉보기와는 달리 규모가 상당하다.

1권 P.186 지도 P.035K

구글 지도 GPS 13.744833, 100.533013 **찾아가기** BTS 싸얌 역 2번 출구 이용, 쏘이 3으로 진입해 80m 왼쪽 **주소** 266/3 Siam Square 3, Rama 1 Road **전화** 02-658-4597~8 **시간** 10:00~24:00 **휴무** 연중무휴 **가격** 타이 마사지 1시간 500B, 1시간 30분 650B, 2시간 800B **홈페이지** www.centerpointmassage.com

23 싸얌 파라곤
Siam Paragon

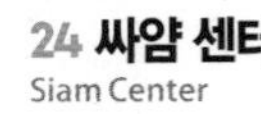

★★★ 도보 1분

2005년 12월 9일 개장한 이래 싸얌의 고급화를 주도했을 뿐 아니라 백화점과 다양한 문화 공간을 결합해 쇼핑을 일종의 문화로 바꾸는 등 싸얌의 쇼핑 지형을 변화시킨 곳이다. 세계적인 명품 브랜드, 중저가 브랜드, 레스토랑 등이 입점해 다양한 쇼핑 스펙트럼과 미식을 충족시킨다.

지도 P.035H
구글 지도 GPS 13.746844, 100.534921 **찾아가기** BTS 싸얌 역 싸얌 파라곤 출구에서 바로 **주소** Siam Paragon, Rama 1 Road **전화** 02-610-8000 **시간** 10:00~22:00 **휴무** 연중무휴 **가격** 매장마다 다름 **홈페이지** www.siamparagon.co.th

24 싸얌 센터
Siam Center

★★ 도보 2분

태국 유명 디자이너 브랜드와 패스트 패션 브랜드가 다수 입점한 젊은 분위기의 쇼핑센터다. 한국인이 주목할 만한 매장으로는 1층의 카르마카멧, 탄 등이 있다. 푸드코트와 그레이하운드, 오드리, 쏨땀 누아, 반잉, 본촌 등의 레스토랑도 입점해 있다.

지도 P.035G
구글 지도 GPS 13.746254, 100.532858 **찾아가기** BTS 싸얌 역 1번 출구에서 바로 **주소** Siam Center, Rama 1 Road **전화** 02-658-1000 **시간** 10:00~22:00 **휴무** 연중무휴 **가격** 가게마다 다름 **홈페이지** www.siamcenter.co.th

25 싸얌 디스커버리
Siam Discovery

★★ 도보 3분

2016년에 레노베이션을 거쳐 새롭게 선보였다. 매장과 매장이 오픈 된 형태로 G층부터 5층까지 각 층마다 6개 랩으로 구분된다. 2층 디지털 랩의 대형 문구점 로프트(Loft), 3층 크리에이티브 랩의 주방과 생활 관련 디자인 제품, 4층 플레이 랩의 기념품 매장이 괜찮다.

지도 P.034F
구글 지도 GPS 13.746398, 100.531548 **찾아가기** BTS 싸얌 역 3번 출구를 이용해 싸얌 센터를 통과하거나 BTS 내셔널 스타디움 역 3번 출구 이용 **주소** Siam Discovery, Rama 1 Road **전화** 02-658-1000 #3400 **시간** 10:00~22:00 **휴무** 연중무휴 **가격** 가게마다 다름 **홈페이지** www.siamdiscovery.co.th

26 나라야
Naraya

★★★ 도보 1분

화사한 디자인의 패브릭 잡화 전문점. 싸얌 파라곤과 싸얌 스퀘어 원 모두 매장 규모가 크다. 심플함을 강조한 나라(Nara), 보헤미안 스타일의 여성 의류와 액세서리를 판매하는 라라마(La La Ma)도 나라야의 브랜드. 라라마는 싸얌 스퀘어 원에서만 매장을 운영한다.

휴무 연중무휴 **가격** 제품마다 다름 **홈페이지** www.naraya.com

싸얌 파라곤
1권 P.224 지도 P.035H
구글 지도 GPS 13.746820, 100.535295 **찾아가기** BTS 싸얌 역 3·5번 싸얌 파라곤 출구 이용, 싸얌 파라곤 3층 **주소** 3rd Floor, Siam Paragon, Rama 1 Road **전화** 02-610-9418 **시간** 10:00~22:00

싸얌 스퀘어 원
1권 P.224 지도 P.035K
구글 지도 GPS 13.744945, 100.533860 **찾아가기** BTS 싸얌 역 4번 싸얌 스퀘어 원 출구 이용, 싸얌 스퀘어 원 1~3층 **주소** 1~3 Floor, Siam Square One, Rama 1 Road **전화** 02-115-5020 **시간** 10:00~22:00

27 싸얌 스퀘어 원
Siam Square One

★★ 도보 1분

싸얌 역과 바로 연결되며 유명 레스토랑과 마사지 숍이 많아 유용하다. 다만 야외로 개방된 구조라 더위에 취약하다. 규모 큰 나라야와 애프터 유가 자리하며, 쏨분 시푸드는 특히 한국인에게 인기다. 마사지 숍으로는 렛츠 릴랙스가 있다.

지도 P.035K

구글 지도 GPS 13.744936, 100.533858 **찾아가기** BTS 싸얌 역 4번 싸얌 스퀘어 원 출구에서 바로 **주소** Siam Square One, Rama 1 Road **전화** 02-255-9999 **시간** 10:00~22:00 **휴무** 연중무휴 **가격** 가게마다 다름 **홈페이지** 없음

28 이그조틱 타이
Exotique Thai

★★★ 도보 1분

홈 스파 브랜드와 전통 잡화 브랜드 멀티숍. 어브, 판퓨리, 탄, 디와나, 한 등 다양한 홈 스파 브랜드는 물론 타이 실크와 패브릭 제품, 세라믹 재질의 주방용품 등을 한곳에 모아놓았다. 다른 백화점의 이그조틱 타이에 비해 각각의 매장이 크고 상품이 다양하다.

지도 P.035H

구글 지도 GPS 13.746844, 100.534921 **찾아가기** BTS 싸얌 역 3·5번 싸얌 파라곤 출구 이용, 싸얌 파라곤 4층 **주소** 4th Floor, Siam Paragon, Rama 1 Road **전화** 02-610-8000 **시간** 10:00~22:00 **휴무** 연중무휴 **가격** 가게마다 다름 **홈페이지** www.siamparagon.co.th

29 고메 마켓
Gourmet Market

★★★ 도보 1분

주요 쇼핑센터에 입점해 있는 대형 슈퍼마켓. 가격대가 높은 편이지만 쇼핑 환경이 쾌적하고 고객 만족도가 높다. 싸얌 파라곤 매장은 고메 마켓 중에서도 규모가 아주 큰 편. 반려동물과 함께 산다면 다양한 제품을 갖춘 펫숍에도 들러보자.

1권 P.220 지도 P.035H

구글 지도 GPS 13.746844, 100.534921 **찾아가기** BTS 싸얌 역 3·5번 싸얌 파라곤 출구 이용, 싸얌 파라곤 G층 **주소** G Floor, Siam Paragon, Rama 1 Road **전화** 02-690-1000 #1214, 1258 **시간** 10:00~22:00 **휴무** 연중무휴 **가격** 제품마다 다름 **홈페이지** www.gourmetmarketthailand.com

30 더 셀렉티드
The Selected

★★ 도보 3분

싸얌 센터 3층에 자리한 라이프스타일 멀티숍. 의류, 잡화, 스파용품 등 더 셀렉티드가 선택한(selected) 다양한 브랜드의 제품을 소개한다. 컨테이너(Container)의 가방, 티모(Timo)의 수영복, 글라(Gla) 스파용품 등이 대표적이다.

지도 P.035G

구글 지도 GPS 13.746309, 100.532224 **찾아가기** BTS 싸얌 역 1번 출구 이용, 싸얌 센터 3층 **주소** 3rd Floor, Siam Center, Rama 1 Road **전화** 02-658-1000 #1378 **시간** 10:00~22:00 **휴무** 연중무휴 **가격** 제품마다 다름 **홈페이지** www.facebook.com/theselected

ZOOM IN

BTS 내셔널 스타디움 역

BTS 씨롬 라인의 북쪽 끝 역. 짐 톰슨 하우스, 방콕 아트 앤드 컬처 센터 등 굵직한 볼거리가 자리한다.

1 짐 톰슨 하우스

Jim Thompson House

태국 실크의 우수함을 전 세계에 알린 짐 톰슨의 집. 태국 고유의 아름다움이 묻어나는 200년 이상 된 여섯 채의 티크목 건물로 이뤄졌다. 집 내부에는 짐 톰슨이 수집한 골동품과 도자기, 회화, 불상 등이 가득하다. 집 내부는 영어 등의 언어로 진행하는 가이드 투어로 돌아볼 수 있다.

1권 P.058 **지도** P.034A
구글 지도 GPS 13.749209, 100.528312 **찾아가기** BTS 내셔널 스타디움 역 1번 출구 이용, 까쎔싼 쏘이 2가 나오면 우회전해 골목 끝 **주소** 6 Kasemsan Soi 2, Rama 1 Road **전화** 02-216-7368 **시간** 10:00~18:00 **휴무** 연중무휴 **가격** 200B **홈페이지** www.jimthompsonhouse.com

2 방콕 아트 앤드 컬처 센터(BACC)

Bangkok Art and Culture Centre

★★★ 도보 1분

L~9층 건물 전체에서 각종 문화 공연과 예술 작품 전시를 진행한다. 핵심 층은 메인 갤러리가 자리한 7~9층으로 자세한 일정은 홈페이지에서 확인 가능하다. 메인 갤러리에 입장하려면 A4 사이즈 이상의 가방은 로커에 맡겨야 한다. 보증금 100B 혹은 신분증 필요.

1권 P.062 **지도** P.034F
구글 지도 GPS 13.746662, 100.530294 **찾아가기** BTS 내셔널 스타디움 역 3번 출구에서 바로 **주소** Bangkok Art and Culture Centre, 939 Rama 1 Road **전화** 02-214-6630~8 **시간** 화~일요일 10:00~21:00 **휴무** 월요일 **가격** 무료입장 **홈페이지** en.bacc.or.th

3 반 쿤매

Ban Khun Mae
บ้านคุณแม่

★★★ 도보 1분

싸얌 스퀘어에 1998년 문을 연 이래 정통 태국 요리로 명성을 쌓은 레스토랑. 싸얌 스퀘어에서 MBK로 이전하며 쾌적함을 더했다. '어머니의 집'이라는 이름처럼 정성 어린 음식과 업그레이드된 서비스로 여전히 현지인과 외국인에게 인기를 누리고 있다.

1권 P.109, 143 **지도** P.034F
구글 지도 GPS 13.745514, 100.530175 **찾아가기** BTS 내셔널 스타디움 역 마분콩 출구 이용, 마분콩 2층 **주소** 2nd Floor, MBK, Phayathai Road **전화** 02-048-4593 **시간** 11:00~22:00 **휴무** 연중무휴 **가격** 카이찌여우뿌(Minced Crab Omelette) 160B, 팟팍루엄밋(Stir-Fried Mixed Vegetables) 120B, 똠얌꿍(Tom Yam Koong) 230B · 460B +10% **홈페이지** www.bankhunmae.com

4 마분콩 푸드 아일랜드

MBK Food Island

MBK 6층에 자리한 초대형 푸드코트. 입구에서 카드를 충전해 현금처럼 사용하면 된다. 카드는 당일에 반납해야 남은 금액을 돌려받을 수 있다. 이싼 요리 등 다양한 태국 요리 중에서도 국수 종류가 단연 많다.

지도 P.034F
구글 지도 GPS 13.745617, 100.529897 **찾아가기** BTS 내셔널 스타디움 역에서 마분콩 출구 이용, 마분콩 6층 **주소** 6th Floor, MBK, Phayathai Road **전화** 02-620-9000 **시간** 08:00~21:00 **휴무** 연중무휴 **가격** 60~140B **홈페이지** www.mbkfoodisland.com

5 샤부시
Shabu Shi

★★ 도보 1분

뷔페식으로 쑤끼를 선보이는 체인 레스토랑으로, MBK에는 3층과 7층 두 군데에 자리한다. 1시간 15분 동안 쑤끼, 초밥, 튀김, 디저트, 음료를 마음껏 먹을 수 있어 양이 많은 이들에게는 아주 괜찮은 선택이다. 쑤끼 육수는 치킨, 똠얌, 우유 중 선택하면 된다.

지도 P.034F
구글 지도 GPS 13.745270, 100.530029 **찾아가기** BTS 내셔널 스타디움 역에서 마분콩 출구 이용, 마분콩 3·7층 **주소** 3rd & 7th Floor, MBK, Phayathai Road **전화** 061-420-8773 **시간** 10:00~22:00 **휴무** 연중무휴 **가격** 419B, 1시간 15분 이후 10분당 20B **홈페이지** www.shabushibuffet.com

6 팀 호튼스
Tim Hortons

★★ 도보 1분

도넛과 커피로 유명한 캐나다의 커피 전문점 팀 호튼스의 마분콩 매장이다. 특별할 것 없는 커피 프랜차이즈 중 하나이지만 휴식 공간이 적은 마분콩에서 오아시스 같은 역할을 한다.

지도 P.034F
구글 지도 GPS 13.745659, 100.529905
찾아가기 BTS 내셔널 스타디움 역. 스카이워크와 연결돼 있다. **주소** 2nd Floor, MBK, Phayathai Road **전화** 02-114-7442 **시간** 08:00~20:00 **휴무** 연중무휴 **가격** 아메리카노(Americano) S 95B · M 100B · L 125B **홈페이지** 없음

7 짐 톰슨 레스토랑 & 와인 바
Jim Thompson Restaurant & Wine Bar

★★ 도보 3분

짐 톰슨 하우스 내에 자리한 레스토랑. 박물관과 별개로 레스토랑만 이용할 수 있다. 섬세한 맛을 살린 태국 요리뿐 아니라 50여 종류의 와인 리스트와 음료, 칵테일을 선보인다. 정식 오픈 시간은 오전 11시이며 오픈 전에는 야외 좌석에서 음료만 주문받는다.

지도 P.034A
구글 지도 GPS 13.749312, 100.528466
찾아가기 BTS 내셔널 스타디움 역 1번 출구 이용, 까쎔싼 쏘이 2가 나오면 우회전해 골목 끝 **주소** 6/1 Kasemsan Soi 2, Rama 1 Road **전화** 02-612-3601 **시간** 11:00~17:00, 18:00~22:00 **휴무** 연중무휴 **가격** 아메리카노 90B+10% **홈페이지** www.jimthompsonrestaurant.com

8 갤러리 드립 커피
Gallery Drip Coffee

★★★ 도보 1분

BACC 1층에 자리한 방콕 최초의 드립 커피숍. 드립 커피의 맛을 좌우하는 진짜 손맛을 보기 위해 많은 이들이 기다림을 감수하며 바 테이블이 비기를 기다린다. 태국과 외국에서 생산한 커피콩을 연하게 볶아 사용해 커피가 부드럽다.

지도 P.034F
구글 지도 GPS 13.746627, 100.530569 **찾아가기** BTS 내셔널 스타디움 역 3번 출구, BACC 1층 **주소** 1st Floor, Bangkok Art and Culture Centre, Rama 1 Road **전화** 081-989-5244 **시간** 화~일요일 11:00~21:00 **휴무** 월요일 **가격** 드립 커피(Drip Coffee) 70~90B **홈페이지** www.facebook.com/GalleryDripCoffee

9 파라다이
PARADAi

★★★ 도보 2분

태국에서 생산되는 카카오 열매로 수제 초콜릿을 만드는 곳이다. 밀크·다크 초콜릿은 기본. 과일, 치즈 등의 맛을 첨가한 초콜릿이 다양하다. 똠얌, 그린 커리와 같은 타이 컬렉션도 눈길을 끈다.

지도 P.034F
구글 지도 GPS 13.746864, 100.530478 **찾아가기** BTS 내셔널 스타디움 역 3번 출구 이용. BACC 3층 **주소** 3rd Floor, Bangkok Art and Culture Centre, Rama 1 Road **전화** 063-525-5517 **시간** 화~일요일 10:00~20:00 **휴무** 월요일 **가격** 시그너처 초콜릿 드링크(Signature Chocolate Drink) 120B, 피콜로 라테(Piccolo Latte) 80B **홈페이지** www.facebook.com/Paradai.Chocolate

10 렛츠 릴랙스
Let's Relax

★★★ 도보 1분

한국 여행자들 사이에서 유명한 렛츠 릴랙스 스파의 마분콩 지점. 마분콩 쇼핑과 함께 찾기에 편리하다. 적정한 가격대에 깨끗하고 편안한 시설과 친절한 서비스를 누릴 수 있다. 마사지 강도는 약한 편. 매장에서 판매하는 스파 제품의 품질이 아주 좋다.

1권 P.184 지도 P.034F
구글 지도 GPS 13.745682, 100.530288 **찾아가기** BTS 내셔널 스타디움 역 마분콩 출구 이용, 마분콩 5층 **주소** 5th Floor, MBK, Phayathai Road **전화** 02-003-1653 **시간** 10:00~24:00 **휴무** 연중무휴 **가격** 타이 마사지 2시간 1200B **홈페이지** www.letsrelaxspa.com

11 짐 톰슨
Jim Thompson

짐 톰슨 하우스 내에 자리한 짐 톰슨 타이 실크 매장. 스카프, 넥타이, 소품, 잡화 등을 판매한다. 실크 제품의 특성상 가격대가 높은 편이며, 젊은 층보다는 중·장년층에 어울릴 만한 제품이 많다.

1권 P.224 지도 P.034A
구글 지도 GPS 13.749209, 100.528312 **찾아가기** BTS 내셔널 스타디움 역 1번 출구 이용, 까쎔싼 쏘이 2가 나오면 우회전해 골목 끝 **주소** 6 Kasemsan Soi 2, Rama 1 Road **전화** 02-216-7368 **시간** 09:00~18:00 **휴무** 연중무휴 **가격** 제품마다 다름 **홈페이지** www.jimthompsonhouse.com

12 마분콩
MBK

야시장 분위기의 쇼핑센터다. 에어컨이 있는 7층 건물에 야시장 아이템을 저렴하게 판매하는 가게가 가득하다. 명품 브랜드 이미테이션 시계, 전자 제품, 카메라용품 매장도 많다. 다양한 프랜차이즈 레스토랑을 비롯해 6층 푸드 아일랜드 등 푸드코트도 여러 곳 자리한다.

지도 P.034F
구글 지도 GPS 13.744447, 100.529876 **찾아가기** BTS 내셔널 스타디움 역 4번 출구에서 바로 **주소** MBK, Phayathai Road **전화** 02-620-9000 **시간** 10:00~22:00 **휴무** 연중무휴 **가격** 가게마다 다름 **홈페이지** www.mbk-center.co.th

13 해프닝
Happening

컬처 매거진 〈해프닝〉을 발행하는 독립 출판사에서 운영하는 셀렉트 숍. 태국 전역의 예술가 개인이나 집단에서 만든 에코 백, 티셔츠, 스카프 등 잡화와 문구 디자인 제품을 판매한다. BTS와 연결된 BACC 3층에 자리해 접근성이 좋다.

지도 P.034F
구글 지도 GPS 13.746643, 100.530331 **찾아가기** BTS 내셔널 스타디움 역 3번 출구 이용, BACC 3층 **주소** 3rd Floor, Bangkok Art and Culture Centre, Rama 1 Road **전화** 02-214-3040 **시간** 화~일요일 11:00~20:00 **휴무** 월요일 **가격** 제품마다 다름 **홈페이지** www.facebook.com/happeningshopbangkok

ZOOM IN

BTS 파야타이 역

공항철도와 BTS 환승역. 볼거리로는 쑤언 빡깟 박물관이 있다. 킹 파워 면세점이 그리 멀지 않아 함께 돌아볼 수 있다.

1 쑤언 빡깟 박물관
Suan Pakkad Palace Museum

라마 5세의 손자와 손자며느리가 살던 집. 궁이 있던 자리가 중국인 소유의 배추 농원(쑤언 빡깟)이라 붙은 이름이다. 1952년부터 일반에게 개방된 최초의 왕가 거주 공간이다. 태국 가옥과 정원의 아름다움에 더해 춤봇 왕자가 수집한 아기자기한 소장품을 감상할 수 있다.

1권 P.063 지도 P.047B
구글 지도 GPS 13.756975, 100.536873 **찾아가기** BTS 파야타이 역 4번 출구에서 280m, 도보 4분 **주소** 352-354 Si Ayutthaya Road **전화** 02-245-4934, 246-1775 **시간** 09:00~16:00 **휴무** 연중무휴 **가격** 100B **홈페이지** www.suanpakkad.com

2 팩토리 커피
Factory

태국 바리스타 챔피언과 월드 에스프레소 챔피언에 수상 경력이 있는 바리스타 카페. 에스프레소, 필터, 시그너처 드링크의 커피를 선보인다. 플레이버를 꼼꼼히 적어 놓았으므로 참고해 주문하면 된다. 커피 애호가라면 놓치지 말아야 할 핫 플레이스 중 하나다.

1권 P.170 지도 P.047B
구글 지도 GPS 13.756829, 100.534863
찾아가기 BTS 혹은 공항철도 파야타이 역 이용. 공항철도 파야타이 역 바로 아래 **주소** 49 Phayathai Road **전화** 080-958-8050 **시간** 08:00~17:00 **휴무** 연중무휴 **가격** 하우스 블렌드(House Blend) 90·100B **홈페이지** factorybkk.com

ZOOM IN

BTS 빅토리 모뉴먼트 역

역 주변에 쇼핑센터가 있지만 큰 매력은 없다. 여행자들은 유명 펍인 색소폰을 찾기 위해 일부러 들르기도 한다.

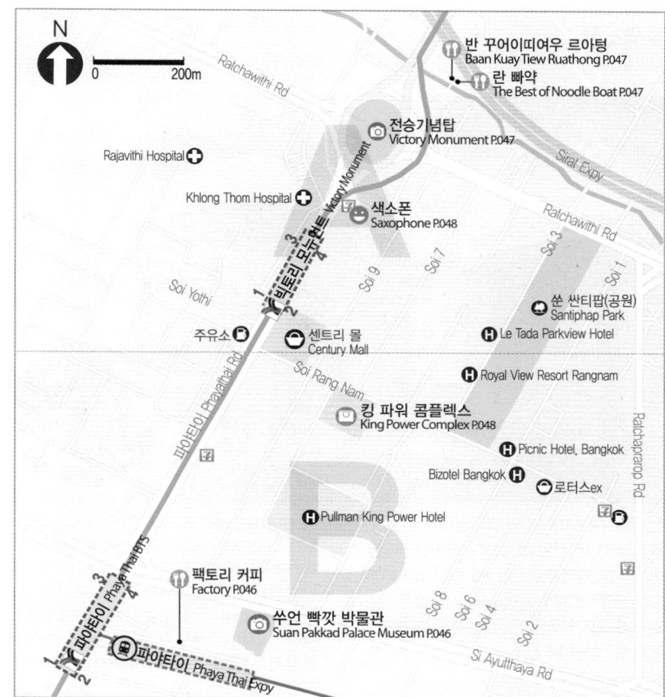

1 전승기념탑

Victory Monument

★ 도보 4분

태국어로 아눗싸와리 차이라고 한다. 1940~1941년 프랑스령 인도차이나에서 발발한 프랑스와 태국 간의 전쟁에서 승리한 것을 기념해 만든 탑이다. 탑은 총검 모양으로 50m 높이다. 첨탑 중간에는 육해공군 동상을 세웠으며, 기단에는 전투에서 사망한 이들의 이름을 새겼다.

지도 P.047A
구글 지도 GPS 13.764930, 100.538291 **찾아가기** 쁘라뚜남 북쪽의 파야타이 로드(Phayathai Road)와 랏차위티 로드(Ratchawithi Road)의 교차로. BTS 빅토리 모뉴먼트 역 3~4번 출구로 향하면 보인다. 기념탑 바로 앞까지는 300m, 도보 4분. **주소** 417/6 Ratchawithi Road **전화** 064-132-2421 **시간** 24시간 **휴무** 연중무휴 **가격** 무료입장 **홈페이지** 없음

2 반 꾸어이띠여우 르아텅

Baan Kuay Tiew Ruathong
บ้านก๋วยเตี๋ยวเรือทอง

★★ 도보 5분

'란 르아텅', '르아텅 누들'이라고도 한다. 과거 보트에서 팔던 꾸어이띠여우 르아를 판매한다. 양이 적은 대신 가격이 저렴하다.

1권 P.126 **지도** P.047A
구글 지도 GPS 13.765748, 100.539500 **찾아가기** BTS 빅토리 모뉴먼트 역 3~4번 출구에서 전승기념탑을 바라보며 오른쪽으로 직진, 패션 몰(Fashion Mall)을 지나자마자 계단으로 내려가 좌회전. 롯뚜 정류장과 시장 골목을 조금 지나면 작은 수로가 나오고, 다리를 건너면 보인다. **주소** Samsen Nai, Phayathai **전화** 086-422-4932 **시간** 화~일요일 09:00~20:00 **휴무** 월요일 **가격** 16B **홈페이지** 없음

꾸어이띠여우 남똑 16B

3 란 빠약

Payak Noodle Boat
ร้าน ป้ายักษ์

★★ 도보 5분

과거 보트에서 팔던 국수를 재현해 판매한다. 메뉴는 남똑, 똠얌, 옌따포 등 다양하다. 메뉴와 면 종류를 차례로 선택하면 되는데, 면 샘플이 있어 주문하기 편리하다. 국수는 양이 아주 적지만 가격이 저렴하다.

지도 P.047A
구글 지도 GPS 13.765643, 100.539628 **찾아가기** 반 꾸어이띠여우 르아텅 옆집 **주소** Samsen Nai, Phayathai **전화** 089-921-3378 **시간** 09:00~21:00 **휴무** 연중무휴 **가격** 16B **홈페이지** 없음

꾸어이띠여우 르아 각 16B

4 색소폰
Saxophone

★★★ 도보 1분

전 세계 여행자들의 발길이 끊이지 않는 방콕 라이브 바 전통의 강자다. 라이브 음악은 19:30~01:30에 이어진다. 세 팀의 라이브 밴드가 1시간 30분씩 돌아가며 수준 높은 재즈와 블루스를 연주한다. 공연 일정은 홈페이지에서 확인하면 된다.

1권 P.196 지도 P.047A

구글 지도 GPS 13.763659, 100.538102 **찾아가기** BTS 빅토리 모뉴먼트 역 4번 출구에서 로터리까지 직진해 빅토리 포인트라는 작은 광장을 지난다. 광장 옆 작은 골목에서 약 10m **주소** 3/8 Phayathai Road **전화** 02-246-5472 **시간** 18:00~02:00 **휴무** 연중무휴 **가격** 하이네켄 150B **홈페이지** www.saxophonepub.com

5 킹 파워 콤플렉스
King Power Complex

★★ 도보 4분

방콕 시내에 자리한 면세점. 1층 데스크에서 여권을 등록하면 종이 카드를 발급해준다. 이 카드를 소지하면 면세 쇼핑이 가능하다. 건물은 모두 3층으로 이뤄져 있다. 면세점이 자리한 곳은 1층과 2층. 쇼핑 아이템은 공항 면세점과 크게 다르지 않다. 3층은 레스토랑이다.

지도 P.047B

구글 지도 GPS 13.760353, 100.537951 **찾아가기** BTS 빅토리 모뉴먼트 역 2번 출구에서 킹 파워 전용 뚝뚝 이용, 약 1분 소요 **주소** 8/1 Rangnam Road **전화** 1631(콜센터), 02-205-8888 **시간** 10:00~21:00 **휴무** 연중무휴 **가격** 가게마다 다름 **홈페이지** www.kingpower.com

ZOOM IN

BTS 아리 역

현지인들에게 인기를 끌고 있는 뉴 스폿. 쏘이 아리라 불리는 쏘이 파혼요틴 7을 따라 늘어선 골목 곳곳에 젊은 층이 선호하는 생기 넘치는 카페와 레스토랑 등이 자리한다.

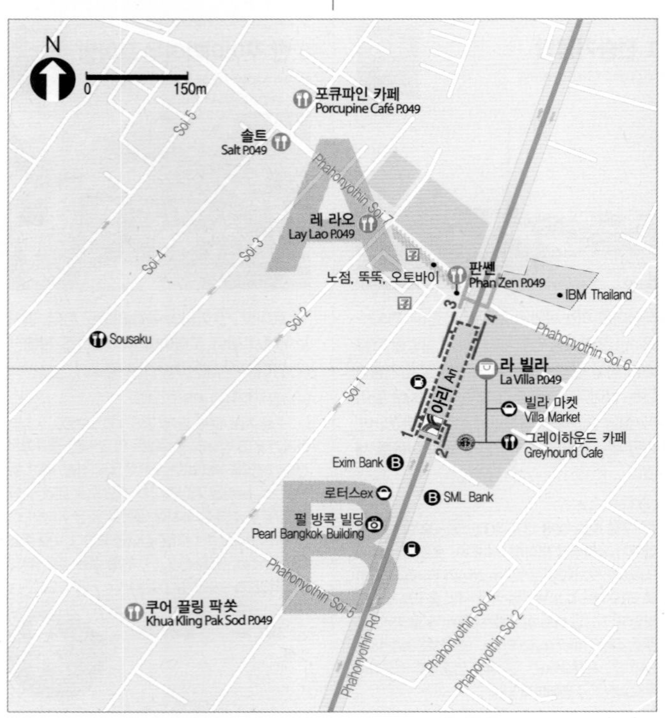

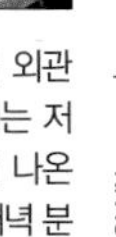

1 판쎈
Phan Zen
1000 เส้น

쌀국수 면, 바미 면을 비롯해 스파게티 면을 사용하는 등 전통과 퓨전을 넘나드는 국수를 다양하게 선보이는 곳이다. 면과 토핑 3종류, 국물 유무를 순서대로 고르는 믹스 & 매치가 대표 메뉴.

지도 P.048A
구글 지도 GPS 13.780766, 100.544816 **찾아가기** BTS 아리 역 3번 출구로 나와 뒤돌아 걷다가 좌회전하면 쏘이 아리. 쏘이 아리로 진입하자마자 왼쪽 상가 2층 **주소** Soi Phahonyothin 7(Soi Ari) **전화** 086-066-1000 **시간** 10:30~21:00 **휴무** 연중무휴 **가격** 믹스 & 매치(Mix & Match) 65~75B **홈페이지** www.facebook.com/1000zenaree

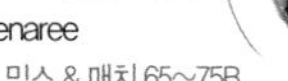

믹스 & 매치 65~75B

2 레 라오
Lay Lao

후아힌 출신의 주인이 선보이는 이싼 요리 전문점. '레'는 태국어로 바다, '라오'는 라오스를 뜻한다. 일반 이싼 요리는 물론 바닷가에서 접할 수 있는 재료를 더한 독특한 이싼 요리를 선보인다. 음식의 양은 적은 편이다.

지도 P.048A
구글 지도 GPS 13.781750, 100.543792 **찾아가기** BTS 아리 역 3번 출구에서 뒤돌아 걷다가 좌회전해 쏘이 아리로 진입. 160m 왼쪽 **주소** 65 Soi Ari **전화** 02-279-4498 **시간** 10:30~21:30 **휴무** 연중무휴 **가격** 땀타이(Traditional Thai Papaya Salad) 90B, 커무양(Charcoal Grilled Pork Shoulder) 165B **홈페이지** 없음

묵카이레라오 285B

3 솔트
Salt

통유리와 콘크리트로 마감한 빈티지한 외관이 특징인 레스토랑 겸 바. 조명을 밝히는 저녁에는 따뜻한 분위기가 외부까지 새어 나온다. 실내외에서 즐기는 칵테일 한잔은 저녁 분위기를 돋우기에 그만. 화덕에서 바로 굽는 피자도 괜찮다.

지도 P.048A
구글 지도 GPS 13.782574, 100.542658 **찾아가기** BTS 아리 역 3번 출구에서 뒤돌아 걷다가 쏘이 아리로 진입해 약 300m 직진한 후 왼쪽, 쏘이 아리 4 코너 **주소** 36/2 Soi Ari **전화** 02-619-6886 **시간** 월~금요일 16:00~23:00, 토요일 12:00~24:00, 일요일 12:00~23:00 **휴무** 연중무휴 **가격** 칵테일 350B +17% **홈페이지** www.saltbangkok.com

4 포큐파인 카페
Porcupine Café

하얗게 칠한 입구를 지나 안으로 들어서면 돌과 나무로 빈티지하게 장식한 실내가 펼쳐진다. 잠시 쉬어 가기 좋은 특별할 것 없는 작은 카페인데, 빈 구석이 많은 아리의 분위기와 닮았다.

지도 P.048A
구글 지도 GPS 13.783116, 100.542918 **찾아가기** BTS 아리 역 3번 출구에서 뒤돌아 걷다가 쏘이 아리로 진입해 약 300m 간 다음 쏘이 아리 4로 들어가 왼쪽 **주소** 48 Soi Ari 4 **전화** 02-126-7811 **시간** 화~일요일 11:00~19:00 **휴무** 월요일 **가격** 에스프레소 88B **홈페이지** www.facebook.com/porcupineari

5 쿠어 끌링 팍 쏫
Khua Kling Pak Sod
คั่วกลิ้ง ผักสด

태국 남부 춤폰 출신의 가족이 경영하는 레스토랑. 각종 카레 요리를 비롯해 남부식 메뉴가 다양하다. 깔끔한 테이블 세팅과 정중한 서비스도 좋다.

1권 P.162 지도 P.048B
구글 지도 GPS 13.776890, 100.540815 **찾아가기** BTS 아리 역 1번 출구에서 도보 600m. 역에서 내려 오토바이를 타면 편리하다. **주소** 24 Soi Phahonyothin 5 **전화** 02-617-2553 **시간** 09:00~21:00 **휴무** 연중무휴 **가격** 쿠어 끌링 무쌉(Stir-fried Spicy Thai Southern Style Dry Khua Kling Curry with Minced Pork) 220B, 똠얌꿍(Spicy and Sour Soup with Prawns) 280B +7% **홈페이지** khuaklingpaksod.com

깽뿌바이차플루 580B

6 라 빌라
La Villa

BTS 아리 역과 연결된 쇼핑센터. 슈퍼마켓 체인인 빌라 마켓과 그레이하운드 카페, 후지, 깝카우깝쁠라, 스타벅스, 보디 튠 마사지 등이 자리한다. 아리 역 일대에서 머물거나 시간을 보낸다면 간단한 쇼핑과 미식을 즐길 수 있다.

지도 P.048B
구글 지도 GPS 13.779774, 100.544921 **찾아가기** BTS 아리 역 4번 출구와 연결 **주소** 356 La Villa, Phaholyothin Road **전화** 02-619-2197 **시간** 가게마다 다름 **휴무** 연중무휴 **가격** 가게마다 다름 **홈페이지** 없음

ZOOM IN

BTS 머칫 역, MRT 깜팽펫 역

짜뚜짝 주말 시장이 열려 여행자들의 발길이 잦은 지역이다. BTS 머칫 역보다는 MRT 깜팽펫 역이 편리하다.

1 짜뚜짝 주말 시장
Chatuchak Weekend Market

★★★ 도보 1분

토요일과 일요일에 열리는 주말 시장. 27개 구역으로 구분된 약 13만2,231m²(4만 평) 규모의 시장에 1만5000여 개의 상점이 빼곡히 들어차 있다. 여행자들이 선호하는 의류, 액세서리, 스파용품 등은 MRT 깜팽펫 역 2번 출구 인근의 2구역(Section 2)에 몰려 있다.

1권 P.237 지도 P050A · B
구글 지도 GPS 13.802444, 100.550200 **찾아가기** BTS 머칫 역 1번 출구에서 도보 5분, 혹은 MRT 깜팽펫 역 2번 출구에서 바로 **주소** Soi Vibhavadi Rangsit 11 **전화** 02-272-4440 **시간** 토~일요일 09:00~18:00(전체 시장) **휴무** 월~금요일 **가격** 가게마다 다름 **홈페이지** www.chatuchakmarket.org

2 오또꼬 시장
Or Tor Kor Market

★★ 도보 1분

짜뚜짝 시장과 인접한 상설 시장. 육류, 해산물, 채소, 과일 등 식품을 주로 판매하는 전통시장으로, 다른 곳과 비교할 수 없이 깔끔하다. 여행자들에게 매력적인 품목은 신선한 과일과 말린 과일, 태국 전통 디저트, 소스 등. 현지인들은 주로 태국식 반찬 가게인 카우깽을 이용한다.

1권 P.239 지도 P.050B
구글 지도 GPS 13.797113, 100.547388 **찾아가기** MRT 깜팽펫 역 3번 출구에서 바로 **주소** 101 Kamphaeng Phet Road **전화** 02-279-6215, 2080~9 **시간** 06:00~18:00 **휴무** 없음 **가격** 가게마다 다름 **홈페이지** www.mof.or.th

3 로열 프로젝트 숍
Royal Project Shop

★★ 도보 1분

라마 9세가 직접 관리한 로열 프로젝트 숍으로, 오또꼬 시장 내에 있다. 기념품과 선물로 좋은 커피, 차, 과자, 잡화 등 로열 프로젝트 제품 외에 신선한 유기농 채소와 유제품 등을 함께 판매해 현지인들이 즐겨 찾는다.

1권 P.246 지도 P.050B
구글 지도 GPS 13.797334, 100.549774 **찾아가기** MRT 깜팽펫 역 3번 출구에서 오또꼬 시장으로 진입해 좌회전한 후 시장 끝까지 가야 한다. **주소** 1 Kamphaeng Phet Road **전화** 02-279-1551 **시간** 월~금요일 08:00~18:00, 토~일요일 · 공휴일 10:00~16:00 **휴무** 연중무휴 **가격** 제품마다 다름 **홈페이지** 없음

4 서포트 파운데이션

The Support Foundation of Her Majesty Queen Sirikit

★★ 도보 1분

씨리낏 여왕이 관리하는 로열 프로젝트 숍. 오또꼬 시장 내에 로열 프로젝트 숍 반대 방면에 자리한다. 로열 프로젝트 숍에 비해 취급하는 상품은 적지만 커피와 유기농 차, 꿀 등 저렴하고 알찬 상품이 많다. 천연 옷감과 비누 등 잡화도 품질이 좋다.

1권 P.248 지도 P.050B

구글 지도 GPS 13.797265, 100.545724 **찾아가기** MRT 깜팽펫 역 3번 출구에서 오또꼬 시장으로 진입해 우회전, 꽃 가게가 몰려 있는 곳 근처에 위치 **주소** 101 Kamphaeng Phet Road **전화** 087-496-6085 **시간** 09:00~18:00 **휴무** 연중무휴 **가격** 제품마다 다름 **홈페이지** 없음

5 제이제이 몰 마켓

JJ Mall Market

★ 도보 7분

일부 여행자들 사이에서 에어컨을 갖춘 짜뚜짝 시장이라고 알려진 곳. 시원한 건 확실하지만 품목은 짜뚜짝 시장에 미치지 못한다. 짜뚜짝 시장을 전체적으로 둘러볼 요량이라면 근처에 간 김에 에어컨 바람을 쐬어도 나쁘지 않다.

지도 P.050A

구글 지도 GPS 13.802066, 100.549159 **찾아가기** MRT 깜팽펫 역 2번 출구에서 짜뚜짝 시장 북쪽으로 이동하면 제이제이 몰과 이어진 길이 나온다. **주소** 588 Kamphaeng Phet 2 Road **전화** 02-265-9999 **시간** 월~금요일 10:00~19:00, 토~일요일 10:00~20:00 **휴무** 연중무휴 **가격** 제품마다 다름 **홈페이지** www.jjmall.co.th

6 룸피니 스타디움

Lumpinee Stadium

★★ 택시 20~30분

1956년 태국 육군이 세운 무에타이 경기장. 쌍벽을 이루는 무에타이 경기장인 랏차담넌에 비해 대중적인 경기장으로 알려졌다. 평일 경기에도 수많은 태국인들이 찾아 열광하며 내기를 하고, 응원하는 모습을 볼 수 있다. 하루에 약 9경기의 무에타이 경기가 열린다.

1권 P.203 지도 P.050A

구글 지도 GPS 13.867158, 100.608851 **찾아가기** BTS 머칫 역 혹은 MRT 파혼요틴 역에서 택시 이용, 정체 지역으로 택시로 약 30분 소요 **주소** 6 Ramintra Road **전화** 02-282-3141 **시간** 화·금요일 18:00, 토요일 16:00 **휴무** 일·월·수·목요일 **가격** 1000~2000B **홈페이지** www.lumpineemuaythai.com

싸얌의 중심, 싸얌 파라곤.

AREA

02 CHIT LOM · PH

[ชิดลม · เพลินจิต 칫롬 · 프런찟]

방콕의 대표 쇼핑 스트리트

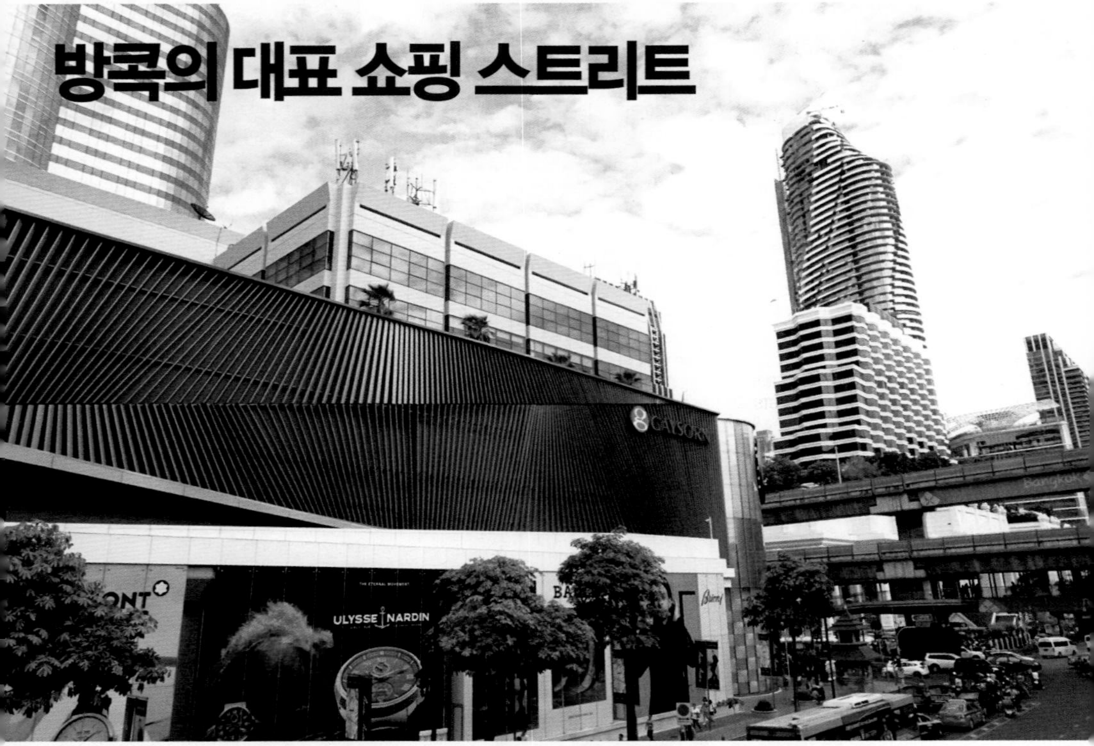

태국에서 가장 큰 쇼핑센터인 센트럴 월드를 비롯해 고급스러움으로 무장한 게이손과 센트럴 앰버시, 가장 저렴한 슈퍼마켓 쇼핑을 보장하는 빅 시 슈퍼센터 등 다양한 스펙트럼의 쇼핑 공간이 존재한다. 쇼핑센터 내 레스토랑은 쾌적한 환경을 제공하고, 각자의 개성을 뽐내며 단독 건물에 자리한 랑쑤언 로드의 레스토랑은 끼니를 때우는 일마저 고고하게 탈바꿈시킨다.

쇼핑센터와 호텔이 밀집해 있어 늘 인파로 붐빈다.

에라완 사당 등 랏차쁘라쏭 지역에 6개의 사당이 있지만, 일부러 찾을 필요는 없다.

센트럴 월드와 게이손, 센트럴 칫롬, 센트럴 앰버시 등 쇼핑센터 밀집 지역.

쇼핑센터 내 유명 레스토랑의 지점이 자리하며, 랑쑤언에는 맛과 분위기 좋은 집이 많다.

루프톱 바 레드 스카이가 인기다. 랑쑤언 로드의 더 스피크이지도 추천 루프톱 바.

대형 건물이 많아 복잡해 보이지 않는다. 싸얌과 칫롬 일대는 스카이 워크를 활용하면 다니기 쉽다.

칫롬 · 프런찟 교통편

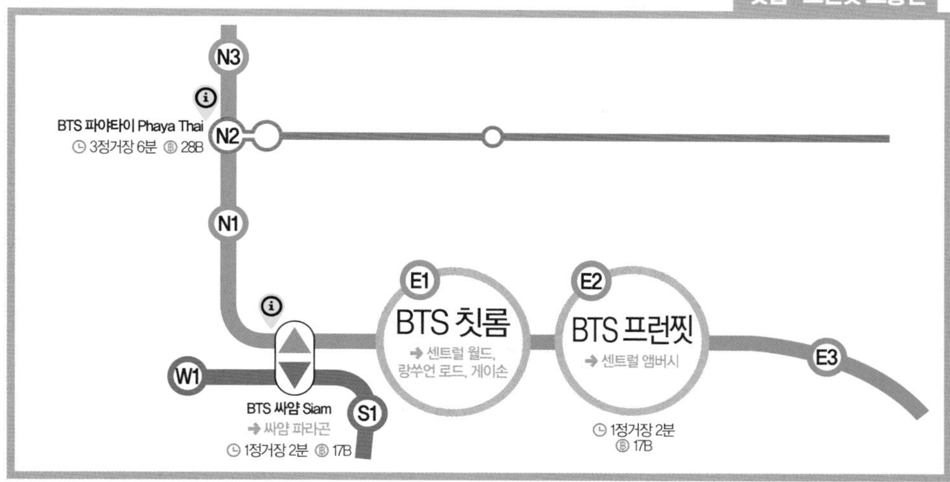

칫롬 · 프런찟으로 가는 방법

BTS
BTS 칫롬 역 혹은 BTS 프런찟 역 하차.

택시
막히지만 않는다면 최고의 교통수단. 칫롬은 'BTS 칫롬 스테이션', '센탄 월드'. 프런찟은 'BTS 프런찟 스테이션', '센탄 앰버시' 등 목적지를 말하면 된다.

운하 보트
민주기념탑(카오산) 인근에서 갈 때 편리한 교통수단. 쁘라뚜남 선착장이 센트럴 월드, 빅 시 슈퍼센터와 도보 5분 거리.

공항철도
쑤완나품 공항에서 공항철도를 타고 파야타이 역 하차. 30분 소요. 파야타이 역에서 BTS 환승.

칫롬 · 프런찟 지역 다니는 방법

BTS
BTS 칫롬 역에서 BTS 프런찟 역까지는 1정거장. 막히는 택시보다 빠르다.

택시
시원한 차 안에서 잠시 쉬며 이동한다고 생각하면 괜찮은 선택.

도보
센트럴 칫롬에서 싸얌 지역인 BTS 내셔널 스타디움까지는 스카이 워크가 연결돼 편리하다. 센트럴 칫롬, 게이손, 센트럴 월드 등은 스카이 워크를 통해 갈 수 있다. BTS 칫롬 역에서 프런찟 역까지 걷는다면 차도 옆 인도를 이용해야 한다. 큰 빌딩이 많은 길이라 그나마 낫지만 그래도 불편한 점이 많다.

MUST EAT
이것만은 꼭 먹자!

No.1

레드 스카이
Red Sky
방콕의 광활함을 한눈에.

No.2

쏨분 시푸드
Somboon Seafood
쏨분 시푸드 지점 중 접근성, 분위기 으뜸.

No.3

쌍완씨
สงวนศรี
태국 가정식을 맛보자.

MUST BUY
이것만은 꼭 사자!

No.1

센트럴 월드
Central World
태국 최대 규모의 쇼핑센터.

No.2

센트럴 앰버시
Central Embassy
럭셔리 쇼핑센터.

MUST DO
이것만은 꼭 해보자!

No.1

디 Dii
합리적인 가격으로 제시하는 고급 스파.

MAP

칫롬·프런찟 한눈에 보기

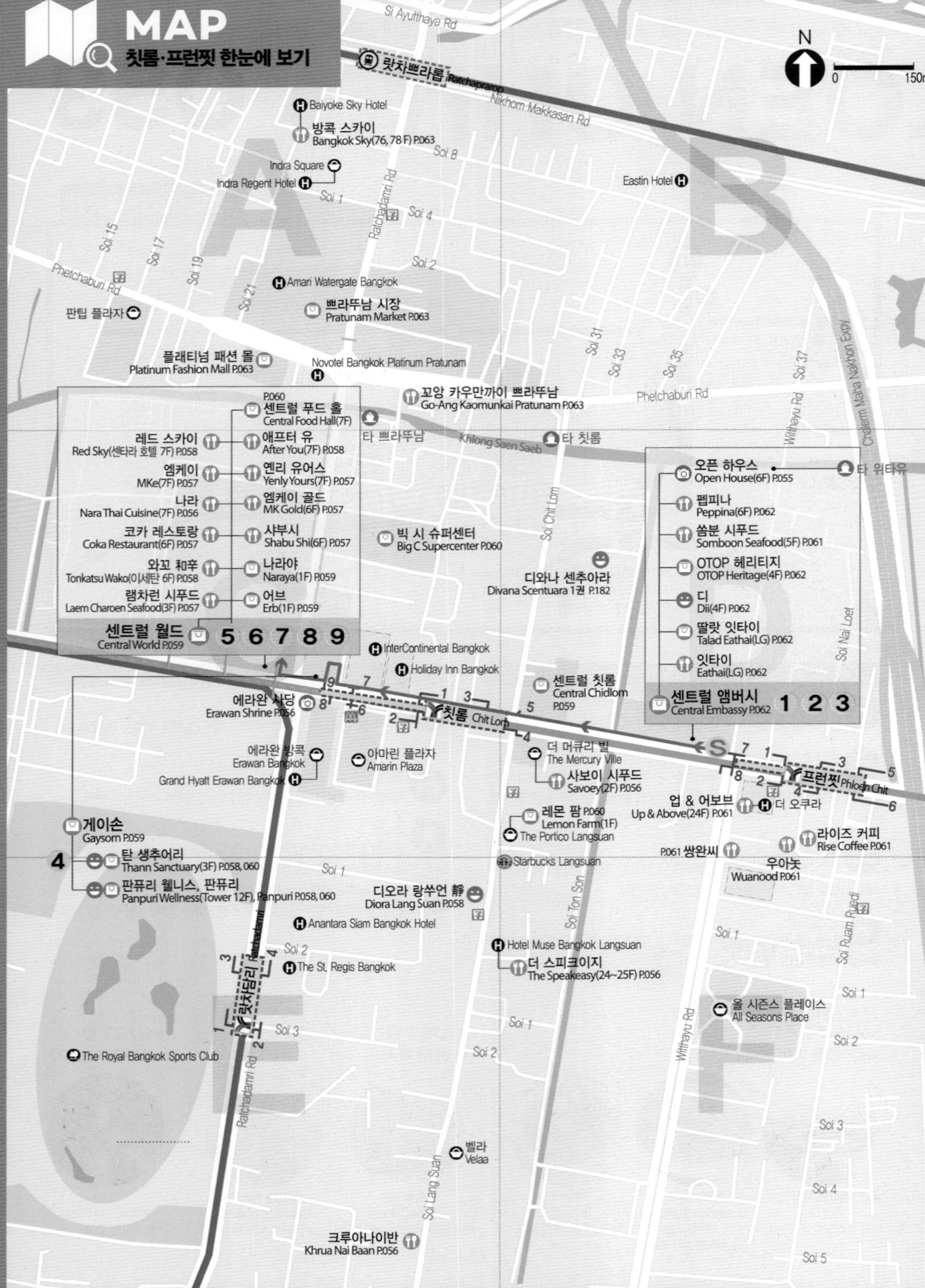

COURSE 1

쇼핑센터 핵심 매장을 방문하는 한나절 코스

핵심 매장을 알면 쇼핑이 한결 쉬워진다. 쇼핑센터 내 태국 브랜드의 알짜배기 매장만 돌아보는 코스. 취향에 따라 스폿은 빼도 좋다. 단, 튼튼한 다리는 필수!

S BTS 프런찟 역
BTS Phloen Chit

1센트럴 앰버시 출구로 나와 센트럴 앰버시 5층 → 쏨분 시푸드 도착

1 쏨분 시푸드
Somboon Seafood

시간 11:00~22:00

→ 같은 건물 6층 → 오픈 하우스 도착

2 오픈 하우스
Open House

시간 10:00~22:00

→ 같은 건물 LG층 → 딸랏 잇타이 도착

3 딸랏 잇타이
Talad Eathai

시간 10:00~22:00

→ 칫롬 방면으로 650m 걸어 게이손 빌리지 진입, 3층 → 탄 도착

4 탄
Thann

시간 10:00~20:00

→ 랏차쁘라쏭 스카이 워크(구름다리)를 따라 약 300m 거리의 센트럴 월드 G층 → 나라야 도착

5 나라야
Naraya

시간 10:00~22:00

→ 같은 건물 1층 → 어브 도착

6 어브
Erb

시간 10:00~22:00

→ 같은 건물 7층 → 옌리 유어스 도착

7 옌리 유어스
Yenly Yours

시간 10:00~20:00

→ 같은 건물 같은 층 → 센트럴 푸드 홀 도착

8 센트럴 푸드 홀
Central Food Hall

시간 10:00~22:00

→ SFW 영화관 옆에서 주차장으로 이동해 센타라 그랜드 호텔로 진입 → 레드 스카이 도착

9 레드 스카이
Red Sky

시간 17:00~01:00

코스 무작정 따라하기 START

S. BTS 프런찟 역 센트럴 앰버시 출구
같은 건물, 도보 1분
1. 쏨분 시푸드
같은 건물, 도보 1분
2. 오픈 하우스
같은 건물, 도보 1분
3. 딸랏 잇타이
650m, 도보 8분
4. 탄
290m, 도보 3분
5. 나라야
같은 건물, 도보 1분
6. 어브
같은 건물, 도보 3분
7. 옌리 유어스
같은 건물, 도보 1분
8. 센트럴 푸드 홀
같은 건물, 도보 3분
9. 레드 스카이

ZOOM IN

BTS 칫롬 역

태국 최대 쇼핑센터인 센트럴 월드를 비롯해 명품 쇼핑센터 게이손과 대형 마트 빅 시 슈퍼 센터 등이 자리해 다양한 쇼핑 욕구를 만족시킬 수 있는 지역이다.

1 에라완 사당

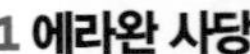

Erawan Shrine

★ 도보 1분

1953년 그랜드 하얏트 에라완 호텔을 지으며 세운 힌두교 브라마 신을 위한 사당. 기도 효과가 좋기로 소문나 향과 초, 꽃을 들고 찾아오는 이들로 늘 붐빈다. 한쪽에 마련된 무대에서는 태국 전통 공연이 수시로 펼쳐진다. 큰 볼거리는 없지만 지나는 길이면 들러보자.

1권 P.057 **지도** P.054C

구글 지도 GPS 13.744248, 100.540384 **찾아가기** BTS 칫롬 역 8번 출구에서 도보 1분 **주소** 494 Ratchadamri Road **전화** 02-252-8750 **시간** 06:00~24:00 **휴무** 연중무휴 **가격** 무료입장 **홈페이지** 없음

2 사보이 시푸드

Savoey

เสวย

★★★ 도보 1분

BTS 칫롬 역과 가까운 해산물 전문점. 추천 메뉴는 카레로 볶은 게 요리인 뿌팟퐁까리. 머드 크랩을 통째로 사용한다. 사보이의 현지 발음은 '써워이'다.

1권 P.111, 148 **지도** P.054D

구글 지도 GPS 13.743675, 100.544183 **찾아가기** BTS 칫롬 역 더 머큐리 빌(The Mercury Ville) 출구 이용, 더 머큐리 빌 2층 **주소** 2nd Floor, The Mercury Ville(Tower) **전화** 066-095-5916 **시간** 10:00~21:30 **휴무** 연중무휴 **가격** 뿌팟퐁까리(Stir-fried Curry Crab) 230B/100g, 팟팍붕파이댕(Quick-Fried Water Morning Glory) 160B +10% **홈페이지** www.savoey.co.th

뿌팟퐁까리 230B/100g

3 더 스피크이지

The Speakeasy

★★★ 도보 7분

랑쑤언 로드의 뮤즈 호텔 24~25층에 자리한 루프톱 바. 높은 건물 위에서 발아래 풍경을 광활하게 조망하는 일반 루프톱 바와는 달리 빌딩의 향연이 눈앞에 펼쳐져 색다른 야경을 선사한다. 은밀한 술집을 칭하는 '스피크이지'라는 이름처럼 조용한 분위기다.

1권 P.194 **지도** P.054F

구글 지도 GPS 13.740207, 100.543396 **찾아가기** BTS 칫롬 역 4번 출구에서 랑쑤언 로드로 450m, 도보 7분 **주소** 24th & 25th Floor, Hotel Muse Bangkok, Soi Langsuan **전화** 02-630-4000 **시간** 18:00~24:00 **휴무** 연중무휴 **가격** 맥주 225B~, 칵테일 380B~ +17% **홈페이지** hotelmusebangkok.com/bangkok-rooftop-bar

4 크루아나이반

ครัวในบ้าน

★★ 도보 14분

랑쑤언 로드에 자리한 저렴한 로컬 레스토랑. 다양한 태국 요리를 판매하는데, 덮밥 메뉴가 아주 저렴하고 빨리 나온다. 요리가 필요한 메뉴는 조금 비싸다.

1권 P.131 **지도** P.054E

구글 지도 GPS 13.735289, 100.542263 **찾아가기** BTS 칫롬 역에서 걸어가기에는 너무 멀다. 택시 이용, 랑쑤언 로드 쏘이 7 맞은편에서 하차. **주소** 90/2 Langsuan Road **전화** 253-1888 **시간** 09:00~20:00 **휴무** 연중무휴 **가격** 무팟프릭깽랏카우(Stir Fried Pork with Curry on Rice) 80~100B, 얌운센(Glass Noodle Salad) 180~250B +7% **홈페이지** www.khruanaibaan.com

어쑤언 180B

5 나라

Nara Thai Cuisine

★★★ 도보 6분

정통 레시피를 현대적으로 해석해 태국 요리를 선보이는 레스토랑. 음식의 간이 센 편이지만 전반적으로 만족스러우며, 똠얌꿍은 특히 맛있다.

1권 P.109, 134 **지도** P.054C

구글 지도 GPS 13.741304, 100.563611 **찾아가기** BTS 칫롬 역 센트럴 월드 출구 이용, 센트럴 월드 7층 **주소** 7th Floor, Central World **전화** 02-613-1658~9 **시간** 10:00~22:00 **휴무** 연중무휴 **가격** 똠얌꿍(River Prawns in Spicy Lemongrass and Lime Soup) 490B, 무 팟끄라파오(Stir-Fried Pork with Chili & Hot Basil) 260B +17% **홈페이지** www.naracuisine.com

똠양꿍 490B

6 램차런 시푸드
Laem Charoen Seafood

★★★ 도보 6분

센트럴 월드 지점은 방콕 지점 중에서도 분위기가 아주 좋다. 가격대가 높은 편이지만 추천 메뉴를 참고해 저렴한 요리 위주로 주문하면 부담 없이 즐길 수 있다.

1권 P.147 지도 P.054C

구글 지도 GPS 13.746890, 100.539848 **찾아가기** BTS 칫롬 역 센트럴 월드 출구 이용, 센트럴 월드 3층 **주소** 3rd Floor, Central World **전화** 081-234-2084 **시간** 11:00~21:00 **휴무** 연중무휴 **가격** 허이딸랍팟남프릭파오(Stir Fried Asiatic Hard Clams in Thai Chili Paste) 220B, 남프릭카이뿌(Crab Egg Chili Dip) 220B, 뿌마덩(Pickled Blue Crabs) 490B +10% **홈페이지** www.laemcharoenseafood.com

쁠라믁카이닝 어마나우 395B

7 코카 레스토랑
Coca Restaurant

★★★ 도보 6분

태국 쑤끼를 탄생시킨 코카 레스토랑의 센트럴 월드 지점이다. 육수는 똠얌, 싱가포르 바쿠테, 생선, 인삼, 채소로 준비되며, 냄비를 반반 나누는 원앙탕(인양)도 가능하다.

1권 P.115 지도 P.054C

구글 지도 GPS 13.747007, 100.539414 **찾아가기** BTS 칫롬 역 센트럴 월드 출구 이용, 센트럴 월드 6층 **주소** 6th Floor, Central World **전화** 02-255-6365 **시간** 10:00~22:00 **휴무** 연중무휴 **가격** 촛팍(Vegetable Platter) 348B, 촛콤보(Combo Platter) 758B, 느어쌋(Meat Platter) 598B, 촛시푸드(Seafood Platter) 888B, 육수 58·88·138B **홈페이지** www.coca.com

촛콤보 758B

8 엠케이
MK

★★★ 도보 6분

센트럴 월드 7층에 위치. 센트럴 월드 6층에는 MK의 고급 버전인 MK 골드도 입점해 예산을 고려해 선택할 수 있다. MK의 장점은 저렴한 가격. 분위기는 밝고 캐주얼하다. 전자 메뉴판을 이용해 원하는 메뉴를 직접 선택하는 방식으로 주문한다.

지도 P.054C

구글 지도 GPS 13.747286, 100.539912 **찾아가기** BTS 칫롬 역 센트럴 월드 출구 이용, 센트럴 월드 7층 **주소** 7th Floor, Central World **전화** 02-255-6578 **시간** 10:00~22:00 **휴무** 연중무휴 **가격** 촛팍프아쑤카팝(Small Vegetable Set) 180B, 팍쑤카팝촛렉(Large Vegetable Set) 295B, 쑤끼촛 MK(MK Suki Set) 530B +7% **홈페이지** www.mkrestaurant.com

9 엠케이 골드
MK Gold

★★★ 도보 6분

단품 메뉴와 뷔페식 메뉴를 선보인다. 아주 적은 양을 먹지 않는 이상, 뷔페식 메뉴가 저렴한 편. 1시간 30분~1시간 45분 동안 쑤끼 재료와 딤섬, 음료를 무제한으로 즐길 수 있다.

1권 P.115 지도 P.054C

구글 지도 GPS 13.746078, 100.539276 **찾아가기** BTS 칫롬 역 센트럴 월드 출구 이용, 센트럴 월드 6층 **주소** 6th Floor, Central World **전화** 02-613-1421 **시간** 10:00~20:00 **휴무** 연중무휴 **가격** MK 골드 쑤끼 세트(MK Gold Suki Set) 699B, MK 시푸드 세트(MK Seafood Set) 950B, 뷔페 10:00~17:00(1시간 30분) 485B, 17:00 이후(1시간 45분) 535B +17% **홈페이지** www.mkrestaurant.com

MK 골드 쑤끼 세트 699B

10 샤부시
Shabu Shi

★★ 도보 6분

뷔페식 쑤끼 레스토랑 샤부시의 센트럴 월드 지점이다. 일정 금액을 내면 1시간 15분 동안 쑤끼, 초밥, 튀김, 디저트, 음료를 마음껏 먹을 수 있다. 쑤끼 육수는 치킨, 똠얌, 우유 중 선택 가능하다. 쑤끼 재료는 회전 초밥처럼 회전 벨트 위에서 돌아간다.

지도 P.054C

구글 지도 GPS 13.746656, 100.539857 **찾아가기** BTS 칫롬 역 센트럴 월드 출구 이용, 센트럴 월드 6층 **주소** 6th Floor, Central World **전화** 02-646-1371 **시간** 10:00~22:00 **휴무** 연중무휴 **가격** 419B, 1시간 15분 이후 10분당 20B **홈페이지** www.shabushibuffet.com

11 옌리 유어스
Yenly Yours

★★★ 도보 6분

망고 디저트 전문점이다. 농장에서 직접 생산한 망고를 사용해 아이스크림, 푸딩 등의 디저트를 만든다. 추천 메뉴는 망고 스무디.

1권 P.174 지도 P.054C

구글 지도 GPS 13.746443, 100.539855 **찾아가기** BTS 칫롬 역 센트럴 월드 출구 이용, 센트럴 월드 7층 **주소** 7th Floor, Central World **전화** 02- 865-1002 **시간** 10:00~22:00 **휴무** 연중무휴 **가격** 망고 & 망고 젤리 스무디(Mango Mania and Mango with Mango Jelly) 99B~ **홈페이지** www.facebook.com/yenlyyoursdessert

망고 & 사고 스무디 99B

12 애프터 유
After You

센트럴 월드 7층 푸드 홀의 벽돌집 내·외부에 테이블이 마련돼 있다. 시부야 허니 토스트, 초콜릿 라바, 카키고리 등 시그너처 메뉴를 비롯해 커피, 주스까지 디저트의 종류가 다양하고 충실하다.

지도 P.054C
구글 지도 GPS 13.746807, 100.539200 **찾아가기** BTS 칫롬 역 센트럴 월드 출구 이용, 센트럴 월드 7층 **주소** 7th Floor, Central World **전화** 02-252-5434 **시간** 10:00~21:30 **휴무** 연중무휴 **가격** 홀릭스 카키고리(Horlicks Kakigori) 265B, 초콜릿 라바(Chocolate Lava) 185B **홈페이지** www.afteryoudessertcafe.com

홀릭스 카키고리 265B

13 와꼬
Tonkatsu Wako
和幸

일본 내에서 250여 개 매장을 운영하는 돈가스 전문점 와꼬의 방콕 지점. 일본 본토의 맛을 즐기기 위해 현지인들이 줄을 서는 맛집이다. 돈가스와 새우튀김 등의 메인 요리를 주문하면 차와 샐러드 등을 무료로 제공한다.

지도 P.054C
구글 지도 GPS 13.747751, 100.538774 **찾아가기** BTS 칫롬 역 센트럴 월드 출구 이용, 센트럴 월드 6층 **주소** 6th Floor, Central World **전화** 02-255-9828 **시간** 11:00~22:00 **휴무** 연중무휴 **가격** 페어(뻬아) 세트(Set for Two) 780B +17% **홈페이지** www.wako-group.co.jp

페어 세트 780B

14 레드 스카이
Red Sky

센타라 그랜드 호텔 55층에 자리한 루프톱 바. 찾는 이들이 많아 조금 어수선하지만 시내 중심가가 보이는 확실한 전망이 장점이다. 해피 아워에 저렴하게 이용 가능하다.

1권 P.194 **지도** P.054C
구글 지도 GPS 13.747751, 100.538774 **찾아가기** BTS 칫롬 역 센트럴 월드 출구 이용, 센트럴 월드 7층 SFW 영화관 옆에서 주차장으로 이동해 센타라 그랜드 호텔로 진입 **주소** 55th Floor, Centara Grand at Central World **전화** 02-100-6255 **시간** 17:00~01:00 **휴무** 연중무휴 **가격** 맥주 250B~, 칵테일 450B~ +17% **홈페이지** www.bangkokredsky.com

15 디오라 랑쑤언
Diora Langsuan
靜

랑쑤언 로드에 자리한 마사지 업소. 동양적인 요소를 결합해 모던하게 꾸민 로비와 마사지룸이 눈에 띈다. 리셉션의 친절이 조금 떨어지는 느낌이지만 그 밖에는 나무랄 데가 없다. 직접 생산한 다양한 스파 제품을 매장 내에서 판매한다.

1권 P.184 **지도** P.054E
구글 지도 GPS 13.741086, 100.543221 **찾아가기** BTS 칫롬 역 4번 출구에서 쏘이 랑쑤언으로 진입해 300m 오른쪽 **주소** 36 Soi Langsuan **전화** 092-286-5545 **시간** 10:00~22:00 **휴무** 연중무휴 **가격** 타이 마사지 60분 700B, 90분 900B, 120분 1100B **홈페이지** dioraworld.com

16 판퓨리 웰니스
Panpuri Wellness

각종 마사지에 필요한 트리트먼트 룸을 비롯해 온천 수영장과 프라이빗 온천 스위트룸을 보유하고 있다. 트리트먼트 전 마사지의 강도, 피부 컨디션, 건강 상태 등을 체크해 그에 맞는 적합한 서비스를 제공한다. 침대 시트, 타월 등은 유기농 제품을 사용한다.

1권 P.183 **지도** P.054C
구글 지도 GPS 13.746004, 100.540886 **찾아가기** BTS 칫롬 역 9번 출구 이용, 게이손 12층 **주소** 12th Floor, Gaysorn, Phloen Chit Road **전화** 02-656-1199 **시간** 10:00~20:00 **휴무** 연중무휴 **가격** 로열 타이 마사지 60분 2400B +17% **홈페이지** www.panpuri.com

17 탄 생추어리
Thann Sanctuary

홈 스파 제품으로 유명한 탄에서 선보이는 스파. 엠포리움과 싸얌 파라곤에도 매장이 있지만 탄 최초의 매장인 게이손 매장이 여러 면에서 괜찮다. 탄에서 생산한 제품만 사용해 고급스럽고 안락한 마사지와 스파를 선보인다.

1권 P.183 **지도** P.054C
구글 지도 GPS 13.744832, 100.540728 **찾아가기** BTS 칫롬 역 9번 출구 이용, 게이손 3층 **주소** 3rd Floor, Gaysorn, Phloen Chit Road **전화** 02-656-1399 **시간** 10:00~20:00 **휴무** 연중무휴 **가격** 탄 생추어리 시그너처 마사지 90분 3000B +7% **홈페이지** www.thannsanctuaryspa.info

18 센트럴 월드
Central World

방콕에서 단 한 군데의 쇼핑센터를 방문한다면 센트럴 월드를 추천한다. 태국에서 가장 큰 쇼핑센터로, 500여 개의 매장과 100여 개의 레스토랑을 비롯해 이세탄 백화점과 젠 백화점이 입점해 있다. 브랜드 쇼핑과 미식 여정이 원스톱으로 해결되는 쇼핑과 미식의 천국이다.

지도 P.054C
구글 지도 GPS 13.746851, 100.539013 **찾아가기** BTS 칫롬 역 센트럴 월드 출구에서 바로 **주소** Central World, Ratchadamri Road **전화** 02-021-9999 **시간** 10:00~22:00 **휴무** 연중무휴 **가격** 매장마다 다름 **홈페이지** www.centralworld.co.th

19 게이손
Gaysorn

방콕 명품 쇼핑의 핵심 쇼핑센터로, 완벽하고 쾌적한 쇼핑을 보장한다. 쇼핑센터는 게이손 센터와 게이손 타워로 구분된다. 명품 브랜드 외에 주목해야 할 매장으로는 게이손 센터 3층의 탄, 게이손 타워 2층과 12층의 판퓨리를 꼽을 수 있다.

지도 P.054C
구글 지도 GPS 13.745194, 100.540763 **찾아가기** BTS 칫롬 역 9번 게이손 출구에서 바로 **주소** Gaysorn, Phloen Chit Road **전화** 02-656-1149 **시간** 10:00~20:00 **휴무** 연중무휴 **가격** 가게마다 다름 **홈페이지** www.gaysornvillage.com

20 센트럴 칫롬
Central Chidlom

방콕에서 고급 백화점으로 손꼽히는 곳이다. 지하 1층에서 지상 7층까지 8층 규모이며 한국의 백화점 구조와 유사하다. 쇼핑센터 3층은 BTS 칫롬 역과 연결된다. 1층에 센트럴 푸드 홀 슈퍼마켓, 7층에 문구와 팬시용품을 파는 B2S와 대형 푸드코트인 푸드 로프트 등이 있다.

지도 P.054D
구글 지도 GPS 13.744238, 100.544416 **찾아가기** BTS 칫롬 역 5번 출구와 연결 **주소** Central Chidlom, Phloen Chit Road **전화** 02-793-7777 **시간** 10:00~22:00 **휴무** 연중무휴 **가격** 가게마다 다름 **홈페이지** www.central.co.th

21 어브
Erb

도보 6분

태국의 유명 홈 스파 브랜드. 방콕 대표 쇼핑센터 중에서는 센트럴 월드에 어브 부티크 매장을 단독으로 운영한다. 매장에서는 각자가 원하는 향을 섞어 향수를 만들 수도 있다. 직접 만든 향수는 1시간 이내에 카운터에서 받아 갈 수 있다.

1권 P.230 지도 P.054C
구글 지도 GPS 13.746851, 100.539013 **찾아가기** BTS 칫롬 역 센트럴 월드 출구 이용, 센트럴 월드 1층 **주소** 1st Floor(Block A116), Central World, Ratchadamri Road **전화** 02-252-5680 **시간** 10:00~22:00 **휴무** 연중무휴 **가격** 제품마다 다름 **홈페이지** www.erbasia.com

22 나라야
Naraya

천으로 만든 가방, 파우치, 지갑, 손수건, 인형, 티슈 케이스, 슬리퍼, 액세서리 등을 판매하는 나라야의 센트럴 월드 매장. 시내 여기저기에 매장이 많지만 센트럴 월드를 찾았다면 한 방에 쇼핑을 끝내자. 시내 단독 매장에 비해 사람들이 많아 조금 혼잡하다.

1권 P.224 지도 P.054C
구글 지도 GPS 13.746871, 100.539032 **찾아가기** BTS 칫롬 역 센트럴 월드 출구 이용, 센트럴 월드 1층 **주소** 1st Floor B106~B107, Central World, Ratchadamri Road **전화** 02-255-9522 **시간** 10:00~22:00 **휴무** 연중무휴 **가격** 제품마다 다름 **홈페이지** www.naraya.com

23 센트럴 푸드 홀
Central Food Hall

★★ 도보 6분

센트럴 월드 7층에 자리한 대형 슈퍼마켓이다. 채소, 육류, 과일, 와인, 베이커리, 공산품 등 여러 품목을 판매한다. 태국 제품 외에 수입품을 다양하게 취급하며, 가격대가 높은 편이다. 쇼핑 환경은 매우 쾌적하다. 센트럴 칫롬, 센트럴 플라자 방나 등지에도 매장을 운영한다.

1권 P.220 지도 P.054C
구글 지도 GPS 13.746851, 100.539013 **찾아가기** BTS 칫롬 역 센트럴 월드 출구 이용, 센트럴 월드 7층 **주소** 7th Floor, Central World, Ratchadamri Road **전화** 02-613-1629~36 #100, 101, 302 **시간** 10:00~22:00 **휴무** 연중무휴 **가격** 제품마다 다름 **홈페이지** www.centralfoodhall.com

24 탄
Thann

★★★ 도보 2분

한국인의 선호도가 높은 태국 홈 스파 브랜드. 천연 추출물을 사용해 페이셜, 보디, 아로마 제품 등을 선보인다. 2002년부터 영업을 시작했으며, 우리나라를 포함한 전 세계 10여 개국에 지점을 운영한다. 탄 최초의 매장이 자리한 게이손은 매장의 규모가 크고 제품이 다양하다.

1권 P.231 지도 P.054C
구글 지도 GPS 13.745200, 100.540755 **찾아가기** BTS 칫롬 역 게이손 출구 이용, 게이손 3층 **주소** 3rd Floor, Gaysorn, Phloen Chit Road **전화** 02-656-1399 **시간** 10:00~20:00 **휴무** 연중무휴 **가격** 제품마다 다름 **홈페이지** thann.info

25 판퓨리
Panpuri

★★★ 도보 2분

2003년 오일 제품을 선보이며 이름을 알리기 시작했다. 추천 제품은 재스민, 일랑일랑, 석류를 주재료로 한 싸야미즈 워터 컬렉션. 고급 스파의 기억을 소환하는 매력적인 향이 특징이며, 판퓨리의 여러 컬렉션 중 저렴한 편에 속한다. 게이손 매장은 규모가 크다.

1권 P.232 지도 P.054C
구글 지도 GPS 13.746088, 100.540826 **찾아가기** BTS 칫롬 역 게이손 출구 이용, 게이손 타워 2층 **주소** 2nd Floor, Gaysorn, Phloen Chit Road **전화** 065-940-9888 **시간** 10:00~20:00 **휴무** 연중무휴 **가격** 제품마다 다름 **홈페이지** www.panpuri.com

26 빅 시 슈퍼센터
Big C Supercenter

★★★ 도보 5분

방콕은 물론 태국 전역에 체인점을 운영하는 대형 마트다. 센트럴 월드와 가까운 방콕 시내 중심부에 자리해 편리하게 이용할 수 있으며, 매장은 2~3층에 걸쳐 널찍하게 자리 잡았다. 쇼핑센터 슈퍼마켓에 비해 서민적인 분위기이며 매우 저렴하다.

1권 P.220 지도 P.054C
구글 지도 GPS 13.747210, 100.541296 **찾아가기** BTS 칫롬 역 7번 출구 이용, 사거리에서 랏차담리 로드로 우회전해 350m **주소** 97/11 Ratchadamri Road **전화** 02-250-4888 **시간** 09:00~24:00 **휴무** 연중무휴 **가격** 제품마다 다름 **홈페이지** corporate.bigc.co.th

27 레몬 팜
Lemon Farm

★★ 도보 3분

랑쑤언 로드에 자리한 유기농 슈퍼마켓이다. 랑쑤언 로드에서 식사를 하거나 마사지를 받는다면 이용할 만하다. 여행자들이 살 만한 아이템은 스파 제품, 잼, 차, 과일 등이 있다.

지도 P.054D
구글 지도 GPS 13.742160, 100.543685 **찾아가기** BTS 칫롬 역 4번 출구에서 랑쑤언 로드로 진입해 200m **주소** 1st Floor, The Portico, 31 Langsuan Road **전화** 02-015-1159 **시간** 월~토요일 09:00~19:00 **휴무** 일요일 **가격** 제품마다 다름 **홈페이지** lemonfarm.com

ZOOM IN

BTS 프런찟 역

센트럴 앰버시의 등장으로 방콕키언의 고급스러운 라이프를 엿볼 수 있는 곳으로 급부상했다.

1 쌍완씨
สงวนศรี

★★★ 도보 4분

족히 100년은 된 낡은 건물의 낡은 부엌에서 오랜 손맛을 자랑하는 할머니들이 완벽한 태국 가정식을 선보인다. 꽤 넓은 식당 좌석은 점심시간이 되기 무섭게 가득 찬다. 줄을 서서 기다리기 싫다면 점심시간 전후에 방문하자.

1권 P.129 **지도** P.054D
구글 지도 GPS 13.741855, 100.547517 **찾아가기** BTS 프런찟 역 8번 출구에서 150m 직진, 간판이 태국어로만 되어 있다. **주소** 59/1 Witthayu Road **전화** 02-251-9378 **시간** 월~토요일 10:00~15:00 **휴무** 일요일 **가격** 카이팔러(Egg in Brown Sauce) S 70B · L 140B, 카우채(여름 한정 메뉴) 250B **홈페이지** 없음

카이팔러 S 70B

2 업 & 어보브
Up & Above

★★ 도보 2분

오쿠라 프레스티지 방콕의 로비 층인 24층에 자리한 레스토랑이자 바. 벚꽃, 라벤더, 단풍 등 계절에 따라 테마를 달리해 선보이는 애프터눈 티가 추천 메뉴다.

지도 P.054D
구글 지도 GPS 13.742888, 100.548109 **찾아가기** BTS 프런찟 역에서 오쿠라 이정표 참조 **주소** 24th Floor, The Okura Prestige Bangkok, Wireless Road **전화** 02-687-9000 **시간** 06:00~23:00 **휴무** 연중무휴 **가격** 애프터눈 티 1190B +17% **홈페이지** www.okurabangkok.com

애프터눈 티 1190B

3 우아놋
Wuanood
วัวนู้ด

★★ 도보 3분

고기(소, 돼지, 닭)-수프(남, 행, 똠얌)-면·밥-토핑 순으로 메뉴를 선택하면 된다. 주변 직장인이 주 고객으로 맛보다는 깔끔함을 선호한다면 찾을 이유가 충분하다.

지도 P.054D
구글 지도 GPS 13.741805, 100.548547 **찾아가기** BTS 프런찟 역 2·4번 출구 이용. 오쿠라 프레스티지 방콕과 연결된 2번 출구가 편리하다. **주소** 888/51-52 Mahatun Plaza Building, Phloen Chit Road **전화** 089-222-9180 **시간** 월~화요일 10:30~20:00, 수~토요일 10:30~18:00 **휴무** 일요일 **가격** 카우까우라우행 느어끄럽 프리미엄(Premium Crunchy Beef Over Rice) 199B **홈페이지** 없음

꾸어이띠여우느어 타이 프렌치 톱 블레이드 219B

4 라이즈 커피
Rise Coffee

★★★ 도보 3분

오피스 빌딩 가득한 도심 한가운데에 우주선처럼 덩그러니 자리한 카페. 에스프레소의 경우, 직접 로스팅한 세 종류의 원두 중 선택할 수 있다. 향미를 친절히 알려주며, 가격 또한 매우 합리적이다.

1권 P.170 **지도** P.054D
구글 지도 GPS 13.741937, 100.548658 **찾아가기** BTS 프런찟 역 2·4번 출구 이용. 오쿠라 프레스티지 방콕과 연결된 2번 출구가 편리하다. **주소** 888 Mahatun Plaza Building, Phloen Chit Road **전화** 083-535-3003 **시간** 08:00~17:00 **휴무** 연중무휴 **가격** 아메리카노(Americano) 75B, 라테·플랫화이트·피콜로(Latte · Flat White · Piccolo) 85B **홈페이지** rise.coffee

피콜로 85B

5 쏨분 시푸드
Somboon Seafood
สมบูรณ์โภชนา

★★★ 도보 4분

뿌팟퐁까리로 유명한 해산물 레스토랑이다. 센트럴 앰버시 지점은 싸얌 스퀘어 원과 더불어 접근성이 아주 좋다. 쏨분 시푸드의 다른 지점에 비해 인테리어도 매우 고급스럽다.

1권 P.110, 146 **지도** P.054D
구글 지도 GPS 13.743958, 100.546783 **찾아가기** BTS 프런찟 역 센트럴 앰버시 출구 이용, 센트럴 앰버시 5층 **주소** 5th Floor, Central Embassy, Phloen Chit Road **전화** 02-160-5965~6 **시간** 11:00~22:00 **휴무** 연중무휴 **가격** 뿌팟퐁까리(Fried Curry Crab) S 460B · M 660B · L 1320B, 쁠라까오끄라파오끄럽(Deep Fried Grouper with Crispy Basil) 420~450B +7% **홈페이지** www.somboonseafood.com

뿌팟퐁까리 S 460B

6 잇타이
Eathai

★★★ 도보 4분

센트럴 앰버시 LG층에 자리한 푸드코트. 방콕의 길거리 음식과 중부, 북부, 이싼, 남부 등 방콕 전역의 음식을 선보인다. 구역별로 각지 음식을 배치해 지방 요리의 종류와 특징이 한눈에 들어오게 했으며, 옛 소품과 디자인으로 과거의 분위기를 살렸다.

지도 P.054D

구글 지도 GPS 13.743766, 100.546668 **찾아가기** BTS 프런찟 역과 연결된 센트럴 앰버시 입구 이용 **주소** LG Floor, Central Embassy, Phloen Chit Road **전화** 02-160-5995 **시간** 10:00~22:00 **휴무** 연중무휴 **가격** 예산 100B~+5% **홈페이지** www.centralembassy.com/store/eathai

7 펩피나
Peppina

★★★ 도보 4분

쑤쿰윗에 본점을 둔 이탤리언 레스토랑. 센트럴 앰버시 6층의 오픈 하우스(Open House)에 비교적 큰 공간을 차지하고 있다. 한두 명은 물론 소규모 단체를 수용할 수 있는 다양한 좌석을 갖췄다. 피자는 주문 즉시 화덕에서 구워 제공한다.

지도 P.054D

구글 지도 GPS 13.743916, 100.546951 **찾아가기** BTS 프런찟 역과 연결된 센트럴 앰버시 입구 이용 **주소** 6th Floor, Central Embassy, Phloen Chit Road **전화** 02-160-5677 **시간** 10:00~22:00 **휴무** 연중무휴 **가격** 피자 M 300~650B **홈페이지** www.peppinabkk.com

프로슈토 M 390B

8 디
Dii

★★★ 도보 4분

태국 전통 마사지에 의학을 결합해 고급스럽게 선보이는 스파. 입구와 로비는 작은 편이지만 스파 룸에 들어서면 꽤 큰 규모와 바닷속을 연상시키는 인테리어에 놀라게 된다. 가격대가 높지만 후회는 없다.

1권 P.182 지도 P.054D

구글 지도 GPS 13.743988, 100.546323 **찾아가기** BTS 프런찟 역과 연결된 센트럴 앰버시 입구 이용 **주소** 4th Floor, Central Embassy, Phloen Chit Road **전화** 02-160-5850~1 **시간** 10:00~23:00(마지막 접수 20:00) **휴무** 연중무휴 **가격** 에어너지 디스트레스 3500B, 아쿠아리우스 아로마틱 테라피 5500B +7% **홈페이지** www.dii-divana.com

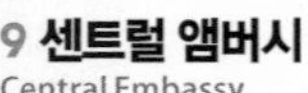

9 센트럴 앰버시
Central Embassy

★★★ 도보 4분

7층 규모의 현대적 디자인의 쇼핑센터. 다양한 패션 브랜드와 레스토랑이 입점해 있다. 쏨분 시푸드, 쏨땀 누아 등 같은 체인 레스토랑이라도 한층 고급스럽다. 책방과 레스토랑, 카페가 어우러진 6층 오픈 하우스는 특히 눈에 띄는 공간. 일대를 조망할 수 있는 야외 테라스도 있다.

1권 P.071 지도 P.054D

구글 지도 GPS 13.743968, 100.546280 **찾아가기** BTS 프런찟 역과 연결 **주소** Central Embassy, Phloen Chit Road **전화** 02-119-7777 **시간** 10:00~22:00 **휴무** 연중무휴 **가격** 가게마다 다름 **홈페이지** www.centralembassy.com

10 딸랏 잇타이
Talad Eathai

★★★ 도보 4분

센트럴 앰버시 LG층에 자리한 슈퍼마켓. OTOP 상품, 과일, 쌀 등 지역 특산품을 주로 판매해 흥미롭다. 과자, 견과류, 건과일, 초콜릿 등은 여행 선물이나 기념품으로 그만이다. 잇타이는 슈퍼마켓과 푸드코트, 요리 교실 등을 함께 운영한다.

1권 P.248 지도 P.054D

구글 지도 GPS 13.743766, 100.546668 **찾아가기** BTS 프런찟 역과 연결된 센트럴 앰버시 입구 이용 **주소** LG Floor, Central Embassy, Phloen Chit Road **전화** 02-160-5991~2 **시간** 10:00~22:00 **휴무** 연중무휴 **가격** 제품마다 다름 **홈페이지** www.centralembassy.com/store/eathai

11 OTOP 헤리티지
OTOP Heritage

★★ 도보 4분

OTOP란 하나의 땀본에서 하나의 상품을 생산한다는 뜻이다. 땀본은 짱왓과 암퍼에 이은 세 번째 행정단위로, 태국에는 7000개가 넘는 땀본이 있다. 지방 장인들이 만든 의류와 가방, 수공예 잡화를 판매하는데, 고가의 상품만 취급한다는 점이 조금 아쉽다. 대신 품질은 좋다.

1권 P.249 지도 P.054D

구글 지도 GPS 13.743968, 100.546280 **찾아가기** BTS 프런찟 역과 연결된 센트럴 앰버시 4층 **주소** 4th Floor, Central Embassy, Phloen Chit Road **전화** 02-160-5975 **시간** 10:00~22:00 **휴무** 연중무휴 **가격** 제품마다 다름 **홈페이지** 없음

ZOOM IN

쁘라뚜남 선착장

쁘라뚜남 시장 일대는 공항철도 랏차쁘라롭 역과 가깝지만 칫롬의 센트럴 월드, 빅 시와 연계해 찾는 경우가 많다.

1 꼬앙 카우만까이 쁘라뚜남
Go-Ang Kaomunkai Pratunam

★★★ 도보 2분

여러 차례 미쉐린 가이드 빕 구르망에 선정된 닭고기덮밥 카우만까이 맛집. 1960년에 창업했다. 생강과 고추를 넣은 달콤하고 짭조름한 소스가 카우만까이의 맛을 한층 돋운다. 싸얌 파라곤 G층 고메 이츠(Gourmet Eats)를 비롯해 지점이 여럿 있다.

1권 P.130 지도 P.054A

구글 지도 GPS 13.749623, 100.542095 **찾아가기** BTS 칫롬 역이 가장 가깝다. 센트럴 월드를 지나 이어지는 R 워크(R Walk)를 끝까지 걸어 내려온 후 길 건너기 **주소** 962 Phetchaburi Road **전화** 061-656-9659 **시간** 06:00~14:00, 15:00~22:30 **휴무** 연중무휴 **가격** 카우만까이(Hainanese Chicken Rice) 50·70B, 느아까이(Hainanese Chicken)·무옵끄르아껫(Braised Pork) 70·140B, 카우만(Rice) 15B **홈페이지** www.facebook.com/GoAngPratunamChickenRice

2 방콕 스카이
Bangkok Sky

★★ 도보 14분

바이욕 스카이 호텔의 76층과 78층에 자리한 뷔페 레스토랑. 최상의 뷔페라 할 수는 없지만 가격이나 분위기를 고려하면 나쁘지 않다. 뷔페 외에 81층에 자리한 루프톱 바인 방콕 발코니(Bangkok Balcony)도 괜찮다. 인터넷을 통해 예약하면 저렴하게 이용할 수 있다.

지도 P.054A

구글 지도 GPS 13.754554, 100.540318 **찾아가기** 공항철도 랏차쁘라롭 역에서 도보 5분. 공항철도 랏차쁘라롭 역, BTS 파야타이·랏차테위·싸얌 역에서 10:00~19:00에 1시간 간격으로 셔틀버스 운행 **주소** 222 Ratchaprarop Road **전화** 02-656-3939 **시간** 11:00~14:00, 17:30~22:00 **휴무** 연중무휴 **가격** 점심 800B, 저녁 960B **홈페이지** baiyokebuffet.com

3 쁘라뚜남 시장
Pratunam Market

★ 도보 5분

아마리 워터게이트 호텔부터 바이욕 스카이 호텔에 이르는 거리에 서는 시장. 의류, 가방, 속옷 등을 판매한다. 인도와 중동에서 온 보따리장수들이 즐겨 찾는 곳으로, 한국인들이 선호할 만한 디자인은 없다.

지도 P.054A

구글 지도 GPS 13.750543, 100.542373 **찾아가기** BTS 칫롬 역 9번 출구에서 도보 20분 **주소** 869/15 Ratchaprarop Road **전화** 가게마다 다름 **시간** 09:00~24:00 **휴무** 연중무휴 **가격** 제품마다 다름 **홈페이지** www.pratunam-market-bangkok.com

4 플래티넘 패션 몰
Platinum Fashion Mall

★★ 도보 5분

의류, 액세서리, 신발, 가방, 기념품 등 도매 쇼핑센터. 우리나라의 동대문과 유사한 구조로, 에어컨을 가동하는 짜뚜짝 시장이라고 보면 된다. 저렴한 아이템을 찾는 인도, 아랍인이 손님 중 대다수를 차지한다.

지도 P.054A

구글 지도 GPS 13.750212, 100.539451 **찾아가기** BTS 칫롬 역 9번 출구에서 도보 20분 **주소** The Platinum Fashion Mall, Phetchaburi Road **전화** 02-121-8000 **시간** 토~일요일·수요일 08:00~20:00, 월~화요일·목~금요일 09:00~20:00 **휴무** 연중무휴 **가격** 제품마다 다름 **홈페이지** www.platinumfashionmall.com

AREA

03 SUKHUMVIT1 : NANA ·
[สุขุมวิท 쑤쿰윗1: 나나·아쏙·프롬퐁]

방콕을 대표하는 유흥·상업 지역

방콕 시내 중심부에서 시작해 촌부리를 지나 캄보디아 접경 지역인 뜨랏까지 이어지는 긴 도로인 쑤쿰윗 지역의 일부. 쇼핑센터와 유흥 시설, 레스토랑, 호텔 등이 밀집돼 있다. 유흥 시설이 많고 인도인이 점령한 나나보다는 아쏙과 프롬퐁이 한국 여행자들 사이에서 인기다. 특히 프롬퐁 지역은 엠포리움과 엠쿼티어가 타운을 이루며 관심 지역으로 급부상했다.

인기 ★★★★★

유흥 지역 나나, 젊은 분위기의 아쏙, 고급스러운 프롬퐁 등 구역별 특색이 뚜렷하다.

관광지 ★

태국 북부 란나 양식의 전통 가옥인 반 캄티엥이 있지만 일부러 찾을 만한 볼거리는 아니다.

쇼핑 ★★★★★

BTS 아쏙 역의 터미널 21, BTS 프롬퐁 역의 엠포리움, 엠쿼티어가 대표적이다.

식도락 ★★★★★

쑤쿰윗 골목 구석구석에 오래된 명성을 자랑하는 맛집이 다양하다.

나이트라이프 ★★★★

나나 일대에 '고고 바'로 불리는 조금은 퇴폐적인 업소가 아주 많다.

혼잡도 ★★★★★

방콕 대표 다운타운으로 늘 붐빈다. 보행자 도로가 좋지 않은 편이므로 늘 주의할 것.

나나 · 아쏙 · 프롬퐁 교통편

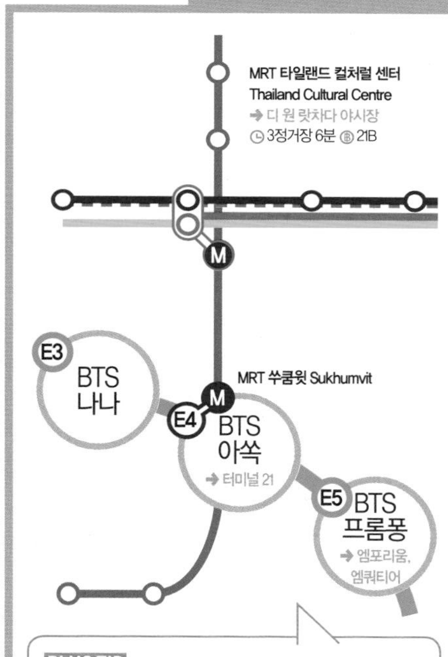

PLUS TIP

❶ 각 BTS 역에서 북쪽(1·3번 출구)은 쏘이+홀수이며, 남쪽(2·4번 출구)은 쏘이+짝수다. 쏘이+홀수에 해당하는 쑤쿰윗 쏘이 13은 BTS 나나 역의 북쪽에 해당하는 3번 출구로 나가면 되는 것.

❷ BTS 아쏙 역에서 MRT 쑤쿰윗 역으로 가려면 3번 출구를 이용한다. 출퇴근 시간에는 아쏙 역으로 올라가는 에스컬레이터만 운행하므로 계단을 이용해야 한다.

❸ MRT 쑤쿰윗 역을 지나 자리한 목적지는 MRT 역을 통과해서 이동하면 좋다. MRT 역사 내에 에어컨을 갖춰 쾌적하며, 에스컬레이터가 잘돼 있어 이동이 편리하다.

나나 · 아쏙 · 프롬퐁으로 가는 방법

BTS
터미널 21은 BTS 아쏙 역 하차. 엠포리움과 엠쿼티어는 BTS 프롬퐁 역 하차.

MRT
MRT 쑤쿰윗 역이 BTS 아쏙 역과 연계.

택시
BTS가 연결되지 않는 카오산 인근에서 갈 때 유용하다. 다만 쑤쿰윗 지역(특히 아쏙)은 상습 정체 구역이라 시간이 많이 소요된다. 쑤쿰윗 내에서 이동할 경우, 1시간이 걸리더라도 100B이 넘지 않는 저렴한 요금이 위로 아닌 위로다. '나나, 아쏙, 프롬퐁 스테이션', '쑤쿰윗 쏘이 23(이씹쌈)' 등 목적지를 말하고 탑승하면 된다.

운하 보트
여행자보다는 현지인이 주로 이용하는 교통수단. 나나 느아, 아쏙 선착장이 쑤쿰윗 로드와 도보 10분 정도 거리다.

공항철도
쑤완나품 공항에서 공항철도를 타고 마까싼 역 하차. 펫차부리 역에서 MRT 환승.

나나 · 아쏙 · 프롬퐁 지역 다니는 방법

BTS
BTS 나나 역 · 아쏙 역 · 프롬퐁 역 등 각 역으로 이동할 때 편리하게 이용 가능.

오토바이
BTS 역은 동서로 뻗어 있는 형태이며 골목(쏘이)은 남북으로 다수 자리한다. 남북으로 뻗은 쏘이를 다니는 가장 좋은 방법은 오토바이 탑승. 쏘이 입구에 오토바이 정류장이 반드시 있다.

택시
쑤쿰윗 로드는 상습 정체 구역이다. BTS 몇 분 거리가 택시를 타면 몇 배로 늘어난다. 위안거리는 택시 안은 매우 시원하다는 점. 조급하게 마음먹지 않으면 이동과 휴식을 겸하는 괜찮은 선택이 될 수 있다.

도보
각 역 사이를 걸어서 다니기에는 조금 버겁다. 더운 날은 특히 그렇다. 하지만 골목(쏘이)에 자리한 목적지가 역에서 가깝다면 걷는 방법밖에 없다.

MUST EAT
이것만은 꼭 먹자!

No.1

룽르앙 รุ่งเรือง 泰榮
뒤돌아서면 생각나는 똠얌 국수의 맛.

No.2

더 로컬 The Local by Oam Thong Thai Cuisine
맛과 서비스, 분위기 모두 고급스럽다.

MUST DO
이것만은 꼭 해보자!

No.1

아시아 허브 어소시에이션 Asia Herb Association
시설, 서비스, 실력을 갖춘 강추 마사지숍.

MUST BUY
이것만은 꼭 사자!

No.1

엠포리움 Emporium & 엠쿼티어 Emquartier
쇼핑과 미식을 한 번에.

No.2

터미널 21 Terminal 21
젊은 감각의 소규모 매장이 가득.

디와나 너처
Divana Nurture P.070
어보브 일레븐
Above Eleven(33F) P.070
Fraser Suites Sukhumvit
주차장
가쓰이치 勝一
P.070
Citadines Sukhumvit 11
오스카 비스트로
Oskar Bistro
Aloft Bangkok Sukhumvit 11
Mercure Sukhumvit 11
Ambassador
빌라 마켓
Soi 15
Soi 19
Soi 13
Soi 11
Soi 7
Soi 5
Soi 9
Mid Town Asoke
인도 대사관
Asok Montri Rd
터미널 21
Terminal 21 P.073
렛츠 릴랙스
Let's Relax(6F) P.072
피어 21
Pier 21(5F) P.071
쌘쌥
Sansab(5F) P.071
엠케이
MK(4F) P.071
CPS 커피
CPS Coffee(M) P.071
고메 마켓
Gourmet Market(LG) P.073
더 로컬
The Local P.072
헬스 랜드
Health Land
P.073
Citadines Sukhumvit 23
Admiral Premier
Sino-Thai Tower
Soi 23
Pullman Bangkok
Grande Sukhumvit
P.071 반 캄티엥
Ban Kamthieng Museum
우체국
나나 Nana
The Landmark
크루아쿤뿍
Krua Khun Puk
P.070
Sofitel
S15
Soi 17
로빈슨 백화점
The Westin Grande
그랜드 센터 포인트
수쿰윗 Sukhumvit
Soi Cowboy
Soi 25
Soi 27
Soi 8
Soi 6
추윗 가든
Chuvit Garden
쑤쿰윗 플라자
장원
가보래
타임스퀘어
아쏙 Asok
Interchange 21
아이야아러이
P.072
랏차담넌 스타디움
무에타이 아카데미
RSM 1권 P.202
Grand Sukhumvit Bangkok
Sheraton Grande
쑤다 포차나
Suda Restaurant P.072
Exchange
Tower
아티스
Artis P.071
어번 리트리트
Urban Retreat P.072
캐비지&콘돔
Soi 4
Soi 10
Soi 12
Soi 14
Soi 16
Soi 18
P.키친
P.Kitchen P.072
Centre Point
Column Tower
Long Table(25F)
Ratchadaphisek Rd
벤짜끼팃 공원
Benjakitti Park
Somerset Lake Point
N
0
100m

C
D
G
H
K
L

Samitivej Sukhumvit Hospital

Soi 39

엠쿼티어
Emquartier P.076
- 오드리 카페 Audrey Café(8F) P.074
- 나라 Nara Thai Cuisine(7F) P.074
- 그레이하운드 카페 Greyhound Café(2F) P.074
- 로스트 Roast(1F) P.073
- 고메 마켓 Gourmet Market(GF) P.074
- 쿼티어 푸드 홀 Quartier Food Hall(B1) P.075

껫타와
Gedhawa P.074

Soi 35
Soi 33
Soi 31
Soi 29

후지 슈퍼
UFM Fuji Super

S31 Sukhumvit

엣 이즈
At Ease P.075

빌라 마켓
Villa Market 1권 P.220

타이 마사지 39
Thai Massage 39 P.076

Soi 37

코카 레스토랑
Coca Sukhumvit 39

Soi 41
Soi 43
Soi 47
Soi 49
Soi 45

톱스
Tops 1권 P.220

미라클 몰
Miracle Mall

Wine Connection

레인 힐
Rain Hill

5 1 3
6 2 4

프롬퐁 Phrom Phong

벤짜씨리 공원
Benchasiri Park

나라야
Naraya P.077

센터 포인트
Center Point P.075

엠포리움
Emporium P.076
- 엠포리움 푸드 홀 Emporium Food Hall(5F) P.074
- 탄 생추어리 Thann Sactuary(5F) 1권 P.231
- 이그조틱 타이 Exotique Thai(4F) P.076
- 고메 마켓 Gourmet Market(4F) P.076
- 한 Harnn(3F) P.077

Soi 22

Bangkok Marriott
Marquis Queen's Park

Soi 20

카르마카멧 다이너
Karmakamet Diner P.075

Hilton

카르마카멧
Karmakamet P.077

룽르앙 泰榮
P.074

Soi 28
Soi 30
Soi 26
Soi 24
Soi 34

아시아 허브 어소시에이션
Asia Herb Association P.075

The Four Wings

썬텅(쏜통) 포차나(800m)
Sornthong Pochana P.075

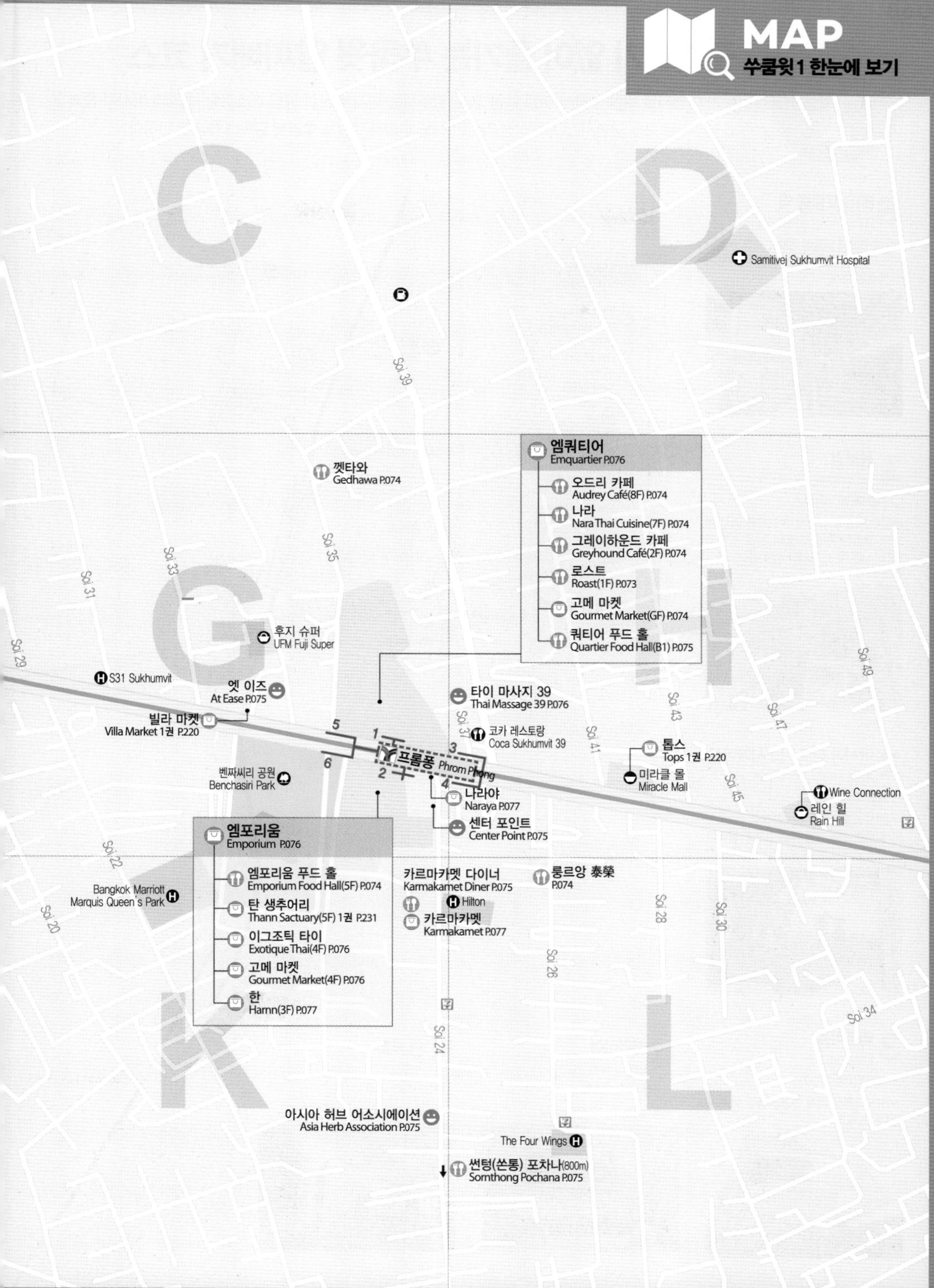

군더더기 없이 즐기는 쑤쿰윗 알짜배기 코스

단기 여행자를 위한 쑤쿰윗 여행 핵심 코스. 강추하는 현지 식당과 고급 레스토랑, 최고의 마사지 숍과 쇼핑센터를 모두 포함시켰다. 무작정 따라만 해도 후회하지 않을 쑤쿰윗 알짜배기라 할 만하다.

S BTS 프롬퐁 역
BTS Phrom Phong

4번 출구에서 뒤돌아 200m, 쑤쿰윗 쏘이 26으로 우회전해 130m, 오른쪽 모퉁이 → 룽르앙 도착

1 룽르앙
รุ่งเรือง 泰榮

시간 08:00~17:00

큰길로 되돌아 나와 BTS 프롬퐁 역 방면으로 좌회전, 쑤쿰윗 쏘이 24로 진입해 550m 오른쪽 → 아시아 허브 어소시에이션 도착

2 아시아 허브 어소시에이션
Asia Herb Association

시간 09:00~22:00

→ BTS 프롬퐁 역 방면 큰길로 150m 정도 걸으면 엠포리움 백화점으로 들어가는 작은 입구가 보인다. → 엠포리움 도착

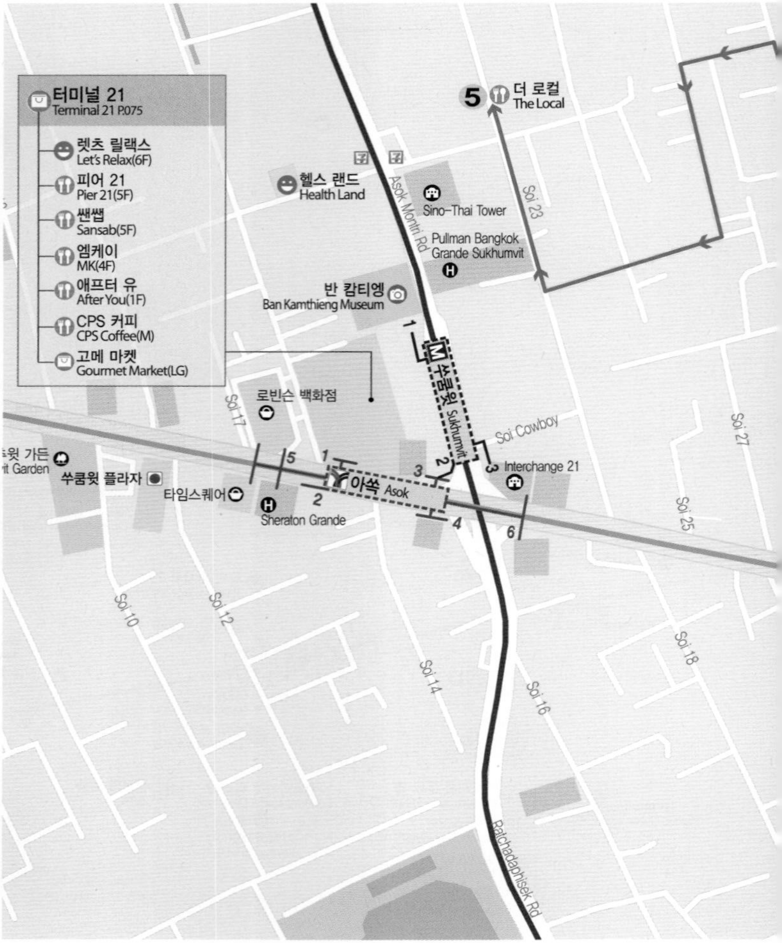

터미널 21
Terminal 21 P.075
- 렛츠 릴랙스 Let's Relax(6F)
- 피어 21 Pier 21(5F)
- 쌘쌥 Sansab(5F)
- 엠케이 MK(4F)
- 애프터 유 After You(1F)
- CPS 커피 CPS Coffee(M)
- 고메 마켓 Gourmet Market(LG)

5 더 로컬 The Local
헬스 랜드 Health Land
Sino-Thai Tower
Pullman Bangkok Grande Sukhumvit
반 캄티엥 Ban Kamthieng Museum
Asok Montri Rd
Soi 23
로빈슨 백화점
Soi 17
쑤쿰윗 Sukhumvit
Soi Cowboy
Interchange 21
쑤쿰윗 가든 Sukhumvit Garden
쑤쿰윗 플라자
타임스퀘어
아쏙 Asok
Sheraton Grande
Soi 27
Soi 25
Soi 10
Soi 12
Soi 14
Soi 16
Soi 18
Ratchadaphisek Rd

3 엠포리움
Emporium

시간 10:00~22:00

→ BTS 프롬퐁 역과 연결된 통로 이용 → 엠쿼티어 도착

4 엠쿼티어
Emquartier

시간 10:00~22:00

→ 택시 이용 → 더 로컬 도착

5 더 로컬
The Local by Oam Thong Thai Cuisine

시간 11:30~22:00

코스 무작정 따라하기 START
S. BTS 프롬퐁 역 4번 출구
330m, 도보 4분
1. 룽르앙
550m, 도보 7분
2. 아시아 허브 어소시에이션
150m, 도보 2분
3. 엠포리움
30m, 도보 1분
4. 엠쿼티어
1.5km, 택시 10분(도보 19분)
5. 더 로컬

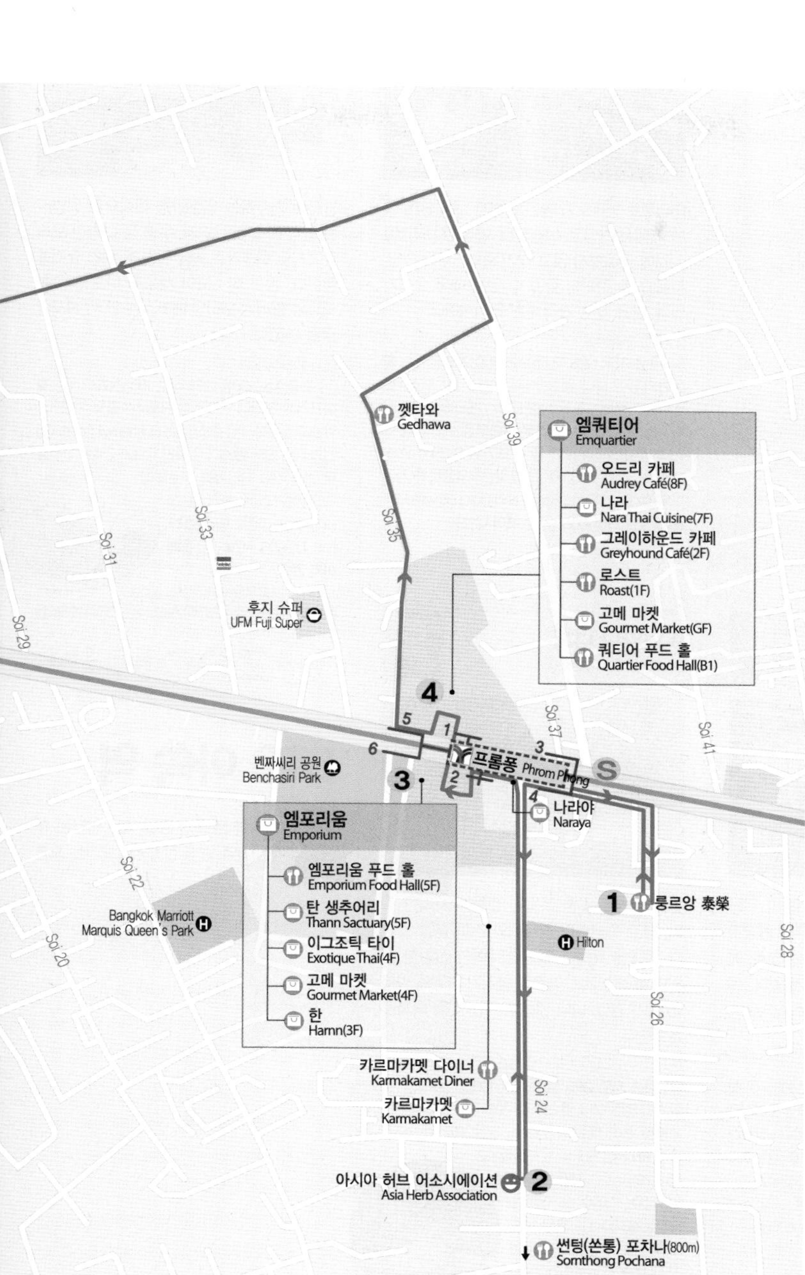

ZOOM IN

BTS 나나 역

고고 바라 불리는 유흥업소와 소규모 마사지 업소 밀집 지역. 인도 여행자들이 많다.

1 크루아쿤뿍
Krua Khun Puk

도보 2분

여러모로 만족도가 높은 여행자 식당. BTS 나나 역에서 가깝고, 아침부터 새벽까지 영업해 시간에 구애받지 않고 찾기 좋다. 국수, 덮밥, 볶음밥 등 간단히 즐길 수 있는 태국 요리가 많다. 맛은 기본, 가격 또한 합리적이다.

지도 P.066E
구글 지도 GPS 13.739948, 100.556561 **찾아가기** BTS 나나 역 3번 출구 이용 **주소** 155 Sukhumvit Soi 11/1 **전화** 097-115-6656 **시간** 08:00~04:00 **휴무** 연중무휴 **가격** 타이 브레이즈드 포크 누들 수프(Thai Braised Pork Noodle Soup) 50B, 카우팟프릭깽투와뿔라믁 카이 다우(Stir Fried String Beans and Octopus with Rice and Fried Egg) 100B **홈페이지** 없음

2 가쓰이치
勝一

도보 7분

방콕에 거주하는 일본인을 대상으로 영업하는 일식 레스토랑. 교자, 우동 등 다양한 요리 중에서도 히레가스, 새우튀김 등 튀김 요리를 잘한다. 밥과 미소국이 세트로 나오는 고항 세트와 함께 주문하면 배부르게 한 끼 식사를 즐길 수 있다.

지도 P.066A
구글 지도 GPS 13.744487, 100.556543 **찾아가기** BTS 나나 역 3번 출구에서 쑤쿰윗 쏘이 11로 약 500m 왼쪽 **주소** 33/5 Sukhumvit Soi 11 **전화** 02-255-4565 **시간** 17:00~23:00 **휴무** 연중무휴 **가격** 구로부타조 히레가스(Kurobuta Jo Hirekatsu) · 에비 프라이(Ebi Fry) 각 280B +17% **홈페이지** 없음

구로부타조 히레가스 280B

3 어보브 일레븐
Above Eleven

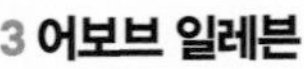

도보 9분

쑤쿰윗 쏘이 11 깊숙이 자리한 루프톱 바. 전망은 좋지만 입구와 엘리베이터 등 주변 환경과 수준이 떨어진다. 서양 손님이 대부분으로, 예약하지 않으면 자리가 없는 경우가 있다. 예약은 홈페이지와 이메일(info@aboveeleven.com)로 가능.

지도 P.066A
구글 지도 GPS 13.745624, 100.556403 **찾아가기** BTS 나나 역 3번 출구에서 쑤쿰윗 쏘이 11로 약 700m, 550m 지점에 위치한 삼거리에서 좌회전해야 한다. 프레이저 스위트 쑤쿰윗 33층 **주소** 38/8 Sukhumvit Soi 11 **전화** 083-542-1111 **시간** 18:00~02:00 **휴무** 연중무휴 **가격** 칵테일 350B~ +17% **홈페이지** aboveeleven.com/bangkok

4 디와나 너처
Divana Nurture

도보 9분

넓은 정원을 갖춘 독립된 건물에 자리한 스파. 넓고 고급스러운 로비와 스파 룸을 갖췄다. 연꽃을 테마로 꾸민 실내에는 잔잔한 음악이 흘러나오고, 아로마 향기가 가득해 기분을 좋게 한다. 나나 역을 오가는 전용 뚝뚝을 운행한다.

1권 P.182 지도 P.066A
구글 지도 GPS 13.746109, 100.557561 **찾아가기** BTS 나나 역 3번 출구에서 첫 번째 골목인 쑤쿰윗 쏘이 11을 따라 700m, 도보 9분 **주소** 71 Sukhumvit Soi 11 **전화** 02-651-2916 **시간** 월~금요일 11:00~23:00, 토~일요일 10:00~23:00 **휴무** 연중무휴 **가격** 타이 보란 마사지(Thai Boran Massage) 100분 1950B **홈페이지** www.divanaspa.com

ZOOM IN

BTS 아쏙 역

BTS 아쏙 역과 MRT 쑤쿰윗 역이 만나는 쑤쿰윗의 핵심 지역. 방콕 전역으로 오가는 교통 요지다.

1 반 캄티엥
Ban Kamthieng Museum

도보 6분

태국 북부 란나 양식의 전통 가옥. 1848년에 치앙마이 삥 강변에 지은 캄티엥의 집을 1960년대에 방콕으로 옮겨 왔다. 전통 생활용품, 농기구, 고산족 관련 물품 등 태국 북부의 생활양식을 보여주는 민족학 박물관으로 운영한다.

지도 P.066F
구글 지도 GPS 13.739216, 100.561615 **찾아가기** MRT 쑤쿰윗 역 1번 출구에서 80m, 도보 1분 **주소** 131 Soi Asok **전화** 02-661-6470 **시간** 화~토요일 09:30~16:30 **휴무** 일~월요일 **가격** 200B **홈페이지** thesiamsociety.org

2 피어 21
Pier 21

도보 2분

터미널 21 5층에 자리한 대규모 푸드코트. 샌프란시스코 피셔맨스 워프를 본떠 만들었다. 젊은 층이 즐겨 찾는 쇼핑센터에 자리해 가격이 매우 저렴한 것이 특징이다. 국수, 볶음밥, 덮밥, 쏨땀 등 태국 요리는 물론 중국, 인도, 서양 요리 등을 30~50B에 즐길 수 있다.

지도 P.066F
구글 지도 GPS 13.738229, 100.560531 **찾아가기** BTS 아쏙 역 1번 출구 혹은 MRT 쑤쿰윗 역 3번 출구 이용, 터미널 21 5층 **주소** 5th Floor, Terminal 21, Sukhumvit Soi 19 **전화** 02-108-0888 **시간** 10:00~22:00 **휴무** 연중무휴 **가격** 예산 50B~ **홈페이지** www.terminal21.co.th

꾸어이띠여우 40B

3 쌘쌥
Sansab
แสนแซ่บ

도보 2분

이싼 요리를 선보이는 프랜차이즈 레스토랑. 샐러드와 구이, 튀김, 수프 등 본격적인 요리 메뉴 외에 볶음밥, 덮밥 등 간단하게 이싼 요리를 맛보기에 손색이 없다.

지도 P.066F
구글 지도 GPS 13.737986, 100.560576 **찾아가기** BTS 아쏙 역 1번 출구 혹은 MRT 쑤쿰윗 역 3번 출구 이용, 터미널 21 5층 **주소** 5th Floor, Terminal 21, Sukhumvit Soi 19 **전화** 02-108-0821 **시간** 11:00~21:00 **휴무** 연중무휴 **가격** 쏨땀타이(Somtum Thai) 95B, 팟타이 꿍쏫(Pad Thai with Fresh Shrimp) 195B +17% **홈페이지** www.sansab.co.th

쏨땀타이 95B

4 CPS 커피
CPS Coffee

도보 2분

태국의 패션 브랜드 'CPS CHAPS'에서 만든 커피 브랜드다. 텅러의 플래그십 스토어를 비롯해 방콕에 몇 곳의 지점이 있는데 터미널 21 매장은 접근성, 텅러 매장은 감성이 좋다. 쇼핑, 미식과 더불어 커피 브레이크를 즐기자.

지도 P.066F
구글 지도 GPS 13.737305, 100.560564 **찾아가기** BTS 아쏙 역과 연결된 터미널 21 M층. BTS 역과 터미널 21을 연결하는 통로에 위치 **주소** M Floor, Terminal 21, Sukhumvit Soi 19 **전화** 063-494-4036 **시간** 07:00~21:00 **휴무** 연중무휴 **가격** 아메리카노(Americano) Hot 90B · Ice 100B, 피콜로 라테(Piccolo Latte) 100B **홈페이지** 없음

5 아티스
Artis

도보 6분

방콕 도심 중심가인 쑤쿰윗 쏘이 18 모퉁이에 자리한 아담한 카페. 실내외에 좌석이 마련돼 있어 에어컨 혹은 도심 풍경을 바라보며 휴식하기 좋다. 태국 북부 골든트라이앵글과 해외에서 생산된 아라비카 원두를 직접 로스팅해 에스프레소와 필터 커피로 선보인다.

지도 P.066F
구글 지도 GPS 13.735230, 100.562615 **찾아가기** BTS 아쏙 역 익스체인지 타워(Exchange Tower) 출구에서 프롬퐁 방면. 쑤쿰윗 쏘이 18 입구 **주소** 390, 20 Sukhumvit Soi 18 **전화** 096-070-6763 **시간** 07:00 ~22:00 **휴무** 연중무휴 **가격** 아이스 아메리카노(Iced Americano) 110 · 125 · 140B **홈페이지** www.artis-coffee.com

피콜로 라테 100B

6 엠케이
MK

도보 2분

방콕에만 200여 개의 지점을 보유한 인기 있고 대중적인 레스토랑. 대표 메뉴는 쑤끼다. 테이블에 세팅된 전기 냄비에 각종 재료를 넣어 끓여 먹는 방식으로 테이블에 비치된 전자 메뉴판을 이용해 채소, 고기, 해산물 등의 재료를 선택하면 된다.

지도 P.066F
구글 지도 GPS 13.738522, 100.560635 **찾아가기** BTS 아쏙 역 1번 출구 혹은 MRT 쑤쿰윗 역 3번 출구 이용, 터미널 21 4층 **주소** 4th Floor, Terminal 21, 88 Soi Sukhumvit 19 **전화** 02-108-0959 **시간** 매일 10:00~22:00 **휴무** 연중무휴 **가격** 팍쑤카팝촛렉(Large Vegetable Set) 295B, 쑤끼촛MK(MK Suki Set) 530B +7% **홈페이지** www.mkrestaurant.com

7 쑤다 포차나

Suda Restaurant
สุดาโภชนา

★★★ 도보 2분

BTS 아쏙 역 인근에 자리한 현지 레스토랑. 실내는 물론 길거리에 테이블을 놓고 영업한다. 외국 미디어에 자주 소개된 곳이라 손님들의 대부분이 외국인 여행자다. 한국인 여행자도 많은데, 호불호가 나뉘는 편이다.

1권 P.110, 132 지도 P.066F **구글 지도 GPS** 13.736766, 100.560021 **찾아가기** BTS 아쏙 역 4번 출구 이용, 쑤쿰윗 쏘이 14 오른쪽 첫 번째 골목 첫 번째 가게 **주소** 6/1 Sukhumvit Soi 14 **전화** 02-229-4664 **시간** 월~토요일 11:00~23:00 **휴무** 일요일 **가격** 뿌팟퐁까리(Stir Fried Crabmeat in Curry Powder) 390B, 쏨땀(Som Tum Green Papaya Salad) 80B **홈페이지** 없음

뿌팟퐁까리 390B

8 더 로컬

The Local by Oam Thong Thai Cuisine

★★★ 도보 10분

북부, 남부 등 지방의 특성을 살린 요리를 전통 조리법으로 선보이는 레스토랑. 맛은 물론, 목조 가옥에 자리해 분위기도 매우 좋다.

1권 P.116, 135 지도 P.066B **구글 지도 GPS** 13.740485, 100.563381 **찾아가기** MRT 쑤쿰윗 역 1번 출구에서 240m 직진, 세븐일레븐 사거리에서 우회전한 후 쑤쿰윗 쏘이 23으로 좌회전해 30m **주소** 32-32/1 Sukhumvit Soi 23 **전화** 02-664-0664 **시간** 11:30~22:00 **휴무** 연중무휴 **가격** 깽마싸만 까이/느어(Massaman Curry with Chicken or Beef) 350B/450B, 팍미엥 팟 카이(Stir Fried Southern Local Vegetables with Eggs) 250B +17% **홈페이지** www.thelocalthaicuisine.com

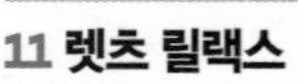

컹왕루엄롯 290B

9 P. 키친

P. Kitchen
พี คิทเช่น

★★ 도보 8분

현지인보다는 외국인에게 인기인 식당. 테이블은 2층 테라스와 에어컨이 있는 실내에 자리한다. 계산은 현금으로만 가능하다.

지도 P.066F
구글 지도 GPS 13.733080, 100.562931 **찾아가기** BTS 아쏙 역 6번 익스체인지 타워(Exchange Tower) 출구에서 프롬퐁 역 방면으로 조금만 가면 쑤쿰윗 쏘이 18이 나온다. 우회전해서 240m. **주소** 11 Sukhumvit Soi 18 **전화** 02-663-4950 **시간** 화~일요일 11:00~21:30 **휴무** 월요일 **가격** 쏨땀타이(Papaya Salad Thai Style) 85B, 뿌팟퐁까리(Fried Crab Meat with Curry Powder) 220B **홈페이지** www.facebook.com/PKitchen1998

10 아이야아러이

ไอ้หย่าอร่อย

★★ 도보 6분

모든 메뉴가 50B인 현지 식당. 소고기 국수 꾸어이띠여우 느어가 짜지 않고 괜찮다. 돼지고기 덮밥 카우무댕과 카우무끄럽도 아주 맛있다. 간판과 메뉴는 태국어로만 돼 있다.

지도 P.066F
구글 지도 GPS 13.736387, 100.562881 **찾아가기** MRT 쑤쿰윗 역 3번 출구에서 우회전해 30m, 쏘이 카우보이(Soi Cowboy)를 관통해 130m, 쑤쿰윗 쏘이 23이 나오면 길 건너 우회전 60m. 총 220m, 도보 2분 **주소** 4/9 Sukhumvit Soi 23 **전화** 02-258-3750 **시간** 07:00~17:00 **휴무** 연중무휴 **가격** 카우무댕-무끄럽 50B, 꾸어이띠여우 느어 50B, 피쎗 60 · 80 · 100B **홈페이지** 없음

꾸어이띠여우 느어 50B

11 렛츠 릴랙스

Let's Relax

★★★ 도보 2분

한국인이 가장 많이 찾는 렛츠 릴랙스 지점 중 하나. BTS 아쏙 역과 연결된 터미널 21 6층에 자리해 편리하다. 타이 마사지 일부 공간은 커튼으로 분리되지만 조용하게 잘 관리한다.

1권 P.184 지도 P.066F
구글 지도 GPS 13.737725, 100.560704 **찾아가기** BTS 아쏙 역 1번 출구 혹은 MRT 쑤쿰윗 역 3번 출구 이용, 터미널 21 6층 **주소** 6th Floor, Terminal 21, Sukhumvit Soi 19 **전화** 02-108-0555 **시간** 10:00~24:00 **휴무** 연중무휴 **가격** 타이 마사지 2시간 1200B **홈페이지** www.letsrelaxspa.com

12 어번 리트리트

Urban Retreat

★★★ 도보 2분

BTS 아쏙 역에서 아주 가깝다. 계단을 내려오자마자 바로 보일 정도. 쇼핑센터 내 마사지숍을 넘어서 위치상으로 최고다. 미니멀리즘을 적용한 로비와 개별 룸에서는 어번 리트리트의 철학이 묻어난다. 뭐든지 깔끔하게 정돈돼 있어 마사지를 받는 내내 기분이 좋다.

1권 P.185 지도 P.066F
구글 지도 GPS 13.736439, 100.560723 **찾아가기** BTS 아쏙 역 4번 출구로 내려가면 바로 보인다. **주소** 1 Sukhumvit Road **전화** 02-229-4701 **시간** 10:00~22:00 **휴무** 연중무휴 **가격** 타이 마사지 60분 600B, 90분 900B, 120분 1200B **홈페이지** www.urbanretreatspa.net

13 헬스 랜드
Health Land

★★★ 도보 8분

시설 대비 저렴한 가격 덕분에 한국, 중국 등 외국인 관광객에게 인기를 얻고 있는 헬스 랜드의 아쏙 지점. 개별 룸을 갖춘 깔끔한 시설인데도 가격은 동네 마사지 숍 수준이다. 단, 마사지사에 따라 기술 차이가 크다.

1권 P.187 지도 P.066B
구글 지도 GPS 13.740714, 100.560770 **찾아가기** BTS 아쏙 역 1번 출구에서 쑤쿰윗 쏘이 19로 우회전해 350m 간 후 쑤쿰윗 21 쏘이 1로 우회전해 60m 왼쪽, MRT 쑤쿰윗 역은 1번 출구 이용 **주소** 55/5 Sukhumvit Soi 21 **전화** 02-261-1110 **시간** 09:00~21:30 **휴무** 연중무휴 **가격** 타이 마사지 2시간 650B **홈페이지** www.healthlandspa.com

14 터미널 21
Terminal 21

★★★ 도보 1분

BTS 아쏙 역의 랜드마크 쇼핑센터. 브랜드 매장은 거의 없고, 마켓 스트리트처럼 소규모 매장이 가득하다. 우리나라로 따지면 두타나 밀리오레쯤 된다. 로컬 디자이너들이 직접 제작하는 저렴한 티셔츠, 의류, 액세서리와 아직 유명세를 타지 않은 스파 제품 등이 주를 이룬다.

1권 P.084 지도 P.066F
구글 지도 GPS 13.737664, 100.560389 **찾아가기** BTS 아쏙 역 터미널 21 출구에서 바로 **주소** Terminal 21, Sukhumvit Soi 19 **전화** 02-108-0888 **시간** 10:00~22:00 **휴무** 연중무휴 **가격** 매장마다 다름 **홈페이지** www.terminal21.co.th/asok

15 고메 마켓
Gourmet Market

★★★ 도보 2분

방콕의 주요 쇼핑센터에 입점한 마트. 가격대가 높은 편이지만 쇼핑 환경이 쾌적하고 만족도가 높다. 터미널 21 매장은 규모가 작은 편이지만 여행자들이 원하는 물품을 구매하기에는 손색이 없다.

1권 P.220 지도 P.066F
구글 지도 GPS 13.737664, 100.560389 **찾아가기** BTS 아쏙 역 터미널 21 출구 이용, 터미널 21 LG층 **주소** LG Floor, Terminal 21, Sukhumvit Soi 19 **전화** 02-254-0143, 0148 **시간** 10:00~22:00 **휴무** 연중무휴 **가격** 제품마다 다름 **홈페이지** www.gourmetmarketthailand.com

ZOOM IN

BTS 프롬퐁 역

고급 백화점 엠포리움에 엠쿼티어가 가세해 쇼핑과 미식의 핵심으로 급부상한 지역.

1 로스트
Roast

★★★ 도보 2분

엠쿼티어에서 가장 인기 있는 레스토랑이자 카페. 유리창 너머 풍경을 바라보며 퓨전 서양 요리와 커피, 디저트, 음료 등을 즐길 수 있다.

1권 P.165 지도 P.067G
구글 지도 GPS 13.731882, 100.569518 **찾아가기** BTS 프롬퐁 역 엠쿼티어 출구 이용, 엠쿼티어 더 헬릭스(The Helix) 빌딩 1층 **주소** 1st Floor, The Helix, Emquartier, Sukhumvit Road **전화** 095-454-6978 **시간** 10:00~22:00 **휴무** 연중무휴 **가격** 아이스 아메리카노(Iced Americano) 100B, 아이스 에스프레소 라테(Iced Espresso Latte) 120B, 베이컨 & 갈릭 스파게티(Bacon and Garlic) 280B +17% **홈페이지** www.roastbkk.com

베이컨 & 갈릭 스파게티 280B

2 나라

Nara Thai Cuisine

★★★ 도보 3분

신선한 재료와 전통의 조리법으로 현지인과 여행자의 입맛을 사로잡은 태국 레스토랑. 엠쿼티어 더 헬릭스 빌딩 6~9층에 자리 잡은 레스토랑 중에서도 인기 있다. 똠얌꿍은 반드시 맛봐야 할 메뉴 중 하나.

1권 P.109, 134 지도 P.067G
구글 지도 GPS 13.731737, 100.569088 **찾아가기** BTS 프롬퐁 역 엠쿼티어 출구 이용, 엠쿼티어 7층 **주소** 7th Floor, The Helix, Emquartier, Skhumvit Road **전화** 02-003-6258~9 **시간** 11:00~21:00 **휴무** 연중무휴 **가격** 무팟끄라파오(Stir-Fried Pork with Chili & Hot Basil) 260B, 팟덕카쩐(Stir-Fried Cowslip Flower) 160B +17% **홈페이지** www.naracuisine.com

똠양꿍 490B

3 오드리 카페

Audrey Cafe des Fleurs

★★★ 도보 3분

텅러의 유명 카페이자 레스토랑인 오드리의 엠쿼티어 지점. 천장을 모형 꽃과 식물로 꾸며 프랑스 정원의 느낌을 냈다. 파스타, 피자 등 서양 요리를 비롯해 태국 요리 선보인다. 창가 쪽 좌석은 전망이 좋다.

지도 P.067G
구글 지도 GPS 13.731786, 100.569365 **찾아가기** BTS 프롬퐁 역 엠쿼티어 출구 이용, 엠쿼티어 8층 **주소** 8th Floor, The Helix Emquartier, Sukhumvit Road **전화** 02-003-6244 **시간** 11:00~22:00 **휴무** 연중무휴 **가격** 얌쏨오(Audrey's Pomelo Salad) 240B, 무차무팟키마우까프라우끄럽(Stir Fried Thin Sliced Pork Shabu Style in Garlic, Chilli, Basil) 220B, 깽쏨차옴(Gang-Som Cha-Om) 170B, 팟팍붕파이댕(Stir Fried Morning Glory with Garlic & Chilli) 120B +17% **홈페이지** www.audreygroup.com/AudreyDesFleurs

4 그레이하운드 카페

Greyhound Café

★★ 도보 2분

엠쿼티어 더 헬릭스 빌딩과 워터폴 건물이 연결되는 2층에 독립된 형태로 자리하며, 다양한 종류의 좌석을 보유하고 있다. 서양 요리와 퓨전 태국 요리, 음료 등 메뉴 역시 다양하다.

지도 P.067G
구글 지도 GPS 13.732188, 100.569292 **찾아가기** BTS 프롬퐁 역 엠쿼티어 출구 이용, 엠쿼티어 안쪽 워터폴 건물 2층 **주소** 2nd Floor, The Waterfall, Emquartier, Sukhumvit Road **전화** 02-003-6660 **시간** 11:00~22:00 **휴무** 연중무휴 **가격** 꾸어이띠여우 허무쌉(Complicated Noodle) 220B, 카우풋텃 느어 뿌(Crispy Sweet Corn with Crab Meat) 240B +17% **홈페이지** www.greyhoundcafe.co.th

5 엠포리움 푸드 홀

Emporium Food Hall

★★ 도보 2분

엠포리움 백화점 5층 식당가에 자리한 푸드 코트. 깔끔하며, 창가 테이블에서 시내가 바라다보인다. 푸드코트의 가장 큰 매력은 저렴한 가격. 고급 백화점 중 하나인 엠포리움에서는 저렴한 가격이 더욱 실감된다. 국수, 볶음밥, 덮밥 등 메뉴는 단출하다.

지도 P.067G
구글 지도 GPS 13.730693, 100.568854 **찾아가기** BTS 프롬퐁 역 엠포리움 출구 이용, 엠포리움 5층 **주소** 5th Floor, Emporium, Sukhumvit Road **전화** 02-269-1000 **시간** 10:00~20:00 **휴무** 연중무휴 **가격** 예산 100B~ **홈페이지** www.emporium.co.th

6 껫타와

Gedhawa

เก็ดถะหวา

★★ 도보 7분

카레 국수 카우쏘이, 선지 국수 카놈찐 남니여우 등 북부 요리는 물론 태국 전역의 음식을 짜지 않고 단조로운 북부식으로 선보인다. 방문 전 휴식 시간과 휴무일을 확인하는 게 좋다.

1권 P.163 지도 P.067G
구글 지도 GPS 13.734685, 100.569991 **찾아가기** BTS 프롬퐁 역 5번 출구 계단을 내려가 뒤돌아 첫 번째 골목인 쑤쿰윗 쏘이 35를 따라 400m, 도보 5분 **주소** 24 Sukhumvit Soi 35 **전화** 02-662-0501 **시간** 월~토요일 11:00~14:00, 17:00~21:30 **휴무** 일요일 **가격** 카우쏘이 까이(Egg Noodle, Red Curry, Northern Style) 110B, 얌쏨오(Pomelo Salad) 130B +10% **홈페이지** 없음

니영카나 155B

7 룽르앙

榮泰

รุ่งเรือง

★★★ 도보 2분

돼지고기와 돼지고기 내장, 어묵을 넣은 국수를 선보인다. 맑은 국물의 남싸이도 좋지만 매운맛과 감칠맛이 어우러진 똠얌이 아주 맛있다. 똠얌은 국물이 있는 똠얌(남)과 국물이 없는 똠얌행으로 주문할 수 있다.

1권 P.112, 121 지도 P.067G
구글 지도 GPS 13.728429, 100.570455 **찾아가기** BTS 프롬퐁 역 4번 출구에서 뒤돌아 200m. 쑤쿰윗 쏘이 26으로 우회전해 130m 지나 오른쪽 모퉁이에 위치한다. 간판에 태국어와 '榮泰'이라는 한자가 적혀 있다. **주소** 10/13 Sukhumvit Soi 26 **전화** 02-258-6746 **시간** 08:00~17:00 **휴무** 연중무휴 **가격** 꾸어이띠여우 똠얌(Tom Yum with Soup) · 꾸어이띠여우 똠얌행(Tom Yum without Soup) · 꾸어이띠여우 무남싸이(Clear Soup) 각 60 · 70 · 80B **홈페이지** www.facebook.com/RungRueangtung26

8 카르마카멧 다이너
Karmakamet Diner

도보 4분

스파 브랜드 카르마카멧에서 운영하는 카페 겸 레스토랑. 열대식물로 장식한 야외 좌석과 카르마카멧의 갈색 방향제 병, 육중한 나무로 엄숙하게 꾸민 실내 좌석을 갖추었다. 레스토랑 한편에는 아로마 숍이 있다.

1권 P.167 지도 P.067K

구글 지도 GPS 13.729204, 100.567879 **찾아가기** BTS 프롬퐁 역 6번 출구 이용. 엠포리움 백화점 주차장 길을 따라가다 보면 엠포리움 스위트 방콕 정문이 나온다. 호텔을 지나 왼쪽 두 번째 골목 안쪽, 290m, 도보 4분. **주소** 30/1 Soi Metheenivet **전화** 02-262- 0700~1 **시간** 10:00~20:00 **휴무** 연중무휴 **가격** 스트로베리 인 더 클라우드 (Straw berry in the Cloud) 490B, 아이스커피(Iced Coffee) 110B +17% **홈페이지** www.karmakamet.co.th

9 썬텅(쏜통) 포차나
Sornthong Pochana
ศรทองโภชนา

도보 3분+오토바이 5분

한국인에게 잘 알려진 중화풍의 허름한 현지 식당. 한국인들 사이에서는 뿌팟퐁까리가 인기다. 과거와 달리 지금은 친절도와 맛, 시설 등 여러 면에서 아쉽다.

지도 P.067L

구글 지도 GPS 13.719206, 100.566813 **찾아가기** BTS 프롬퐁 역 4번 출구에서 쑤쿰윗 쏘이 24 입구에 있는 오토바이 택시 이용, BMW(MINI) 앞에서 하차(요금 20B), 왼쪽에 보이는 주유소 방면으로 도보 150m **주소** 2829-31 Rama 4 Road **전화** 02-258-0118 **시간** 12:00~22:00 **휴무** 연중무휴 **가격** 팍붕파이댕 100 · 150B, 게 요리 1kg당 S 1200B · M 1500B · L 1800B **홈페이지** www.sornthong.com

꿍 능 끄라티얌 S 400B

10 센터 포인트
Center Point

도보 1분

센터 포인트 마사지의 쑤쿰윗 24 지점. BTS 프롬퐁 역과 아주 가깝다. 한국인 여행자 사이에서 호불호가 나뉘는 마사지 숍이지만, 전반적으로 만족스럽다. 타이 마사지의 경우 1시간보다 1시간 30분이 매우 저렴하다.

1권 P.186 지도 P.067G

구글 지도 GPS 13.729933, 100.569456 **찾아가기** BTS 프롬퐁 역 2번 출구에서 쑤쿰윗 24로 우회전, 20m 오른쪽 **주소** 2/16 Soi Kasem, Sukhumvit 24 **전화** 02-663-6696~7 **시간** 10:00~24:00 **휴무** 연중무휴 **가격** 타이 마사지 1시간 450B, 1시간 30분 600B, 2시간 750B **홈페이지** www.centerpointmassage.com

11 엣 이즈
At Ease

도보 2분

프롬퐁 역 인근에 터줏대감으로 자리 잡은 마사지 숍이다. 마사지 전에 마사지 강도, 임신 여부, 기저 질환 등을 살피며, 마사지 전후에 다른 종류의 허브차를 제공하는 등 서비스가 세심하다. 마사지 내용은 체계적인 편. 쑤쿰윗 쏘이 39에도 숍이 있다.

지도 P.067G

구글 지도 GPS 13.732237, 100.568235 **찾아가기** BTS 프롬퐁 역 5번 출구 계단을 내려가 첫 번째 골목인 쑤쿰윗 쏘이 33/1로 우회전 **주소** 593/16 Sukhumvit Soi 33 **전화** 02-662-2974 **시간** 09:00~23:00 **휴무** 연중무휴 **가격** 타이 마사지 1시간 450B, 1시간 30분 620B, 2시간 780B **홈페이지** atease-massage.com

12 아시아 허브 어소시에이션
Asia Herb Association

도보 3분, 12분

합리적인 가격으로 고급스러운 시설을 선보이는 마사지 숍. 잘 교육받은 직원들의 상향 평준화된 마사지 실력도 인상적이다. 자체 농장에서 유기농으로 키워 사용하는 허벌 볼(Herbal Ball) 마사지가 유명하다. 처음 방문하더라도 멤버로 등록하면 5% 할인받을 수 있다.

시간 09:00~22:00 **휴무** 연중무휴 **가격** 타이 마사지 60분 700B, 90분 1000B, 120분 1300B, 150분 1600B, 180분 1900B **홈페이지** asiaherbassociation.com

쑤쿰윗 24 프롬퐁

1권 P.185 지도 P.067K

구글 지도 GPS 13.725994, 100.567684 **찾아가기** BTS 프롬퐁 역 2번 혹은 4번 출구 이용, 쑤쿰윗 쏘이 24로 진입해 약 550m 오른쪽 **주소** 50/6 Sukhumvit Soi 24 **전화** 02-261-7401

벤짜씨리 파크

1권 P.185 지도 P.067G

구글 지도 GPS 13.731890, 100.567254 **찾아가기** BTS 프롬퐁 역 6번 출구 이용. 벤짜씨리 공원 옆 **주소** 598-600 Sukhumvit Road **전화** 02-204-2111

13 포 타이 마사지 39
Po Thai Massage 39

★★ 도보 2분

일본어로 '왓 포 마사지'라 적어놓고, 왓 포 마사지의 쑤쿰윗 지점이라 소문났지만 왓 포 마사지와는 전혀 관련이 없는 곳이다. 왠지 속은 느낌이지만 저렴한 가격 대비 전반적으로 만족스럽다. 마사지사마다 실력 차이가 있다.

지도 P.067H
구글 지도 GPS 13.731055, 100.570421 **찾아가기** BTS 프롬퐁 역 3번 출구에서 쑤쿰윗 쏘이 37로 진입, 80m 전방에 보이는 노란색 건물 **주소** Sukhumvit Soi 37 **전화** 02-261-0567 **시간** 월~목요일 09:00~21:00, 금~일요일·공휴일 09:00~21:30 **휴무** 연중무휴 **가격** 발 마사지 60분+타이 마사지 60분 550B **홈페이지** www.watpo-school.com

14 엠포리움
Emporium

★★★ 도보 1분

방콕을 대표하는 고급 쇼핑센터. 명품 매장 위주로 입점해 있다. 여행자들에게 유용한 매장은 4층의 이그조틱 타이, 3층의 한(Harnn) 등 태국 스파 매장과 4층의 고메 마켓, 엠포리움 푸드 홀 등이다.

지도 P.067G
구글 지도 GPS 13.730687, 100.568909 **찾아가기** BTS 프롬퐁 역과 연결된 엠포리움 출구 **주소** Emporium, Sukhumvit Road **전화** 02-269-1000 **시간** 10:00~22:00 **휴무** 연중무휴 **가격** 매장마다 다름 **홈페이지** www.emporium.co.th

15 엠쿼티어
Emquartier

★★★ 도보 1분

2015년에 선보인 고급 쇼핑센터. 명품 매장, 태국 디자이너 브랜드 매장, 유명 레스토랑과 카페 등이 다양하게 입점해 있다. G층의 대형 고메 마켓, 태국 디자이너 브랜드를 모아놓은 2층의 큐레이터, 6~9층의 식당가 등이 눈에 띄는 매장이다.

지도 P.067G
구글 지도 GPS 13.731268, 100.570133 **찾아가기** BTS 프롬퐁 역과 연결된 엠쿼티어 출구 **주소** Emquartier, Sukhumvit Road **전화** 02-269-1188 **시간** 10:00~22:00 **휴무** 연중무휴 **가격** 매장마다 다름 **홈페이지** www.emquartier.co.th

16 이그조틱 타이
Exotique Thai

★★★ 도보 2분

타이 실크 등 전통 잡화를 비롯해 태국 유명 스파 브랜드를 한곳에 모아놓은 멀티숍이다. 전통 잡화는 최고의 품질을 보장하며, 가격대가 아주 높은 편이다. 판퓨리, 탄, 디와나 등 스파 브랜드는 한곳에 모여 있어 쇼핑이 편리하다.

지도 P.067G
구글 지도 GPS 13.730274, 100.568593 **찾아가기** BTS 프롬퐁 역과 연결된 엠포리움 4층 **주소** 4th Floor, Emporium, Sukhumvit Road **전화** 02-269-1000 **시간** 10:00~22:00 **휴무** 연중무휴 **가격** 제품마다 다름 **홈페이지** www.theemdistrict.com

17 고메 마켓
Gourmet Market

★★★ 도보 2분

주요 쇼핑센터에 입점한 대형 마트. 엠포리움 4층과 엠쿼티어 G층에 있다. 엠쿼티어의 고메 마켓은 싸얌 파라곤과 더불어 규모가 아주 크다. 가격대가 높은 편이지만 쇼핑 환경이 쾌적하고 만족도가 높다.

휴무 연중무휴 **가격** 제품마다 다름
홈페이지 www.gourmetmarketthailand.com

엠포리움
1권 P.220 지도 P.067G
구글 지도 GPS 13.730687, 100.568909 **찾아가기** BTS 프롬퐁 역과 연결된 엠포리움 4층 **주소** 4th Floor, Emporium, Sukhumvit Road **전화** 02-269-1000 #1747, 1748, 1750, 1407 **시간** 10:00~22:00

엠쿼티어
1권 P.220 지도 P.067G
구글 지도 GPS 13.731268, 100.570133 **찾아가기** BTS 프롬퐁 역과 연결된 엠쿼티어 G층 **주소** G Floor, Emquartier, Sukhumvit Road **전화** 02-269-1000 #2055 **시간** 10:00~22:00

18 한
Harnn

엠포리움 3층에 자리한 단독 매장. 4층의 이그조틱 타이에도 매장이 있지만, 이곳 제품이 더 다양하다. 추천 제품은 핸드크림. 비누는 유명세에 비해 조금 실망스럽다. 모든 제품을 경험하고 싶다면 작은 용기에 담은 세트 상품을 이용하면 된다.

1권 P.233 지도 P.067G

구글 지도 GPS 13.730678, 100.568899 **찾아가기** BTS 프롬퐁 역과 연결된 엠포리움 3층 **주소** 3rd Floor, Emporium, Sukhumvit Road **전화** 02-664-9935 **시간** 10:00~22:00 **휴무** 연중무휴 **가격** 제품마다 다름 **홈페이지** www.harnn.com

19 나라야
Naraya

천으로 만든 가방, 파우치, 지갑, 손수건, 인형, 티슈 케이스, 액세서리 등을 선보이는 태국 브랜드. 저렴한 가격 덕분에 선물용으로 대량 구매해도 부담이 없다. 파우치, 동전 지갑 등이 추천 아이템.

1권 P.224 지도 P.067G

구글 지도 GPS 13.730312, 100.569635 **찾아가기** BTS 프롬퐁 역 2번 출구 이용, 쑤쿰윗 쏘이 24가 시작되는 코너에 위치 **주소** 654-8 Sukhumvit Soi 24 **전화** 02-204-1145 **시간** 09:00~22:30 **휴무** 연중무휴 **가격** 제품마다 다름 **홈페이지** www.naraya.com

20 카르마카멧
Karmakamet

짜뚜짝 시장에서 시작한 스파 브랜드. 프롬퐁 역 인근에 카르마카멧 다이너와 함께 숍을 운영한다. 다른 곳에 비해 숍 규모가 큰 편이라 쇼핑을 위해 일부러 찾을 만하다. 헤어, 보디 제품보다는 디퓨저, 룸 스프레이, 캔들 등 방향 제품을 추천한다.

1권 P.234 지도 P.067K

구글 지도 GPS 13.729204, 100.567879 **찾아가기** BTS 프롬퐁 역 6번 출구에서 엠포리움 백화점 주차장 길을 따라가다 보면 엠포리움 스위트 방콕 정문이 나온다. 호텔을 지나 두 번째 왼쪽 골목 안쪽, 290m, 도보 4분 **주소** 30/1 Soi Metheenivet **전화** 02-262-0700~1 **시간** 10:00~20:00 **휴무** 연중무휴 **가격** 제품마다 다름 **홈페이지** www.karmakamet.co.th, www.everydaykmkm.com

ZOOM IN

MRT 타일랜드 컬처럴 센터 & 프라람까오 역

인디마켓의 원조 격인 디 원 랏차다가 자리한 곳. RCA는 MRT 펫차부리 역과 가깝지만, 펫차부리 역에서도 택시를 타고 이동해야 하므로 이곳에서 함께 소개한다.

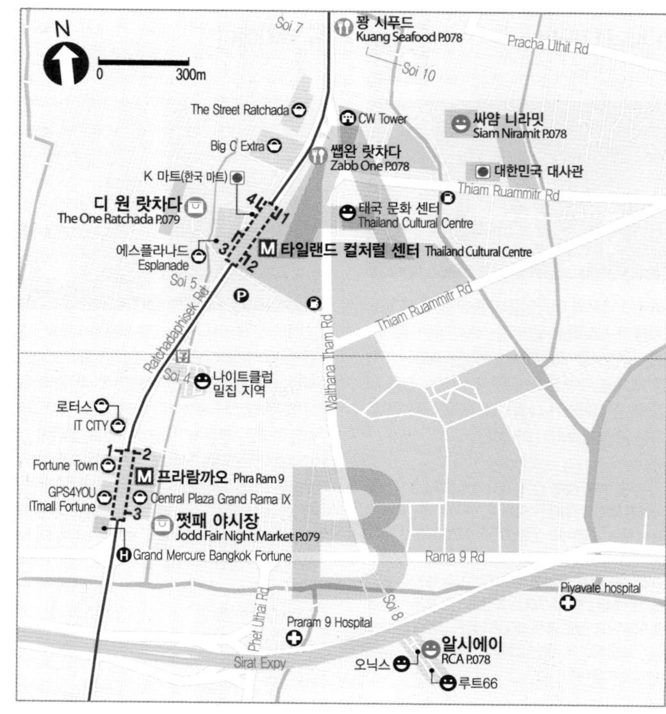

1 쌥완 랏차다

Zabb One
แซ่บวัน รัชดา

도보 3분

서민적인 분위기의 이싼 레스토랑. 쏨땀, 랍, 까이양, 까이텃, 무양, 똠쌥 등 메뉴가 다양하며, 생선 구이 쁠라파우가 200B 정도로 저렴하다. 이싼 요리 외에 해산물 요리도 있다. 디원 랏차다가 멀지 않아 더불어 찾기 좋다.

지도 P.077A
구글 지도 GPS 13.768925, 100.572601 **찾아가기** MRT 타일랜드 컬처럴 센터 역 1번 출구에서 직진 220m, 도보 3분 **주소** Ratchadaphisek Road **전화** 081-751-3181 **시간** 월~토요일 10:00~21:00 **휴무** 일요일 **가격** 땀타이(Papaya Salad) 65B, 커무양(Grilled Neck Pork) 120B, 뿌팟퐁까리(Fried Crab in Yellow Curry) 320B **홈페이지** www.facebook.com/ZaapOne

커무양 120B

2 꽝 시푸드

Kuang Seafood
กวง ทะเลเผา

도보 9분

중화풍 해산물 레스토랑. 약간 불편한 교통 외에 식재료의 질, 식당 분위기, 가격 등은 흠잡을 데 없다. 뿌팟퐁까리에 사용하는 게는 블루 크랩보다는 머드 크랩을 추천한다.

1권 P.149 지도 P.077A
구글 지도 GPS 13.772699, 100.573552 **찾아가기** MRT 타일랜드 컬처럴 센터 역 1번 출구에서 직진 650m, 도보 9분 **주소** Ratchadaphisek Road **전화** 02-645-3939 **시간** 11:00~01:00 **휴무** 연중무휴 **가격** 뿌팟퐁까리(Stir Fried Crab with Curry) S 550B · M 1150B · L 1800B, 쁠라믁텃프릭끄르아(Fried Squid with Chill and Salt) 380B, 팍붕파이댕(Fried Morning Glory) S 80B · L 150B **홈페이지** 없음

뿌팟퐁까리 S 550B

3 싸얌 니라밋

Siam Niramit
※임시 휴업

셔틀 5분

태국의 역사와 태국인들의 종교관, 축제 등을 80분의 스토리로 묶어내는 대형 공연. 총 3막 9장 공연으로 1막은 역사, 2막은 종교관, 3막은 축제로 구성된다. 공연장 밖에는 전통 마을 등 즐길거리가 다양하다. 태국 전통 춤 등 사전 공연도 놓치기 아쉽다.

1권 P.200 지도 P.077A
구글 지도 GPS 13.769453, 100.577423 **찾아가기** MRT 타일랜드 컬처럴 센터 역 1번 출구 앞에서 무료 셔틀버스 운행(18:00~20:00, 15분 간격) **주소** 19 Tiamruammit Road **전화** 02-649-9222 **시간** 공연 20:00~21:20, 실외 사전 공연 19:00~19:30, 디너 17:00~22:00 **휴무** 연중무휴 **가격** 공연 표준 1500B · 골든 2000B, 공연+디너 표준 1850B · 골든 2350B **홈페이지** www.siamniramit.com

4 알시에이

RCA

택시 15분

로열 시티 애비뉴(Royal City Avenue)라는 클럽 밀집 지역이다. 낮에는 조용한 골목이지만 저녁이 되면 차량이 통제되면서 나이트클럽이 불을 밝히기 시작한다. 나이트클럽의 영토임을 알리는 작은 바리케이드가 도로 위에 설치되고, 밤 10시를 전후해 현지 젊은이들이 몰려들어 새벽 2시경까지 불야성을 이룬다. 입장 시 여권 필수, 슬리퍼 착용 금지. 나이트클럽이 문을 닫는 시간에는 한꺼번에 많은 이들이 몰려 미터 택시를 흥정해서 타야 한다. 가장 유명한 업소는 오닉스(Onyx)와 루트 66(Route 66)이다.

오닉스

지도 P.077B
구글 지도 GPS 13.751460, 100.575009 **찾아가기** 택시 이용, "빠이 알시에이 크랍(카)"이라고 말하면 된다. 주변에 와서 간판을 보고 내린다. **주소** Rama 9 Road, Soi Soonvijai **전화** 02-645-1166 **시간** 20:00~02:00 **휴무** 연중무휴 **가격** 300B(입장료와 현금 쿠폰) **홈페이지** www.onyxbangkok.com

루트 66

지도 P.077B
구글 지도 GPS 13.751563, 100.575242 **찾아가기** 택시 이용, "빠이 알시에이 크랍(카)"이라고 말하면 된다. 주변에 와서 간판을 보고 내린다. **주소** 29/33-48 Royal City Avenue Building, Soi Soonvijai **전화** 02-203-0407 **시간** 20:00~02:00 **휴무** 연중무휴 **가격** 300B(입장료와 현금 쿠폰) **홈페이지** www.route66club.com

5 디 원 랏차다
The One Ratchada

★★
도보 2분

2015년 랏차다피섹 로드에 랏차다 롯파이 야시장으로 선보였다가 디 원 랏차다로 이름을 바꿨다. 방콕 곳곳에 자리한 인디마켓의 원조격. 최근에 시장의 활기가 조금 사그라든 편이다.

1권 P.240 지도 P.077A
구글 지도 GPS 13.767100, 100.568749 찾아가기 MRT 타일랜드 컬처럴 센터 역 3번 출구로 나오면 에스플라나드 쇼핑몰이 보인다. 쇼핑몰 뒤편. 정문을 통과해 후문으로 가면 시장이 보인다. 주소 Ratchadaphisek Road 전화 02-006-6655 시간 17:00~24:00 휴무 연중무휴 가격 가게마다 다름 홈페이지 www.facebook.com/theoneratchada

6 쩟패
Jodd Fair
จ๊อดแฟร์

★★★
도보 5분

방콕 야시장의 분위기를 가늠할 수 아기자기한 야시장. 한국인에게 인기인 랭쌥(고수 뿌리와 레몬그라스로 양념한 돼지 등뼈 요리)을 비롯해 해산물, 꼬치 등을 판매하는 음식 노점이 대다수이며, 의류, 잡화 매장이 일부를 이룬다. 살거리보다는 먹거리에 대한 만족도가 높은 곳이다.

1권 P.241 지도 P.077B
구글 지도 GPS 13.756971, 100.566720 찾아가기 MRT 프라람까오 역 3번 출구 이용 주소 Rama IX Road 전화 092-713-5599 시간 16:00~24:00 휴무 연중무휴 가격 매장·제품마다 다름 홈페이지 www.facebook.com/JoddFairs

BTS 아쏙 역

AREA

04 SUKHUMVIT2 : THON

[สุขุมวิท 쑤쿰윗 2: 텅러 · 에까마이]

방콕키언의 취향을 엿보다

텅러와 에까마이는 방콕 쑤쿰윗의 동쪽에 해당된다. 텅러는 쑤쿰윗 쏘이 55, 에까마이는 쑤쿰윗 쏘이 63으로 남북으로 뻗은 넓은 쏘이를 기준으로 작은 골목골목이 거미줄처럼 얽혀 있다. 골목의 대저택에 거주하던 이들의 취향에 맞게 형성된 고급스러운 상권은 이제 골목을 넘어 방콕의 최신 트렌드를 이끄는 리더로 자리 잡았다.

인기 ★★★★★

트렌드세터의 집결지.

관광지 ☆

아예 없다.

쇼핑 ★★

텅러에는 작은 슈퍼마켓 정도. BTS 에까마이역에 게이트웨이 에까마이가 있다.

식도락 ★★★★★

골목골목 맛집이 가득하다. 유명 프랜차이즈의 플래그십 스토어도 많다.

나이트라이프 ★★★★

텅러, 에까마이 인근에 술집과 클럽이 많다.

혼잡도 ★★★

작은 골목 구석구석에 자리해 크게 혼잡하진 않다.

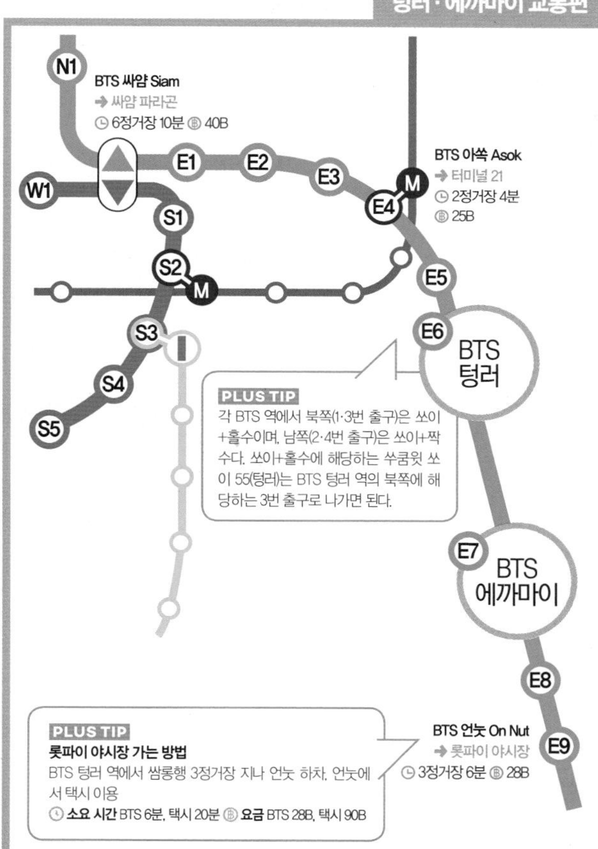

PLUS TIP
각 BTS 역에서 북쪽(1·3번 출구)은 쏘이+홀수이며, 남쪽(2·4번 출구)은 쏘이+짝수다. 쏘이+홀수에 해당하는 쑤쿰윗 쏘이 55(텅러)는 BTS 텅러 역의 북쪽에 해당하는 3번 출구로 나가면 된다.

PLUS TIP
롯파이 야시장 가는 방법
BTS 텅러 역에서 쌈롱행 3정거장 지나 언눗 하차, 언눗에서 택시 이용
소요 시간 BTS 6분, 택시 20분 **요금** BTS 28B, 택시 90B

텅러 · 에까마이로 가는 방법

BTS
텅러는 BTS 텅러 역 하차. 에까마이는 BTS 에까마이 역 하차.

택시
BTS가 연결되지 않는 카오산 인근에서 갈 때 유용하다. BTS 역 외에 랜드마크가 되는 건물이 많지 않으므로 '텅러 쏘이 13(씹쌈)' 등으로 도로 이름을 말하는 게 좋다.

텅러 · 에까마이 지역 다니는 방법

오토바이
BTS 역을 기준으로 남북으로 뻗은 쏘이를 다니는 유용한 방법 중 하나. 텅러에서 에까마이 지역으로 이동할 때도 좁은 골목을 가로지를 수 있어 편리하다.

빨간 버스
쑤쿰윗 쏘이 55를 오가는 버스. 텅러에서는 오토바이보다 유용하다. BTS 텅러 역 3번 출구에서 쑤쿰윗 쏘이 55로 진입하면 세븐일레븐 앞에 빨간 버스 정류장이 있다. 텅러에서 BTS 텅러 역으로 나오는 경우에는 지나가는 빨간 버스를 손을 들어 세워 승차하면 된다. **가격** 8B

택시
텅러와 에까마이의 골목에서 BTS 역으로 이동할 때 좋은 선택. 메인 쑤쿰윗 로드에 가지 않는 이상 크게 막히지 않는다.

도보
목적지가 BTS 역에서 가깝다면 무조건 걷자. 다만 보행자를 위한 인도가 좁고 노점이 점유해 걷기 좋은 환경은 아니다.

MUST EAT
이것만은 꼭 먹자!

No.1
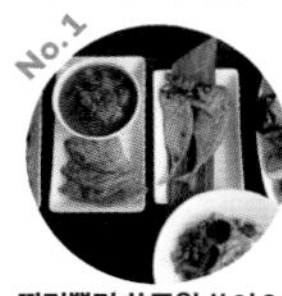
딸링쁠링 쑤쿰윗 쏘이 34 Taling Pling ตะลิงปลิง
맛과 분위를 보장한다. 합리적인 가격은 덤.

No.2

로스트 Roast
방콕의 트렌드를 이끄는 대표 카페.

No.3

쿠어 끌링 팍 쏫 Khua Kling Pak Sod คั่วกลิ้ง ผักสด
제대로 선보이는 태국 남부 음식. 생선을 넣은 카레는 필식 메뉴.

No.4

싸바이짜이 껩따완 Sabaijai สบายใจ เก็บตะวัน
한국인 입맛에도 잘 맞는 이싼 요리.

No.5

페더스톤 Featherstone
에까마이의 감각적인 카페.

MAP

쑤쿰윗 2 한눈에 보기

N
0 150m

파카마라 Pacamara(120m) P.087

뜬크르앙 Thon Krueng P.088

2 제이 애비뉴 J Avenue P.089
그레이하운드 카페 Greyhound(1F) P.086
빌라 마켓 Villa Market P.089

4 디와나 디바인 Divana Divine P.089

카우짜우 P.087

로스트 Roast(맨위층) P.087

루츠 Roots(MF) P.087

더 커먼스 The COMMONS P.087

5

주차장

Samitivej Sukhumvit Hospital

팜 허벌 리트리트 Palm Herbal Retreat P.089

와타나파닛 郭炎松 P.090

1 분똥끼얏 Boon Tong Kiat P.086

애프터 유 After You P.085

3 Seenspace

오드리 Audrey P.085

브어이 포차나 Buay Pochana P.086

비스트 & 버터 Beast & Butter P.086

Villa Market

The 49 Terrace

Piman 49

렛츠 릴랙스 Let's Relax(5F) P.088

Centre Point

쑤말라이 Sumalai P.089

동동 동키 Don Don Donki P.093

UFM Fuji Super

사린야 타이 마사지 Sarinya Thai Massage P.088

더 블루밍 갤러리 The Blooming Gallery(B1) P.086

Eight Thonglor

필 커피 Phil Coffee P.088

크루아 찌앙마이 Kruajiangmai P.086

싸바이짜이 Sabaijai P.092

반 아이스 Baan Ice(1F) P.085

Somerset

쿠어 끌링 팍 쏫 Khua Kling Pak Sod P.085

6

Marche Thonglor

헬스 랜드 Health Land P.093

Rain Hill

Salil

빅 시 슈퍼센터 Big C Supercenter P.093

쌔우(쑤쿰윗 쏘이 49) P.084

Volve

싯 앤드 원더 Sit and Wonder P.084

빨간 버스 출발

딸링쁠링 쑤쿰윗 쏘이 34 Taling Pling P.088

S

허이텃 차우레 Hoi-Tod Chaw-Lae P.085

텅러 Thong Lo

카우니여우문 매와리 Maevaree P.085

험두언 Hom Duan P.090

렛츠 릴랙스 Let's Relax P.091

잉크 & 라이언 Ink & Lion P.090

Park Lane

바미콘쌜리 P.084

Marriott

옥타브 Octave(49F) P.084

오므 Omu P.090

쌔우(텅러) P.084

7

더 가든스 The Gardens P.091

엠케이 골드 MK Gold P.090

KFC

Major Cineplex

에까마이 Ekkamai

동부 버스 터미널 에까마이 Eastern Bus Terminal Bangkok Ekkamai

어번 마켓 Urban Market(GF) P.090

게이트웨이 에까마이 Gateway Ekamai P.091

A B C D E F

Soi 20, Soi 25, Soi 23, 21, 19, 17, Soi 18, Soi 19, Soi 17, Soi 15, Soi 13, Soi 15, Soi 16, Soi 18, 14, Soi 16, Soi 12, Soi 11, Soi 9, Soi 10, Soi 7, Soi 14, Soi 49, Soi 17, Soi 9, Soi 8, Soi 5, Soi 43, Soi 47, Soi 7, Soi Tong Lo, Soi 12, Soi 3, Ekkamai Rd, Soi 6, Soi 1, Soi 5, Soi 10, Soi 45, Soi 49, Soi 4, Soi 3, Soi 8, Soi 51, Soi 1, Soi 55, Soi 2, Soi 6, Soi 53, Soi 34, Ekkamai Rd, Soi 4, Soi 36, Soi 63, Soi 59, Soi 57, Soi 61, Soi 2, Soi 38, Soi 40, Soi 63, Soi 42

COURSE 1

트렌드세터의 텅러 하루 코스

방콕에서도 가장 유행에 민감한 거리인 텅러를 현지인의 일상적인 시선과 이방인의 호기심 어린 시선으로 동시에 즐기는 코스. 루프톱 바를 코스에 넣는다면 오후에 일정을 시작하는 게 좋다.

코스 무작정 따라하기
START

S. BTS 텅러 역 3번 출구
1.5km, 도보 5분, 빨간 버스 5분
1. 분똥끼얏
50m, 도보 1분
2. 제이 애비뉴
130m, 도보 2분
3. 애프터 유
350m, 도보 5분
4. 디와나 디바인
120m, 도보 1분
5. 더 커먼스
1km, 도보 1분, 빨간 버스 2분
6. 쿠어 끌링 팍 쏫
950m, 도보 11분
7. 옥타브

S BTS 텅러 역 3번 출구
BTS Thong Lo

쑤쿰윗 쏘이 55로 좌회전해 세븐일레븐 앞에서 빨간 버스 승차. 제이 애비뉴 인근 쏘이 15에서 하차해 길 건너기 → 분똥끼얏 도착

1 분똥끼얏
Boon Tong Kiat Singapore Chicken Rice บุญตงเกียรติ

시간 목~화요일 09:00~21:00, 수요일 09:00~17:00

→ 큰길 맞은편 1층에 오봉빵이 자리한 곳이 제이 애비뉴다. → 제이 애비뉴 도착

2 제이 애비뉴
J Avenue

시간 10:00~22:00(가게마다 다름)

→ 텅러 역 방면으로 걸은 다음 쏘이 13 골목으로 우회전해 약 100m → 애프터 유 도착

3 애프터 유
After You

시간 11:00~23:00

→ 쏘이 13 안쪽으로 약 100m 더 걸으면 나오는 사거리에서 우회전, 오크우드 레지던스 지나 쏘이 17로 우회전해 왼쪽 → 디와나 디바인 도착

4 디와나 디바인
Divana Divine

시간 화~금요일 11:00~23:00, 토~월요일 10:00~23:00

→ 스파에서 나와 왼쪽으로 약 100m → 더 커먼스 도착

5 더 커먼스
The Commons

시간 08:00~01:00(가게마다 다름)

→ 로스트(Roast) 혹은 루츠(Roots)에서 티타임을 즐긴 후 큰길로 진입, 빨간 버스 승차 후 쏘이 5에서 하차, 쏘이 5 골목으로 진입해 150m 지점의 삼거리에서 우회전, 왼쪽 노란 간판 → 쿠어 끌링 팍 쏫 도착

6 쿠어 끌링 팍 쏫
Khua Kling Pak Sod
คั่วกลิ้ง ผักสด

시간 10:00~21:00

→ 역쪽으로 이동 → 옥타브 도착

7 옥타브
Octave

시간 17:00~02:00, 해피 아워 17:00~20:00

ZOOM IN

BTS 텅러 역

방콕의 고급 주택가였다가 트렌드세터의 성지로 자리 잡은 쑤쿰윗 쏘이 55 일대.

1 쌔우(쑤쿰윗 쏘이 49)

แซว

도보 7분

돼지고기 국수 전문점. 고명으로 돼지고기, 다진 돼지고기, 어묵을 올린다. 비빔국수, 맑은 수프, 똠얌 수프 중 선택 가능하다. 메뉴가 태국어 위주라 국수 관련 단어를 어느 정도 알고 가야 주문에 어려움이 없다.

1권 P.122 지도 P.082C
구글 지도 GPS 13.726880, 100.575481 찾아가기 BTS 텅러 역 1번 출구로 나와 350m 직진. 쑤쿰윗 쏘이 49로 우회전해 40m 지나 왼쪽에 위치한다. 간판은 태국어로만 돼 있다. 주소 Sukhumvit Soi 49 전화 02-258-7960 시간 08:30~15:30 휴무 연중무휴 가격 꾸어이띠여우 행·남·똠얌 70·80·90·100B 홈페이지 없음

꾸어이띠여우 남 70B

2 쌔우(텅러)

แซว

도보 4분

쑤쿰윗 쏘이 49에 자리한 쌔우의 업그레이드 버전. 사진과 영어로 된 메뉴가 있어 태국어를 모르는 이들도 주문하기 어렵지 않다. 쏘이 49 쌔우에 비해 깨끗하고 고기 고명보다는 어묵을 많이 올린다. 국수 양이 많은 편이다.

지도 P.082E
구글 지도 GPS 13.723478, 100.579810 찾아가기 BTS 텅러 역 3번 출구로 나와 뒤돌아 직진, 횡단보도 건너 40m 왼쪽. 간판은 태국어로만 돼 있다. 주소 1093 Sukhumvit Road 전화 02-391-0043 시간 금~수요일 07:00~15:00 휴무 목요일 가격 쎈렉똠얌(Small Noodle Tomyum with Soup) 60B, 쎈쁠라남(Fish Noodle with Soup) 70B 홈페이지 없음

쎈렉똠얌 60B

3 바미콘쌜리

บะหมี่คนแซ่ลี

도보 4분

바미 국수 전문점. 직접 만드는 바미 면을 사용한다. 바미 면과 더불어 끼여우를 선택할 수 있으며, 고명으로 돼지고기 무댕, 돼지고기 무끄럽, 오리고기 뻿양, 게살 뿌 중 고르면 된다.

1권 P.113, 124 지도 P.082E
구글 지도 GPS 13.723581, 100.579676 찾아가기 BTS 텅러 역 3번 출구로 나와 뒤돌아 직진, 횡단보도 건너 20m 왼쪽 주소 57 Sukhumvit Road 전화 02-381-8180, 081-585-1108 시간 07:00~23:00 휴무 연중무휴 가격 바미끼여우 무댕(Egg Noodles+Prawns & Pork Wonton+Roasted Pork) 60B, 바미끼여우 무끄럽(Egg Noodles+Prawns & Pork Wonton+Crispy Roasted Pork) 70B 홈페이지 www.facebook.com/bameekonsaelee

바미끼여우 무끄럽 70B

4 옥타브

Octave

도보 6분

메리어트 텅러에 자리한 루프톱 바. 48층 엘리베이터에서 내려 계단을 오르면 360도 경관을 자랑하는 야외 바가 나온다. 한가운데에는 조명을 켠 둥근 바가 아담하게 자리한다. 테이블과 스탠딩 좌석이 있는데, 경관을 즐기는 게 목적이라면 스탠딩 테이블이 낫다.

1권 P.193 지도 P.082E
구글 지도 GPS 13.723297, 100.580376 찾아가기 BTS 텅러 역 3번 출구로 나와 뒤돌아 직진, 횡단보도 건너 약 100m 주소 49th Floor, Bangkok Marriott Hotel Sukhumvit, 2 Sukhumvit Soi 57 전화 02-797-0000 시간 17:00~02:00, 해피 아워 17:00~20:00 휴무 연중무휴 가격 맥주 250B~, 칵테일 390B~, 주스 175B +17% 홈페이지 www.facebook.com/OctaveMarriott

5 싯 앤드 원더

Sit and Wonder

도보 8분

텅러 입구에 자리한 아담한 레스토랑. 단출한 메뉴의 태국 요리를 저렴한 가격에 선보인다. 현지인과 여행자 모두에게 인기다.

지도 P.082C
구글 지도 GPS 13.725211, 100.580115 찾아가기 BTS 텅러 역 3번 출구로 나와 뒤돌아 직진, 횡단보도 건너 약 100m 지나 쑤쿰윗 쏘이 57 골목으로 230m 주소 119 Sukhumvit Soi 57 전화 02-714-1158 시간 11:00~23:00 휴무 매달 16일 가격 팟팍루엄밋(Stir-fried Mixed Vegetables and Mushroom in Oyster Sauce) 120B, 쁠라까퐁싸둥남쁠라(Fried Whole Sea Bass with Fish Sauce Lime Juice Dressing on Side) 320B 홈페이지 www.facebook.com/SitandWonderBangkok

랍무 120B

6 카우니여우문 매와리

Maevaree
ข้าวเหนียวมูนแม่วารี

★★★ 도보 5분

텅러 입구에 자리한 과일 가게. 가게 앞에 망고를 산더미처럼 쌓아놓아 어렵지 않게 찾을 수 있다. 매와리의 필식 메뉴는 카우니여우 마무앙. 최고의 망고로 손꼽히는 남덕마이를 사용해 언제나 만족도가 높다. 포장만 가능.

1권 P.175 지도 P.082E
구글 지도 GPS 13.723996, 100.579354 **찾아가기** BTS 텅러 역 3번 출구에서 뒤돌아 직진, 쑤쿰윗 쏘이 55(텅러)가 나오면 좌회전해 10m **주소** 1 Sukhumvit Soi 55 **전화** 02-392-4804 **시간** 06:00~22:00 **휴무** 연중무휴 **가격** 카우니여우 마무앙 150B **홈페이지** 없음

카우니여우문 150B

7 허이텃 차우레

Hoi-Tod Chaw-Lae
หอยทอด ชาวเล

★★ 도보 5분

홍합, 굴, 새우, 오징어 등을 넣은 태국식 전텃끄럽과 볶음면 팟타이를 판매한다. 부드러운 굴전 어쑤언과 바삭한 굴전 어루어도 있다.

1권 P.114, 127 지도 P.082E
구글 지도 GPS 13.724363, 100.579326 **찾아가기** BTS 텅러 역 3번 출구에서 뒤돌아 직진, 횡단보도에서 텅러로 좌회전해 65m 왼쪽 **주소** 25 Sukhumvit Soi 55 **전화** 085-128-3996 **시간** 08:00~20:30 **휴무** 연중무휴 **가격** 텃끄럽(Crispy Fried Pancake) 90B~, 팟타이(Pad Thai) 80B~ **홈페이지** www.facebook.com/hoitodchawlaeThonglor

허이말랭푸텃끄럽 90 · 100B

8 쿠어 끌링 팍 쏫

Khua Kling Pak Sod
คั่วกลิ้ง ผักสด

★★★ 도보 10분

태국 남부 춤폰 출신의 가족 경영 레스토랑. 카레 요리를 비롯해 남부식 메뉴가 다양하다.

1권 P.162 지도 P.082C
구글 지도 GPS 13.728784, 100.579265 **찾아가기** BTS 텅러 역 3번 출구로 나와 뒤돌아 직진, 횡단보도에서 좌회전해 600m 지나 텅러 쏘이 5로 좌회전 **주소** 98/1 Sukhumvit Soi 55 **전화** 02-185-3977 **시간** 10:00~21:00 **휴무** 연중무휴 **가격** 깽뿌바이차플루(Yellow Curry with Betel Leaves and Crabmeat) 580B, 바이리앙 팟카이('Bai Leang' Thai Southern Green Leaves with Egg) 180B +17% **홈페이지** khuaklingpaksod.com

싸떠팟끼빠꿍 280B

9 반 아이스

Baan Ice
บ้านไอซ์

★★★ 도보 12분

아이스 씨가 가족에게 전수받은 비법으로 남부 가정식 요리를 선보이는 레스토랑으로, 요리 하나하나에 사연이 담겨 있다.

1권 P.162 지도 P.082C
구글 지도 GPS 13.729063, 100.580805 **찾아가기** BTS 텅러 역 3번 출구로 나와 뒤돌아 첫 번째 도로인 쑤쿰윗 쏘이 55를 따라 600m, 혹은 세븐일레븐 앞에서 빨간 버스 승차 후 톱스 마켓이 보이면 하차, 서머셋 쑤쿰윗(Somerset Sukhumvit) 입구 **주소** 115 Sukhumvit Soi 55 **전화** 02-381-6441 **시간** 11:00~22:00 **휴무** 연중무휴 **가격** 카이뚠 반아이스(Baanice's Dark Pork and Egg Stew) 340B, 카놈찐 쿤야(Grandma's Style Rice Noodle) 220B +17% **홈페이지** www.facebook.com/baanice.restaurants

남프릭마캄 220B

10 오드리

Audrey

★★ 택시 5분

테이블과 의자, 샹들리에 등을 티파니 스타일로 사랑스럽게 꾸민 카페이자 레스토랑. 한국인들에게 사랑받는 '오드리 온 마이 마인드' 음료는 강렬한 색깔 덕분에 기념사진을 찍기에는 좋지만 맛은 별로다.

1권 P.169 지도 P.082A
구글 지도 GPS 13.733100, 100.580164 **찾아가기** 택시 이용, '쏘이 텅러 씹엣' 하차 **주소** 136/3 Thong Lo Soi 11 **전화** 02-712-6667~8 **시간** 11:00~22:00 **휴무** 연중무휴 **가격** 오드리 온 마이 마인드(Audrey On My Mind) 135B, 패션 베리(Passion Berry) 145B +17% **홈페이지** www.audreygroup.com

오드리 온 마이 마인드 135B

11 애프터 유

After You

★★★ 빨간 버스 6분

디저트 전문점 애프터 유의 본점. 따뜻한 느낌의 나무와 빨간 벽돌로 장식해 모던하고 편안한 느낌이다. 칠판에 분필로 쓴 메뉴도 정겹다.

지도 P.082B
구글 지도 GPS 13.733738, 100.581361 **찾아가기** 텅러 쏘이 13에 위치. BTS 텅러 역 3번 출구에서 도보 20분 정도 걸린다. 텅러 입구에서 오토바이 택시나 빨간 버스를 이용하는 게 편리하다. **주소** Thong Lo Soi 13 **전화** 02-712-9266 **시간** 11:00~23:00 **휴무** 연중무휴 **가격** 홀릭스 카키고리(Horlicks Kakigori) 265B, 초콜릿 라바(Chocolate Lava) 185B **홈페이지** www.afteryoudessertcafe.com

홀릭스 카키고리 265B

12 크루아 찌앙마이

Kruajiangmai

★★ 빨간 버스 3분

태국 북부 요리를 전문적으로 선보이는 '치앙마이의 주방'이다. 가격대가 높은 편인데 음식 수준이 그만큼 높다. 캐주얼한 분위기이며 에어컨이 나온다.

지도 P.082D
구글 지도 GPS 13.730194, 100.581189 **찾아가기** BTS 텅러 역 3번 출구 이용. 쑤쿰윗 쏘이 55로 진입해 빨간 버스 승차 후 쏘이 6 하차 **주소** 125/24 Thong Lo **전화** 02-019-6515 **시간** 09:30~21:00 **휴무** 연중무휴 **가격** 카우쏘이 느어(Khao Soi Nue Nong Lai) 180B, 카놈찐 남니여우(Kanom Jeen Nam Ngeaw) 130B, 남프릭엉 세트(Nam Prig Aong Set) 150B +7% **홈페이지** 없음

카놈찐 남니여우 130B

13 비스트 & 버터

Beast & Butter

★★ 빨간 버스 5분

치앙마이 비스트 버거(Beast Burger)의 방콕 버전. 브리오슈의 부드러움과 버터의 고소함이 녹아 있는 번이 특징이다. 버거를 포함해 샐러드, 프라이, 스테이크를 선보인다. 음료 중에서도 수제 맥주 리스트가 다양하다.

지도 P.082B · D
구글 지도 GPS 13.732092, 100.582857 **찾아가기** BTS 텅러 역 3번 출구 이용. 쑤쿰윗 쏘이 55로 진입해 빨간 버스 승차 후 쏘이 10 하차. 쏘이 10으로 약 100m **주소** 270 Thong Lo Soi 10 **전화** 065-441-1145 **시간** 10:30~14:00, 16:30~23:00 **휴무** 연중무휴 **가격** 버거 270B~ **홈페이지** www.facebook.com/beastandbutter

14 브어이 포차나

Buay Pochana
บ๊วยโภชนา

★★★ 빨간 버스 5분

현지인들에게 인기 만점인 오리 요리 전문점. 국수, 밥 등을 곁들인 한 접시 요리는 오리고기의 진미를 담은 간단하고 저렴한 메뉴다. 중국식 오향을 입힌 오리고기 국수는 꾸어이띠여우 뻿팔로, 덮밥은 카우나 뻿팔로라고 한다.

지도 P.082B
구글 지도 GPS 13.732644, 100.582270 **찾아가기** BTS 텅러 역 3번 출구 이용. 쑤쿰윗 쏘이 55로 진입해 빨간 버스 승차 후 쏘이 10 하차 **주소** 318/1-320 Thong Lo Soi 10~12 **전화** 02-392-7320 **시간** 09:00~17:30 **휴무** 연중무휴 **가격** 꾸어이띠여우 뻿팔로(Duck Noodles) · 카우나 뻿팔로(Duck Rice) M 60B · L 80B **홈페이지** 없음

15 분똥끼얏

Boon Tong Kiat Singapore Chicken Rice
บุญตงเกียรติ

★★★ 빨간 버스 6분

태국에서는 카우만까이로 불리는 싱가포르 치킨 라이스를 비롯해 다양한 중국식 메뉴를 선보인다. 가장 인기 있는 메뉴는 삶은 닭과 구운 오리를 곁들인 카우만까이+뻿.

1권 P.129 **지도** P.082B
구글 지도 GPS 13.734028, 100.582709 **찾아가기** BTS 텅러 역 3번 출구 이용. 쑤쿰윗 쏘이 55로 진입해 빨간 버스 승차 후 제이 애비뉴 인근 쏘이 15에서 하차해 길을 건너면 된다. **주소** 440/5 Sukhumvit Soi 55 **전화** 02-390-2508 **시간** 목~화요일 09:00~21:00, 수요일 09:00~17:00 **휴무** 연중무휴 **가격** 카우만까이+뻿(Steamed Chicken and Roasted Duck with Garlic Rice) 95B, 슙후어차이타우(Spare Rib Soup with Chinese Radish) 65B **홈페이지** 없음

16 더 블루밍 갤러리

The Blooming Gallery

★★★ 빨간 버스 5분

인스타그래머가 주목해야 할 카페. 행잉 플랜트와 조화로 좁은 실내를 장식해 예쁜 사진을 찍기에 그만이다. 매장에서 블렌딩해 선보이는 티도 좋다. 찻잎과 허브, 과일 등을 블렌딩한 티 리스트가 다양하다. 샐러드, 파스타, 스테이크, 디저트 등의 메뉴도 있다.

지도 P.082D
구글 지도 GPS 13.730898, 100.581903 **찾아가기** BTS 텅러 역 3번 출구 이용. 쑤쿰윗 쏘이 55로 진입해 빨간 버스 승차 후 쏘이 8 하차 **주소** LG Floor, Ei8ht Thong Lo, 88/1 Thong Lo Soi 8 **전화** 02-063-5508 **시간** 10:00~21:00 **휴무** 연중무휴 **가격** 티(Tea) 150B~ +17% **홈페이지** www.facebook.com/thebloominggallery

17 그레이하운드 카페

Greyhound Café

★★ 빨간 버스 6분

서양 요리와 퓨전 태국 요리를 선보이며, 카페 분위기는 심플하고 모던하다. 텅러 제이 애비뉴에서 오랜 세월 동안 영업하고 있다.

지도 P.082B
구글 지도 GPS 13.734537, 100.582312 **찾아가기** BTS 텅러 역 3번 출구 이용, 텅러 입구 세븐일레븐 앞에서 빨간 버스 승차 후 텅러 제이 애비뉴 하차, 제이 애비뉴 1층 안쪽 **주소** J Avenue, Thong Lo Soi 15 **전화** 02-712-6547~8 **시간** 11:00~22:00 **휴무** 연중무휴 **가격** 카우 풋텃 느어 뿌(Crispy Sweet Corn with Crab Meat) 240B+17% **홈페이지** www.greyhoundcafe.co.th

꾸어이띠여우 허무쌉 220B

18 더 커먼스
The COMMONS

★★★ 빨간 버스 6분

변화에 민감하고 매우 감각적인 텅러의 현재를 보여주는 건물. 감각적인 디자인의 빌딩 내에 로스트, 루츠, 펩피나 등 방콕을 대표하는 수많은 카페와 레스토랑이 입점해 있다. 건물 자체가 볼거리이기도 해 쉬거나 사진을 찍기 위해 방문하는 이들도 많다.

지도 P.082B
구글 지도 GPS 13.735106, 100.582235 **찾아가기** BTS 텅러 역 3번 출구에서 도보 약 20분. 텅러 입구에서 오토바이 택시나 빨간 버스를 이용하는 게 편리하다. **주소** The COMMONS, 335 Thong Lo Soi 17 **전화** 02-712-5400 **시간** 08:00~01:00(가게마다 다름) **휴무** 연중무휴 **가격** 가게마다 다름 **홈페이지** thecommonsbkk.com

19 로스트
Roast

★★★ 빨간 버스 6분

카페이자 레스토랑. 넓은 매장과 편안한 분위기, 정성이 깃든 음식을 선보여 텅러에서 큰 인기를 얻고 있다.

1권 P.165 지도 P.082B
구글 지도 GPS 13.735061, 100.582258 **찾아가기** BTS 텅러 역 3번 출구에서 도보 약 20분, 쏘이 17 골목의 더 커먼스(The Commons) 맨 위층에 위치 **주소** Thong Lo Soi 17 **전화** 096-340-3029 **시간** 08:00~22:00 **휴무** 연중무휴 **가격** 아이스 아메리카노(Iced Americano) 100B, 베이컨 & 갈릭 스파게티(Bacon And Garlic) 280B +17% **홈페이지** www.roastbkk.com

아이스 아메리카노 100B

20 루츠
Roots

★★★ 빨간 버스 6분

태국을 포함한 세계 각국의 질 좋은 원두를 직접 로스팅해 선보이는 커피 전문점이다. 에까마이에서 텅러의 더 커먼스로 이전했지만 커피를 사랑하는 이들의 발길은 여전하다.

지도 P.082B
구글 지도 GPS 13.735089, 100.582214 **찾아가기** BTS 텅러 역 3번 출구에서 도보 약 20분, 더 커먼스(The Commons) M층에 위치 **주소** M Floor, The Commons, Thong Lo Soi 17 **전화** 097-059-4517 **시간** 08:00~19:00 **휴무** 연중무휴 **가격** 커피 100~120B **홈페이지** www.facebook.com/RootsBkk

아이스 아메리카노 100B

21 카우짜우
Khao Jao
ข้าว จ้าว

★★★ 빨간 버스 6분

캐주얼 레스토랑처럼 깔끔하면서 저렴한 현지 식당. 텅러 쏘이 17 골목 안의 커다란 나무 아래 통유리로 된 가게다.

지도 P.082B
구글 지도 GPS 13.735388, 100.581589 **찾아가기** BTS 텅러 역 3번 출구 이용, 텅러 입구 세븐일레븐 앞에서 빨간 버스 승차 후 제이 애비뉴 지나자마자 벨을 눌러 하차, 텅러 쏘이 17 안쪽, 더 커먼스를 지나자마자 바로 **주소** 341/3 Thong Lo Soi 17 **전화** 02-712-5665, 086-565-0055 **시간** 10:00~22:30 **휴무** 연중무휴 **가격** 팟팍루엄밋(Stir Fried Mixed Vegetable) 70B, 팟끄라파오무(Stir-fried with Basil Pork) 80·100B **홈페이지** 없음

쏨땀타이 40B

22 파카마라
Pacamara

★★★ 빨간 버스 7분 +도보 4분

치앙마이에서 출발해 방콕에서 명성을 얻은 커피 전문점이다. 플래그십 스페셜티 랩인 텅러 매장에서는 원두를 직접 로스팅하며, 철저하게 교육받은 바리스타가 높은 수준의 커피를 제공한다.

지도 P.082B
구글 지도 GPS 13.739871, 100.582847 **찾아가기** BTS 텅러 역 3번 출구 이용. 쑤쿰윗 쏘이 55로 진입해 빨간 버스 승차 후 쏘이 25 하차. 카밀리안 병원 전 골목으로 들어가 약 300m **주소** 66 Thong Lo Soi 25 **전화** 063-819-0650 **시간** 08:00~18:30 **휴무** 연중무휴 **가격** 아메리카노(Americano) Hot · Ice 100B **홈페이지** 없음

23 똔크르앙

Thon Krueng
ต้นเครื่อง

2층 규모의 태국 전통 가옥을 개조한 레스토랑이다. 서비스는 정겹고 음식 가격은 합리적이다.

1권 P.139 지도 P.082A
구글 지도 GPS 13.737460, 100.576816 **찾아가기** BTS 역에서 멀다. 택시를 이용할 것. "쑤쿰윗 쏘이 씨씹까오"라 말하고 싸미띠웻 병원(Samitivej Sukhumvit Hospital)을 조금 지나 내린다. **주소** 211/3 Sukhumvit Soi 49 **전화** 02-185-3072 **시간** 11:00~22:30 **휴무** 연중무휴 **가격** 남프릭까삐 쁠라투텃 팍쏫(Shrimp Paste Chili Dip Served with Platoo, Fresh and Fried Vegetable) 240B +17% **홈페이지** www.thonkrueng.com

허목카놈크록 210B

24 딸링쁠링 쑤쿰윗 쏘이 34

Taling Pling
ตะลิงปลิง

태국 요리 전문점으로 정원에 자리한 쑤쿰윗 쏘이 34 지점은 도심 속 해방구 역할을 한다. 신선한 재료와 조리의 특성을 담은 요리 하나하나가 맛있으며 가격 또한 합리적이다.

1권 P.136 지도 P.082E
구글 지도 GPS 13.724597, 100.573193 **찾아가기** BTS 텅러 역 2번 출구에서 쑤쿰윗 쏘이 34로 진입해 도보 약 10분. 레스토랑 전용 뚝뚝 이용 가능 **주소** 25 Sukhumvit Soi 34 **전화** 02-258-5308~9 **시간** 10:30~22:00 **휴무** 연중무휴 **가격** 얌쏨오꿍씨엡(Pomelo 'Somtum' Salad with Crispy Shrimp) 215B +17% **홈페이지** talingpling.com

마싸만 무로띠 225B

25 필 커피

Phil Coffee Co

로스터리 카페. 커피는 에스프레소, 핸드드립으로 선보이며, 에스프레소도 세 등급의 원두 중 선택할 수 있다. 바 스타일의 테이블과 일반 테이블을 뒤섞어 놓은 편안한 분위기로 노트북을 들고 찾는 현지인이 많다.

지도 P.082C
구글 지도 GPS 13.726213, 100.576505 **찾아가기** BTS 텅러 역 1번 출구 이용. 쑤쿰윗 쏘이 51로 진입해 약 500m **주소** 65 Sukhumvit Soi 49/2 **전화** 097-125-4204 **시간** 월요일·수~금요일 08:00~17:00, 토~일요일 09:00~17:30 **휴무** 화요일 **가격** 아메리카노(Americano)·라테(Latte) 100B~ **홈페이지** www.philscoffeecompany.com

26 렛츠 릴랙스

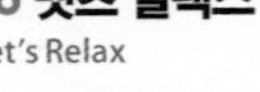

Let's Relax

빨간 버스 3분

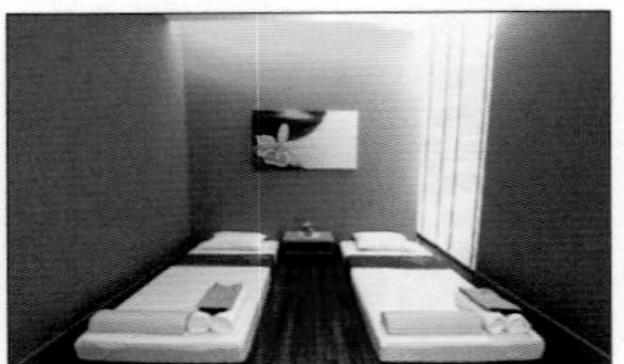

한국 여행자들 사이에서 유명한 마사지 업소다. 깨끗하고 편안한 시설과 친절한 서비스는 물론 합리적인 가격 모두 만족스럽다. 마사지 강도는 조금 약한 편. 매장에서 판매하는 스파 제품의 품질이 아주 좋다.

1권 P.184 지도 P.082D
구글 지도 GPS 13.731422, 100.582241 **찾아가기** BTS 텅러 역 3번 출구로 나와 뒤돌아 직진, 쑤쿰윗 쏘이 55(텅러)에서 좌회전해 950m, 도보 11분, 그랜드 센터 포인트 호텔 5층 **주소** 5th Floor, Centre Point Sukhumvit 55, Thong Lo **전화** 02-042-8045~6 **시간** 10:00~24:00 **휴무** 연중무휴 **가격** 타이 마사지 2시간 1200B **홈페이지** www.letsrelaxspa.com

27 사린야 타이 마사지 & 스파

Sarinya Thai Massage and Spa

빨간 버스 3분

사린야 마사지를 비롯해 쑤말라이, 타이거 마사지 등 비슷한 가격대의 마사지 숍이 일대에 모여 있다. 마사지사의 수준이 전반적으로 괜찮고 체계적이라 가성비 면에서 손꼽을 만하다. 사린야 마사지는 한국어 간판과 가격표를 갖추고 한국인 손님을 맞고 있다.

지도 P.082D
구글 지도 GPS 13.730731, 100.581323 **찾아가기** BTS 텅러 역 3번 출구 이용. 쑤쿰윗 쏘이 55로 진입해 빨간 버스 승차 후 쏘이 7 하차 **주소** 159 Thong Lo **전화** 02-712-5797 **시간** 10:00~24:00 **휴무** 연중무휴 **가격** 타이 마사지 1시간 300B **홈페이지** 없음

28 쑤말라이
Sumalai

텅러에서 2001년부터 영업해온 마사지 가게다. 비슷한 가격대의 마사지 가게들과 마찬가지로 시설은 소박하다. 침대를 갖춘 마사지 공간 역시 매우 좁고 어둡다. 그럼에도 다시 찾고 싶은 이유는 정성을 다해 마사지에 임하는 마사지사들의 정성과 실력.

1권 P.187 지도 P.082D

구글 지도 GPS 13.731194, 100.581459 **찾아가기** BTS 텅러 역 3번 출구에서 도보 약 11분. 텅러 쏘이 8 맞은편. 텅러 입구에서 오토바이 택시나 빨간 버스를 이용하는 게 편리하다. **주소** 159/14 Thong Lo Soi 7–9 **전화** 02–392–1663 **시간** 10:00~24:00 **휴무** 연중무휴 **가격** 타이 마사지 60분 300B, 90분 450B, 120분 600B **홈페이지** www.facebook.com/sumalaithaimassage

29 디와나 디바인
Divana Divine

텅러 쏘이 17 골목에 자리 잡은 스파. 오래된 나무가 무성한 넓은 정원의 독채 건물에 자리해 고즈넉하다. 실내는 나무의 느낌을 살려 매우 고풍스러운 분위기. 자체 생산하는 스파 제품의 품질도 매우 좋다.

1권 P.182 지도 P.082B

구글 지도 GPS 13.735622, 100.581378 **찾아가기** BTS 텅러 역 3번 출구에서 도보 약 20분. 텅러 입구에서 빨간 버스 승차 후 제이 애비뉴 지나 하차. 텅러 쏘이 17로 진입해 170m 오른쪽. 예약 시 텅러 역 혹은 엠쿼티어에서 셔틀 서비스를 신청할 수 있다. **주소** 103 Thong Lo Soi 17 **전화** 02–712–6798 **시간** 화~금요일 11:00~23:00, 토~월요일 10:00~23:00 **휴무** 연중무휴 **가격** 싸야미즈 릴랙스 90분 1950B, 120분 2150B **홈페이지** www.divanaspa.com

30 팜 허벌 리트리트
Palm Herbal Retreat

텅러 골목에 숨어 있는 보석 같은 마사지 숍 중 하나다. 10년 이상 한자리를 지키며 꾸준히 명성을 유지하고 있다. 인기 비결은 합리적인 가격과 깔끔한 시설, 서비스. 일본인 사이에서 특히 유명하다.

지도 P.082B

구글 지도 GPS 13.734194, 100.583627 **찾아가기** BTS 텅러 역 3번 출구 이용. 텅러 입구에서 빨간 버스 승차 후 제이 애비뉴 하차. 텅러 쏘이 16 골목 안쪽 **주소** 522/2 Thong Lo Soi 16 **전화** 02–391–3254 **시간** 10:00~22:00(마지막 접수 21:00) **휴무** 연중무휴 **가격** 타이 마사지 60분 750B, 90분 1150B, 120분 1450B **홈페이지** www.facebook.com/Palmhearbalretreatspa

31 제이 애비뉴
J Avenue

텅러 쏘이 15에 자리한 쇼핑센터. 오봉뺑, 그레이하운드 카페, 빌라 마켓이 자리해 늘 사람들로 붐빈다. 텅러에 큰 건물이 없던 시절부터 랜드마크 역할을 하던 곳이라 큰 볼거리나 쇼핑 거리는 없지만 텅러를 이야기할 때 빠지지 않는 장소다.

지도 P.082B

구글 지도 GPS 13.734425, 100.581982 **찾아가기** BTS 텅러 역 3번 출구에서 뒤돌아 직진, 쑤쿰윗 쏘이 55(텅러)로 좌회전해 세븐일레븐 앞에서 빨간 버스 승차 후 텅러 제이 애비뉴 하차 **주소** J Avenue, Thong Lo Soi 15 **전화** 02–660–9000 **시간** 10:00~22:00(가게마다 다름) **휴무** 연중무휴 **가격** 가게마다 다름 **홈페이지** 없음

32 빌라 마켓
Villa Market

방콕 곳곳에 체인점을 둔 그리 크지 않은 규모의 슈퍼마켓. 텅러 제이 애비뉴 지점은 텅러 중간에 자리한 거의 유일한 대형 슈퍼마켓이라 즐겨 찾게 된다. 편의점보다 품목이 다양하지만 어떤 품목은 더 비싼 경우도 있다.

1권 P.220 지도 P.082B

구글 지도 GPS 13.734522, 100.581721 **찾아가기** BTS 텅러 역 3번 출구에서 뒤돌아 직진, 쑤쿰윗 쏘이 55(텅러)로 좌회전해 세븐일레븐 앞에서 빨간 버스 승차 후 텅러 제이 애비뉴 하차, 제이 애비뉴 1층 안쪽 **주소** J Avenue, Thong Lo Soi 15 **전화** 02–712–6000 **시간** 10:00~24:00 **휴무** 연중무휴 **가격** 제품마다 다름 **홈페이지** www.villamarket.com

ZOOM IN

BTS 에까마이 역

방콕의 동부 터미널이 자리한 곳. 일본인 거주 지역이기도 하다. 신흥 맛집보다는 전통적인 맛집이 강세를 보인다.

1 어번 마켓
Urban Market

쇼핑센터 내에 자리한 푸드코트지만 카드 쿠폰을 사용하지 않고 각각의 푸드코트에서 계산하는 방식이다. 태국, 중국, 일본, 한국 요리와 디저트 등 다양한 음식을 판매한다. 테이블 간격이 넓고 여유로우며, 고급 쇼핑센터 푸드코트에 비해 저렴하다.

지도 P.082F
구글 지도 GPS 13.719121, 100.585238 **찾아가기** BTS 에까마이 역 게이트웨이 에까마이 출구와 연결, 게이트웨이 에까마이 G층 **주소** G Floor, Gateway Ekamai, Sukhumvit Road **전화** 02-108-2889 **시간** 10:00~22:00 **휴무** 연중무휴 **가격** 예산 80B~ **홈페이지** www.facebook.com/gatewayekamai

2 엠케이 골드
MK Gold

쑤끼와 딤섬 등 중국 요리를 선보이는 MK 레스토랑의 고급 버전. MK에 비해 가격이 비싼 대신 분위기와 서비스가 한층 업그레이드됐다. 에까마이 지점은 단독 건물에 자리해 분위기가 더욱 좋다.

1권 P.115 지도 P.082F
구글 지도 GPS 13.721890, 100.584192 **찾아가기** BTS 에까마이 역 1번 출구에서 뒤돌아 직진, 에까마이 로드에서 건널목 건너 우회전해 200m **주소** 5/3 Ekkamai Road **전화** 02-380-2367 **시간** 10:00~22:00 **휴무** 연중무휴 **가격** 팍촛쑤카팝(Healthy Vegetable Set) S 260B · L 450B, 촛헷나나챳(Mushrooms Set) 300B, MK 골드 쑤끼 세트(MK Gold Suki Set) 650B, MK 시푸드 세트(MK Seafood Set) 950B, 뷔페 10:00~17:00(1시간 30분) 485B, 17:00 이후(1시간 45분) 535B +17% **홈페이지** www.mkrestaurant.com

3 오므
Omu

일본식 오므라이스 전문점. 소스와 오므라이스에 곁들이는 재료에 따라 다양한 오므라이스가 탄생한다. 풍성한 달걀을 원하면 라바 스타일로 주문할 것.

지도 P.082F
구글 지도 GPS 13.723050, 100.584008 **찾아가기** BTS 에까마이 역 1번 출구에서 뒤돌아 직진, 에까마이 로드에서 건널목 건너 우회전해 400m, 파크래인 커뮤니티 몰 내 **주소** Park Lane Community Mall, Sukhumvit Soi 63 **전화** 02-382-0138 **시간** 11:00~21:00 **휴무** 연중무휴 **가격** 카우허카이 탐마다(Omurice) 120B, 라바 스타일 20B 추가 +7% **홈페이지** www.omubangkok.com

라바 스타일 커리소스 오므라이스 + 돈가스 240B

4 험두언
Hom Duan
หอมด่วน

북부 요리 전문점. 카우쏘이, 깽항레, 남프릭엉 등 북부 대표 요리를 선보인다. 가게 입구에 음식을 진열해 놓고 주문이 들어오는 즉시 작은 그릇에 소담하게 담아 내어온다. 북부의 일반적인 음식점보다 오히려 맛이 낫다.

1권 P.163 지도 P.082F
구글 지도 GPS 13.723714, 100.585027 **찾아가기** BTS 에까마이 역 2번 출구 이용. 에까마이 로드를 따라가다가 오른쪽 쏘이 2로 우회전 **주소** 1/7 Ekkamai Soi 2 **전화** 085-037-8916 **시간** 월~토요일 09:00~20:00 **휴무** 일요일 **가격** 카우쏘이 까이(Northern Thai Style Curry Noodles with Chicken Thighs) 110B, 깽항레(Hang-Le Curry) 120B, 촛남프릭(Set of Dip) 100B **홈페이지** www.facebook.com/homduaninbkk

5 잉크 & 라이언
Ink & Lion

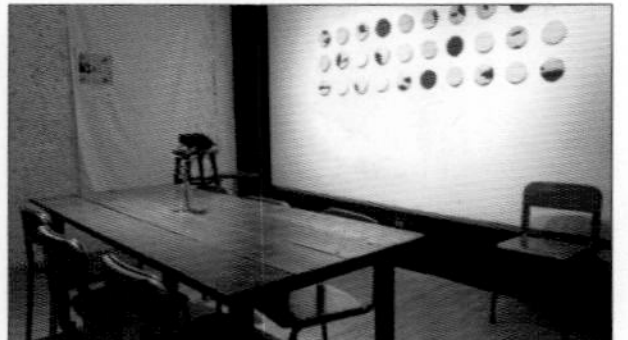

커피가 맛있기로 소문난 곳. 에스프레소와 핸드드립 형태의 커피와 차, 음료, 케이크를 선보인다. 핸드드립 원두의 종류는 단출하게 준비되며, 주문 전에 각각의 향과 맛에 관해 설명을 들을 수 있다.

1권 P.171 지도 P.082F
구글 지도 GPS 13.723588, 100.585027 **찾아가기** BTS 에까마이 역 2번 출구 이용. 에까마이 로드를 따라가다가 오른쪽 쏘이 2로 우회전 **주소** 1/7 Ekkamai Soi 2 **전화** 02-002-6874 **시간** 월~금요일 08:00~16:00, 토~일요일 09:00~17:00 **휴무** 연중무휴 **가격** 아메리카노(Americano) 110B, 핸드브루 커피(Hand-Brewed Coffee) 120~160B **홈페이지** inkandlion.business.site

6 와타나파닛
郭炎松
วัฒนาพานิช

소고기와 내장, 미트볼 등 모든 고명을 올리는 국수인 꾸어이띠여우는 필식 메뉴. 면 대신 밥이 따로 나오는 까우라우도 인기다. 2층에는 에어컨을 갖추었다.

1권 P.125 지도 P.082B
구글 지도 GPS 13.734054, 100.587602 **찾아가기** BTS 에까마이 역 1번 출구 이용, '더 커피 클럽'을 보면서 횡단보도를 건넌 다음 오른쪽 버스 정류장에서 23 · 72 · 545번 버스 승차 후 에까마이 쏘이 13 하차, 횡단보도 건너면 바로 **주소** 336 Ekkamai Soi 18 **전화** 02-391-7264 **시간** 09:00~19:30 **휴무** 부정기 휴무 **가격** 까우라우(Gao-Lao) 100B
홈페이지 없음

꾸어이띠여우 남느어우아 100B

7 더 가든스
The Gardens

1930년대 왕실 가족의 주거를 목적으로 조성한 궁전을 개조했다. 자갈과 데크를 깐 넓은 정원에는 오랜 수령의 나무가 자라나며, 작은 연못에는 백조와 흑조가 노닌다.

지도 P.082F
구글 지도 GPS 13.722549, 100.582122 **찾아가기** BTS 에까마이 역 1번 출구 이용. 쑤쿰윗 쏘이 61과 59 사이 골목으로 진입 **주소** Sukhumvit Soi Chumbala **전화** 02-714-2112 **시간** 11:00~22:00, 주말·공휴일 09:00~22:00 **휴무** 연중무휴 **가격** 프로즌 민트 레모네이드(Frozen Mint Lemonade) 140B, 워터멜론 주스(Fresh Squeezed Watermelon Juice) 130B +17% **홈페이지** thegardenspalace.com

8 렛츠 릴랙스
Let's Relax

깨끗하고 편안한 시설과 친절한 서비스, 합리적인 가격이 특징인 렛츠 릴랙스의 에까마이 지점으로 파크래인 2층에 자리한다. 로비와 마사지 룸 등이 기타 방콕 지점에 비해 넓어 매우 쾌적하다.

1권 P.184 지도 P.082F
구글 지도 GPS 13.723171, 100.584100 **찾아가기** BTS 에까마이 역 1번 출구에서 뒤돌아 직진, 에까마이 로드에서 건널목 건너 우회전해 400m, 파크래인 커뮤니티 몰 2층 **주소** 2nd Floor, Park Lane Community Mall, Sukhumvit Soi 63 **전화** 02-382-1133 **시간** 10:00~24:00 **휴무** 연중무휴 **가격** 타이 마사지 2시간 1200B **홈페이지** www.letsrelaxspa.com

9 게이트웨이 에까마이
Gateway Ekamai

도보 1분

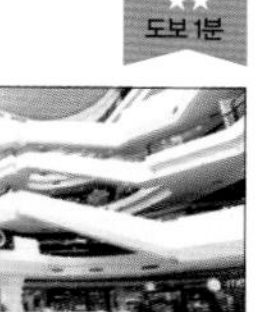

일본풍으로 꾸민 쇼핑센터. 총 8개 층의 대형 규모지만 G층과 M층의 식당가, 4층의 푸드 스트리트(Food Street) 푸드코트 외에 크게 주목할 만한 매장은 없다. 브랜드 매장보다는 곳곳에 자리한 보세 매장에서 쓸 만한 아이템을 건질 확률이 높다.

지도 P.082F
구글 지도 GPS 13.719119, 100.585242 **찾아가기** BTS 에까마이 역 4번 출구와 연결 **주소** Gateway Ekamai, 982/22 Sukhumvit Soi 63 **전화** 02-108-2888 **시간** 10:00~22:00 **휴무** 연중무휴 **가격** 가게마다 다름 **홈페이지** www.facebook.com/gatewayekamai

ZOOM IN

빅 시 에까마이

에까마이 쏘이 8에 위치한 대형 마트. 에까마이의 카페와 음식점 등지를 방문할 때 이정표가 된다.

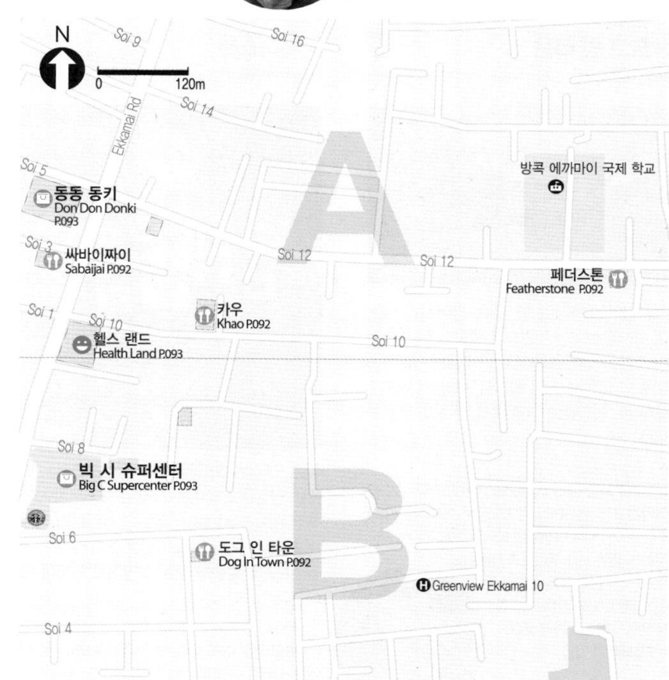

1 싸바이짜이
Sabaijai
สบายใจ

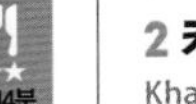
★★★ 도보 14분

맛, 친절, 합리적인 가격의 삼박자를 두루 갖춘 현지 식당이다. 구운 닭인 까이양이 대표 메뉴로 고소하면서도 깔끔한 맛이 일품이다. 까이양과 궁합이 잘 맞는 쏨땀 또한 다양하게 갖췄으며, 그밖에 태국 요리도 잘한다.

1권 P.160 지도 P.082D, 091A
구글 지도 GPS 13.729292, 100.585844 찾아가기 BTS 에까마이 역 1번 출구 이용, '더 커피 클럽'을 보면서 횡단보도를 건넌 다음 오른쪽 버스 정류장에서 23 · 72 · 545번 버스 승차 후 에까마이 쏘이 10(헬스 랜드)에서 내려 다음 골목인 쏘이 3으로 좌회전 주소 87 Ekkamai 3 전화 02-714-2622 시간 10:30~22:00 휴무 연중무휴 가격 까이양(Grilled Chicken) 반 마리 100B, 쏨땀(Papaya Salad) 60B~ 홈페이지 www.facebook.com/sabaijaioriginalofficial

까이양 반 마리 100B

2 카우
Khao

★★★ 도보 16분

'쌀'이라는 이름의 레스토랑. 조금은 밋밋하게 느껴지는 건강한 맛의 요리를 선보인다. 실내외는 나무로 장식해 밝고 고급스럽다.

지도 P.091A
구글 지도 GPS 13.728997, 100.587837 찾아가기 BTS 에까마이 역 1번 출구 이용. 버스 승차 후 에까마이 쏘이 10 하차. 헬스 랜드 왼쪽 골목으로 들어가 200m 왼쪽 주소 15 Ekkamai Soi 10 전화 02-381-2575 시간 런치 12:00~14:00, 디너 18:00~22:00 휴무 연중무휴 가격 팟팍땀 르두깐(Seasonal Vegetable Stir Fried) 180B 홈페이지 www.khaogroup.com

탈레루엄팟 남프릭파오 360B

3 도그 인 타운
Dog In Town

★★★ 도보 12분

애견인이 주목해야 할 카페. 강아지와 어울려 시간을 보내는 것만으로 힐링이 된다. 카페의 주인은 칫롬, 프런찟, 나나, 아쏙, 프롬퐁 등 BTS 역 이름을 가진 허스키, 시바, 웰시코기, 불독 등. 입장료에 무료 음료 한 잔이 포함돼 있다.

지도 P.091B
구글 지도 GPS 13.726087, 100.587740 찾아가기 BTS 에까마이 역 1번 출구 이용. 에까마이 로드 700m 지나 에까마이 쏘이 6 진입. 260m 지나 우회전 왼쪽 주소 16/1 Ekkamai Soi 6 전화 088-942-4964 시간 11:00~20:00 휴무 연중무휴 가격 350B 홈페이지 없음

4 페더스톤
Featherstone

★★★ 오토바이 10분

예쁜 인테리어와 플레이팅, 정중하면서도 따뜻한 친절을 선보이는 카페 겸 레스토랑이다. 추천 메뉴는 시그너처 메뉴인 스파클링 어파써케리(Sparkling Apothecary). 유리잔에 가득 담긴 꽃 얼음을 보는 것만으로 기분이 좋아진다.

1권 P.168 지도 P.091A
구글 지도 GPS 13.729798, 100.593028 찾아가기 BTS 에까마이 역 1번 출구 이용. 에까마이 쏘이 12 안쪽 골목에 자리해 오토바이나 택시를 이용하는 게 편하다. 주소 60 Ekkamai Soi 12 전화 097-058-6846 시간 10:30~22:00 휴무 연중무휴 가격 와일드 가드니아(Wild Gardenia) · 콜드 브루 아이스 큐브 라테(Cold Brew Ice Cube Latte) 각 160B +17% 홈페이지 www.seefoundtell.com

5 헬스 랜드
Health Land

★★★ 도보 14분

시설 대비 저렴한 가격 덕분에 한국, 중국 등 외국인 관광객에게 인기인 헬스 랜드의 에까마이 지점. 근처에 대형 마트 빅 시와 이싼 음식점 싸바이짜이 껩따완이 자리해 더불어 여정을 꾸리는 경우가 많다.

1권 P.187 지도 P.082D, 091A

구글 지도 GPS 13.728912, 100.586255 **찾아가기** BTS 에까마이 역 1번 출구 이용, '더 커피 클럽'을 보면서 횡단보도를 건넌 다음 오른쪽 버스 정류장에서 23·72·545번 버스 승차 후 에까마이 쏘이 10(헬스랜드) 하차 **주소** 96/1 Sukhumvit Soi 63 **전화** 02-392-2233 **시간** 09:00~24:00 **휴무** 연중무휴 **가격** 타이 마사지 2시간 650B **홈페이지** www.healthlandspa.com

ZOOM IN

BTS 언눗 역

시내에서는 벗어나지만 저렴한 숙소를 선호하는 여행자들이 즐겨 찾는 곳. 숙소 주변이 아닌 이상, 일부러 찾을 이유는 없다.

6 빅 시 슈퍼센터
Big C Supercenter

★★ 도보 14분

방콕 시내에서 이용할 수 있는 대형 빅 시 중 하나. 같은 제품이라도 쇼핑센터의 고메 마켓 등지에 비해 훨씬 저렴한 가격에 구입할 수 있다. 인근에 헬스 랜드, 이싼 음식점 싸바이짜이 껩따완 등이 자리해 함께 연계하기에 괜찮다.

지도 P.082D, 091A

구글 지도 GPS 13.727035, 100.585761 **찾아가기** BTS 에까마이 역 1번 출구 이용, 쑤쿰윗 63 입구 버스 정류장에 서는 모든 버스 승차 후 두 번째 정류장에서 하차, 길 건너 바로 **주소** 78 Sukhumvit Soi 63 **전화** 02-714-8222 **시간** 09:00~22:00 **휴무** 연중무휴 **가격** 제품마다 다름 **홈페이지** corporate.bigc.co.th

7 동동 동키
Don Don Donki

★★ 도보 16분

일본 제품을 판매하는 슈퍼마켓과 일본 브랜드의 레스토랑, 약국, 안경점, 놀이시설 등이 입점해 있는 쇼핑센터. 여행자에게는 슈퍼마켓의 스시와 디저트 코너가 유용하다. 현지인 사이에서는 1층 바깥에 자리한 군고구마 가게가 인기다.

지도 P.082D, 091A

구글 지도 GPS 13.730847, 100.585912 **찾아가기** BTS 에까마이 역 인근 시빅 호라이즌(Civic Horizon)과 BTS 텅러 역 인근 호텔 닛코 방콕(Hotel Nikko Bangkok)에서 09:00~21:00에 무료 셔틀버스 운행 **주소** 107 Ekkamai **전화** 02-301-0950 **시간** 24시간 **휴무** 연중무휴 **가격** 가게 혹은 제품마다 다름 **홈페이지** www.facebook.com/DonDonDonkiTH

1 롯파이 시장
Train Night Market

★★ 택시 15분

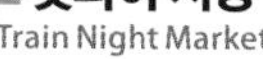

기차 선로 옆에 야시장이 형성돼 '기차 야시장'이라는 의미의 '딸랏 낫 롯파이'로 불린다. 랏차다 롯파이 야시장의 원조 시장으로 목~일요일 저녁에 열린다. 주중에는 문을 닫는 업소가 많으므로 참고하자.

1권 P.241

구글 지도 GPS 13.695299, 100.650597 **찾아가기** BTS 언눗 역 4번 출구 로터스 앞에서 택시 이용. 택시 기사들이 딸랏 롯파이를 모르는 경우가 있으므로 씨콘 스퀘어(Seacon Square)를 말하는 편이 낫다. 씨콘 스퀘어 정문에서 내리지 말고 로터스가 자리한 남쪽에서 내리는 게 편리하다. 시장은 씨콘 스퀘어 뒤편에 자리한다. **주소** Srinagarindra Soi 51 **전화** 081-827-5885 **시간** 목~일요일 17:00~01:00 **휴무** 월~수요일 **가격** 가게마다 다름 **홈페이지** www.facebook.com/taradrodfi

2 메가 방나
Mega Bangna

★★ 택시 12분

메가 방나, 로빈슨 백화점, 이케아, 빅 시, 홈프로, 메가 시네플렉스가 함께 자리한 초대형 쇼핑센터. 어마어마한 규모로 웬만한 프랜차이즈 매장이 입점해 있지만 방콕 시내와 거리가 있는 편이라 일부러 찾을 필요는 없다.

구글 지도 GPS 13.647150, 100.680557 **찾아가기** BTS 우돔쑥 역 5번 출구 세븐일레븐 앞에서 무료 셔틀버스 운행(09:00~22:30) **주소** 38-39 Bangna-Trad Road **전화** 02-105-1000 **시간** 10:00~22:00 **휴무** 연중무휴 **가격** 가게마다 다름 **홈페이지** www.mega-bangna.com

AREA

05 SILOM · SAT [สีลม · สาทร 씨롬 · 싸톤]

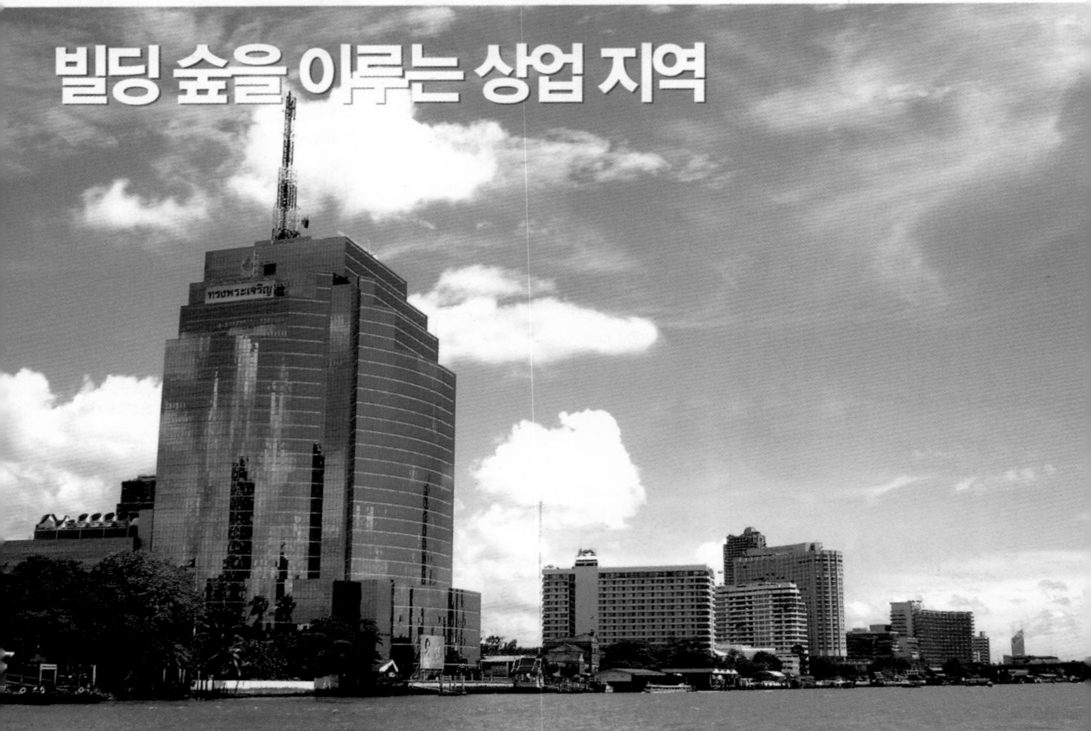

빌딩 숲을 이루는 상업 지역

태국과 외국계 은행이 본점을 둔 방콕의 상업 지역이다. 오피스 빌딩들 사이에 호텔과 쇼핑센터가 여럿 자리하며 BTS와 MRT가 지나가 교통도 편리하다. 한낮에는 마천루가 숲을 이루는 삭막한 풍경을 연출하지만, 어둠이 내려 빌딩 조명이 켜지면 반짝반짝 따뜻한 불빛이 새어 나온다. 씨롬과 싸톤 지역에서 루프톱 바를 놓칠 수 없는 이유다.

여행자들은 아시아티크와 유명 루프톱 바를 주로 찾는다.

아시아티크가 있다. 아시아티크 내에 엔터테인먼트 공간도 놓치면 아쉽다.

방콕을 대표하는 아시아티크와 아이콘 싸얌이 있다.

인근 직장인들이 즐겨 찾는 맛집이 골목골목 숨어 있다.

방콕을 대표하는 루프톱 바의 대부분이 씨롬, 싸톤 지역에 있다.

회사원들이 빌딩에서 나오는 점심시간과 퇴근 시간 등을 제외하면 한적한 느낌.

씨롬·싸톤 교통편

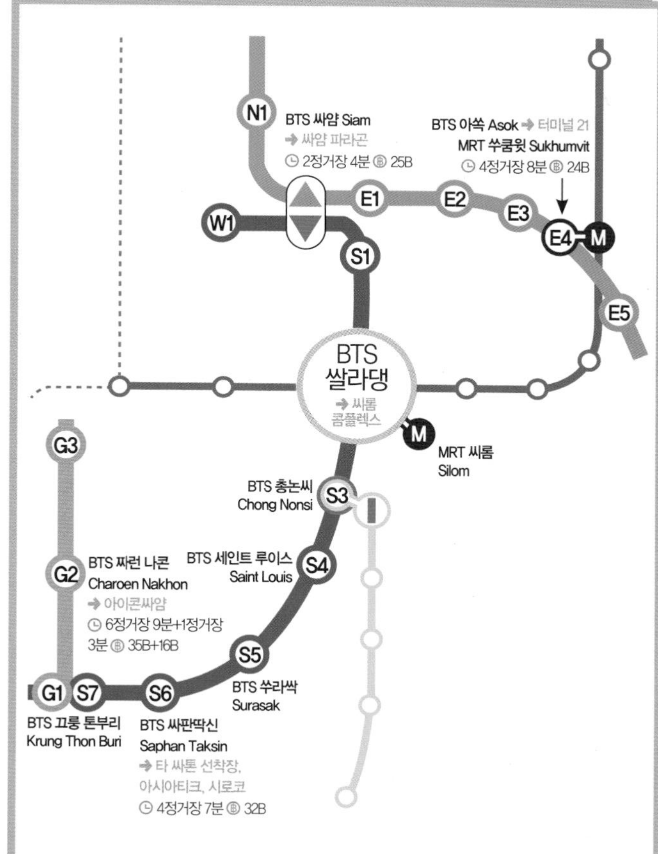

씨롬·싸톤으로 가는 방법

BTS
BTS 씨롬 라인이 관통한다. 씨롬 초입의 팟퐁이나 컨벤트(껀웬) 로드로 갈 경우 BTS 쌀라댕 역, 씨롬 남쪽 지역은 BTS 총논씨 역, 싸톤 남쪽은 BTS 세인트 루이스 역과 쑤라싹 역, 싸판딱신 역을 이용한다.

MRT
MRT 씨롬 역과 룸피니 역이 유용하다. 씨롬 역은 룸피니 공원 입구로 BTS 쌀라댕 역과 환승이 가능하다. 여행자들이 즐겨 찾는 일부 레스토랑과 루프톱 바는 MRT 룸피니 역과 가깝다.

수상 보트
BTS 싸판딱신 역과 짜오프라야 익스프레스 타 싸톤 선착장이 연계돼 편리하다. 왕궁 주변, 카오산 로드 등지로 향할 때 BTS와 보트를 연계하면 정체 없이 이용할 수 있다. 짜오프라야 강변에 자리한 호텔의 셔틀 보트 선착장과 아시아티크 셔틀 보트 선착장도 타 싸톤 선착장에 자리한다.

씨롬·싸톤 지역 다니는 방법

BTS·MRT
역과 역 사이를 도보로 이동하기는 조금 버겁다. 1정거장 이동하는 경우라도 BTS나 MRT를 이용하는 게 빠르다.

택시
시내 중심부와 마찬가지로 씨롬, 싸톤 지역도 상습 정체에 시달린다. BTS 10분 이내의 거리가 택시를 타면 1시간 이상으로 늘어나기도 한다.

MUST SEE
이것만은 꼭 보자!

No.1

아시아티크
Asiatique
방콕 필수 볼거리로 자리 잡은 핫 스폿.

No.2

킹 파워 마하나콘
King Power MahaNakhon
아찔한 스카이워크!

MUST EAT
이것만은 꼭 먹자!

No.1

코카 레스토랑
Coca Restaurant
태국 쑤끼를 탄생시킨 코카 레스토랑의 본점.

No.2

반 쏨땀
Baan Somtum
บ้าน ส้มตำ
추천 이싼 레스토랑.

No.3

시로코 & 스카이 바
Sirocco & Sky Bar
방콕에서 가장 유명한 루프톱 바.

No.4

짜런쌩 씨롬
เจริญแสง สีลม
한국인 입맛에도 잘 맞는 족발 요리.

MAP
씨롬·싸톤 한눈에 보기

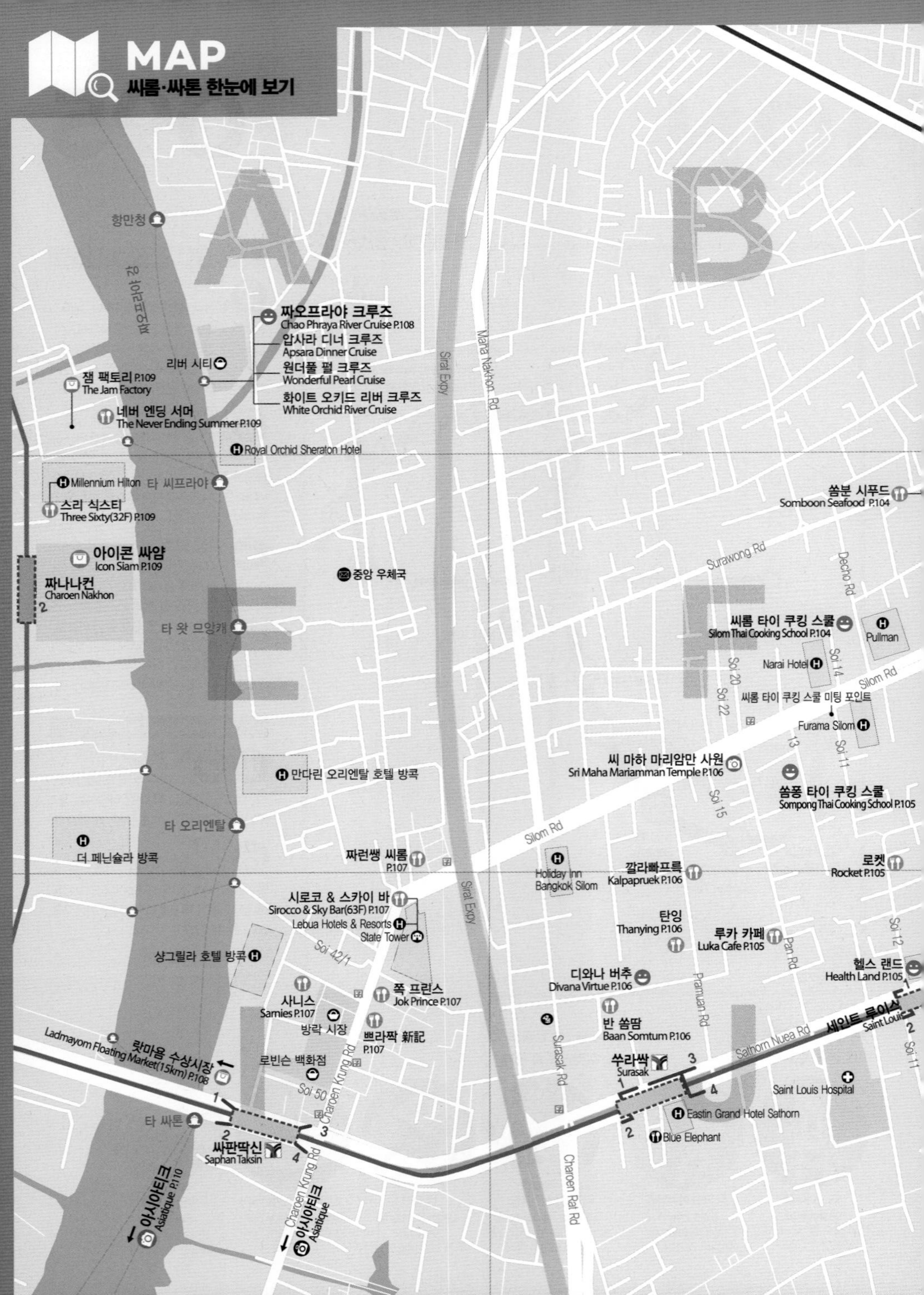

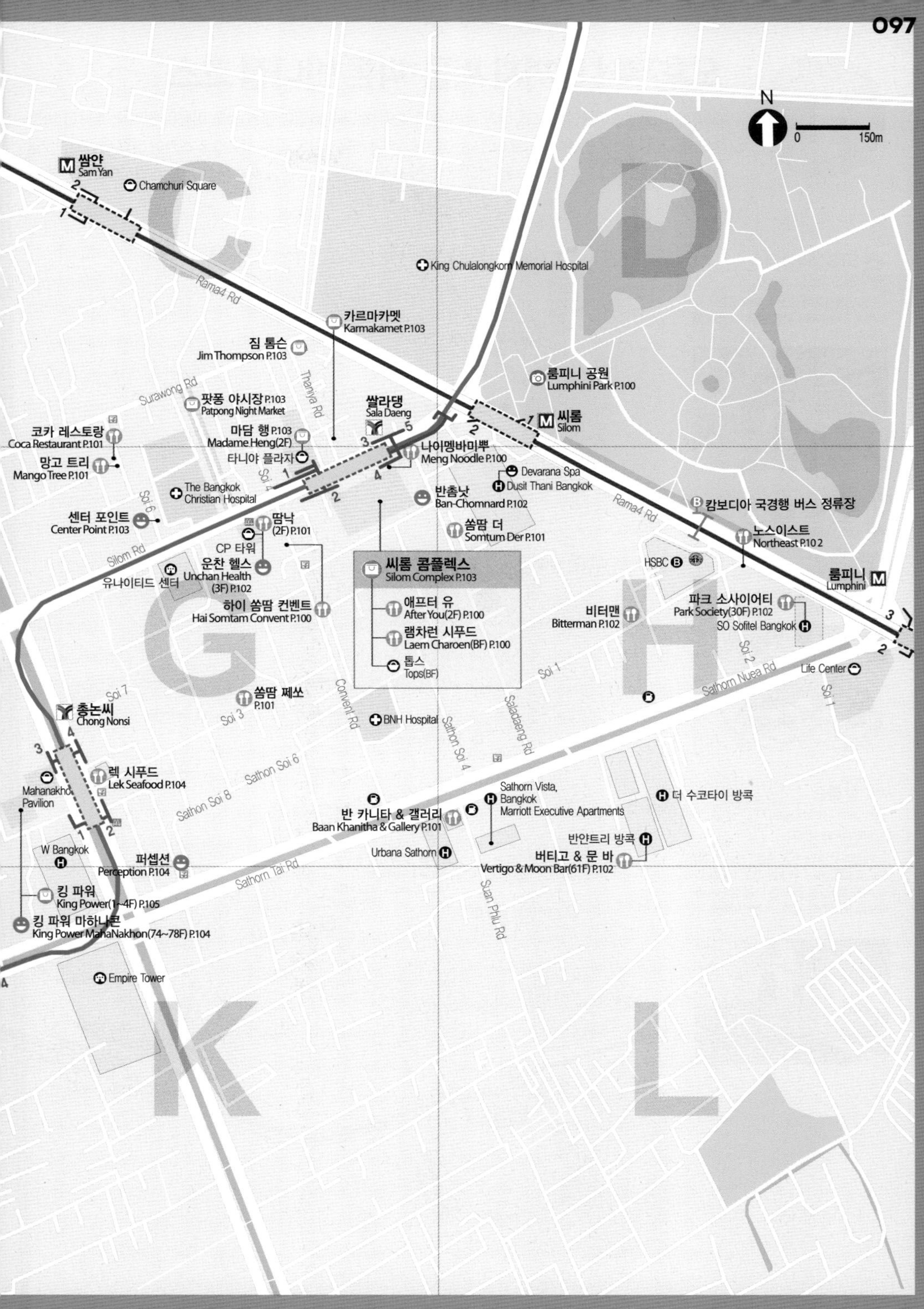

N
0
150m
C
D
G
H
K
L
쌈얀
Sam Yan
Chamchuri Square
King Chulalongkorn Memorial Hospital
Rama4 Rd
카르마카멧
Karmakamet P.103
짐 톰슨
Jim Thompson P.103
Surawong Rd
Thaniya Rd
룸피니 공원
Lumphini Park P.100
팟퐁 야시장 P.103
Patpong Night Market
쌀라댕
Sala Daeng
씨롬
Silom
코카 레스토랑
Coca Restaurant P.101
마담 행 P.103
Madame Heng(2F)
나이멩바미뿌
Meng Noodle P.100
망고 트리
Mango Tree P.101
타니야 플라자
Devarana Spa
Dusit Thani Bangkok
The Bangkok Christian Hospital
반촘낫
Ban-Chomnard P.102
Soi 4
Soi 6
센터 포인트
Center Point P.103
땀낙
(2F) P.101
캄보디아 국경행 버스 정류장
쏨땀 더
Somtum Der P.101
노스이스트
Northeast P.102
CP 타워
Silom Rd
운찬 헬스
Unchan Health
(3F) P.102
유나이티드 센터
씨롬 콤플렉스
Silom Complex P.103
HSBC
룸피니
Lumphini
하이 쏨땀 컨벤트
Hai Somtam Convent P.100
애프터 유
After You(2F) P.100
비터맨
Bitterman P.102
파크 소사이어티
Park Society(30F) P.102
SO Sofitel Bangkok
램차런 시푸드
Laem Charoen(BF) P.100
톱스
Tops(BF)
Soi 2
Life Center
Soi 1
Sathorn Nuea Rd
Soi 7
쏨땀 쩨쏘
P.101
Convent Rd
Saladaeng Rd
총논씨
Chong Nonsi
Soi 3
BNH Hospital
Sathon Soi 4
렉 시푸드
Lek Seafood P.104
Sathon Soi 6
Mahanakhon Pavilion
Sathon Soi 8
Sathorn Vista, Bangkok Marriott Executive Apartments
더 수코타이 방콕
반 카니타 & 갤러리
Baan Khanitha & Gallery P.101
반얀트리 방콕
W Bangkok
퍼셉션
Perception P.104
Urbana Sathorn
버티고 & 문 바
Vertigo & Moon Bar(61F) P.102
Sathorn Tai Rd
Suan Phlu Rd
킹 파워
King Power(1~4F) P.105
킹 파워 마하나콘
King Power MahaNakhon(74~78F) P.104
Empire Tower

오후부터 밤까지 씨롬·싸톤 반나절 코스

씨롬과 싸톤에는 이름난 루프톱 바가 유독 많다. 높은 빌딩과 호텔이 많은 것도 이유일 것이다. 루프톱 바는 저마다 다른 매력을 뽐낸다. 이 코스에서는 루프톱 바의 대명사와도 같은 시로코 & 스카이 바를 넣었지만, 1권의 내용을 참고해 자신만의 코스를 정하자. 추천 레스토랑인 반 쏨땀과 짜런쌩 씨롬은 개별적으로 찾아보길 권한다.

S BTS 쌀라댕 역
BTS Sala Daeng

1번 출구에서 270m, 쏘이 씨롬 6으로 우회전해 200m 지나 왼쪽 빌딩 → 코카 레스토랑 도착

1 코카 레스토랑
Coca Restaurant

시간 11:00~22:00

→ 코카 레스토랑에서 나와 왼쪽, 쑤라웡 로드가 나오면 우회전해 400m → 짐 톰슨 도착

2 짐 톰슨
Jim Thompson

시간 09:00~20:00

→ 매장에서 나와 왼쪽 길로 진입. 타니야 로드를 따라 BTS 역 방면으로 이동하다가 씨롬 쏘이 7로 좌회전. 다음 삼거리 골목으로 우회전해 왼쪽 → 카르마카멧 도착

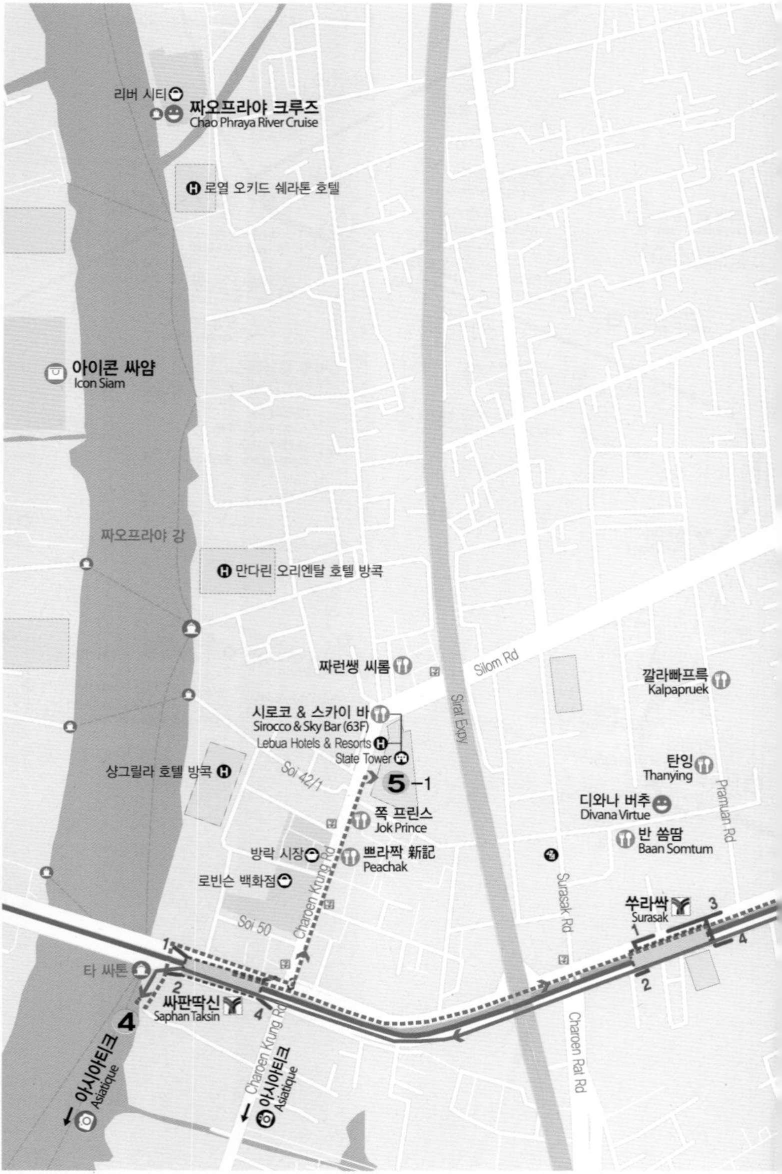

리버 시티
짜오프라야 크루즈 Chao Phraya River Cruise
로열 오키드 쉐라톤 호텔
아이콘 싸얌 Icon Siam
짜오프라야 강
만다린 오리엔탈 호텔 방콕
짜런쌩 씨롬
Silom Rd
Sirat Expy
깔라빠프륵 Kalpapruek
시로코 & 스카이 바 Sirocco & Sky Bar (63F)
Lebua Hotels & Resorts
State Tower
5-1
샹그릴라 호텔 방콕
Soi 42/1
탄잉 Thanying
디와나 버추 Divana Virtue
Pramuan Rd
쪽 프린스 Jok Prince
반 쏨땀 Baan Somtum
방락 시장
쁘라짝 新記 Peachak
Charoen Krung Rd
로빈슨 백화점
Surasak Rd
쑤라싹 Surasak
Soi 50
타 싸톤
싸판딱신 Saphan Taksin
4
Charoen Rat Rd
아시아티크 Asiatique
아시아티크 Asiatique

룸피니 공원
짐 톰슨 Jim Thompson 2
Surawong Rd
팟퐁 야시장
3 에브리데이 카르마카멧
코카 레스토랑 Coca Restaurant 1
망고 트리 Mango Tree
타니야 플라자
씨롬 Silom
쌀라댕
쏨분 시푸드 Somboon Seafood
S
씨롬 콤플렉스 Silom Complex
Soi 6
센터 포인트 Center Point
땀낙 (2F)
쏨땀 더 Somtum Der
Silom Rd
CP 타워
Soi 2
Decho Rd
유나이티드 센터
씨롬 타이 쿠킹 스쿨
Silom Rd
Convent Rd
Soi 7
쏨땀 쩨쏘
총논씨 Chong Nonsi
Soi 3
Sathon Soi 4
쏨퐁 타이 쿠킹 스쿨
Mahanakhon Pavilion
렉 시푸드 Lek Seafood
Sathon Soi 6
Sathon Soi 8
Soi 11
킹 파워 마하나콘(74~78F) 5-2
킹 파워(1~4F)
로켓 Rocket
퍼셉션 Perception
Sathorn Tai Rd
Soi 12
세인트 루이스 Saint Louis
Saint Louis Hospital
Soi 11

코스 무작정 따라하기 START
S. BTS 쌀라댕 역 1번 출구
600m, 도보 7분
1. 코카 레스토랑
500m, 도보 6분
2. 짐 톰슨
230m, 도보 3분
3. 카르마카멧
6km, BTS 5분, 도보 2분, 보트 15분
4. 아시아티크
600m, 보트 15분, 도보 7분
5-1. 시로코 & 스카이 바
5-2. 킹 파워 마하나콘

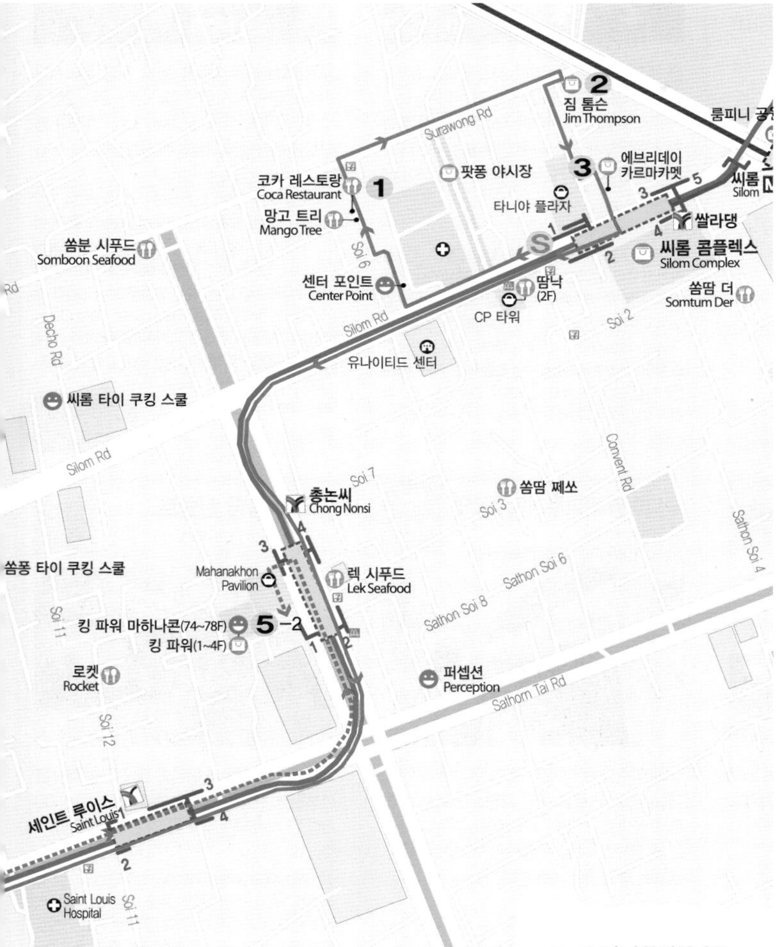

3 카르마카멧
Karmakamet

시간 10:00~21:00

→ BTS 역으로 이동, 방와행 BTS를 탑승해 4정거장 지나 싸판딱신 역 하차, 2번 출구로 나와 아시아티크 선착장에서 셔틀 보트 탑승 → 아시아티크 도착

4 아시아티크
Asiatique

시간 17:00~24:00

→ 아시아티크에서 셔틀 보트를 타고 타싸톤 선착장 하차, BTS 싸판딱신 역 1번 출구로 이동해 BTS 라인을 따라가다가 짜런끄룽 로드로 좌회전해 350m → 시로코 & 스카이 바 도착

5-2 킹 파워 마하나콘
King Power MahaNakhon

시간 10:00~24:00

5-1 시로코 & 스카이 바
Sirocco & Sky Bar

시간 18:00~24:00

ZOOM IN

BTS 쌀라댕 역

씨롬 지역의 핵심 다운타운. BTS 쌀라댕 역과 MRT 씨롬 역이 만나는 환승역이라 교통이 편리하다.

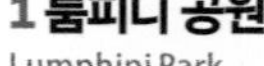

1 룸피니 공원
Lumphini Park

★★ 도보 6분

큰 볼거리는 없지만 방콕 시민에게는 오아시스 같은 공간이다. 울창한 녹지와 나무, 호수가 도심의 빌딩 숲 아래에 자리해 휴식을 취하거나 운동하기 좋다. 공원 입구에는 자신의 사유지를 공원으로 제공한 라마 6세 동상이 서 있다.

지도 P.097D

구글 지도 GPS 13.731208, 100.542887 **찾아가기** BTS 쌀라댕 역 4번 출구에서 400m 혹은 MRT 씨롬 역 1번 출구에서 바로 보인다. 씨롬 입구의 라마 4세 로드(Rama 4 Road)와 랏차담리 로드(Ratchadamri Road)가 교차하는 지점 **주소** 139/4 Witthayu Road **전화** 090-248-9874 **시간** 04:30~21:00 **휴무** 연중무휴 **가격** 무료입장 **홈페이지** office.bangkok.go.th

2 램차런 시푸드
Laem Charoen Seafood

★★★ 도보 2분

유명 해산물 레스토랑. 방콕 지점 중에서도 씨롬 콤플렉스 지점은 접근성이 좋다. 게, 새우, 바닷가재, 생선, 오징어, 조개, 가리비 등 신선한 해산물을 다양하게 선보인다.

1권 P.147 지도 P.097G

구글 지도 GPS 13.728386, 100.534634 **찾아가기** BTS 쌀라댕 역 씨롬 콤플렉스 출구 이용, 씨롬 콤플렉스 B층 **주소** B Floor, Silom Complex, 191 Silom **전화** 081-234-2079 **시간** 11:00~21:00 **휴무** 연중무휴 **가격** 허이딸랍팟남프릭파오(Stir Fried Asiatic Hard Clams in Thai Chili Paste)·남프릭카이뿌(Crab Egg Chili Dip) 각 220B, 뿌마덩(Pickled Blue Crabs) 490B +10% **홈페이지** www.laemcharoen seafood.com

뿌마덩 490B

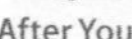

3 애프터 유
After You

★★★ 도보 2분

디저트 전문점 애프터 유의 씨롬 콤플렉스 지점. 시부야 허니 토스트, 초콜릿 라바, 카키고리 등 시그너처 메뉴를 비롯해 커피, 주스까지 디저트 종류가 다양하고 충실하다.

지도 P.097G

구글 지도 GPS 13.728459, 100.535184 **찾아가기** BTS 쌀라댕 역 씨롬 콤플렉스 출구와 연결된 2층 입구 **주소** 2nd Floor, Silom Complex, 191 Silom **전화** 02-231-3255 **시간** 10:30~21:30 **휴무** 연중무휴 **가격** 홀릭스 카키고리(Horlicks Kakigori) 265B, 초콜릿 라바(Chocolate Lava) 185B **홈페이지** www.afteryoudessertcafe.com

홀릭스 카키고리 265B

4 나이멩 바미뿌끼여우꿍약
Meng Noodle
นายเม้งบะหมี่ปู เกี๊ยวกุ้งยักษ์

★★★ 도보 2분

바미 국수 전문점. 돼지고기 무댕과 무끄럽, 게살 뿌, 버섯 헷험 등의 고명을 원하는 조합으로 선택할 수 있다. 바미 면에 끼여우, 돼지고기 무끄럽, 게살 뿌를 원하면 '바미끼여우 무끄럽 뿌'를 주문하면 된다.

지도 P.097G

구글 지도 GPS 13.728736, 100.535206 **찾아가기** BTS 쌀라댕 역 4번 출구에서 뒤돌아 15m, 첫 번째 골목 들어가기 전 **주소** 183 Silom Road **전화** 02-632-0320 **시간** 월~금요일 08:00~21:00, 토요일 09:00~21:00, 일요일 10:00~21:00 **휴무** 연중무휴 **가격** 바미 끼여우꿍 무댕 뿌 헷험 102B **홈페이지** www.facebook.com/NaiMeng

바미 끼여우꿍 무댕 뿌 헷험 102B

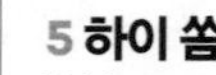

5 하이 쏨땀 컨벤트
Hai Somtam Convent

★ 도보 3분

이싼 요리와 덮밥과 볶음밥 등 간단한 메뉴를 선보인다. 센트럴 월드의 '쏨땀 컨벤트'는 10B가량 더 비싸지만 식사 환경은 더 쾌적하다.

지도 P.097G

구글 지도 GPS 13.727386, 100.533351 **찾아가기** BTS 쌀라댕 역 2번 출구 이용, BTS 총논씨 역 방면으로 가다가 첫 번째 골목인 쏘이 컨벤트(컨웬)가 나오면 길 건너 좌회전해 70m, 총 220m **주소** 2/4-5 Convent Road **전화** 02-631-0216 **시간** 11:00~21:00 **휴무** 연중무휴 **가격** 쏨땀뿌(Papaya Salad with Salted Crab) 70B, 커무양(Grilled Neck of Pork) 100B, 카우니여우(Sticky Rice) 20B **홈페이지** www.facebook.com/pages/Hai-Somtam-Convent/161591607211151

쏨땀뿌 70B

6 쏨땀 더

Somtum Der
ส้มตำ เด้อ

도보 3분

이싼 요리 전문점. 친근하고 깔끔한 인테리어가 돋보인다. 쏨땀과 랍, 얌, 남똑 등 맵고 신 샐러드 종류가 다양하며, 튀김과 구이도 잘한다.

1권 P.117, 161 지도 P.097H
구글 지도 GPS 13.727596, 100.536439 **찾아가기** BTS 쌀라댕 역 4번 씨롬 콤플렉스 출구 이용, 씨롬 콤플렉스에서 나와 우회전, 첫 번째 거리인 쌀라댕 로드에서 길 건너 우회전해 150m, 총 250m **주소** 5/5 Saladaeng Road, Silom **전화** 02-632-4499 **시간** 11:00~23:00 **휴무** 연중무휴 **가격** 땀타이(Original Styled Thai Spicy Papaya Salad) 80B, 느어댓디여우(Deep-Fried Sun Dried Beef) 180B +17% **홈페이지** somtumder.com

땀쑤어더 90B

7 망고 트리

Mango Tree

도보 6분

태국 요리 전문점, 망고 트리의 본점. 1994년 문을 연 이래 많은 이들에게 사랑받아왔다. 라마 6세 때 지은 100년 이상 된 가옥의 실내외에 좌석이 마련돼 있어 분위기가 매우 좋다.

지도 P.097G
구글 지도 GPS 13.728591, 100.530052 **찾아가기** BTS 쌀라댕 역 1번 출구 이용, BTS 총논씨 역 방면으로 가다가 씨롬 쏘이 6이 나오면 우회전해 골목 중간, 500m **주소** 37 Surawong Road Soi Than Tawan **전화** 02-236-2820 **시간** 12:00~23:00 **휴무** 연중무휴 **가격** 쏨땀타이(Traditional Papaya Salad) 85B, 탈레파우(Seafood Platter) M 1450B, 뿌팟퐁까리(Stir Fried Crab Meat Curry) 460B +7% **홈페이지** 없음

8 코카 레스토랑

Coca Restaurant

도보 6분

1957년 방콕에 문을 열며 태국 쑤끼를 탄생시킨 레스토랑. 가격은 조금 비싸지만 맛과 분위기, 서비스 등 흠잡을 데가 없다.

1권 P.115 지도 P.097G
구글 지도 GPS 13.728763, 100.529926 **찾아가기** BTS 쌀라댕 역 1번 출구에서 270m, 쏘이 씨롬 6으로 우회전해 200m 지나 왼쪽 빌딩 **주소** Coca Surawongse 8 Building, Soi Anuman Rajdhon **전화** 02-236-9323 **시간** 11:00~22:00 **휴무** 연중무휴 **가격** 춧팍(Vegetable Set) 369B, 춧콤보(Combo Set) 1055B **홈페이지** www.facebook.com/cocarestaurant

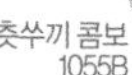

춧쑤끼 콤보 1055B

9 땀낙 꾸어이띠여우 르아

ตำหนักก๋วยเตี๋ยวเรือ

도보 2분

보트 누들인 꾸어이띠여우 르아 전문점. 모든 종류의 국수가 한 그릇에 16B이다. 면은 쎈미, 쎈렉, 쎈야이, 바미, 운쎈 중 선택하면 된다. 양이 그리 많지 않으므로 꾸어이띠여우 남똑, 옌따포, 똠얌 등 여러 종류의 국수를 한꺼번에 맛보자.

지도 P.097G
구글 지도 GPS 13.727573, 100.532724 **찾아가기** BTS 쌀라댕 역 2번 출구 이용, BTS 총논씨 역 방면으로 약 170m 거리에 위치한 CP 타워 2층 **주소** 313 Silom Road **전화** 087-918-0344 **시간** 10:00~21:30 **휴무** 연중무휴 **가격** 꾸어이띠여우 르아 16B **홈페이지** 없음

10 쏨땀 쩨쏘

ส้มตำเจ๊โส

도보 7분

〈스트리트 푸드 파이터〉 방콕 편에 소개된 식당. 백종원은 땀카우폿루엄폴라마이(옥수수 과일 쏨땀)와 삑까이(닭 날개), 카우니여우(찹쌀밥)를 먹었다. 쏨땀 종류가 다양하며, 싸폭까이(닭다리), 옥까이(닭가슴살) 부위의 까이양도 있다. 위생을 따진다면 포장을 추천한다.

지도 P.097G
구글 지도 GPS 13.725121, 100.532566 **찾아가기** BTS 쌀라댕 역 2번 출구 혹은 BTS 총논씨 역 4번 출구 이용 **주소** Soi Phiphat 2 **전화** 085-999-4225 **시간** 월~토요일 11:00~18:00, 일요일 09:00~17:00 **휴무** 연중무휴 **가격** 삑까이 20B, 땀카우폿루엄폴라마이 70B, 쏨땀타이 80B, 카우니여우 12B, 카놈찐 10B **홈페이지** 없음

11 반 카니타 & 갤러리

Baan Khanitha & Gallery

도보 11분

목재 건물에 나무 테이블과 의자로 장식한 인테리어와 식기 세트 등이 모두 고풍스럽다. 분위기처럼 서비스도 극진하다.

1권 P.138 지도 P.097H
구글 지도 GPS 13.723257, 100.536398 **찾아가기** BTS 쌀라댕 역 2번 출구에서 컨벤트(컨웬) 로드 진입, 550m 지나 노스 싸톤(싸톤 느아) 로드가 나오면 육교 건너 좌회전해 100m, 총 850m, 도보 11분 **주소** 69 South Sathon Road **전화** 02-675-4200 **시간** 11:00~23:00 **휴무** 연중무휴 **가격** 팟끄라파오무(Stir-fried Pork with Chili and Hot Basil) 240B, 뿌님팟퐁까리(Stir-fried Soft Shell Crab with Yellow Curry Sauce) 450B +17% **홈페이지** baan-khanitha.com

쏨땀 썽씨 210B

12 노스이스트
Northeast

이싼 요리 전문점. 샐러드의 일종인 쏨땀과 랍 메뉴가 다양하다. 이싼 요리 외에 뿌님팟퐁까리, 어쑤언 등 해산물 요리도 괜찮다.

1권 P.133 지도 P.097H **구글 지도 GPS** 13.727096, 100.541942 **찾아가기** MRT 룸피니 역 2번 출구 이용, 라이프 센터(Life Center) 앞에서 횡단보도 건너 직진, 350m, 도보 5분 **주소** 1010/12-15 Rama 4 Road, Silom **전화** 02-633-8947 **시간** 월~토요일 11:00~21:30 **휴무** 일요일 **가격** 쏨땀타이 카놈찐(Papaya Salad with Thai Rice Noodle & Peanut) 85B, 뿌님팟퐁까리(Stir-fried Soft Shell Crabs with Yellow Curry Powder) 295B **홈페이지** www.facebook.com/Northeast-Restaurant-304171426309530

13 파크 소사이어티
Park Society

소 소피텔 방콕 30층에 자리한 루프톱 테라스 바. 식사 공간과 분리돼 야외에 자리한 바는 아치형 구조물 조명 아래에 소파 테이블이 배치되어 있다. 전반적으로 차분한 분위기로 룸피니 공원과 그 너머 마천루가 어우러진 전망도 화려하지 않고 소박하다.

1권 P.193 지도 P.097H
구글 지도 GPS 13.726154, 100.543157 **찾아가기** MRT 룸피니 역 2번 출구 이용, 라이프 센터(Life Center) 앞에서 횡단보도 건너 좌회전, 150m, 도보 2분 **주소** 30th Floor, So Sofitel Bangkok, 2 North Sathon Road **전화** 02-624-0000 **시간** 화~일요일 18:00~21:30 **휴무** 월요일 **가격** 맥주 · 칵테일 각 250B~, 커피 180B +17% **홈페이지** www.so-bangkok.com

14 버티고 & 문 바
Vertigo & Moon Bar

반얀트리 61층에 자리한 루프톱 바. 59층까지 엘리베이터를 이용한 다음 계단을 따라 오르면 야외 다이닝 공간인 버티고가 나오고, 버티고의 가장자리와 연결된 공간이 루프톱 바에 해당된다. 바의 규모가 작은 편이라 자리를 차지하려면 서두르는 게 좋다.

1권 P.192 지도 P.097H
구글 지도 GPS 13.723784, 100.539713 **찾아가기** MRT 룸피니 역 2번 출구로 나와 사우스 싸톤(싸톤 따이) 로드를 따라 700m, 도보 9분 **주소** 61st Floor, Banyan Tree Bangkok, 21/100 South Sathon Road **전화** 02-679-1200 **시간** 버티고 18:00~24:00, 문 바 17:00~24:00 **휴무** 연중무휴 **가격** 맥주 300B~, 칵테일 500B~ +17% **홈페이지** www.banyantree.com/thailand/bangkok/dining/moon-bar

15 비터맨
Bitterman

도보 11분

실내외를 열대식물로 장식한 카페 겸 레스토랑. 온실처럼 꾸민 실내에서 야외 정원이 보이는 데다 곳곳에 화분을 놓아 초록의 향연이 이어진다.

1권 P.166 지도 P.097H
구글 지도 GPS 13.726398, 100.539921 **찾아가기** MRT 룸피니 역 2번 출구 이용, 라이프 센터(Life Center) 앞에서 횡단보도 건너 350m 직진해 노스이스트(Northeast)에서 좌회전한 후 도보 250m, 총 600m, 도보 7분 **주소** 120/1 Sala Daeng Road **전화** 02-636-3256 **시간** 11:00~22:30 **휴무** 연중무휴 **가격** 레모네이드(Lemonade) 120B +17% **홈페이지** www.facebook.com/bitterman.bkk

아이스 아메리카노 100B

16 운찬 헬스 마사지
Unchan Health Massage

BTS · MRT 역과 가까워 접근성이 좋으며, 마사지사에 대한 평가가 높은 곳이다. 매트와 의자가 쭉 놓여 있는 시설은 평범하며, 깔끔하게 관리되고 있다. 1시간보다는 1시간 30분 혹은 2시간이 저렴한 편인데 평일이라도 원하는 만큼 마사지를 받으려면 예약하는 게 낫다.

지도 P.097G
구글 지도 GPS 13.727339, 100.532422 **찾아가기** BTS 쌀라댕 역 2번 출구 이용. CP 타워 3층 **주소** 3rd Floor, CP Tower, 313 Silom Road **전화** 02-638-2020 **시간** 10:00~21:00 **휴무** 연중무휴 **가격** 타이 마사지 1시간 300B · 1시간 30분 400B · 2시간 500B **홈페이지** www.facebook.com/unchancptower

17 반촘낫 마사지
Ban-Chomnard Massage

1층은 마사지사 휴게실이고 마사지 숍은 2층이다. 마사지 룸은 조용하며 깨끗하다. 마사지사마다 실력 차이가 있으나 게으름을 피우지 않고 열성을 다하는 편이다. 몇몇 마사지사의 손놀림이 예사롭지 않아 단골로 드나들고 싶은 마음이 든다.

지도 P.097G
구글 지도 GPS 13.728119, 100.536029 **찾아가기** BTS 쌀라댕 역 씨롬 콤플렉스 출구 이용. 씨롬 콤플렉스 후문에서 좌회전해 쌀라댕 로드 진입 **주소** 1/11 Saladaeng Road **전화** 085-996-6630 **시간** 10:30~22:00 **휴무** 연중무휴 **가격** 타이 마사지 1시간 300B · 1시간 30분 400B · 2시간 500B **홈페이지** 없음

18 센터 포인트
Center Point

★★★ 도보 6분

한 집 건너 한 집이 마사지 가게인 BTS 쌀라댕 역 인근에서 추천하는 또 하나의 마사지 숍. 방콕에만 네 군데의 지점이 있다. 마사지 실력과 서비스 등이 전반적으로 만족스럽다. 타이 마사지의 경우 1시간보다 1시간 30분 프로그램이 저렴하다.

1권 P.186 지도 P.097G

구글 지도 GPS 13.727761, 100.530824 **찾아가기** BTS 쌀라댕 역 1번 출구에서 약 300m 직진한 후 씨롬 6(쏘이 탄 따완)으로 우회전, 40m 오른쪽 **주소** 128/4-5 Soi Than Tawan, Silom Road **전화** 02-634-0341~2 **시간** 10:00~24:00 **휴무** 연중무휴 **가격** 타이 마사지 1시간 450B, 1시간 30분 600B, 2시간 750B **홈페이지** www.centerpointmassage.com

19 씨롬 콤플렉스
Silom Complex

★★★ 도보 1분

씨롬 지역을 대표하는 대규모 쇼핑센터로, 센트럴 백화점과 함께 자리한다. 유명 체인 레스토랑이 대부분 입점해 쇼핑과 미식을 동시에 해결하기에 좋다. 센트럴 백화점 지하 1층에는 규모 큰 톱스 슈퍼마켓이 위치한다.

지도 P.097G

구글 지도 GPS 13.728301, 100.535051 **찾아가기** BTS 쌀라댕 역과 바로 연결 **주소** 191 Silom Road **전화** 02-632-1199 **시간** 10:30~22:00 **휴무** 연중무휴 **가격** 가게마다 다름 **홈페이지** silomcomplex.net

20 마담 행
Madame Heng

★★★ 도보 2분

천연 비누 전문 브랜드인 마담 행의 개별 매장. BTS 쌀라댕 역과 연결된 타니야 플라자 2층에 비교적 큰 규모로 입점했다. 슈퍼마켓보다 상품이 다양해 용도에 맞게 구매하기 좋다. 추천 상품은 원조 비누인 메리 벨 솝(Merry Bell Soap).

1권 P.235 지도 P.097C

구글 지도 GPS 13.729081, 100.533378 **찾아가기** BTS 쌀라댕 역과 타니야 플라자가 연결돼 있다. 타니야 플라자 2층 **주소** 2nd Floor, Thaniya Plaza, 52 Silom Road **전화** 02-632-9515 **시간** 09:00~22:00 **휴무** 연중무휴 **가격** 제품마다 다름 **홈페이지** www.madameheng.com

21 카르마카멧
Karmakamet

★★★ 도보 4분

카르마카멧의 개별 매장 가운데 규모가 있는 편으로, 카페와 홈 스파 매장을 동시에 운영한다. 카르마카멧은 디퓨저, 룸 스프레이, 캔들 등 방향 제품이 강세. 샘플 향을 맡은 후 제품을 구매할 수 있다. 대용량 헤어와 보디 제품 중에는 할인 품목이 많다.

1권 P.234 지도 P.097C

구글 지도 GPS 13.729018, 100.534119 **찾아가기** BTS 쌀라댕 역 3번 출구에서 바로 **주소** G Floor, Yada Building, Silom Road **전화** 02-237-1148 **시간** 10:00~21:00 **휴무** 연중무휴 **가격** 제품마다 다름 **홈페이지** www.karmakamet.co.th, www.everydaykmkm.com

22 짐 톰슨
Jim Thompson

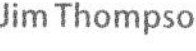

★★★ 도보 6분

타이 실크의 대표 브랜드인 짐 톰슨의 메인 숍. 6층 건물로 1~4층에 위치한다. 1층은 스카프, 넥타이, 소품, 잡화 등을 판매하는 소매점과 커피숍, 2층은 짐 톰슨 패브릭 쇼룸, 3층은 퍼니처 쇼룸, 4층은 프로젝트 판매 매장이다. 짐 톰슨 매장 중 규모가 가장 크다.

1권 P.224 지도 P.097C

구글 지도 GPS 13.730400, 100.533507 **찾아가기** BTS 쌀라댕 역 3번 출구에서 타니야 로드로 진입해 약 200m 끝까지 걸은 후 우회전 **주소** 9 Surawong Road **전화** 02-632-8100, 234-4900 **시간** 09:00~20:00 **휴무** 연중무휴 **가격** 제품마다 다름 **홈페이지** www.jimthompson.com

23 팟퐁 야시장
Patpong Night Market

★ 도보 7분

주거래 품목은 태국 어디에서나 판매하는 기념품과 의류, 가방, 시계 등 명품 이미테이션 제품. 다른 시장에 비해 상인들이 거친 편이므로 흥정 시 고성이 오가지 않도록 주의하자. 야시장 양옆으로 '고고 바'라 불리는 퇴폐 유흥업소가 즐비하다.

1권 P.244 지도 P.097C

구글 지도 GPS 13.729219, 100.531604 **찾아가기** BTS 쌀라댕 역 1번 출구에서 팟퐁 1 로드로 진입 **주소** Patpong 1 Road **전화** 가게마다 다름 **시간** 월~토요일 18:00~01:00, 일요일 18:00~24:00 **휴무** 연중무휴 **가격** 가게마다 다름 **홈페이지** 없음

ZOOM IN

BTS 총논씨 역

금융회사가 밀집된 지역으로 여행자보다는 현지 회사원을 위한 시설이 많다.

1 렉 시푸드
Lek Seafood

★★ 도보 1분

BTS 총논씨 역에서 가까운 해산물 식당. 낮에는 직장인을 상대로 반찬 덮밥 카우깽으로 영업하고, 저녁에만 해산물을 판매한다.

지도 P.097G

구글 지도 GPS 13.723848,100.529681 **찾아가기** BTS 총논씨 역 4번 출구에서 뒤돌아 첫 번째 골목으로 좌회전하자마자 위치 **주소** 156 Soi Phiphat, Naradhiwas Rajanagaridra 3 Road **전화** 02-636-6460 **시간** 월~토요일 17:00~01:00 **휴무** 일요일 **가격** 쁠라믁팟카이켐(Stir-Fried Squid with Salt Egg) 220·300B, 뿌팟퐁까리(Stir-Fried Whole Crab in Curry Sauce) 1000~1200B **홈페이지** 없음

탈레팟차끄라타런 280B

2 쏨분 시푸드
Somboon Seafood
สมบูรณ์โภชนา

★★★ 도보 8분

방콕을 대표하는 해산물 전문점의 쑤라웡 지점. 여행자들이 즐겨 찾는 지점으로, 규모가 매우 크다. 대표 메뉴는 카레로 볶은 게 요리인 뿌팟퐁까리. 1969년부터 역사를 이어오며 번성한 이유를 알게 해주는 요리다. 나머지 해산물 요리는 일반적이다.

1권 P.110, 146 지도 P.096F

구글 지도 GPS 13.728368, 100.526666 **찾아가기** BTS 총논씨 역 3번 출구에서 550m 직진, 도보 7분 **주소** 169 Surawong Road **전화** 02-233-3104 **시간** 11:00~22:00 **휴무** 연중무휴 **가격** 뿌팟퐁까리(Fried Curry Crab) S 460B · M 660B · L 1320B, 쁠라까오끄라파오끄럽(Deep Fried Grouper with Crispy Basil) 420~450B, 마크어뻘라켐끄라타런(Eggplants Salty Fish) 220B +7% **홈페이지** www.somboonseafood.com

3 킹 파워 마하나콘
King Power MahaNakhon

★★★ 도보 1분

314m, 78층 높이에 자리한 루프톱 어트랙션. 74층에 인도어 전망대, 78층에 아웃도어 전망대가 자리했다. 78층의 글래스 트레이(Glass Tray)는 310m 높이에 유리로 마감한 공중 시설. 유리 위에 서면 오금이 저리고, 눈이 아득해진다.

1권 P.192 지도 P.097G

구글 지도 GPS 13.723373, 100.528255
찾아가기 BTS 총논씨 역과 연결 **주소** 114 Naradhiwat Rajanagarindra Road **전화** 02-677-8721 **시간** 10:00~24:00, 마지막 입장 23:00 **휴무** 연중무휴 **가격** 어른 880B · 어린이 250B **홈페이지** kingpowermahanakhon.co.th

4 씨롬 타이 쿠킹 스쿨
Silom Thai Cooking School

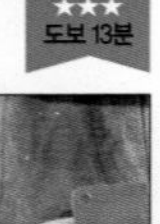

★★★ 도보 13분

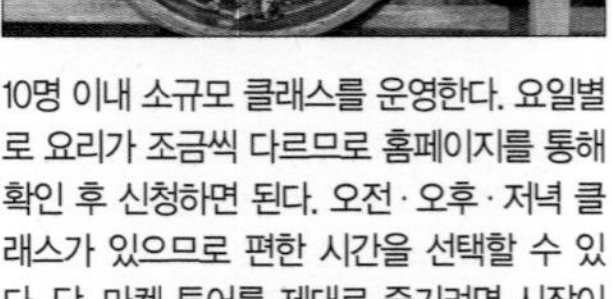

10명 이내 소규모 클래스를 운영한다. 요일별로 요리가 조금씩 다르므로 홈페이지를 통해 확인 후 신청하면 된다. 오전 · 오후 · 저녁 클래스가 있으므로 편한 시간을 선택할 수 있다. 단, 마켓 투어를 제대로 즐기려면 시장이 문을 여는 오전 클래스를 신청해야 한다.

1권 P.188 지도 P.096F

구글 지도 GPS 13.722444, 100.524715 **찾아가기** BTS 총논씨 역 인근. 쿠킹 스쿨을 신청하면 집결 장소와 오는 방법을 문자메시지 혹은 메일로 알려준다. **주소** 6/14 Decho Road **전화** 084-726-5669 **시간** 오전 09:00~12:20, 오후 13:40~17:00, 저녁 18:00~21:00 **휴무** 연중무휴 **가격** 1000B **홈페이지** www.bangkokthaicooking.com

5 퍼셉션
Perception

★ 도보 5분

모든 마사지사가 시각 장애인이다. 여행자들의 평은 호불호가 극명하다. 시설은 평범하며 실내는 시각 장애인들의 시야를 상징해 전반적으로 어둡게 꾸몄다. 3층의 마사지 룸은 커튼으로 분리했으며, 2층에는 발 마사지를 위한 의자가 마련돼 있다.

지도 P.097G

구글 지도 GPS 13.722587, 100.531360 **찾아가기** BTS 총논씨 역 2번 출구에서 직진, 스탠더드 차타드 은행이 보이면 좌회전해 130m 더 간 후 쏘이 싸톤 8 골목으로 진입, 약 30m 지나 왼쪽 **주소** Sathon Soi 8 **전화** 082-222-5936 **시간** 10:00~22:00 **휴무** 연중무휴 **가격** 60분 450B, 120분 800B **홈페이지** www.perceptionblindmassage.com

ZOOM IN

BTS 세인트 루이스 역

BTS 총논씨 역과 쑤라싹 역 사이에 새로 생긴 역이다. 긴 노선이 짧아지며 여러 스폿의 접근성이 좋아졌다.

1 로켓
Rocket

★★★ 도보 3분

개방형 바리스타 바와 롱 테이블이 특징인 카페. 대표 메뉴인 커피는 핸드 드립, 에어로프레스, 에스프레소 형태로 마실 수 있다. 더치 커피도 인기다.

1권 P.169 지도 P.096F
구글 지도 GPS 13.722762, 100.525916 찾아가기 BTS 세인트 루이스 역 4번 출구 이용. 쏘이 싸톤 12로 진입 후 220m 주소 149 Soi Sathon 12 전화 096-791-3192 시간 07:00~20:00 휴무 연중무휴 가격 아메리카노(Americano) 80B +17% 홈페이지 www.facebook.com/rocketcoffeebar

아메리카노 80B

2 루카 카페
Luka Cafe

★★★ 도보 5분

스테이크, 샌드위치, 롤, 부리토, 샐러드 등 세계 각국의 요리를 선보이는 트렌디 카페. 조식, 브런치, 커피, 차 등을 즐길 수 있다. 4층 구조의 앤티크 하우스 안팎을 이국적이며 개성 있는 동네 분위기에 걸맞게 조성해 놓았다.

지도 P.096J
구글 지도 GPS 13.721592, 100.523860 찾아가기 BTS 세인트 루이스 역 4번 출구 이용. 빤 로드(Pan Road)로 진입해 약 150m 주소 64/3 Pan Road 전화 091-886-8717 시간 08:00~18:00 휴무 연중무휴 가격 아메리카노(Americano) Hot 100B · Cold 110B +17% 홈페이지 lukabangkok.com

3 헬스 랜드
Health Land

★★★ 도보 1분

대형 마사지 숍인 헬스 랜드의 싸톤 지점. 개별 룸을 갖춘 깔끔한 시설 대비 저렴한 가격 덕분에 한국, 중국 등 외국인 관광객에게 인기다. 오일을 사용하지 않는 마사지는 1시간에 400B, 2시간에 600B대. 마사지사에 따라 기술 차이가 큰 편이다.

1권 P.187 지도 P.096J
구글 지도 GPS 13.721155, 100.526473 찾아가기 BTS 세인트 루이스 역 4번 출구에서 바로 주소 120 North Sathon Road 전화 02-637-8883 시간 09:00~24:00 휴무 연중무휴 가격 타이 마사지 2시간 650B 홈페이지 www.healthlandspa.com

4 쏨퐁 타이 쿠킹 스쿨
Sompong Thai Cooking School

★★★ 도보 9분

요일별로 요리가 다르므로 홈페이지를 통해 확인 후 신청하자. 하루에 배우는 요리는 네 가지로 카레와 디저트가 포함된다. 오전, 오후 클래스가 있는데 마켓 투어까지 제대로 즐기려면 오전 클래스를 신청해야 한다.

1권 P.189 지도 P.096F
구글 지도 GPS 13.723194, 100.524619 찾아가기 BTS 세인트 루이스 역 4번 출구 이용. 쏘이 싸톤 12로 진입. 길 끝까지 걸어 큰길인 씨롬 로드가 나오면 좌회전 후 다음 골목인 쏘이 씨롬 13 진입 후 100m 주소 31/11 Silom Soi 13, Silom Road 전화 02-233-2128 시간 09:00~14:00, 15:00~19:00 휴무 연중무휴 가격 약 1200B(예약 사이트마다 다름) 홈페이지 www.facebook.com/sompongthaicookingschool

6 킹 파워
King Power

★★★ 도보 1분

킹 파워 마하나콘 건물 1~4층에 자리한 시내 면세점이다. 1층에서 여권과 항공권을 등록한 후 면세 쇼핑을 즐기면 된다. 2층에는 스낵, 기념품, 스파 용품, 3층에는 화장품, 4층에는 시계, 술, 담배 매장이 자리했다.

지도 P.097G
구글 지도 GPS 13.723373, 100.528255 찾아가기 BTS 총논씨 역과 연결 주소 114 Naradhiwat Rajanagarindra Road 전화 02-677-8721 시간 10:00~21:00 휴무 연중무휴 가격 제품마다 다름 홈페이지 story.kingpower.com/en/store-mahanakhon-en

ZOOM IN

BTS 쑤라싹 역

금융회사가 밀집된 상업 지역. BTS 쌀라댕, 총논씨, 세인트 루이스, 쑤라싹이 비슷한 분위기를 이어간다.

1 씨 마하 마리암만 사원

Sri Maha Mariamman Temple

★★ 도보 9분

우마 데위 사원 혹은 태국식으로 왓 캑이라 불린다. 방콕에 거주하는 남인도 출신의 상인과 노동자를 위해 1876년 힌두 브라만교 사원으로 건설했다. 사원 주변에는 인도 음식점과 시장 등 인도인을 위한 거리가 형성돼 있다.

1권 P.057 지도 P.096F

구글 지도 GPS 13.724212, 100.522892 **찾아가기** BTS 쑤라싹 역 3번 출구에서 뒤돌아 첫 번째 도로에서 좌회전해 씨롬 로드가 나오면 우회전, 총 750m, 도보 9분 **주소** 2 Pan Road **전화** 02-238-4007 **시간** 월~목요일 06:00~20:00, 금요일 06:00~21:00, 토~일요일 06:00~20:30 **휴무** 연중무휴 **가격** 무료입장 **홈페이지** 없음

2 깔라빠프륵

Kalpapruek

กัลปพฤกษ์

★★★ 도보 5분

1975년에 문을 연 태국 정통 레스토랑. 자극적이지 않은 방콕의 맛을 선보인다. 한쪽에 진열된 케이크는 서양식 디저트가 생소했던 당시부터 큰 인기를 누렸다고 한다.

1권 P.142 지도 P.096F

구글 지도 GPS 13.722623, 100.522120 **찾아가기** BTS 쑤라싹 역 3번 출구에서 뒤돌아 첫 번째 골목인 쁘라무안 로드로 300m **주소** 27 Pramuan Road **전화** 02-236-4335 **시간** 09:00~17:00 **휴무** 연중무휴 **가격** 씨크롱무텃프릭끌르아(Fried Pork Spare Ribs with Salt & Chili) 190B, 쁠라묵팟까피(Stir Fried Squid with Shrimp Paste) 250B +17% **홈페이지** kalpapruekrestaurants.com

깽쯧룩럭 130B

3 반 쏨땀

Baan Somtum

บ้าน ส้มตำ

★★★ 도보 5분

에어컨을 가동하는 깔끔한 실내에서 다양한 이싼 요리를 즐길 수 있다. 방콕의 이싼 요리 전문점 중 베스트로 손꼽힌다.

1권 P.117, 160 지도 P.096J

구글 지도 GPS 13.720603, 100.520554 **찾아가기** BTS 쑤라싹 역 1번 출구에서 뒤돌아 직진, 150m 지나 쑤라싹 로드로 우회전한 후 200m, 쏘이 씨위앙(Soi Si Wiang)에서 우회전해 100m, 총 450m, 도보 5분 **주소** 9/1 Soi Si Wiang, Pramuan Road **전화** 02-630-3486 **시간** 11:00~22:00 **휴무** 연중무휴 **가격** 땀뿌마(Papaya Salad with Blue Crab) 175B, 무댕디여우텃(Deep-fried Sun-dried Pork) 130B, 커무양(Grilled Pork Shoulder) 150B +10% **홈페이지** www.baansomtum.com

4 탄잉

Thanying

ท่านหญิง

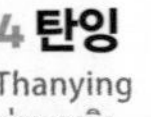

★★★ 도보 5분

왕실 레시피를 선보이는 레스토랑. 씨롬의 오래된 주택에 자리해 외관은 조금 허름하지만 인테리어와 테이블 세팅은 고급스럽다.

1권 P.137 지도 P.096J

구글 지도 GPS 13.721602, 100.521949 **찾아가기** BTS 쑤라싹 역 3번 출구에서 뒤돌아 첫 번째 골목인 쁘라무안 로드로 200m, 도보 5분 **주소** 10 Pramuan Road **전화** 02-236-4361 **시간** 11:30~22:00 **휴무** 연중무휴 **가격** 얌마무엉(Green Mango, Spicy and Tangy Salad with Pork and Shrimp) 250B, 쁠라까퐁텃 끄라티얌(Sea Bass, Deep Fried, Topped with Crispy Garlic and Pepper) 400·700B +7% **홈페이지** www.thanying.com

깽마싸만 느어 380B

5 디와나 버추

Divana Virtue

★★★ 도보 5분

디와나 스파의 씨롬 지점. 이유는 알 수 없지만 한국인들에게 유독 인기라고 한다. 시설과 서비스는 두말할 나위 없지만 예약이 어려울 정도. 고집할 이유가 없다면 다른 지점을 선택할 것을 추천한다. 텅러, 아쏙, 나나에도 디와나 지점이 있다.

1권 P.182 지도 P.096J

구글 지도 GPS 13.720919, 100.521068 **찾아가기** BTS 쑤라싹 역 3번 출구 계단을 내려가자마자 뒤돌아 약 140m, 쁘라무안 로드(Pramuan Road)로 좌회전, 약 130m 지나 씨위앙 로드(Si Wiang Road)로 좌회전해 130m 오른쪽, 총 400m, 도보 5분 **주소** 10 Si Wiang Silom **전화** 02-236-6788~9 **시간** 11:00~23:00 **휴무** 연중무휴 **가격** 싸야미즈 센스 100분 1950B, 120분 2150B **홈페이지** www.divanaspa.com

ZOOM IN

BTS 싸판딱신 역·타 싸톤 선착장

BTS 싸판딱신 역과 수상 보트 타 싸톤 선착장이 만나는 교통의 요지. 짜오프라야 강변 호텔 보트 선착장과 아시아티크·아이콘 싸얌 셔틀 보트 선착장도 있다.

1 사니스

Sarnies

★★ 도보 6분

방콕의 올드타운인 방락 지역에는 옛것에 지금의 것을 더해 재탄생하는 곳들이 여럿 있다. 150년 전에 지어진 옛 상가에 들어선 사니스도 그 중 하나. 커피와 요리를 즐기며 분위기에 젖는 곳이다.

지도 P.096I

구글 지도 GPS 13.721093, 100.514772 **찾아가기** BTS 싸판딱신 역 1번 혹은 3번 출구 이용. 상그릴라 호텔 뒤편 **주소** 101–103 Charoen Krung Road, Soi Charoen Krung 44 **전화** 02–102–9407 **시간** 08:00~22:00 **휴무** 연중무휴 **가격** 피콜로(Piccolo) 110B +17% **홈페이지** sarnies.com

아이스 코코넛 롱블랙 150B

2 쁘라짝

新記
ประจักษ์

★★ 도보 3분

1894년에 문을 연 전통의 식당. 바미 국수와 기타 요리를 판매한다. 국수는 바미 면과 돼지고기 끼여우, 새우 끼여우 중 선택할 수 있다. 고명은 오리고기 뻿양, 돼지고기 무댕과 무끄럽, 게살 뿌를 갖추었다.

1권 P.124 지도 P.096I

구글 지도 GPS 13.720386, 100.515993 **찾아가기** BTS 싸판딱신 역 3번 출구 이용, 짜런끄룽 로드가 나오면 길 건너 좌회전, 250m, 도보 3분 **주소** 1415 Charoen Krung Road **전화** 02–234–3755 **시간** 08:00~20:00 **휴무** 연중무휴 **가격** 끼여우미뻿(Egg Noodle & Pork Wonton with Roasted Duck) 70B, 바미뿌(Egg Noodle with Crab) 80B **홈페이지** www.prachakrestaurant.com

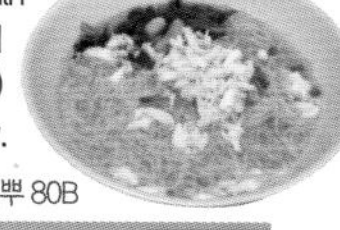

바미뿌 80B

3 쪽 프린스

Jok Prince
โจ๊กปรินซ์ บางรัก

★★★ 도보 4분

2018년부터 한해도 거르지 않고 미쉐린 빕 구르망에서 선정된 로컬 맛집. 다진 돼지고기를 넣은 광둥식 죽을 3대째 선보이고 있다. 가장 기본인 쪽무는 부드러운 흰쌀 죽과 돼지고기 미트볼로 구성된다. 가게 앞에서 1개 3B에 파는 빠텅꼬(밀가루 튀김)를 곁들여도 좋다.

1권 P.130 지도 P.096I

구글 지도 GPS 13.720845, 100.516152 **찾아가기** BTS 싸판딱신 역 3번 출구 이용, 짜런끄룽 로드로 진입해 250m **주소** 1391 Charoen Krung Road **전화** 081–916–4390 **시간** 06:00~13:00, 15:00~23:00 **휴무** 연중무휴 **가격** 쪽무(Pork Congee) 45·55B **홈페이지** 없음

쪽무 45B

4 짜런쌩 씨롬

เจริญแสง สีลม

★★★ 도보 6분

족발 카무 전문점. 족발을 통째로 먹으려면 카무 야이(족발 큰 것), 카무 렉(족발 작은 것)으로 주문하면 된다. 이보다는 접시로 시켜 먹는 게 부담이 없는데, 이는 '카무 짠라'라고 한다.

1권 P.133 지도 P.096E

구글 지도 GPS 13.722793, 100.516888 **찾아가기** BTS 싸판딱신 역 3번 출구 이용, 짜런끄룽 로드가 나오면 길 건너 좌회전해 400m, 르부아 앳 스테이트 타워(Lebua at State Tower) 정문을 등지고 횡단보도를 건너 우회전한 후 왼쪽 첫 번째 골목 안, 총 500m, 도보 6분 **주소** 492/6 Charoen Krung Road Soi 49 **전화** 02–234–8036, 02–234–4602 **시간** 07:00~13:00 **휴무** 연중무휴 **가격** 카무 짠라 70B **홈페이지** 없음

카무 짠라 70B

5 시로코 & 스카이 바

Sirocco & Sky Bar

★★★ 도보 6분

르부아 빌딩 63층에 자리한 루프톱 바. 다이닝 공간은 시로코이며, 조명을 밝힌 바가 자리한 곳이 스카이 바다. 스카이 바에서는 짜오프라야 강변을 따라 이어진 방콕의 풍경과 조명을 밝혀 환하게 빛나는 돔의 풍경을 동시에 감상할 수 있다.

1권 P.191 지도 P.096I

구글 지도 GPS 13.721473, 100.517101 **찾아가기** BTS 싸판딱신 역 3번 출구 이용, 짜런끄룽 로드에서 횡단보도 건너 450m, 도보 6분 **주소** 63rd Floor, Lebua, 1055/111 Silom Road **전화** 02–624–9555 **시간** 18:00~24:00 **휴무** 연중무휴 **가격** 칵테일 1150B~ +17% **홈페이지** www.lebua.com/restaurants/sky

6 짜오프라야 크루즈
Chao Phraya River Cruise

선상에서 저녁 식사를 하며 짜오프라야 강을 유람하는 디너 크루즈다. 보통 저녁 7시 30분에 출발해 2시간가량 짜오프라야 강을 돈다. 배는 리버 시티 바로 앞의 씨 프라야 선착장에서 출발해 왕궁, 왓 아룬, 프라쑤멘 요새, 라마 8세 대교를 왕복한다(호라이즌 크루즈는 샹그릴라 호텔 출발). 예약이 필수이며, 여행사를 통하면 할인된 요금으로 즐길 수 있다.

지도 P.096A
구글 지도 GPS 13.730326, 100.513252 **찾아가기** BTS 싸판딱신 역 2번 출구 이용, 싸톤 선착장 일반 보트 선착장에서 보트 탑승 후 씨 프라야 선착장에 하차하면 리버 시티 **주소** 23 Soi Charoen Krung 24 **전화** 크루즈마다 다름 **시간** 19~20시경 출발 **휴무** 연중무휴 **가격** 크루즈마다 다름 **홈페이지** 크루즈마다 다름

7 랏마욤 수상시장
Ladmayom Floating Market
ตลาดน้ำคลองลัดมะยม

★★★
자동차 15분

방콕에서 대중교통으로 갈 수 있는 꽤 큰 규모의 수상시장이다. 딸링찬 지역에 주말마다 열리는 수상시장이 여럿 있는데 랏마욤 수상시장의 규모가 가장 크다. 먹거리가 다양하고 저렴하며, 보트 투어가 활발하다. 1인 100B가량 보트 투어는 수로를 달려 인근 소규모 수상시장과 난 농장 등지를 방문한다.

지도 P.096I
구글 지도 GPS 13.761503, 100.415491 **찾아가기** BTS · MRT 방와 역 혹은 MRT 락썽 역 등지에서 택시 이용 **주소** 30/1 Moo 15 Bang Ramat Road **전화** 02-422-4270 **시간** 토~일요일 08:00~17:00 **휴무** 월~금요일 **가격** 입장료 무료 **홈페이지** www.facebook.com/taladnamkhlongladmayom

ZOOM IN

아이콘 싸얌

짜오프라야 강 톤부리 지역의 쇼핑센터로 자체가 목적지 역할을 한다.

1 네버 엔딩 서머
The Never Ending Summer

과거 공장 건물을 활용해 캐주얼한 분위기로 꾸민 레스토랑. 가격이 지나치게 높지만 음식 맛은 나무랄 데가 없다.

지도 P.096A, 108A
구글 지도 GPS 13.729579, 100.510747 찾아가기 BTS 싸판딱신 역 2번 출구 이용. 싸톤 선착장에서 밀레니엄 힐튼, 아이콘 싸얌 전용 보트 혹은 쉐라톤 호텔 옆 씨 프라야 선착장에서 횡단 보트 이용 후 도보 이동 주소 41/5 Charoen Nakhon Road 전화 02-861-0953 시간 12:00~22:00 휴무 연중무휴 가격 팟운센 싸이카이(Stir-Fried Glass Noodle with Eggs and Vegetable) 240B +17% 홈페이지 www.facebook.com/TheNeverEndingSummer

팟끄라파오 무쌉 340B

2 스리 식스티
Three Sixty

밀레니엄 힐튼 방콕 32층에 자리한 루프톱 바. 계단식 플로어에 소파와 바 테이블을 앞뒤로 놓아 짜오프라야 강 남단과 북단을 바라보도록 했다. 차분한 분위기와 짜오프라야가 감싸 안은 따뜻한 풍경이 좋다.

1권 P.195 지도 P.096E, 108A
구글 지도 GPS 13.728682, 100.511142 찾아가기 BTS 싸판딱신 역 2번 출구 이용, 싸톤 선착장에서 밀레니엄 힐튼 전용 보트 탑승, 혹은 쉐라톤 호텔 옆 씨 프라야 선착장에서 횡단 보트 이용 주소 32nd Floor, Millennium Hilton Bangkok, 123 Charoen Nakhon Road 전화 02-442-2000 시간 17:00~24:00 휴무 연중무휴 가격 맥주 300B~, 칵테일 450B~ +17% 홈페이지 www.facebook.com/threesixtyrooftoplounge

3 아이콘 싸얌
Icon Siam

아이콘 싸얌, 아이콘 럭스, 다카시마야 백화점이 입점해 있는 짜오프라야 강변의 대형 쇼핑센터다. 실내 수상시장인 쑥 싸얌, 다카시마야 백화점 피셔리 마켓, 팁싸마이를 포함한 레스토랑 등 즐길거리가 다양하다.

지도 P.096E, 108B
구글 지도 GPS 13.726299, 100.510980 찾아가기 BTS 싸판딱신 역 2번 출구 이용. 싸톤 선착장에서 아이콘 싸얌 전용 보트 이용 혹은 BTS 골드라인 짜런나콘 역 이용 주소 299 Charoen Nakhon Soi 5 전화 02-495-7080 시간 10:00~22:00 휴무 연중무휴 가격 제품마다 다름 홈페이지 www.iconsiam.com

4 쑥 싸얌
Sook Siam

태국의 77개 주를 대표하는 지역 공동체, 예술가, 업체 등이 참여해 조성한 쇼핑 스트리트. 아이콘 싸얌 G층에 자리했다. 전통 거리와 수상시장을 재현해 태국 요리, 길거리 음식, 수공예품, 특산물 등을 소개한다.

지도 P.108B
구글 지도 GPS 13.726242, 100.509651 찾아가기 아이콘 싸얌 G층 주소 G Floor, Icon Siam 전화 02-437-0711 시간 10:00~22:00 휴무 연중무휴 가격 제품마다 다름 홈페이지 www.sooksiam.com

5 피셔리
Fishery @Takashimaya

아이콘 싸얌 내 다카시마야 백화점 G층에 자리한 수산물 코너. 연어, 새우, 문어, 가리비, 장어 등 스시의 종류가 매우 다양하고 저렴하다. 유부, 김밥 등 기타 초밥도 맛있고 저렴해 늘 손님이 많다.

지도 P.108B
구글 지도 GPS 13.727034, 100.510444 찾아가기 아이콘 싸얌 G층 주소 G Floor, Icon Siam 전화 02-011-7500 시간 10:00~22:00 휴무 연중무휴 가격 스시 1개 10B~ 홈페이지 없음

6 잼 팩토리
The Jam Factory

과거 공장이었던 곳을 리뉴얼해 레스토랑, 카페, 서점, 전시관, 가구점 등으로 선보인다. 과거의 건물을 현재에 활용해 공존시키는 '요즘 문화'이자 트렌드인 셈이다. 단점은 오랜 수령의 키 큰 보리수나무 외에 특별한 점이 없다는 것.

지도 P.108A
구글 지도 GPS 13.729377, 100.510069 찾아가기 BTS 싸판딱신 역 2번 출구 이용. 싸톤 선착장에서 밀레니엄 힐튼이나 아이콘 싸얌 전용 보트 혹은 쉐라톤 호텔 옆 씨 프라야 선착장에서 횡단 보트 이용 후 도보 이동 주소 41/1-5 Charoen Nakhon Road 전화 02-861-0950 시간 10:00~20:00 휴무 연중무휴 가격 제품마다 다름 홈페이지 www.facebook.com/TheJamFactoryBangkok

ZOOM IN

아시아티크

방콕의 핫 스폿. 고풍스럽고 깔끔해 여행자와 현지인 모두에게 인기다.

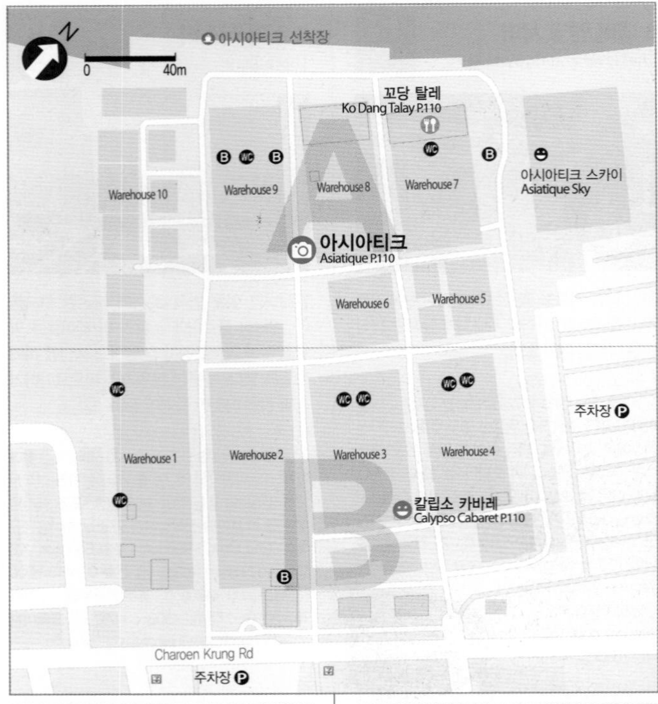

1 아시아티크

Asiatique

★★★
도보 1분

약 100년 전 유럽과의 무역 거점이자 목재 가공 장소이던 짜오프라야 강변 지역. 옛 건물을 복원해 쇼핑, 미식, 엔터테인먼트 공간으로 꾸몄다. 대부분의 상점이 오후 5시 이후에 문을 열기 때문에 저녁 무렵에 찾는 것이 좋다.

1권 P.069, 242 지도 P.110A
구글 지도 GPS 13.704507, 100.502995 **찾아가기** BTS 싸판딱신 역에서 2번 출구로 나가 싸톤 선착장으로 이동, 아시아티크 전용 보트 탑승 후 아시아티크 하차 **주소** Asiatique The Riverfront, Charoen Krung Road **전화** 02-108-4194 **시간** 17:00~24:00 **휴무** 연중무휴 **가격** 가게마다 다름 **홈페이지** 없음

2 꼬당 탈레

Ko Dang Talay
โดดัง

★★★
도보 1분

아시아티크에 자리한 해산물 전문점. 실내를 커다란 범선처럼 꾸몄다. 해산물 가격은 시중에 비해 약간 비싼 편. 양은 조금 적지만 맛은 좋다.

1권 P.149 지도 P.110A
구글 지도 GPS 13.705161, 100.502579 **찾아가기** BTS 싸판딱신 역에서 싸톤 선착장으로 이동, 아시아티크 전용 보트를 타고 아시아티크 하차, 선착장 왼쪽 마지막 건물 첫 번째 가게 **주소** Warehouse 7, Asiatique **전화** 090-959-5969 **시간** 16:00~24:00 **휴무** 연중무휴 **가격** 쁠라인씨텃랏남쁠라(Spanish Mackerel_Deep Fried Grazed with Caramelized Fish Sauce) 290B, 허이딸랍팟프릭파오(Venus Clam, Stir Fried with Chili Paste) 190B +10% **홈페이지** 없음

뿔라묵팟끄라파오 290B

3 칼립소 카바레

Calypso Cabaret

★★★
도보 3분

30년에 가까운 역사를 지닌 방콕의 유명 카바레 쇼 공연장으로, 아시아티크로 이전하며 더욱 새로워졌다. 50여 명에 달하는 아름다운 트랜스젠더들이 화려하고 다양한 무대를 선보인다. 공연 티켓에는 무료 음료가 포함돼 있으며, 공연이 끝난 후 기념 촬영을 할 수 있다.

1권 P.201 지도 P.110B
구글 지도 GPS 13.703953, 100.503678 **찾아가기** BTS 싸판딱신 역에서 싸톤 선착장으로 이동, 아시아티크 전용 보트 탑승 후 아시아티크 하차, 아시아티크 창고 3 안쪽 **주소** Warehouse 3, Asiatique **전화** 02-688-1415~7 **시간** 19:30, 21:15 **휴무** 연중무휴 **가격** 900B **홈페이지** www.calypsocabaret.com

AREA

06 RATTANAKO [รัตนโกสินทร์ 왕궁 주변 : 랏따나꼬씬]

방콕 핵심 관광지는 바로 이곳

200년 넘는 짜끄리 왕조의 역사가 살아 숨 쉬는 동시에 짜끄리 왕조 이전의 흔적까지 고스란히 남아 있는 중요한 지역이다. 과거가 단지 역사로서 박제된 것이 아니라 현재와 조화를 이루며 공존한다. 그래서인지 랏따나꼬씬을 걸으면 현재를 살아가며 과거에 놓인 듯한 착각이 든다.

인기 ★★★★★
방콕을 넘어 태국 최고의 볼거리가 밀집한 지역이다.

관광지 ★★★★★
왓 프라깨우(왕궁), 왓 포, 왓 아룬만 봐도 방콕 볼거리 중 절반 이상은 섭렵한 셈이다.

쇼핑 ★★★
관광지 근처에 작은 가게와 노점이 있다. 같은 물건이라도 카오산 로드에 비해 저렴하다.

식도락 ★★★
왓 아룬을 조망하는 강변 레스토랑이 괜찮다.

나이트라이프 ★★★
왓 아룬 조망 레스토랑과 바에서 저녁을 보내자. 화려한 야경과는 또 다른 멋이 있다.

혼잡도 ★★★★
핵심 관광지에 여행자들이 바글바글하다. 거리는 그에 비해 한산한 편이다.

왕궁 주변 교통편

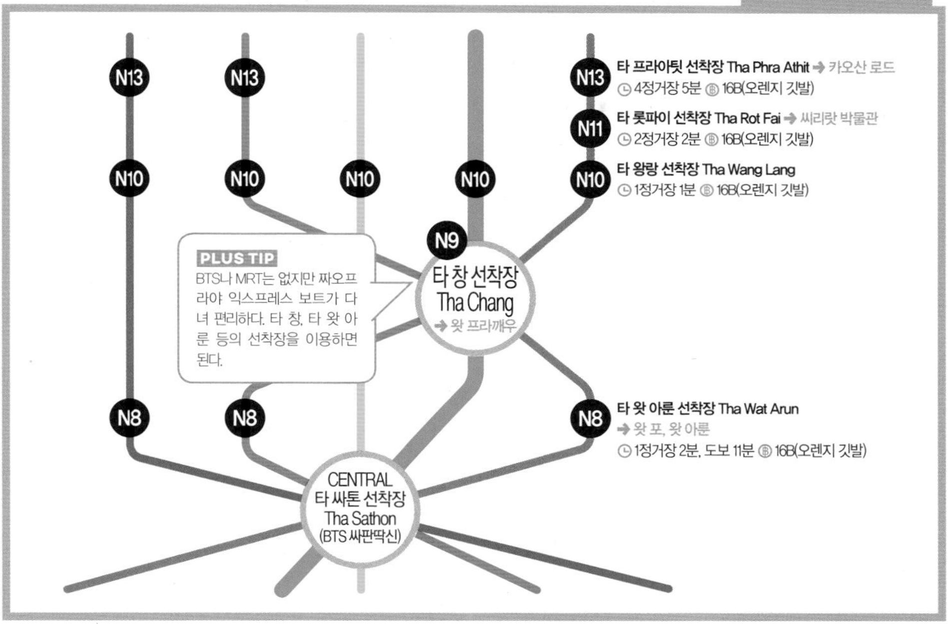

N13 N10 N8
N13 N10 N8
N10
N10
N13 타 프라아팃 선착장 Tha Phra Athit ➔ 카오산 로드
4정거장 5분 16B(오렌지 깃발)
N11 타 롯파이 선착장 Tha Rot Fai ➔ 씨리랏 박물관
2정거장 2분 16B(오렌지 깃발)
N10 타 왕랑 선착장 Tha Wang Lang
1정거장 1분 16B(오렌지 깃발)
N9 타 창 선착장 Tha Chang ➔ 왓 프라깨우
N8 타 왓 아룬 선착장 Tha Wat Arun
➔ 왓 포, 왓 아룬
1정거장 2분, 도보 11분 16B(오렌지 깃발)
CENTRAL 타 싸톤 선착장 Tha Sathon (BTS 싸판딱신)

PLUS TIP
BTS나 MRT는 없지만 짜오프라야 익스프레스 보트가 다녀 편리하다. 타 창, 타 왓 아룬 등의 선착장을 이용하면 된다.

왕궁 주변으로 가는 방법

수상 보트
왕궁 주변을 드나드는 가장 유용하고 저렴한 방법. 타 창, 타 왓 아룬, 타 띠엔 선착장 등을 이용하면 된다. 시내에서 갈 때는 BTS 싸판딱신 역에서 내려 타 싸톤 선착장에서 보트에 탑승한다.

택시
시내에서 왕궁 주변으로 갈 때 편리하다. '왓 프라깨우', '왓 포', '타 띠엔' 등 목적지를 말하면 된다.

왕궁 주변 다니는 방법

도보
대부분의 볼거리가 가까이 있어 도보 이동이 가장 편하다.

뚝뚝 & 택시
뚝뚝은 많지만 바가지가 심하고 빈 택시는 찾기가 힘들다. 하지만 체력이 바닥났다면 바가지를 감수하고서라도 뚝뚝을 이용하자.

MUST SEE
이것만은 꼭 보자!

No.1

왓 프라깨우 & 왕궁 Wat Phra Kaew & Grand Palace
말이 필요 없는 핵심 볼거리.

No.2
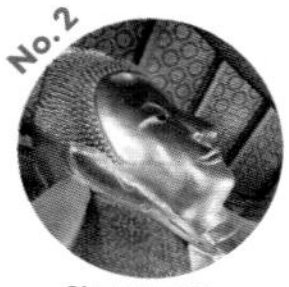
왓 포 Wat Pho
와불상 외에도 구석구석 볼거리가 풍부하다.

No.3

왓 아룬 Wat Arun
반짝반짝 아름다운 프라 쁘랑.

No.4

국립박물관 The National Museum
태국의 역사를 한눈에.

MUST EAT
이것만은 꼭 먹자!

No.1

더 덱 The Deck
왓 아룬 조망 레스토랑 가운데 음식이 가장 맛있다.

MUST DO
이것만은 꼭 해보자!

No.1

왓 포 마사지 Wat Pho Massage
타이 마사지의 진수.

MAP
왕궁 주변 한눈에 보기
왕실 선박 박물관(타 삔끌라오 이용, 도보 13분)
Royal Barge Museum P.125
씨리랏 의학 박물관
Siriraj Medical Museum P.125
씨리랏 피묵쓰탄 박물관
Siriraj Bimuksthan Museum P.125
타 롯파이
짜오프라야 강
DDM
국립 미술관
The National Gallery
Ratchadamnoen Klang Rd
Chakrabongse Rd
카오산 로드
탐마쌋 대학교 구내식당 P.121
국립 극장
The National Theatre P.121
제1차 세계대전 기념탑
국립박물관
The National Museum P.120
씨리랏 병원
탐마쌋 대학교
Thammasat University P.121
에라완상
블랙 캐니언 커피
서점
땅과 물의 여신상
크렁럿 시장
Trok Sake
Wang Lang Rd
타 왕랑(프란녹)
Soi Phra Chan
Na Phra Lan Rd
왕랑 시장
Wang Lang Market P.125
란 싸이마이
P.125
주차장
싸남 루앙
Sanam Luang P.120
Wat Buranasiri Mattayaram
Unnamed Rd
Arun Amarin Rd
타 마하랏 시장
Tha Maharaj P.122
왓 마하탓
Wat Mahathat P.120
Ratchadamnoen Nai Rd
쑤파맛 쩨뚬
Supamas Je Tum P.121
대법원
Atsadang Rd
Soi Rachini
Maha Rat Rd
Silpakorn University
Na Hap Phoei Rd
왓 라캉
Wat Rakhang
타 창
우체국
왕궁 정문
Na Phra Lan Rd
락 므앙
Lak Muang P.121
Lak Muang Rd
왓 프라깨우
Wat Phra Kaew P.120
국방부
매표소
Kalayana Maitri Rd
왕궁
Grand Palace
도이캄
Doi Kham P.121
싸란롬 궁전
주차장
Maha Rat Rd
Soi Saranrom
왓 랏차쁘라딧
Wat Ratchapradit
싸란롬 공원
Saranrom Park
Thai Wang Rd
짜오프라야 강
매표소
왓 포
Wat Pho P.122
왓 포 마사지 1
Wat Pho Massage P.124
타 띠엔
타 띠엔 시장
Chetuphon Rd
잇 사이트 스토리(ESS) P.122
쌀라 랏따나꼬씬 P.122
메이크 미 망고 P.123
Phra Phiphit Rd
이글 네스트(5F) P.123
더 덱 P.123
타 왓 아룬
쑤파니까 이팅 룸 P.123
왓 포 마사지 2
Wat Pho Massage P.124
촘 아룬 P.123
싸얌 박물관
Museum of Siam
왓 아룬
Wat Arun P.122
비비
Vivi The Coffee Place P.123
Maha Rat Rd
Arun Amarin Rd
싸남차이
빡클렁 시장
Bangkok Flower Market P.124
타 라치니
엿피만 리버 워크 P.124
Yodpiman River Walk

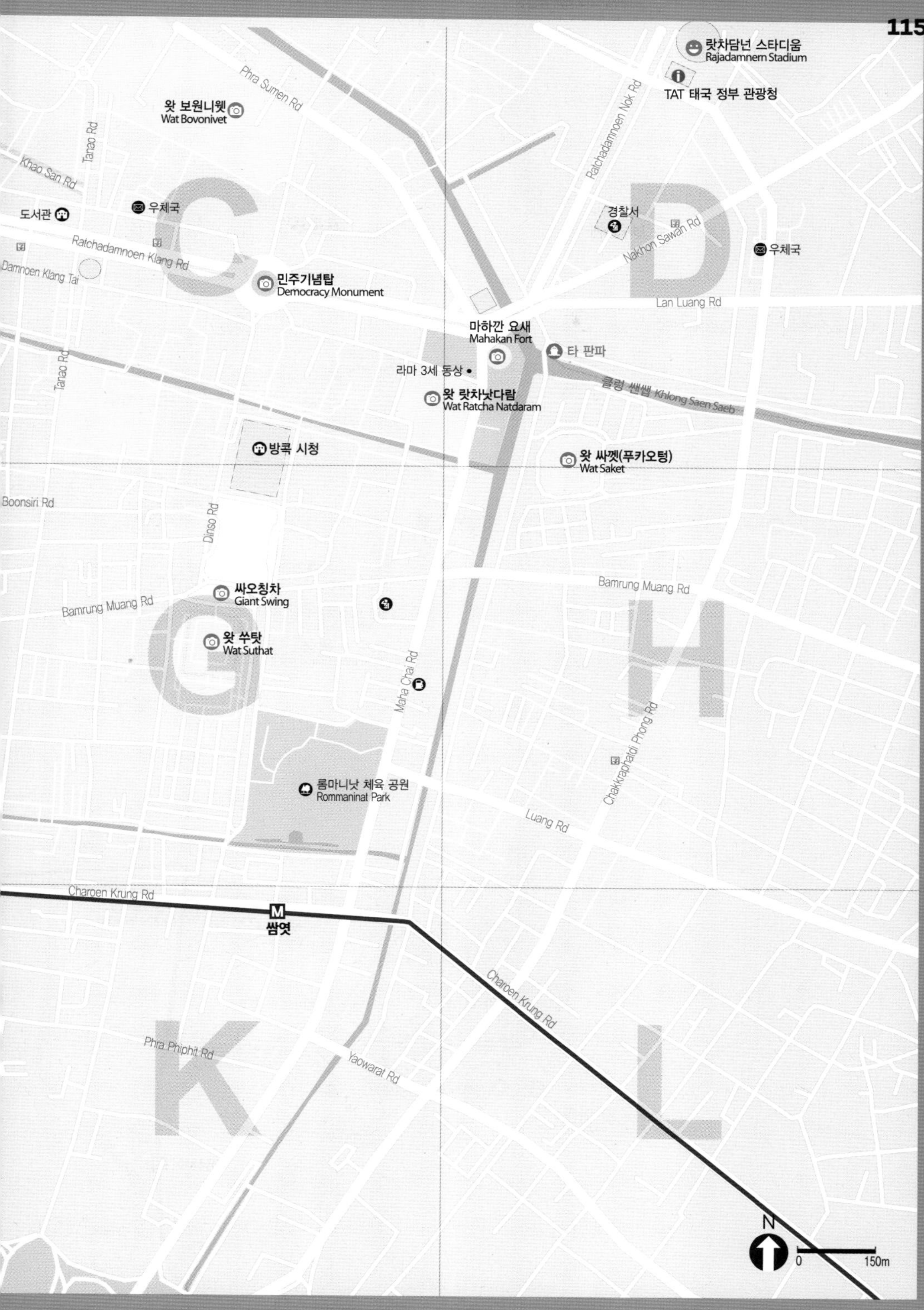

랏차담넌 스타디움
Rajadamnern Stadium
TAT 태국 정부 관광청
왓 보원니웻
Wat Bovonivet
Phra Sumen Rd
Tanao Rd
Khao San Rd
Ratchadamnoen Nok Rd
도서관
우체국
경찰서
Nakhon Sawan Rd
우체국
Ratchadamnoen Klang Rd
Damnoen Klang Tai
민주기념탑
Democracy Monument
Lan Luang Rd
마하깐 요새
Mahakan Fort
타 판파
라마 3세 동상
왓 랏차낫다람
Wat Ratcha Natdaram
클렁 쌘쌥 Khlong Saen Saeb
Tanao Rd
방콕 시청
왓 싸껫(푸카오텅)
Wat Saket
Boonsiri Rd
Dinso Rd
Bamrung Muang Rd
싸오칭차
Giant Swing
Bamrung Muang Rd
왓 쑤탓
Wat Suthat
Maha Chai Rd
Chakkraphatdi Phong Rd
롬마니낫 체육 공원
Rommaninat Park
Luang Rd
Charoen Krung Rd
M
쌈엿
Charoen Krung Rd
Phra Phiphit Rd
Yaowarat Rd
N
0
150m

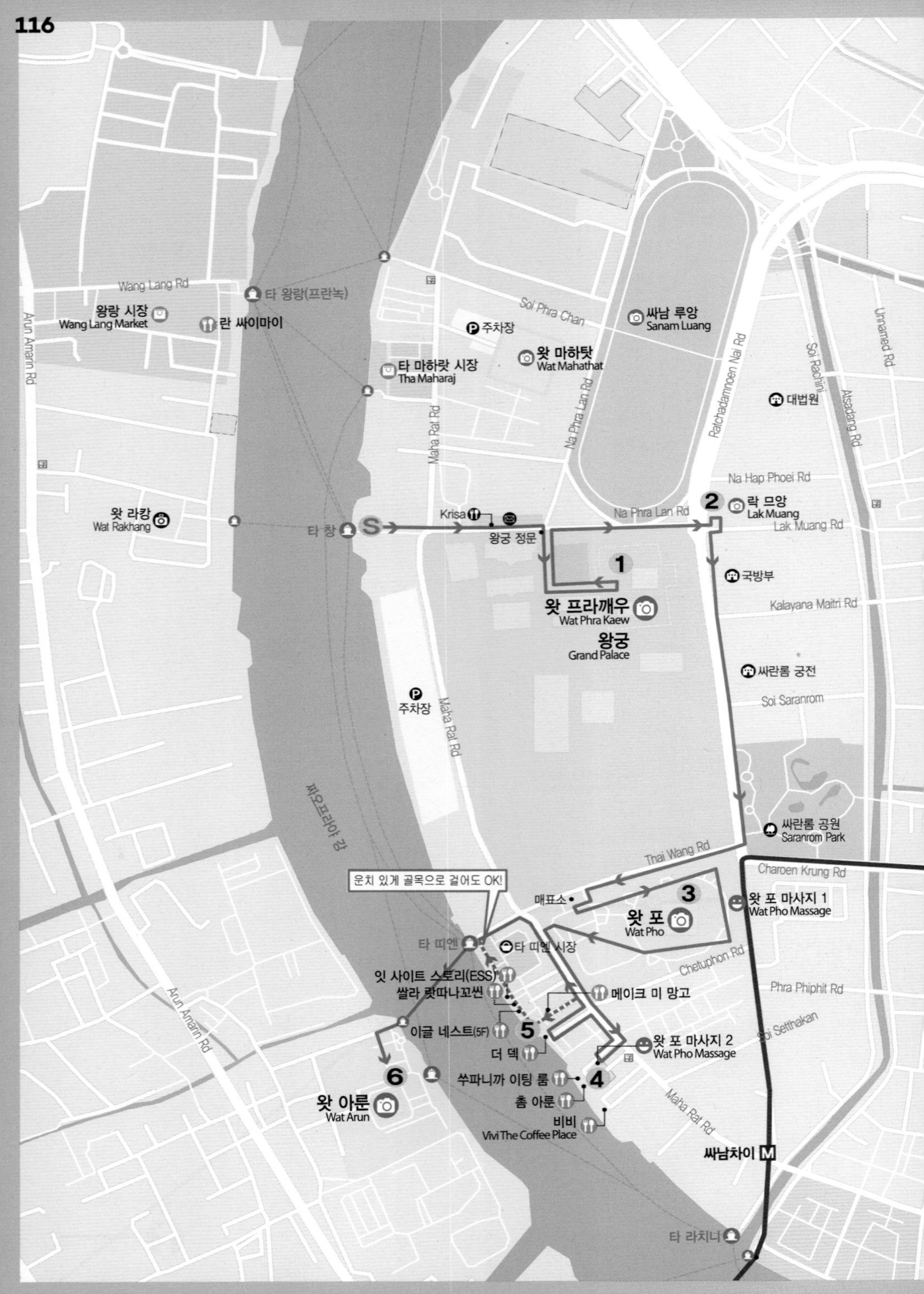

Wang Lang Rd
타 왕랑(프란녹)
왕랑 시장
Wang Lang Market
란 싸이마이
Arun Amarin Rd
Soi Phra Chan
주차장
싸남 루앙
Sanam Luang
왓 마하탓
Wat Mahathat
타 마하랏 시장
Tha Maharaj
Maha Rat Rd
Na Phra Lan Rd
Ratchadamnoen Nai Rd
Soi Rachini
Unnamed Rd
Atsadang Rd
대법원
Na Hap Phoei Rd
왓 라캉
Wat Rakhang
Krisa
타 창
S
왕궁 정문
Na Phra Lan Rd
2
락 므앙
Lak Muang
Lak Muang Rd
1
국방부
Kalayana Maitri Rd
왓 프라깨우
Wat Phra Kaew
왕궁
Grand Palace
싸란롬 궁전
Soi Saranrom
주차장
Maha Rat Rd
짜오프라야 강
싸란롬 공원
Saranrom Park
Thai Wang Rd
Charoen Krung Rd
운치 있게 골목으로 걸어도 OK!
매표소
3
왓 포 마사지 1
Wat Pho Massage
왓 포
Wat Pho
타 띠엔
타 띠엔 시장
Chetuphon Rd
잇 사이트 스토리(ESS)
쌀라 랏따나꼬씬
메이크 미 망고
Phra Phiphit Rd
Soi Setthakan
Arun Amarin Rd
이글 네스트(5F)
5
더 덱
왓 포 마사지 2
Wat Pho Massage
6
쑤파니까 이팅 룸
4
왓 아룬
Wat Arun
촘 아룬
비비
Vivi The Coffee Place
Maha Rat Rd
싸남차이
M
타 라치니

COURSE 1

방콕 대표 볼거리 완전 정복 코스

시내의 숙소에 머무는 이들을 위한 왕궁 주변 여행 코스. 타 창 선착장에 내려 왕궁, 왓 포, 왓 아룬 등 핵심 볼거리를 둘러본 후 다시 보트를 타고 숙소로 돌아가는 여정이다.

코스 무작정 따라하기 START
S. 타 창 선착장
300m, 도보 4분
1. 왓 프라깨우 & 왕궁
290m, 도보 4분
2. 락 므앙
850m, 도보 11분
3. 왓 포
350m, 도보 4분
4. 왓 포 마사지
240m, 도보 3분
5. 더 덱
800m, 도보 10분, 보트 5분
6. 왓 아룬
Finish

S 타 창 선착장
Tha Chang

선착장에서 직진해 도보 4분 → 왓 프라깨우(왕궁) 도착

1 왓 프라깨우 & 왕궁
Wat Phra Kaew & Grand Palace

시간 08:30~15:30

→ 왕궁 정문을 등지고 우회전해 290m → 락 므앙 도착

2 락 므앙
Lak Muang(City Pillar Shrine)

시간 07:00~18:00

→ 락 므앙에서 나와 싸나롬차이 로드(Sanarom Chai Road)로 좌회전. 맞은편 싸란롬 공원을 거의 다 지날 때쯤 타이왕 로드(Thai Wang Road)로 우회전 → 왓 포 도착

3 왓 포
Wat Pho

시간 08:30~18:30

→ 마하랏 로드(Maha Rat Road) 쪽 출구에서 좌회전. 쩨뚜폰 로드(Chetuphon Road) 출구에서는 오른쪽으로 나와 마하랏 로드로 좌회전. 세븐일레븐 옆 골목으로 진입 → 왓 포 마사지 도착

4 왓 포 마사지
Wat Pho Massage

시간 09:00~20:00

→ 왔던 길을 되돌아 나와 좌회전. 90m 지나 더 덱 이정표를 보고 좌회전해 골목 끝까지 이동 → 더 덱 도착

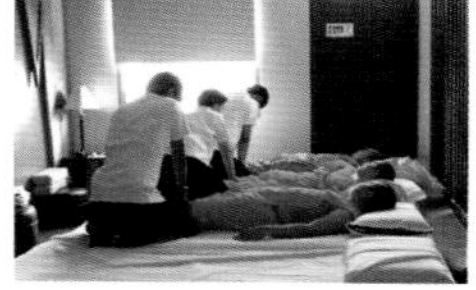

5 더 덱
The Deck

시간 11:00~22:00

→ 왔던 길을 되돌아 나와 좌회전. 왓 포 담을 따라 210m 직진한 후 좌회전해 80m 걸으면 타 띠엔 선착장. 선착장에서 강을 건너는 보트 탑승 → 왓 아룬 도착

6 왓 아룬
Wat Arun

시간 08:30~17:30

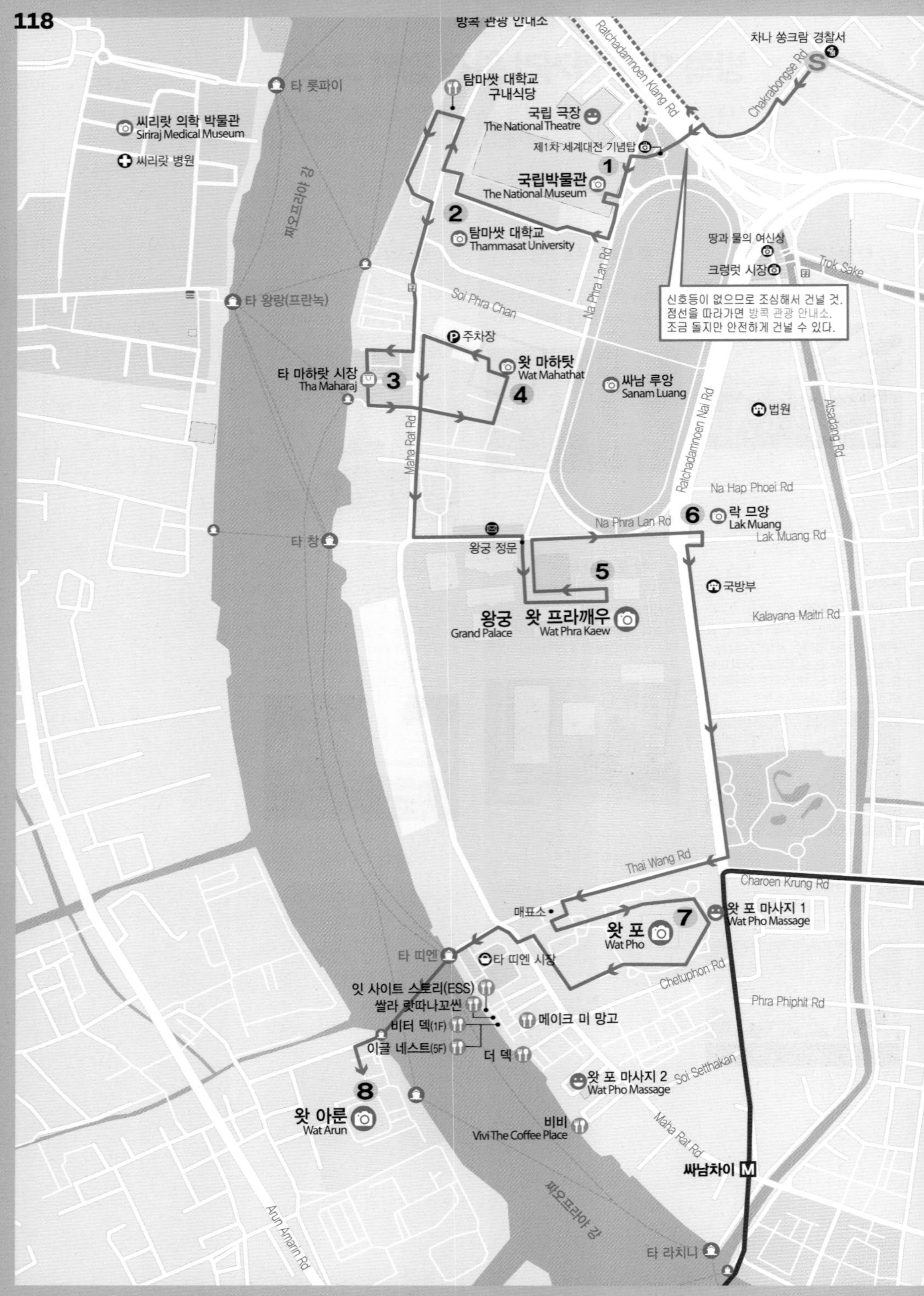

방콕 관광 안내소
Ratchadamnoen Klang Rd
차나 쏭크람 경찰서
S
Chakrabongse Rd
타 롯파이
탐마쌋 대학교 구내식당
씨리랏 의학 박물관
Siriraj Medical Museum
씨리랏 병원
국립 극장
The National Theatre
제1차 세계대전 기념탑
1
국립박물관
The National Museum
짜오프라야 강
2
탐마쌋 대학교
Thammasat University
땅과 물의 여신상
크렁럿 시장
Trok Sake
Na Phra Lan Rd
타 왕랑(프란녹)
Soi Phra Chan
신호등이 없으므로 조심해서 건널 것. 점선을 따라가면 방콕 관광 안내소. 조금 돌지만 안전하게 건널 수 있다.
주차장
타 마하랏 시장
Tha Maharaj
3
왓 마하탓
Wat Mahathat
4
싸남 루앙
Sanam Luang
Ratchadamnoen Nai Rd
법원
Atsadang Rd
Maha Rat Rd
Na Hap Phoei Rd
6
락 므앙
Lak Muang
Na Phra Lan Rd
Lak Muang Rd
타 창
왕궁 정문
5
국방부
Kalayana Maitri Rd
왕궁
Grand Palace
왓 프라깨우
Wat Phra Kaew
Thai Wang Rd
Charoen Krung Rd
매표소
7
왓 포 마사지 1
Wat Pho Massage
왓 포
Wat Pho
타 띠엔
타 띠엔 시장
Chetuphon Rd
잇 사이트 스토리(ESS)
쌀라 랏따나꼬씬
메이크 미 망고
Phra Phiphit Rd
비터 덱(1F)
이글 네스트(5F)
더 덱
Soi Setthakan
왓 포 마사지 2
Wat Pho Massage
8
왓 아룬
Wat Arun
비비
Vivi The Coffee Place
Maha Rat Rd
싸남차이
M
짜오프라야 강
Arun Amarin Rd
타 라치니

왕궁 주변 볼거리를 섭렵하는 도보 코스

카오산의 숙소에 머무는 이들을 위한 왕궁 주변 도보 여행 코스. 소소한 볼거리를 모두 섭렵할 수 있다. 한나절이 꼬박 소요되는 대장정이므로 국립박물관이 문을 여는 시간에 도착해 마지막 코스인 왓 아룬이 문을 닫기 전에 방문하자.

S 차나 쏭크람 경찰서
Chana Songkhram Police Station

카오산 차나 쏭크람 경찰서를 등지고 왼쪽 길. 싸남 루앙 쪽으로 길 건너기. 제1차 세계대전 기념탑 쪽으로 이동하면 길 건너편에 박물관 → 국립박물관 도착

1 국립박물관
The National Museum

시간 수~일요일 09:00~16:00(매표 마감 15:30) 휴무 월~화요일

→ 박물관 뒤쪽. 박물관에서 나와 우회전, 다음 골목으로 우회전해 진입 → 탐마쌋 대학교 도착

2 탐마쌋 대학교
Thammasat University

시간 시설마다 다름

→ 짜오프라야 강쪽의 캠퍼스 길을 따라 걷기. 교내 서점이 있는 문으로 나와 길을 건너면 마하랏 로드와 타 마하랏 선착장이 보인다. → 타 마하랏 시장 도착

3 타 마하랏 시장
Tha Maharaj

시간 가게마다 다름

→ 마하랏 선착장에서 나오면 왓 마하탓이 보인다. → 왓 마하탓 도착

4 왓 마하탓
Wat Mahathat

시간 09:00~17:00

→ 정문 주차장으로 나와 마하랏 로드로 좌회전. 나프라란 로드가 나오면 좌회전 → 왓 프라깨우(왕궁) 도착

5 왓 프라깨우 & 왕궁
Wat Phra Kaew & Grand Palace

시간 08:30~15:30

→ 왕궁 정문을 등지고 우회전해 290m → 락 므앙 도착

6 락 므앙
Lak Muang(City Pillar Shrine)

시간 07:00~18:00

→ 락 므앙에서 나와 싸나롬차이 로드(Sanarom Chai Road)로 좌회전. 맞은편 싸나롬 공원을 거의 다 지날 때쯤 타이왕 로드(Thai Wang Road)로 우회전 → 왓 포 도착

7 왓 포
Wat Pho

시간 08:30~18:30

→ 마하랏 로드(Maha Rat Road) 출구로 나와 우회전한 후 타이왕 로드로 좌회전. 타이왕 로드 쪽 출구에서는 왼쪽으로 직진. 타 띠엔 선착장에서 강을 건너는 보트 탑승 → 왓 아룬 도착

8 왓 아룬
Wat Arun

시간 08:30~17:30

코스 무작정 따라하기 START
S. 차나 쏭크람 경찰서
650m, 도보 9분
1. 국립박물관
100m, 도보 1분
2. 탐마쌋 대학교
400m, 도보 5분
3. 타 마하랏 시장
300m, 도보 3분
4. 왓 마하탓
550m, 도보 6분
5. 왓 프라깨우 & 왕궁
290m, 도보 4분
6. 락 므앙
850m, 도보 11분
7. 왓 포
550m, 도보 8분+보트 5분
8. 왓 아룬
Finish

ZOOM IN

타 창 선착장

왓 프라깨우(왕궁)가 자리한 지역. 방콕의 으뜸 관광지로 늘 많은 여행자들이 찾는다.

1 왓 프라깨우 & 왕궁

Wat Phra Kaew & Grand Palace

방콕을 넘어 태국의 핵심이자 으뜸 관광지. 현 태국 왕조인 짜끄리 왕조의 라마 1세 시대에 건설해 현재에 이른다. 흔히 왕궁이라 불리는 이곳의 핵심 볼거리는 왕실 사원인 왓 프라깨우. 태국에서 가장 신성한 에메랄드 불상을 모신 사원이다. 왕실 거주 공간으로는 두씻 마하 쁘라쌋, 프라 마하 몬티엔 등이 있다.

1권 P.035, 067 지도 P.114F
구글 지도 GPS 13.751615, 100.492672 **찾아가기** 싸남 루앙 건너편. 타 창(Tha Chang) 선착장에서 직진해 도보 4~5분, 카오산 로드에서 도보 15분 **주소** Na Phra Lan Road **전화** 02-623-5500 **시간** 08:30~15:30 **휴무** 연중무휴 **가격** 500B **홈페이지** www.royalgrandpalace.th

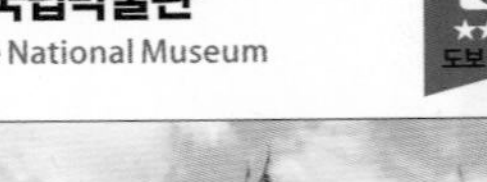

2 국립박물관

The National Museum

★★★ 도보 15분

태국의 역사, 왕실 생활용품, 태국 역대 왕조의 미술품과 조각, 불상 등을 총망라한 박물관. 꼼꼼히 돌아보려면 2~3시간은 족히 걸린다. 라마 4세 시대에 개인 박물관으로 사용되다가 라마 5세 때 왕궁 유물을 옮겨 와 전시했다. 지금처럼 사용된 건 라마 7세 때다.

1권 P.060 지도 P.114B
구글 지도 GPS 13.757450, 100.492600 **찾아가기** 싸남 루앙 북서쪽에 위치. 방콕 관광 안내소에서 싸남 루앙 방면으로 400m, 도보 5분 **주소** Na Phra That Road **전화** 02-215-8173 **시간** 수~일요일 09:00~16:00(매표 마감 15:30) **휴무** 월~화요일 **가격** 200B **홈페이지** 없음

3 싸남 루앙

Sanam Luang

★ 도보 5분

왕궁 바로 앞에 자리한 타원형 공원. 왕실 공원이지만 일반인도 자유롭게 이용한다. 라마 5세 때 싸남 루앙 주변에 국방부, 교통부, 통신부, 국립 극장 등 정부 건물이 들어서며 가로수를 심어 유럽풍 공원으로 바뀌었다. 왕실 행사나 축제 기간에는 대형 행사장이 된다.

지도 P.114B
구글 지도 GPS 13.754879, 100.492981 **찾아가기** 동서남북의 4개 출입구로 공원 진입 가능. 왕궁을 방문하면 자연스레 보게 된다. **주소** Phra Borom Maha Ratchawang **전화** 080-623-0329 **시간** 24시간 **휴무** 연중무휴 **가격** 무료입장 **홈페이지** 없음

4 왓 마하탓

Wat Mahathat

아유타야 시대에 세운 사원으로, 본래 이름은 왓 쌀락이다. 짜끄리 왕조의 라마 1세 때부터 라마 5세 때까지 규모를 확장했으며 이름도 왓 마하탓으로 바꿨다. 불당인 우보쏫은 1000명이 한꺼번에 들어갈 정도로 거대하며, 큰 규모에 걸맞게 불상 또한 매우 크다.

1권 P.054 지도 P.114B
구글 지도 GPS 13.754948, 100.491066 **찾아가기** 탐마쌋 대학교와 왕궁 사이. 타 창에서 마하랏 로드를 따라 좌회전, 500m, 도보 7분 **주소** 3 Maha Rat Road **전화** 02-222-6011 **시간** 09:00~17:00 **휴무** 연중무휴 **가격** 무료입장 **홈페이지** www.watmahathat.com

5 락 므앙
Lak Muang(City Pillar Shrine)

★★ 도보 9분

태국의 도시마다 하나씩 있는, 번영과 안전을 기원하는 기둥이다. 방콕의 락 므앙은 라마 1세가 톤부리에서 방콕으로 수도를 옮긴 1782년 8월 21일 오전 6시 45분을 기념한다. 약 4m 높이이며, 꼭대기에는 연꽃을 조각해 넣었다.

지도 P.114F
구글 지도 GPS 13.752880, 100.493995 **찾아가기** 왕궁 정문을 등지고 우회전해 290m, 도보 4분 **주소** 2 Lak Muang Road **전화** 02-280-3445 **시간** 07:00~18:00 **휴무** 연중무휴 **가격** 무료입장 **홈페이지** 없음

6 탐마쌋 대학교
Thammasat University

★★ 도보 10분

쭐라롱껀 대학교와 함께 태국 최고의 대학으로 손꼽히는 명문 대학교다. 카오산과 왕궁 일대를 도보로 이동한다면 관통하게 되는 코스로 캠퍼스 내 서점과 문구점, 구내식당 등을 자유롭게 이용할 수 있다. 일부러 찾을 필요는 없지만 일상의 소소한 재미가 느껴지는 곳.

지도 P.114A · B
구글 지도 GPS 13.758182, 100.490028 **찾아가기** 국립 미술관에서 삔끌라오 다리 방면으로 280m 직진한 후 좌회전해 방콕 관광 안내소를 지나 220m **주소** 12 Pra Chan Road **전화** 02-613-3333 **시간** 시설마다 다름 **휴무** 연중무휴 **가격** 무료입장 **홈페이지** www.tu.ac.th

7 도이캄
Doi Kham

★★★ 도보 5분

왕궁 부지 내에 자리한 유일한 카페. 더위와 싸운 후 마침내 만나게 되는 오아시스 같은 공간이다. 라마 1세 때 건축물인 아따위짠 살라에 자리 잡은 덕분에 고즈넉한 분위기는 덤. 로열 프로젝트를 통해 생산된 커피와 차 등 음료를 즐기거나 생산품을 구매할 수 있다.

지도 P.114F
구글 지도 GPS 13.750478, 100.490071 **찾아가기** 왕궁 내 **주소** Maha Rat Road **전화** 없음 **시간** 07:30~16:00 **휴무** 연중무휴 **가격** 아이스 아메리카노(Iced Americano) 100B **홈페이지** www.doikham.co.th

8 쑤파맛 쩨뚬
Supamas Je Tum
ศุภมาศ เจ๊ตุ่ม

★★ 도보 14분

돼지고기를 푹 끓여 장조림처럼 내는 무뚠 전문점이다. 국수로 먹으려면 꾸어이띠여우무뚠, 덮밥으로 먹으려면 카우무뚠을 주문하면 된다. 국수에는 살코기와 힘줄, 미트볼, 덮밥에는 살코기를 고명으로 올린다. 저렴한 가격으로 든든한 한 끼를 기대할 만하다.

지도 P.114B
구글 지도 GPS 13.754827, 100.496020 **찾아가기** 싸남루앙 지나 짜런씨 34 다리 건너 왼쪽 **주소** 11 Bunsiri Road **전화** 084-722-4511 **시간** 월~토요일 08:00~16:00 **휴무** 일요일 **가격** 꾸어이띠여우무뚠(Noodle with Braised Pork) · 카우무뚠(Rice with Braised Pork) 60B **홈페이지** 없음

9 탐마쌋 대학교 구내식당

★★ 도보 10분

탐마쌋 대학교의 구내식당을 이용해보자. 두 군데로 나누어진 푸드코트에서 쌀국수, 덮밥, 볶음밥 등 다양한 메뉴를 저렴하게 판매한다. 짜오프라야 강과 접해 있어 분위기도 좋다.

지도 P.114B
구글 지도 GPS 13.759116, 100.490271 **찾아가기** 방람푸 삔끌라오 다리 밑 방콕 관광 안내소에서 탐마쌋 대학교로 진입하면 오른쪽 첫 번째 건물 안쪽 **주소** 2 Pra Chan Road **전화** 없음 **시간** 월~금요일 08:00~18:00 **휴무** 토~일요일 **가격** 팟끄라파오 무쌉(Fried Basil Leaves with Pork) 30B, 쏨땀(Green Papaya Salad) 25 · 30B, 꾸어이띠여우 무쏫(Noodle Soup Pork) 25B **홈페이지** 없음

쏨땀 25B

10 국립 극장
The National Theatre

★★★ 도보 15분

부정기적으로 콘과 라컨을 공연한다. 호텔 레스토랑 등지의 태국 전통 공연에 비해 스케일이 방대하며 수준이 높고, 관람료는 저렴하다. 현장 티케팅으로, 무대와의 거리에 따라 관람료가 다르다. 공연은 태국어로 진행되며, 영어 팸플릿을 나눠준다.

1권 P.200 지도 P.114B
구글 지도 GPS 13.754749, 100.490879 **찾아가기** 싸남 루앙 북서쪽에 위치, 방콕 관광 안내소에서 싸남 루앙 방면으로 약 250m **주소** Somdet Phra Pin Klao Road **전화** 02-224-1342 **시간** 부정기, 태국 관광청(TAT)에 사전 문의 **휴무** 부정기 **가격** 뒤 100B, 중간 150B, 앞 200B **홈페이지** www.finearts.go.th(태국어)

11 타 마하랏 시장
Tha Maharaj

★★ 보트 3분

타 마하랏 선착장 인근에 넓게 형성된 쇼핑센터 겸 시장이다. 쇼핑센터에는 프랜차이즈 레스토랑과 카페를 비롯해 쇼핑 상점이 자리한다. 골목을 따라 걸어 들어가면 짜오프라야강이 보이는 저렴한 현지 식당과 불상을 조각한 펜던트인 크르엉 핌 등 불교용품을 판매하는 매장이 많다.

지도 P.114A
구글 지도 GPS 13.755153, 100.488628 **찾아가기** 타 마하랏 선착장에서 하차, 바로 연결 **주소** 1/11 Maha Rat Road **전화** 02-024-1393 **시간** 가게마다 다름 **휴무** 가게마다 다름 **가격** 제품마다 다름 **홈페이지** www.thamaharaj.com

ZOOM IN

타 띠엔 선착장

왓 포와 왓 아룬이 자리한 지역. 선착장 주변에 규모 작은 음식점, 쇼핑 상점, 노점 등이 몰려 있다.

1 왓 포
Wat Pho

★★★ 도보 3분

방콕에서 가장 크고 오래된 사원. 열반을 의미하는 와불상을 모시고 있어 열반 사원으로도 알려졌다. 와불상을 모신 프라풋 싸이얏, 커다란 4기의 탑인 프라 마하 쩨디 씨 랏차깐, 본당에 해당하는 프라 우보쏫 등 볼거리가 많다. 왓 포 마사지도 놓치기 아쉽다.

1권 P.042, 068 **지도** P.114J
구글 지도 GPS 13.746524, 100.493286 **찾아가기** 타 띠엔 선착장에서 170m 직진하면 쏘이 타이왕 쪽 입구가 보인다. 왕궁에서 걸어간다면 왕궁 출입문에서 좌회전해 마하랏 로드 혹은 우회전해 싸남차이 로드를 따라가면 된다. **주소** 2 Sanam Chai Road **전화** 02-225-9595 **시간** 08:30~18:30 **휴무** 연중무휴 **가격** 200B **홈페이지** www.watpho.com

2 왓 아룬
Wat Arun

★★★ 보트 5분

왓은 사원, 아룬은 새벽이라는 뜻. 톤부리 왕조를 세운 딱신 왕이 버마와의 싸움에서 승리한 후 동틀 무렵 이곳에 도착했다고 해 새벽 사원이라 이름 지었다. 태국 10B짜리 동전에도 나오는 높이 67m 탑, 프라 쁘랑이 핵심 볼거리다.

1권 P.046, 066 **지도** P.114I
구글 지도 GPS 13.743727, 100.488991 **찾아가기** 왓 아룬 선착장 하차, 타 띠엔에서 갈 때는 강을 건너는 보트인 르아 캄팍 이용(5B) **주소** 158 Wang Doem Road **전화** 02-891-2185 **시간** 08:30~17:30 **휴무** 연중무휴 **가격** 100B **홈페이지** www.watarun.org

3 쌀라 랏따나꼬씬
Sala Rattanakosin

★★★ 도보 1분

왓 아룬을 조망하는 레스토랑 중 '더 덱'과 더불어 인기 높은 곳이다. 통유리 너머로 바라보이는 왓 아룬의 전망이 아주 좋다. 아침, 점심, 저녁 메뉴가 조금씩 다르다.

1권 P.152 **지도** P.114J
구글 지도 GPS 13.745248, 100.490801 **찾아가기** 타 띠엔 선착장에서 나오자마자 오른쪽 좁은 골목으로 진입해 약 100m **주소** 39 Maha Rat Road **전화** 02-622-1388 **시간** 아침 07:00~10:30, 점심 11:00~16:30, 저녁 17:30~22:00(마지막 주문) **휴무** 연중무휴 **가격** 런치 커무양 325B, 카이찌여우허이낭롬(Thai Omelette with Oyster) 380B, 팟팍루엄 220B, 카우팟뿌 385B +17% **홈페이지** www.salahospitality.com/rattanakosin

팟팍루엄 220B

4 잇 사이트 스토리
Eat Sight Story(ESS)

★★★ 도보 1분

왓 아룬 조망 레스토랑. 에어컨을 가동하는 실내는 파스텔 톤의 밝은 이미지. 야외 테이블에서는 왓 아룬이 오롯이 조망된다.

1권 P.153 **지도** P.114J
구글 지도 GPS 13.745378, 100.490710 **찾아가기** 타 띠엔 선착장에서 나오자마자 오른쪽 좁은 골목으로 진입해 약 100m, 쌀라 랏따나꼬씬 골목 안쪽 **주소** 47/79 Soi Tha Tien, Maha Rat Road **전화** 02-622-2163 **시간** 11:00~22:00 **휴무** 연중무휴 **가격** 쁠라까퐁텃남쁠라(Deep Fried Seabass in Fish Sauce and Sautee Chinese Spinach) 285B, 카우끄라파오무(Stir Fried Pork with Hot Basil Served with Fried Egg and Rice) 210B +17% **홈페이지** www.eatsightstorydeck.com

쏨땀 꿍 225B

5 이글 네스트
Eagle Nest

쌀라 아룬(Sala Arun) 5층에 자리한 루프톱 바. 게스트하우스에서 운영하는 자그마한 바지만, 왓 아룬이 보이는 놀라운 조망 덕분에 여행자들의 발길이 끊이지 않는다. 짜오프라야 강변 쪽으로는 조명을 밝힌 왓 아룬이 아름답게 빛나는 모습이 보이며, 반대쪽 건물 너머로는 왓 포가 보인다.

1권 P.195 **지도** P.114J

구글 지도 GPS 13.745162, 100.490831 **찾아가기** 타 띠엔 선착장에서 나와 첫 번째 시장 골목으로 우회전해 160m, 도보 2분 **주소** 47-49 Soi Tha Tien, Maha Rat Road **전화** 02-622-2932 **시간** 월~목요일 16:00~22:00, 금~일요일 16:00~24:00 **휴무** 연중무휴 **가격** 맥주 260B~, 칵테일 320B~ **홈페이지** www.salaarun.com

6 더 덱
The Deck

왓 아룬을 조망하는 다양한 레스토랑 중에서도 원조 격으로, 실내외에 자리가 마련돼 있어 취향에 따라 즐기기에 좋다. 음식 맛과 서비스 역시 훌륭하다.

1권 P.117, 151 **지도** P.114J

구글 지도 GPS 13.744755, 100.491330 **찾아가기** 타 띠엔 선착장에서 100m 직진한 후 마하랏 로드에서 우회전해 200m, 'The Deck' 이정표를 보고 우회전해 80m **주소** 36-38 Soi Pratoo Nok Yoong **전화** 02-221-9158 **시간** 10:00~22:00 **휴무** 연중무휴 **가격** 쏨땀 타이 깝꿍매남양(Papaya Salad with Grilled White Tiger Prawn) 260B, 뿌님팟퐁까리(Deep Fried Soft Shell Crab Cooked with Yellow Curry Powder) 320B +17% **홈페이지** www.facebook.com/Arunresidencehotel

7 메이크 미 망고
Make Me Mango

★★★ 도보 3분

타 띠엔 선착장 인근에 자리한 망고 디저트 전문점. 층과 층 사이에 테이블을 놓은 독특한 중층 구조와 산뜻한 인테리어가 특징이다.

지도 P.114J

구글 지도 GPS 13.745120, 100.491113 **찾아가기** 타 띠엔 선착장에서 나와 첫 번째 오른쪽 골목으로 180m 직진해 인 어 데이(Inn a Day)에서 20m 좌회전, 총 210m, 도보 3분 **주소** 67 Maha Rat Road **전화** 02-622-0899 **시간** 월~금요일 10:30~20:00, 토~일요일 10:30~20:30 **휴무** 연중무휴 **가격** 메이크 미 망고(Make Me Mango) 235B, 망고 스무디 퓨어(Mango Smoothies Pure) 115B **홈페이지** www.facebook.com/makememango

트리플 망고 195B

8 쑤파니까 이팅 룸
Supanniga Eating Room

미쉐린 가이드 레스토랑. 텅러와 싸톤에 이어 왓 아룬이 조망되는 타 띠엔 인근에 지점을 냈으며, 저녁 시간에는 크루즈를 운행한다. 전통 가정식 레시피로 요리를 선보인다.

1권 P.154 **지도** P.114J

구글 지도 GPS 13.744290, 100.491876 **찾아가기** 타 띠엔 선착장에서 나와 마하랏 로드로 우회전한 다음 270m, 리바 아룬 이정표가 있는 골목 끝 **주소** 392/25 Maha Rat Road **전화** 092-253-9251 **시간** 월~금요일 11:00~22:00, 토~일요일 07:30~22:00 **휴무** 연중무휴 **가격** 남프릭까삐(Nam Prik Ka Pi) 280B +17% **홈페이지** www.supannigaeatingroom.com

무양찜째우 이싼카우찌 320B

9 촘 아룬
Chom Arun

냉방 시설이 좋은 실내 좌석과 왓 아룬 조망이 훌륭한 루프톱을 갖추고 있다. 왓 아룬에 조명이 켜지는 저녁 시간에는 루프톱 예약 필수. 소박하지만 손님에 대한 응대가 좋은 곳이다.

1권 P.155 **지도** P.114J

구글 지도 GPS 13.744069, 100.491925 **찾아가기** 타 띠엔 선착장에서 나와 마하랏 로드로 우회전한 다음 270m, 리바 아룬 이정표가 있는 골목 끝까지 가서 왼쪽 **주소** 392/53 Maha Rat Road **전화** 095-446-4199 **시간** 11:00~21:30 **휴무** 연중무휴 **가격** 팟타이 꿍(Shrimp Pad Thai) 220B, 워터멜론 프라페(Watermelon Frappe) 120B +17% **홈페이지** www.facebook.com/chomarun

팟타이 꿍 220B

10 비비
Vivi the Coffee Place

왓 아룬이 보이는 커피숍. 왓 아룬을 대각선으로 바라보는 탓에 전망은 떨어지는 편이지만, 인근 레스토랑에 비해 가격이 저렴하다. 인테리어는 아기자기한 편. 강과 면한 실외에도 좌석이 마련돼 있다.

지도 P.114J

구글 지도 GPS 13.743694, 100.492109 **찾아가기** 타 띠엔 선착장에서 나와 100m 직진해 마하랏 로드에서 우회전한 다음 350m 직진, 쏘이 빤쑥(Soi Pansuk)에서 우회전해 골목 끝, 총 550m, 도보 7분 **주소** 394/29 Soi Pansuk **전화** 02-226-4672 **시간** 10:00~20:00 **휴무** 연중무휴 **가격** 아이스 아메리카노 85B, 스무디 125B **홈페이지** 없음

스트로베리 스무디 125B

11 왓 포 마사지
Wat Pho Massage

★★★ 도보 6~7분

왓 포 마사지 스쿨 선생님에게 마사지를 받을 수 있다. 시설만 따지면 비싼 편이지만 만족도가 높아 가격이 신경 쓰이지 않는다. 마사지만 받는다면 마하랏 로드 매장이 괜찮다. 왓 포 내 매장은 입장료를 내고 들어가야 하며, 마사지 환경도 떨어진다.

휴무 연중무휴 **가격** 타이 마사지 30분 320B, 60분 540B **홈페이지** www.watpomassage.com

왓 포 1

지도 P.114J

구글 지도 GPS 13.746607, 100.494094 **찾아가기** 왓 포 내, 본당인 프라 우보쏫 동쪽. 타 띠엔 선착장에서 170m 직진하면 왓 포의 쏘이 타이왕 쪽 입구가 보인다. **주소** 2 Sanam Chai Road **전화** 02-221-2974, 225-4771 **시간** 08:00~18:00

왓 포 2(마하랏 로드)

지도 P.114J

구글 지도 GPS 13.744285, 100.491866 **찾아가기** 타 띠엔 선착장을 나오자마자 타 띠엔 시장 첫 번째 골목으로 우회전, 쌀라 랏따나꼬씬 호텔 앞에서 좌회전, 마하랏 로드에서 우회전해 더 로열 타 띠엔 빌리지(The Royal Tha Tien Village)가 있는 골목으로 우회전, 총 460m, 도보 6분 **주소** 392/33-34 Maha Rat Road **전화** 02-622-3551, 086-368-3841 **시간** 09:00~20:00

1 엿피만 리버 워크
Yodpiman River Walk

★★★ 도보 12분

역사적으로 싸얌 왕국의 랜드마크 역할을 하던 곳으로, 태국 문화유산 콘셉트의 쇼핑센터로 변모했다. 콜로니얼 양식의 3층 규모로 빡클렁 꽃 시장과 연결된 1층에는 꽃 가게, 의류·잡화 숍, 드러그 스토어 등 다양한 상점과 선착장이, 2~3층에는 레스토랑이 자리한다.

지도 P.114J

구글 지도 GPS 13.741061, 100.494978 **찾아가기** 싸판 풋(Memorial Bridge) 선착장 하차 **주소** 390/17 Chakphet Road **전화** 02-623-6851~5 **시간** 가게마다 다름 **휴무** 가게마다 다름 **가격** 제품마다 다름 **홈페이지** www.yodpimanriverwalk.com

2 빡클렁 시장
Bangkok Flower Market

★★★ 도보 12분

방콕에서 가장 큰 꽃·채소 도매시장. 거래가 가장 많은 품목이 꽃이라 꽃 시장으로 불린다. 19세기부터 형성된 시장으로 짜오프라야 강변의 짝펫 로드(Chakphet Road), 반머 로드(Ban Mo Road) 남단에 이르는 지역이 모두 시장이다.

1권 P.070, 245 **지도** P.114J

구글 지도 GPS 13.741810, 100.496359 **찾아가기** 싸판 풋(Memorial Bridge) 선착장에서 나와 좌회전, 엿피만 리버 워크 정문 맞은편 시장, 260m, 도보 3분 **주소** Chakphet Road **전화** 가게마다 다름 **시간** 24시간 **휴무** 연중무휴 **가격** 가게마다 다름 **홈페이지** 없음

ZOOM IN

MRT 싸남차이역

빡클렁 시장은 물론 왓 포와 도보 거리에 있는 MRT 역이다.

ZOOM IN

타 왕랑 선착장

여행자보다는 현지인들에게 인기인 지역. 왕랑 시장 인근은 주말이면 발 디딜 틈 없이 붐빈다.

1 란 싸이마이
ร้าน สายไหม

왕랑 시장 내 바미 국수 전문점. 고명으로 돼지고기 무댕을 올린다. 바미 면 국수인 바미무댕, 바미 면+끼여우 국수인 바미끼여우꿍무댕, 끼여우만 있는 끼여우꿍무댕이 있다. 국물이 있는 남, 비빔 면인 행으로 주문할 수 있다.

지도 P.114A
구글 지도 GPS 13.755509, 100.486224 찾아가기 왕랑 선착장에 내리면 왼쪽 첫 번째 골목이 왕랑 시장. 시장 골목 오른쪽에 위치 주소 25 Soi Wang Lang 1 전화 089-168-6115, 089-449-8024 시간 09:30~17:30 휴무 연중무휴 가격 바미무댕 35·45B, 바미끼여우꿍무댕·끼여우꿍무댕 각 45·60B 홈페이지 없음

바미끼여우꿍무댕 행 45B

2 왕랑 시장

Wang Lang Market

★★
도보 1분

여행자보다는 현지인이 압도적으로 많은 시장. 현지 분위기를 듬뿍 담은 음식점과 노점이 대부분이다. 로띠, 카놈브앙, 카놈빵완, 끌루어이삥, 꼬치 등 방콕 중심가에서 흔히 볼 수 없는 태국 전통 간식 노점이 가득하다. 기념품이나 의류를 쇼핑하기에는 적당하지 않다.

1권 P.245 지도 P.114A
구글 지도 GPS 13.755584, 100.484089 찾아가기 왕랑 선착장에서 나와 좌회전하면 바로 주소 Soi Wang Lang 전화 가게마다 다름 시간 월~토요일 07:00~20:00 휴무 일요일 가격 가게마다 다름 홈페이지 없음

ZOOM IN

타 롯파이 선착장

톤부리 지역을 연결하는 선착장. 여행자들은 주로 씨리랏 박물관에 가기 위해 이용한다.

1 씨리랏 피묵쓰탄 박물관
Siriraj Bimuksthan Museum

씨리랏 병원을 세운 왕실 구성원을 소개하고, 왕가에서 소장한 도자기, 칼 등의 유물을 전시하는 씨리랏 병원 종합 박물관이다. 씨리랏 병원이 자리한 톤부리 지역에 관련된 전시물도 다양해 톤부리의 역사를 알 수 있다.

지도 P.114A
구글 지도 GPS 13.759683, 100.486889 찾아가기 롯파이 선착장에 내리면 바로 보인다. 주소 2 Wang Lang Road 전화 02-419-2601~2 시간 수~월요일 10:00~17:00 휴무 화요일 가격 200B, 씨리랏 의학 박물관 통합 입장권 300B 홈페이지 www.sirirajmuseum.com

2 씨리랏 의학 박물관
Siriraj Medical Museum

씨리랏에서 운영하는 박물관. 아둔야뎃위콤 건물 2층에 병리학, 법의학, 기생물학 박물관이 자리한다. 실제 시체와 신체 기관 등을 전시해 사진 촬영이 불가하며, 작은 가방이라도 로커에 보관해야 한다. 나머지 해부학 박물관과 선사학 박물관은 해부학 건물에 있다.

지도 P.114A
구글 지도 GPS 13.758796, 100.485112 찾아가기 롯파이 선착장에서 350m, 도보 3분 주소 2 Wang Lang Road 전화 02-419-2600 시간 수~월요일 10:00~17:00 휴무 화요일 가격 200B, 씨리랏 피묵쓰탄 박물관 통합 입장권 300B 홈페이지 www.sirirajmuseum.com

3 왕실 선박 박물관
Royal Barge Museum

태국의 왕실 선박 행렬은 아유타야 나라이 왕 당시 프랑스 루이 14세의 사절단을 맞으며 처음 시작됐으며, 1967년까지는 우기의 안거 수행인 판싸가 끝나는 날을 기념하는 까틴 행사 때마다 열렸다. 박물관에서는 8척의 주요 왕실 선박을 전시한다. 나머지 왕실 선박은 해군에서 보관하고 있다.

지도 P.114A
구글 지도 GPS 13.761950, 100.484587 찾아가기 삔끌라오 다리(Phra Pin Klao Bridge)에서 1km, 도보 13분 주소 80/1 Arun Amarin Road 전화 02-424-0004 시간 09:00~17:00 휴무 연중무휴 가격 100B, 사진 촬영 100B, 비디오 촬영 200B 추가 홈페이지 없음

AREA

07 KHAOSAN
[ถนนข้าวสาร 카오산 로드]

배낭여행자의 성지에서 방콕의 핫 플레이스로

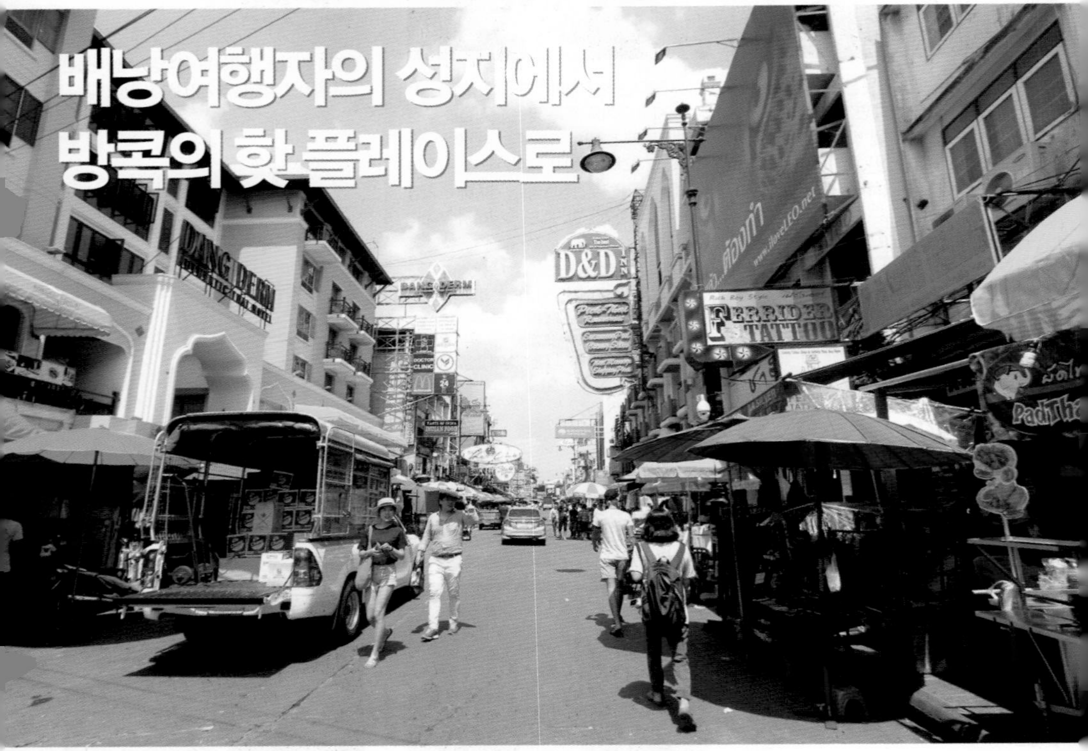

전 세계 여행자가 모이는 거리. 여행에 필요한 모든 것을 해결할 수 있어 태국 전역은 물론 아시아 여행의 허브가 되는 지역이다. 카오산이라는 정식 명칭이 붙은 거리는 400m에 불과하지만 람부뜨리, 짜끄라퐁, 프라쑤멘, 프라아팃, 쌈쎈 등지까지 넓은 여행자 거리가 형성됐다. 낮보다는 밤이 활기찬 곳으로 왕궁, 민주기념탑 주변 볼거리와 연계해 돌아보면 좋다.

배낭여행자의 '필요'를 넘어 아주 핫하다. 방콕 여행자라면 한 번은 반드시 들른다.

옛 성벽과 출입문의 흔적, 국왕들이 불교에 입문해 승려 생활을 하던 사원 등이 자리한다.

기념품과 의류, 액세서리를 구입하기에 가장 좋은 장소. 야시장에 없는 물건도 있다.

국수 맛집이 특히 많다. 길거리 음식과 야외 좌석이 마련된 레스토랑 또한 다양하다.

밤 10시가 넘으면 클럽과 바에서 스피커를 높여 본격적인 나이트라이프의 시작을 알린다.

카오산과 그 옆에 있는 람부뜨리 거리가 가장 복잡하다.

카오산 로드 교통편

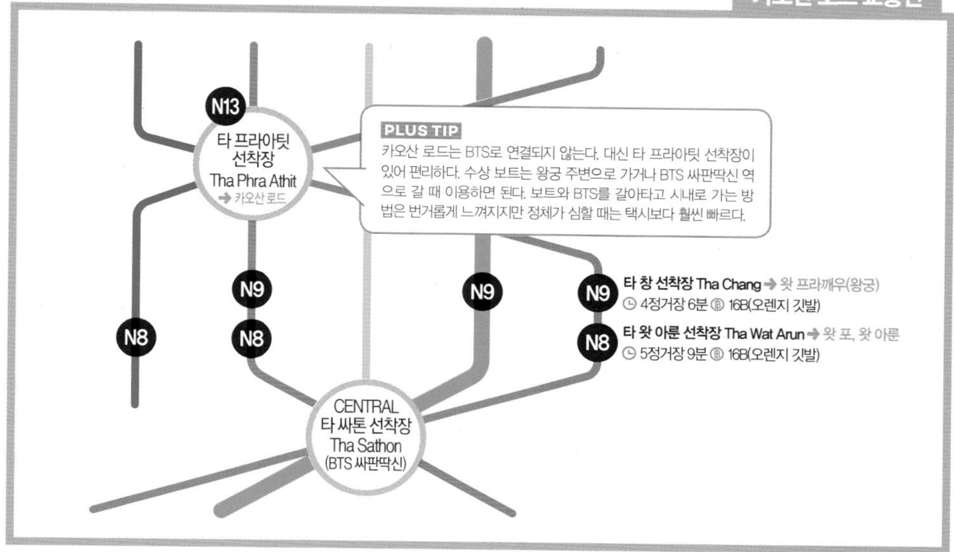

PLUS TIP
카오산 로드는 BTS로 연결되지 않는다. 대신 타 프라아팃 선착장이 있어 편리하다. 수상 보트는 왕궁 주변으로 가거나 BTS 싸판딱신 역으로 갈 때 이용하면 된다. 보트와 BTS를 갈아타고 시내로 가는 방법은 번거롭게 느껴지지만 정체가 심할 때는 택시보다 훨씬 빠르다.

카오산 로드로 가는 방법

택시
차가 막히지 않는다면 가장 빠르고 편한 방법. 시내에서 30~60분 소요되며 100~150B가량 나온다. '카오산 로드'라고 말하면 된다.

수상 보트
타 프라아팃 선착장 하차.

뚝뚝
민주기념탑, 왕궁 등지에 많다. 흥정이 필수이며, 택시보다 느리고 가격이 비싸다.

카오산 로드 다니는 방법

도보
좁은 골목이 이리저리 얽혀 있어 다른 방법이 없다.

MUST EAT
이것만은 꼭 먹자!

No.1

나이쏘이
นายโส่ย
갈비 국수.

No.2

찌라 옌따포
จิระเย็นตาโฟ
어묵 국수.

No.3

쿤댕 꾸어이짭유안
คุณแดงก๋วยจั๊บญวน
돼지고기 국수.

MUST DO
이것만은 꼭 해보자!

No.1

브릭 바
Brick Bar
태국의 젊은이들과 어울려 한바탕 놀아보자.

MAP
카오산 로드 한눈에 보기

B
F
I
J
타 프라아팃
커피 콘텍스트
Coffee Context P.133
S1, A4
나이쏘이
P.133
짜오프라야 강
쁘띠 솔레일
Petit Soleil P.133
무에타이 스트리트
Muay Thai Street P.135
S1, A4
Riva Surya
New Siam Riverside
Phra Athit Rd
쿤댕 꾸어이짭유안
P.132
동대문
람부뜨리 로드
프라아팃 로드
New Siam 2
홍익인간
O.Bangkok
삔끌라오 다리
방콕 관광 안내소
Chao Fa Rd
Ratchadamnoen Klang Rd
Soi Rong Mai
Wangna Theatre
S1, A4
DDM
Phra Athit Rd
람부뜨리 로드
국립 미술관 P.132
The National Gallery
탐마쌋 대학교
구내식당
국립 극장
The National Theatre
쑤완나품행 미니밴
제1차 세계대전 기념탑
공항버스
S1, A4 종점
국립박물관
The National Museum
탐마쌋 대학교
Thammasat University
싸남 루앙
Sanam Luang
타 빠짠
블랙 캐니언 커피
서점
Na Phra Lan Rd
Soi Phra Chan

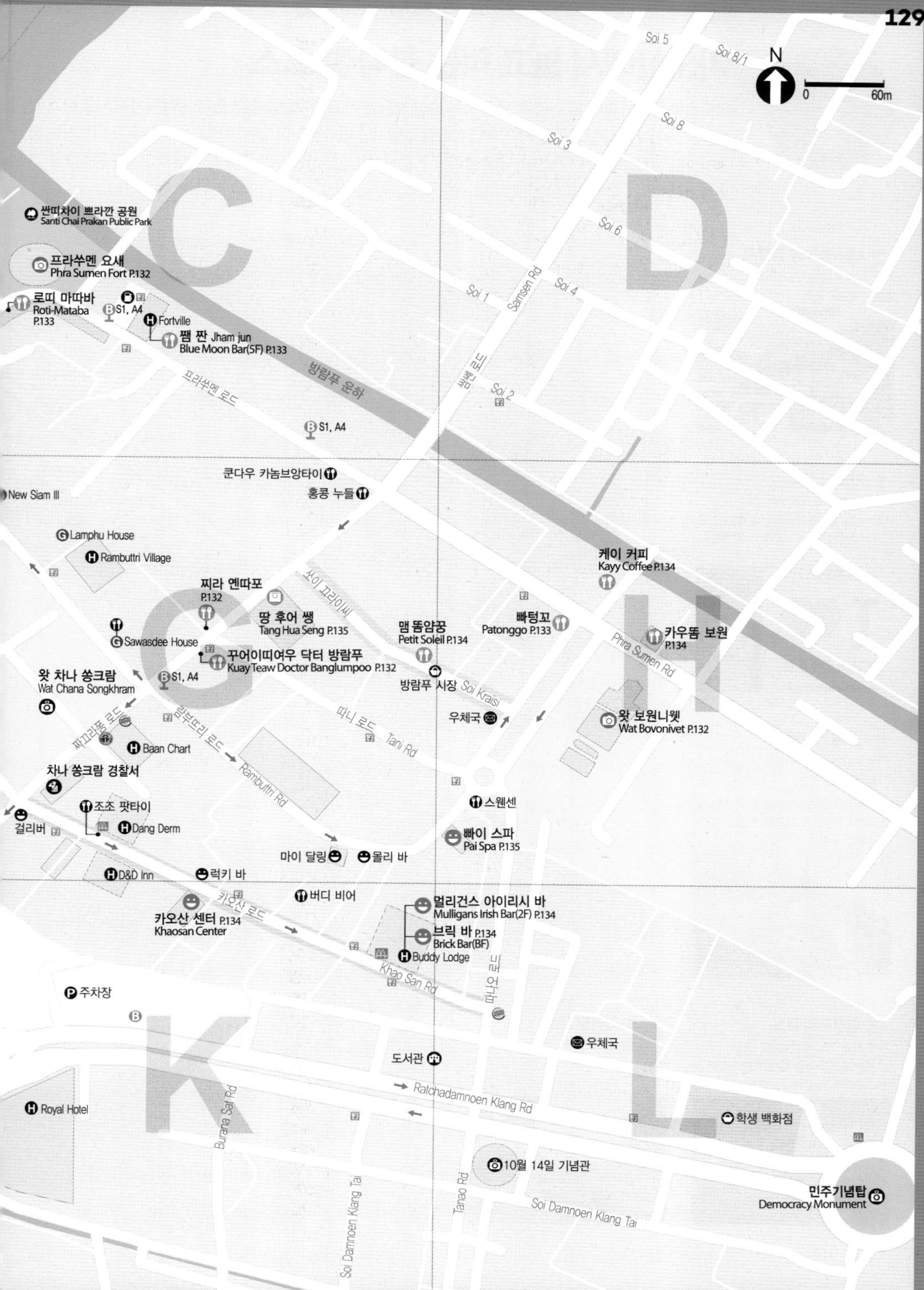

N
0
60m
Soi 5
Soi 8/1
Soi 8
Soi 3
Soi 6
Soi 4
Soi 1
Samsen Rd
쌈쎈 로드
Soi 2
C
D
G
H
K
L
쌘띠차이 쁘라깐 공원
Santi Chai Prakan Public Park
프라쑤멘 요새
Phra Sumen Fort P.132
로띠 마따바
Roti-Mataba
P.133
S1, A4
Fortville
쨈 짠 Jham jun
Blue Moon Bar(5F) P.133
프라쑤멘 로드
방람푸 운하
S1, A4
쿤다우 카놈브앙타이
홍콩 누들
New Siam III
Lamphu House
Rambuttri Village
찌라 옌따포
P.132
땅 후어 쌩
Tang Hua Seng P.135
쏘이 끄라이씨
맴 똠얌꿍
Petit Soleil P.134
빠텅꼬
Patonggo P.133
케이 커피
Kayy Coffee P.134
카우똠 보원
P.134
Phra Sumen Rd
Sawasdee House
꾸어이띠여우 닥터 방람푸
Kuay Teaw Doctor Banglumpoo P.132
방람푸 시장
Soi Kraisi
왓 차나 쏭크람
Wat Chana Songkhram
S1, A4
짜끄라퐁 로드
람부뜨리 로드
Rambuttri Rd
따니 로드
Tani Rd
우체국
왓 보원니웻
Wat Bovonivet P.132
Baan Chart
차나 쏭크람 경찰서
조조 팟타이
Dang Derm
걸리버
스웬센
빠이 스파
Pai Spa P.135
마이 달링
몰리 바
D&D Inn
럭키 바
버디 비어
카오산 센터 P.134
Khaosan Center
카오산 로드
멀리건스 아이리시 바
Mulligans Irish Bar(2F) P.134
브릭 바 P.134
Brick Bar(BF)
Buddy Lodge
Khao San Rd
따나오 로드
주차장
도서관
우체국
Ratchadamnoen Klang Rd
Royal Hotel
Burana Sat Rd
학생 백화점
10월 14일 기념관
민주기념탑
Democracy Monument
Soi Damnoen Klang Tai
Tanao Rd

COURSE 1

카오산에서 놀고 먹는 한나절 코스

카오산의 숙소에 묵지 않는 경우, 택시 혹은 수상 보트를 타고 카오산을 찾게 된다. 시내에서 택시를 타고 카오산으로 간다면 쌈쎈 거리를 지나 차나 쏭크람 경찰서에 내리는 것이 일반적이다. 수상 보트가 하차하는 타 프라아팃 선착장에서는 람부뜨리 골목을 따라 카오산으로 진입하면 된다. 카오산 일대의 거리를 중심으로 코스를 소개한다.

S 차나 쏭크람 경찰서
Chana Songkhram Police Station

카오산 로드로 진입 → 카오산 로드 도착

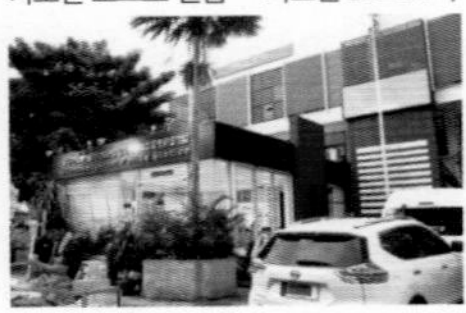

1 카오산 로드
Khaosan Road

카오산 거리를 끝까지 걷는다. 따나오 로드에서 좌회전해 약 200m → 왓 보원니웻 도착

I ♥
KHAOSAN
www.buddygroupthailand.com

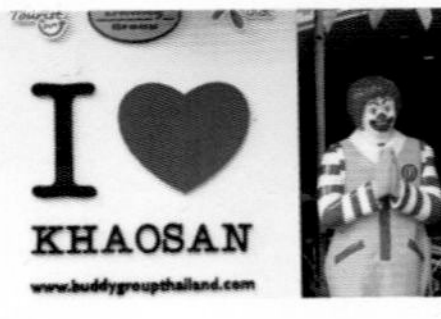

2 왓 보원니웻
Wat Bovonivet

시간 08:00~17:00

→ 사원에서 나와 로터리로 다시 간다. 로터리에서 람부뜨리 로드로 진입 → 람부뜨리 로드 도착

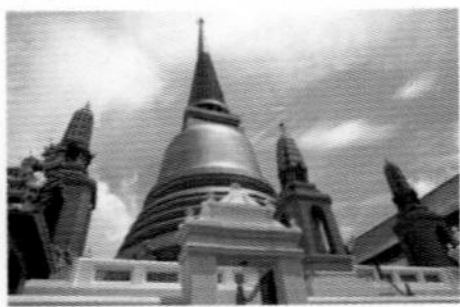

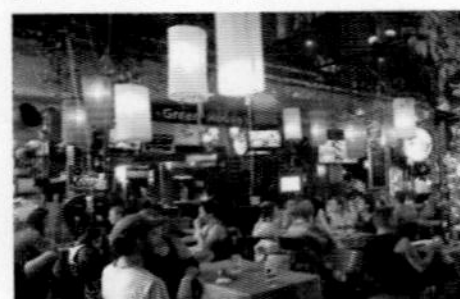

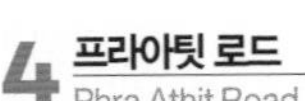

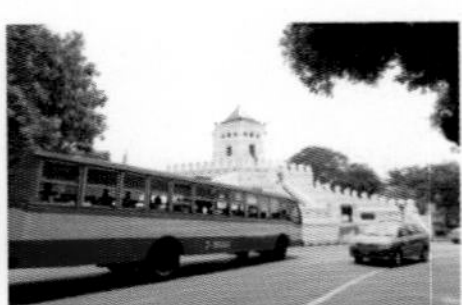

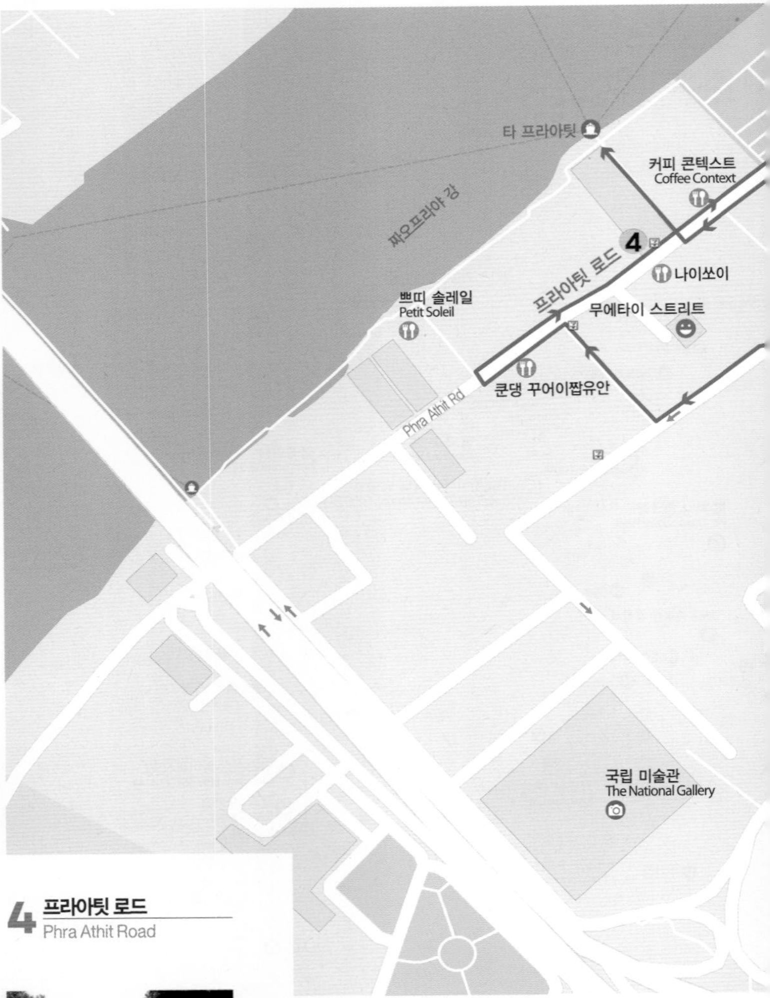
타 프라아팃
커피 콘텍스트
Coffee Context
짜오프라야 강
4
프라아팃 로드
나이쏘이
쁘띠 솔레일
Petit Soleil
무에타이 스트리트
쿤댕 꾸어이짭유안
Phra Athit Rd
국립 미술관
The National Gallery

3 람부뜨리 로드
Rambuttri Road

→ 람부뜨리 거리를 따라 짜오프라야 강변으로 이동 → 프라아팃 로드 도착

4 프라아팃 로드
Phra Athit Road

코스 무작정 따라하기
START

S. 차나 쏭크람 경찰서
바로, 도보 1분
1. 카오산 로드
550m, 도보 6분
2. 왓 보원니웻
270m, 도보 3분
3. 람부뜨리 로드
650m, 도보 8분
4. 프라아팃 로드
Finish

ZOOM IN

차나 쏭크람 경찰서

진짜 카오산 로드의 입구이자 넓은 의미의 카오산 중앙에 해당되는 곳. 짜끄라퐁 로드에 위치한다.

1 왓 보원니웻
Wat Bovonivet

★★★ 도보 7분

카오산 일대에서 가장 규모가 큰 사원. 건축적인 특징보다 국왕들의 수행처로 유명하다. 라마 4세, 6세, 7세, 9세가 이곳에서 출가 의식을 치르고 수도 생활을 했다. 우보쏫 내에 쑤코타이 양식의 불상이 안치돼 있으며, 우보쏫 뒤쪽에는 황금색 쩨디가 자리한다.

1권 P.056 지도 P.129H
구글 지도 GPS 13.760322, 100.499844 **찾아가기** 차나 쏭크람 경찰서에서 카오산 거리를 끝까지 걸은 후 따나오 로드(Tanao Road)로 좌회전해 약 200m 더 걸으면 로터리 인근에 사원이 보인다. 차나 쏭크람 경찰서에서 500m, 도보 7분 **주소** 248 Phra Sumen Road **전화** 02-629-5284 **시간** 08:00~17:00 **휴무** 연중무휴 **가격** 무료입장 **홈페이지** www.watbowon.com

2 프라쑤멘 요새
Phra Sumen Fort

★★ 도보 9분

마하깐 요새와 더불어 방콕에 남아 있는 2개의 요새 중 하나다. 라마 1세는 도시를 방어하기 위해 성벽을 축조하며 14개의 요새를 함께 만들었다. 그중 현재까지 남아 있는 곳이 마하깐과 프라쑤멘 요새다. 프라쑤멘 요새는 도시의 서북쪽 경계를 담당했다.

지도 P.129C
구글 지도 GPS 13.763999, 100.495767 **찾아가기** 프라아팃 로드와 프라쑤멘 로드가 교차하는 코너. 카오산 로드 차나 쏭크람 경찰서에서 700m, 도보 9분 **주소** Phra Athit Road와 Phra Sumen Road 교차로 **전화** 없음 **시간** 08:00~23:00 **휴무** 연중무휴 **가격** 무료입장 **홈페이지** 없음

3 국립 미술관
The National Gallery

★★ 도보 4분

상설 전시관과 특별 전시관으로 운영한다. 상설 전시관에서는 17세기부터 이어온 태국의 유명 조각, 회화 작품을 전시한다. 특별 전시관에서는 국내외 유명 작가들의 현대미술 작품을 만날 수 있다. 조폐국이던 국립 미술관 건물은 1974년 미술관으로 바뀌었다.

지도 P.128F · J
구글 지도 GPS 13.758893, 100.493723 **찾아가기** 카오산 로드 차나 쏭크람 경찰서에서 삔끌라오 다리 방면으로 300m, 도보 4분 **주소** 4 Chao Fa Road **전화** 02-281-2224 **시간** 수~일요일 09:00~16:00 **휴무** 월~화요일 **가격** 200B **홈페이지** ngbangkok.wordpress.com, www.facebook.com/TheNationalGalleryBangkok

4 찌라 옌따포
จิระเย็นตาโฟ

★★★ 도보 3분

어묵 국수 가게. 옌따포를 비롯해 맑은 국물 오리지널, 똠얌 국물을 선보인다. 고명으로는 어묵, 끼여우 튀김, 모닝글로리를 올린다. 주문할 때는 한국어 메뉴판의 순서대로 면, 국물, 사이즈를 선택하면 된다.

1권 P.122 지도 P.129G
구글 지도 GPS 13.761126, 100.497016 **찾아가기** 카오산 차나 쏭크람 경찰서에서 짜끄라퐁 로드로 170m, 큰길 왼쪽 안경점을 바라보고 왼쪽 집. 간판은 태국어로만 돼 있다. **주소** 121 Chakrabongse Road **전화** 02-282-2496 **시간** 목~화요일 08:30~15:00 **휴무** 수요일 **가격** 스몰 70B, 라지 80B, 수제 생선살 어묵 80B **홈페이지** www.facebook.com/JiRaYentafo

쎈렉 옌따포 70B

5 쿤댕 꾸어이짭유안
คุณแดงก๋วยจั๊บญวน

★★★ 도보 7분

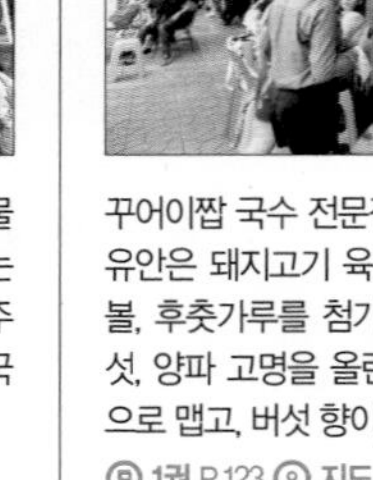

꾸어이짭 국수 전문점. 단일 메뉴인 꾸어이짭 유안은 돼지고기 육수에 돼지고기, 돼지고기 볼, 후춧가루를 첨가한 소시지, 메추리알, 버섯, 양파 고명을 올린 국수다. 육수는 기본적으로 맵고, 버섯 향이 진하다.

1권 P.123 지도 P.128F
구글 지도 GPS 13.762149, 100.493686 **찾아가기** 프라아팃 선착장에서 나와 프라아팃 로드로 우회전해 140m 왼쪽 **주소** 32 Phra Athit Road **전화** 085-246-0111, 089-056-5777 **시간** 09:30~20:30 **휴무** 연중무휴 **가격** 꾸어이짭 유안(Vietnamese Noodle) 60 · 70B, 달걀 추가 10B **홈페이지** 없음

꾸어이짭 60B

6 나이쏘이
นายโส่ย

유명한 소고기 국숫집. 갈비 국숫집이라고도 불린다. 간판에 태국어보다 크게 '나이쏘이'라는 한국어를 적어놓아 눈에 잘 띈다. 주문 순서대로 잘 정리된 메뉴가 있다.

1권 P.113, 125 지도 P.128B

구글 지도 GPS 13.762737, 100.494474 **찾아가기** 프라아팃 선착장에서 나와 프라아팃 로드로 우회전 30m 왼쪽, 프라아팃 로드 타라 하우스 옆 **주소** 100/2-3 Phra Athit Road **전화** 082-718-8397 **시간** 07:00~21:00 **휴무** 둘째 · 넷째 주 화요일 **가격** 꾸어이띠여우 느어쏫(Fresh Beef) 100B **홈페이지** www.facebook.com/NaiSoie

꾸어이띠여우 느어쁘어이 100B

7 쁘띠 솔레일
Petit Soleil

★★★ 도보 9분

카오산의 분주함과는 완전히 다른 정취를 지닌 곳. 열대식물 이룬 터널을 지나면 앤티크한 분위기의 카페가 펼쳐진다. 빨간 벽돌 벽은 액자로 장식하고, 곳곳에 드라이플라워와 식물을 배치했다. 창문 너머로는 짜오프라야 강이 조망된다.

1권 P.171 지도 P.128F

구글 지도 GPS 13.762157, 100.493262 **찾아가기** 프라아팃 선착장에서 오른편 강변 산책로를 따라 걸으면 보인다. **주소** 23/2 Phra Athit Road **전화** 086-303-2811 **시간** 수~월요일 08:00~17:00 **휴무** 화요일 **가격** 피콜로(Piccolo) 100B, 마차 라테(Matcha Latte) Hot 120B · Cold 130B **홈페이지** 없음

마차 라테 130B

8 커피 콘텍스트
Coffee Context

★★ 도보 10분

프라아팃 선착장에 인접한 작은 카페. 짜오프라야 강 조망은 없고, 프라아팃 로드를 바라보고 있다. 치앙마이, 에티오피아, 콜롬비아, 케냐산 원두를 사용하는 이곳은 카오산에도 본격적인 커피숍이 생기고 있음을 알리는 신호탄과 같다.

지도 P.128B

구글 지도 GPS 13.763148, 100.494753 **찾아가기** 프라아팃 선착장에서 나와 좌회전 **주소** 47/1 Phra Athit Road **전화** 090-979-0317 **시간** 08:00~16:00 **휴무** 연중무휴 **가격** 아메리카노(Americano) · 라테(Latte) 80B **홈페이지** 없음

아메리카노 80B

9 로띠 마따바
Roti-Mataba
โรตี มะตะบะ

★★★ 도보 9분

모슬렘 음식 로띠는 밀가루로 반죽한 팬케이크이고, 마따바는 기름에 튀긴 빵의 일종이다. 로띠는 바나나, 치즈, 달걀, 햄 등 원하는 재료를 넣고 연유, 시럽 등을 뿌려 먹는다. 마따바는 닭고기, 소고기, 해산물 등을 넣어 요리한다.

1권 P.116 지도 P.129C

구글 지도 GPS 13.763612, 100.495558 **찾아가기** 방람푸 프라쑤멘 요새 맞은편 **주소** 136 Phra Athit Road **전화** 02-282-2119 **시간** 09:30~22:00 **휴무** 연중무휴 **가격** 로띠(Roti) 29~85B, 마싸만 까이(Chicken Thai Massaman) 85B **홈페이지** www.roti-mataba.net

플레인 로띠 29B

10 쨈 짠
Jham jun
แจ่ม จันทร์

★★★ 도보 7분

포트빌 게스트하우스에서 운영하는 루프톱 바로, 현지인들에게 인기다. 조망에 대한 기대는 버려야 할 정도로 별다른 게 없지만, 이따금 불어오는 바람과 카오산의 분주함에서 벗어난 고즈넉한 분위기가 특징이다. 바 테이블이나 일반 테이블 외에 방석을 놓은 좌식 테이블도 있다.

지도 P.129C

구글 지도 GPS 13.763310, 100.496846 **찾아가기** 카오산 로드 차나 쏭크람 경찰서에서 쌈쎈 방면으로 가다가 프라쑤멘 로드가 나오면 좌회전, 550m, 도보 7분 **주소** 9 Phra Sumen Road **전화** 02-282-3933 **시간** 18:00~01:00 **휴무** 연중무휴 **가격** 병맥주 100B~, 비야 씽 생맥주(1000cc) 240B, 칵테일 190B~ **홈페이지** 없음

11 빠텅꼬
Patonggo
ปาท่องโก๋

★★ 도보 7분

1968년에 문을 연 가게. 중국, 타이완, 홍콩 등지에서 즐겨 먹는 여우티아오(유조)를 아침 메뉴와 디저트로 선보인다. 여우티아오는 밀가루 반죽을 발효시켜 길쭉하게 모양을 내 기름에 구운 음식이고, 빠텅꼬는 짤따랗다.

1권 P.177 지도 P.129H

구글 지도 GPS 13.761204, 100.499571 **찾아가기** 왓 보원니웻 입구 사거리에 위치, 카오산 로드 차나 쏭크람 경찰서에서 550m, 도보 7분 **주소** 246 Phra Sumen Road **전화** 02-281-9754 **시간** 08:30~18:00 **휴무** 연중무휴 **가격** 빠텅꼬 아이스크림(Pa Tong Go Ice Cream) 60B, 남부어이(Chinese Plum Juice) 30B **홈페이지** 없음

빠텅꼬 아이스크림 60B

12 맴 똠얌꿍
Mam Tom Yum Kung

★★ 도보 7분

'맘 똠얌꿍'이라고 알려진 집. 방람푸 시장 근처 노점으로 똠얌꿍이 맛있기로 소문났다. 실제 새우 살 듬뿍 넣은 똠얌꿍 맛이 기가 막히고 불맛 살린 볶음 요리도 좋다. 다만 천막 아래 마련된 자리가 겨울에도 덥다.

지도 P.129G
구글 지도 GPS 13.760849, 100.498533 **찾아가기** 방람푸 시장 맞은편 노점 **주소** Soi Kraisi **전화** 089-815-5531 **시간** 화~일요일 08:00~20:00 **휴무** 월요일 **가격** 똠얌꿍(Tomyam Kung) 150·200B, 느어뿌 팟퐁까리(Stir Fried Crab Meat with Curry Powder) 200B, 팟팍루엄밋(Stir Fried Mixed Vegetable) 80B **홈페이지** 없음

13 카우똠 보원
ข้าวต้มบวร

★★★ 도보 8분

끓인 밥인 카우똠과 반찬을 판매한다. 규모가 매우 크고, 일정 수준 이상의 맛을 자랑한다. 반찬 하나에 50~100B 정도로 가격이 매우 저렴하다. 가장 비싼 게 요리가 400B이다.

지도 P.129H
구글 지도 GPS 13.761021, 100.500248 **찾아가기** 차나 쏭크람 경찰서에서 짜끄라퐁 로드로 400m, 프라쑤멘 로드가 나오면 우회전해 250m 왼쪽, 왓 보원니웻 맞은편 **주소** 243 Phra Sumen Road **전화** 02-629-1739 **시간** 16:00~03:00 **휴무** 연중무휴 **가격** 카우똠 10B, 팍붕(Hot Quick Fried Moring Glory) 50B, 무끄럽(Crispy Pork) 100B, 허이라이(Stir-fried Baby Clams with Thai Chili Sauce) 100B **홈페이지** 없음

14 케이 커피
Kayy Coffee

★★★ 도보 10분

여러모로 만족도가 높은 카페. 실내에 에어컨이 나오며 아기자기하게 꾸민 야외 정원을 갖췄다. 커피와 음료의 가격은 카오산 수준으로 합리적이며, 맛 또한 나무랄 데 없다. 무엇보다 직원들이 친절하다. 친근함이 느껴질 정도다.

지도 P.129H
구글 지도 GPS 13.761477, 100.499930 **찾아가기** 왓 보원니웻 대각선 맞은편 골목 안쪽 **주소** 239/4 Phra Sumen Road **전화** 096-615-1964 **시간** 08:00~17:00 **휴무** 연중무휴 **가격** 아메리카노(Americano) 55B, 더티(Dirty) 65B **홈페이지** 없음

15 브릭 바
Brick Bar

★★★ 도보 4분

외국인 여행자와 현지인이 함께 어울려 스카, 레게, 타이 인디, 팝을 라이브로 즐기는 곳이다. 저녁 8시, 10시에 30분간, 자정에 1시간 30분간 공연이 펼쳐진다. 분위기가 무르익으면 모두 자리에서 일어나 리듬에 몸을 맡기고 흥겹게 춤을 춘다. 입장 시 여권 지참 필수.

1권 P.197 지도 P.129K
구글 지도 GPS 13.758660, 100.498598 **찾아가기** 차나 쏭크람 경찰서에서 카오산 로드로 진입해 거의 끝까지 내려오면 맥도날드가 있는 버디 로지가 보인다. 버디 로지 1층 안쪽. **주소** 265 Khaosan Road **전화** 02-629-4556 **시간** 19:00~01:30 **휴무** 연중무휴 **가격** 맥주 140B **홈페이지** www.brickbarkhaosan.com

16 멀리건스 아이리시 바
Mulligans Irish Bar

★★★ 도보 4분

포켓볼 당구대와 라이브 스포츠 채널이 있고, 다양한 맥주와 음식을 함께 즐기는 일반적인 분위기의 아이리시 펍. 에어컨이 귀한 카오산 로드에서 반가운 술집이다. 밤 10시와 12시 30분에 라이브 공연이 펼쳐진다.

1권 P.197 지도 P.129K
구글 지도 GPS 13.758604, 100.498504 **찾아가기** 차나 쏭크람 경찰서에서 카오산 로드로 진입해 거의 끝까지 내려오면 맥도날드가 있는 버디 로지가 보인다. 버디 로지 2층. **주소** 265 Khaosan Road **전화** 081-893-5554 **시간** 15:00~04:00 **휴무** 연중무휴 **가격** 하이네켄 드래프트 S 100B, 파인트 160B, 저그 290B **홈페이지** www.facebook.com/mulligansirishbarkhaosan

17 카오산 센터
Khaosan Center

★★★ 도보 3분

카오산에서 흔히 볼 수 있는 여행자 레스토랑 겸 펍. 간판이 바뀌지 않고 오랜 세월 동안 카오산을 지키고 있는 터줏대감이기도 하다. 낮에는 카오산 로드를 바라보며 맥주나 음료를 즐기는 평범한 분위기인데, 밤 10시가 지나면 스피커 볼륨을 높이고 거리에서 춤을 추는 흥겨운 분위기로 돌변한다.

지도 P.129K
구글 지도 GPS 13.758929, 100.496928 **찾아가기** 카오산 로드 중앙 **주소** 80-84 Khaosan Road **전화** 02-282-4366 **시간** 월~토요일 10:00~02:00, 일요일 10:00~24:00 **휴무** 연중무휴 **가격** 리오·창 각 S 80B·L 120B, 씽·하이네켄 각 S 95·L 135B **홈페이지** 없음

18 빠이 스파

Pai Spa

★★★ 도보 5분

카오산 로드 일대에서 제대로 된 마사지를 받고 싶다면 무조건 주목할 것. 스파 부문 수상 경력이 있으며, 자체 마사지 스쿨도 운영한다. 나무로 지은 북부 스타일 가옥이 풍기는 특유의 분위기도 좋다.

1권 P.186 지도 P.129H

구글 지도 GPS 13.759505, 100.498771 **찾아가기** 차나 쏭크람 경찰서에서 카오산 로드로 진입, 버디 로지 못 미쳐 쏘이 람부뜨리 골목 끝까지 간 후 우회전해 약 40m 오른쪽 **주소** 156 Rambuttri Road **전화** 02-629-5154~5 **시간** 10:00~23:00 **휴무** 연중무휴 **가격** 타이 마사지 60분 380B, 120분 680B **홈페이지** www.pai-spa.com

19 헬스 랜드

Health Land

★★★ 택시 10분

카오산에서는 택시를 타고 찾아야 하지만 그만한 가치가 있다. 카오산 로드의 길거리 마사지 숍에 비해 쾌적한 시설을 자랑한다. 오일을 사용하지 않는 마사지는 2시간에 600B 대로 가성비가 좋다.

1권 P.187 지도 P.128E

구글 지도 GPS 13.772130, 100.482333 **찾아가기** 택시 이용. 카오산 로드에서 택시를 탄다면 민주기념탑 방면 따나오 로드(Tanao Road) 버거킹 맞은편에서 택시를 타야 삔끌라오 다리를 건널 수 있다. 2.7km, 택시로 10분 **주소** 142/6 Charansanitwong Road **전화** 02-882-4612 **시간** 09:00~22:00 **휴무** 연중무휴 **가격** 타이 마사지 2시간 650B **홈페이지** www.healthlandspa.com

20 무에타이 스트리트

Muay Thai Street

★★★ 도보 8분

카오산 인근 프라아팃 로드에 자리한 무에타이 체육관이다. 방콕 올드 시티 쪽에 머문다면 접근성이 매우 좋다. 새로 오픈해 시설이 깨끗하며 개별 레슨도 가능하다. 현장 접수 가능.

1권 P.202 지도 P.128F

구글 지도 GPS 13.762417, 100.494509 **찾아가기** 프라아팃 선착장에서 나와 우회전, 길 건너 나이 쏘이 국수 가게를 지나자마자 나오는 골목으로 좌회전 **주소** Phra Athit Road, Soi Chana Songkhram **전화** 02-629-2313 **시간** 24시간 **휴무** 연중무휴 **가격** 90분 600B, 개별 레슨 1회 1200B · 5회 5000B · 10회 9000B **홈페이지** www.facebook.com/muaythai.streetshop

21 땅 후어 쌩

Tang Hua Seng

★★★ 도보 3분

방람푸 인근에서 유일한 대형 슈퍼마켓이다. 카오산 로드에 머문다면 일부러 시내로 나가기보다는 이곳을 찾자. 쇼핑센터에 입점한 슈퍼마켓보다 전반적으로 저렴하다.

지도 P.129G

구글 지도 GPS 13.761178, 100.497575 **찾아가기** 카오산 로드 차나 쏭크람 경찰서에서 짜끄라퐁 로드를 따라 230m **주소** 172-182 Charkabongse Road **전화** 02-280-0936~42 **시간** 08:00~20:30 **휴무** 연중무휴 **가격** 제품마다 다름 **홈페이지** www.tanghuaseng.com

22 인디 마켓 삔끌라오

Indy Market
ตลาดอินดี้ ปิ่นเกล้า

★★ 자동차 10분

방콕 곳곳에 자리한 인디 마켓 중에서도 인기가 있는 곳이다. 야시장의 90%가량은 음식점. 꼬치, 쁠라텃(생선튀김), 꿍파우(새우구이), 허이크랭(꼬막), 찜쭘(핫팟) 등 태국 요리는 물론 떡볶이와 튀김, 핫도그 등 한국 요리도 인기다. 카우니여우 마무앙, 과일주스 등 디저트류도 다양하다.

지도 P.128A

구글 지도 GPS 13.777312, 100.484442 **찾아가기** MRT 방이칸 역 1번 출구 이용 **주소** 209 Charan Sanit Wong Road **전화** 02-100-6728 **시간** 18:00~24:00 **휴무** 연중무휴 **가격** 가게마다 다름 **홈페이지** 없음

23 창추이 마켓

Chang chui
ช่างชุ่ย

★ 자동차 16분

창추이 마켓의 모토처럼 창추이 마켓에서 '쓸모없는 건 없다(Nothing is Useless)'. 폐자재는 때로 출입구가 되고, 때로 작품이 된다. 마켓 한가운데 대형 에어버스를 중심으로 곳곳에 벽화와 작품이 있어 사진 찍기 좋다. 먹거리, 쇼핑 노점도 몇 곳 들어선다.

지도 P.128A

구글 지도 GPS 13.789211, 100.470534 **찾아가기** 삔끌라오 지역. 카오산에서 7km 거리로 택시 혹은 그랩 이용 **주소** 460/8 Sirindhorn Road **전화** 081-817-2888 **시간** 나이트 마켓 화~일요일 16:00~23:00(크리에이티브 파크 11:00~23:00) **휴무** 월요일 **가격** 제품마다 다름 **홈페이지** www.changchuibangkok.com

AREA

08 RATCHADAMNOEN

[ถนนราชดำเนิน·ดุสิต 민주기념탑 주변

카오산 인근의 보석 같은 볼거리

민주기념탑 주변에는 태국 국왕이 거주하는 두 공간인 왕궁과 두씻을 관통하는 도로가 있다. 드넓은 도로에는 국왕과 왕비의 사진이 걸려 있고, 운이 좋거나(신기한 경험이므로) 나쁘면(맨땅에 무릎을 꿇고 앉아야 하므로), 왕가의 행렬과 마주하게 된다. 왓 랏차낫다람, 왓 쑤탓과 싸오칭차, 왓 싸껫 등 보석 같은 사원은 왕궁 주변에 비해 찾는 이들이 적어 한적하게 돌아볼 수 있다.

인기 ★★★

왕궁과 카오산을 걸어서 여행하지 않는 한 지나치는 경우가 많다.

관광지 ★★★★★

왓 랏차낫다람, 왓 쑤탓과 싸오칭차, 왓 싸껫 등 보석 같은 볼거리가 숨어 있는 곳.

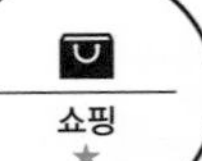

쇼핑 ★

딱히 없다.

식도락 ★★★

팁싸마이는 멀리서도 일부러 찾는 전국구 팟타이 명소.

나이트라이프 ★★

딱히 없다.

혼잡도 ★★

여행자가 많지 않고, 도로가 넓어 한산한 느낌이다. 한적하게 유적을 돌아보기에 좋다.

민주기념탑 주변 교통편

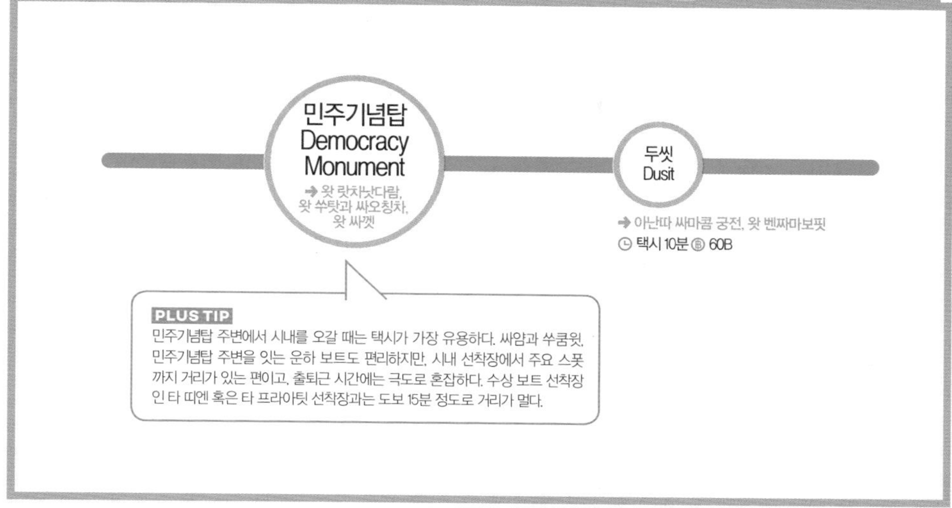

민주기념탑 주변으로 가는 방법

택시
민주기념탑 주변으로 가는 가장 편리한 방법. '타논 랏차담넌 끄랑' 혹은 '왓 싸껫', '싸오칭차' 등 목적지를 말하고 탑승.

운하 보트
판파 리랏 선착장이 민주기념탑과 아주 가깝다. 싸얌, 쑤쿰윗 등 시내에서 갈 때 이용 가능.

민주기념탑 주변 다니는 방법

도보
핵심 볼거리를 5~15분 내에 연결할 수 있다. 가장 속 편한 방법으로 더위를 이겨내는 강인한 체력이 필수다.

뚝뚝
택시보다는 뚝뚝이 많다. 움직이고 있는 뚝뚝을 세워 잡으면 바가지가 덜하다.

택시
시원하고 편리하지만 빈 택시가 많지 않다.

MUST SEE
이것만은 꼭 보자!

No.1

왓 싸껫 Wat Saket
344개 계단을 따라 황금 산으로.

No.2

왓 쑤탓 Wat Suthat과 싸오칭차 Giant Swing
여행의 감성을 자극하는 독특한 구조물.

No.3

왓 랏차낫다람 Wat Ratcha Natdaram
로하 쁘라쌋 꼭대기에 오르자.

MUST EAT
이것만은 꼭 먹자!

No.1

팁싸마이 Thipsamai
ทิพย์สมัย
팟타이 전국구 맛집.

No.2

크루아압쏜 Krua Apsorn
ครัวอัปษร
합리적인 가격과 알찬 요리.

No.3

메타왈라이 썬댕 Methavalai Sorndaeng
เมธาวลัย ศรแดง
품격 있는 식사.

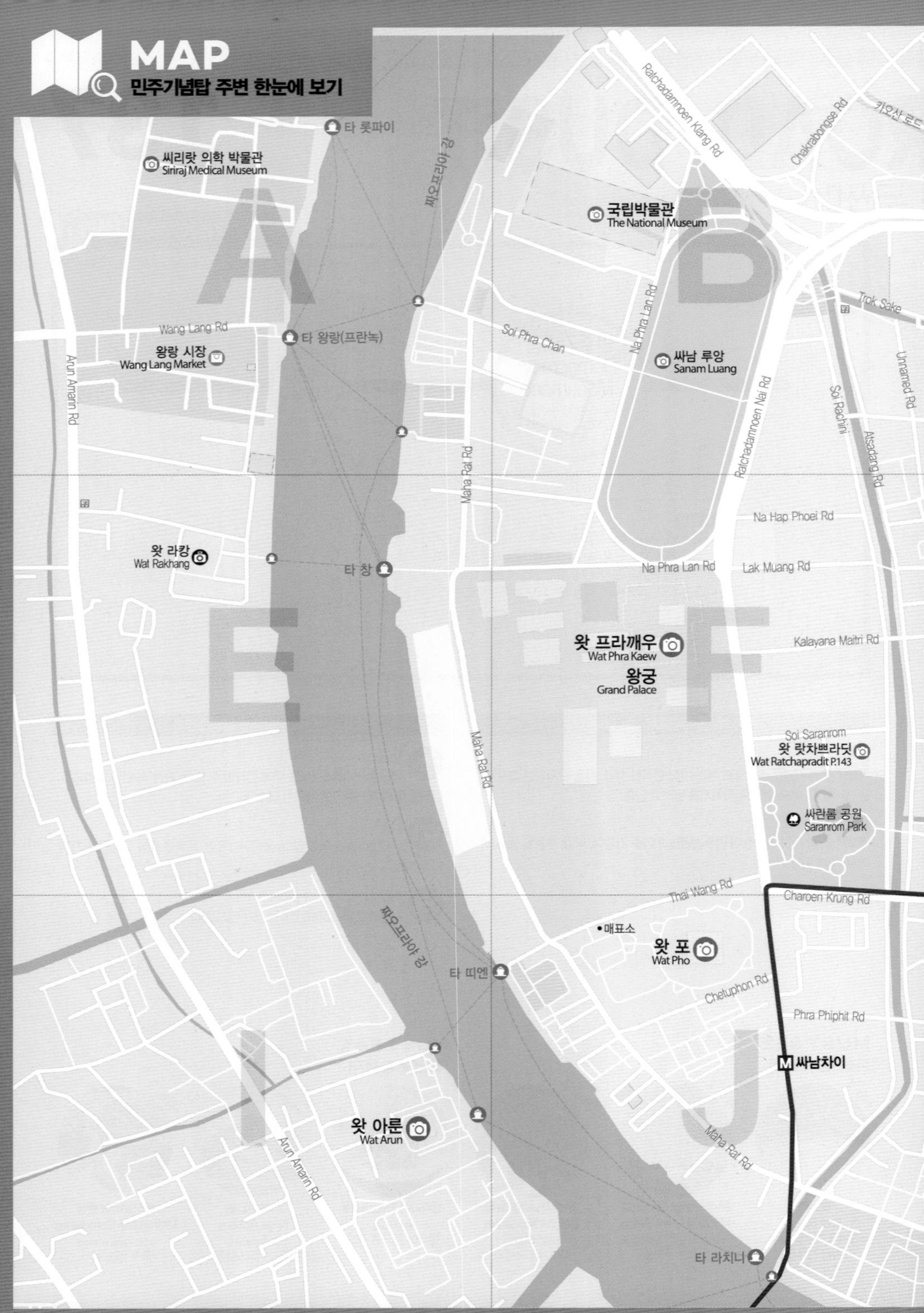

MAP
민주기념탑 주변 한눈에 보기
타 롯파이
씨리랏 의학 박물관
Siriraj Medical Museum
짜오프라야 강
Ratchadamnoen Klang Rd
Chakrabongse Rd
카오산 로드
국립박물관
The National Museum
Trok Sake
Wang Lang Rd
타 왕랑(프란녹)
왕랑 시장
Wang Lang Market
Soi Phra Chan
Na Phra Lan Rd
싸남 루앙
Sanam Luang
Arun Amarin Rd
Ratchadamnoen Nai Rd
Soi Rachini
Unnamed Rd
Atsadang Rd
Maha Rat Rd
Na Hap Phoei Rd
왓 라캉
Wat Rakhang
타 창
Na Phra Lan Rd
Lak Muang Rd
왓 프라깨우
Wat Phra Kaew
왕궁
Grand Palace
Kalayana Maitri Rd
Soi Saranrom
왓 랏차쁘라딧
Wat Ratchapradit P.143
싸란롬 공원
Saranrom Park
Thai Wang Rd
Charoen Krung Rd
짜오프라야 강
매표소
왓 포
Wat Pho
타 띠엔
Chetuphon Rd
Phra Phiphit Rd
싸남차이
왓 아룬
Wat Arun
Arun Amarin Rd
Maha Rat Rd
타 라치니

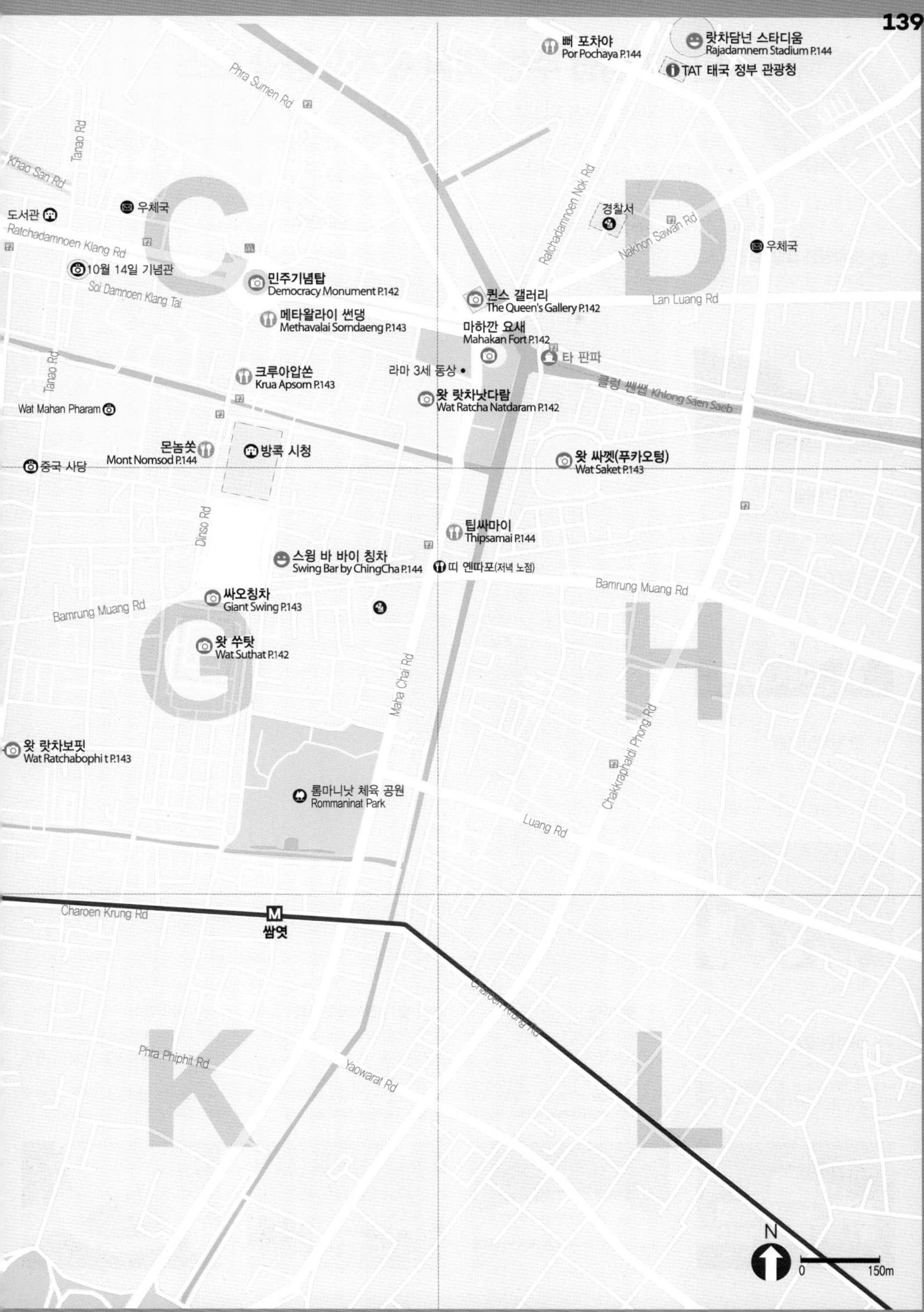

빠 포차야
Por Pochaya P.144
랏차담넌 스타디움
Rajadamnern Stadium P.144
TAT 태국 정부 관광청
Phra Sumen Rd
Tanao Rd
Khao San Rd
Ratchadamnoen Nok Rd
경찰서
Nakhon Sawan Rd
우체국
도서관
우체국
Ratchadamnoen Klang Rd
10월 14일 기념관
Soi Damnoen Klang Tai
민주기념탑
Democracy Monument P.142
퀸스 갤러리
The Queen's Gallery P.142
Lan Luang Rd
메타왈라이 썬댕
Methavalai Sorndaeng P.143
마하깐 요새
Mahakan Fort P.142
타 판파
라마 3세 동상
크루아압쏜
Krua Apsorn P.143
클롱 쌘쌥 Khlong Saen Saeb
Tanao Rd
Wat Mahan Pharam
왓 랏차낫다람
Wat Ratcha Natdaram P.142
몬놈쏫
Mont Nomsod P.144
방콕 시청
왓 싸껫(푸카오텅)
Wat Saket P.143
중국 사당
Dinso Rd
팁싸마이
Thipsamai P.144
스윙 바 바이 칭차
Swing Bar by ChingCha P.144
띠 옌따포(저녁 노점)
Bamrung Muang Rd
싸오칭차
Giant Swing P.143
Bamrung Muang Rd
왓 쑤탓
Wat Suthat P.142
Maha Chai Rd
Chakkraphatdi Phong Rd
왓 랏차보핏
Wat Ratchabophi t P.143
롬마니낫 체육 공원
Rommaninat Park
Luang Rd
Charoen Krung Rd
M
쌈엿
Charoen Krung Rd
Phra Phiphit Rd
Yaowarat Rd
N
0
150m

민주기념탑 주변 핵심 볼거리 공략 코스

카오산 로드에서 걸어서 오는 코스로, 시내에서 갈 경우에는 택시를 타고 시작 지점에 하차하면 된다. 운하 보트를 탄다면 왓 싸껫을 먼저 방문해도 괜찮다. 싸오칭차에서 5시경에 일정을 마무리하면 인근 루프톱 바인 스윙 바를 코스에 넣을 수 있다.

S 랏차담넌 끄랑 로드
Ratchadamnoen Klang Road

민주기념탑으로 직진 → 민주기념탑 도착

1 민주기념탑
Democracy Monument

→ 민주기념탑에서 라마 3세 공원 쪽으로 직진, 공원 뒤편 → 왓 랏차낫다람 도착

2 왓 랏차낫다람
Wat Ratcha Natdaram

시간 08:00~17:00

→ 라마 3세 공원 맞은편 → 마하깐 요새 도착

3 마하깐 요새
Mahakan Fort

→ 다리 건너 우회전. 왓 싸껫(푸카오텅)으로 들어가는 입구가 보인다. → 왓 싸껫 도착

4 왓 싸껫
Wat Saket

시간 07:00~17:30

→ 왔던 길 반대쪽으로 가 밤룽무앙 로드(Bamrung Muang Road)로 진입해 우회전. 자이언트 스윙이 보일 때까지 걷는다. → 싸오칭차 도착

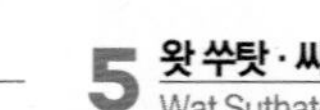

5 왓 쑤탓·싸오칭차
Wat Suthat·Giant Swing

시간 08:30~21:00

→ 밤룽무앙 로드로 되돌아가다가 마하 차이 로드(Maha Chai Road)로 좌회전해 약 80m 오른쪽 → 팁싸마이 도착

6 팁싸마이
Thipsamai ทิพย์สมัย

시간 수~월요일 09:00~24:00 휴무 화요일

→ 방콕 시청 방면으로 이동 → 스윙 바이 칭차 도착

코스 무작정 따라하기 START
S. 랏차담넌 끄랑 로드
400m, 도보 5분
1. 민주기념탑
500m, 도보 6분
2. 왓 랏차낫다람
300m, 도보 4분
3. 마하깐 요새
600m+344계단, 도보 18분
4. 왓 싸껫
850m+344계단, 도보 20분
5. 왓 쑤탓 · 싸오칭차
450m, 도보 5분
6. 팁싸마이
400m, 도보 5분
7. 스윙 바 바이 칭차
Finish

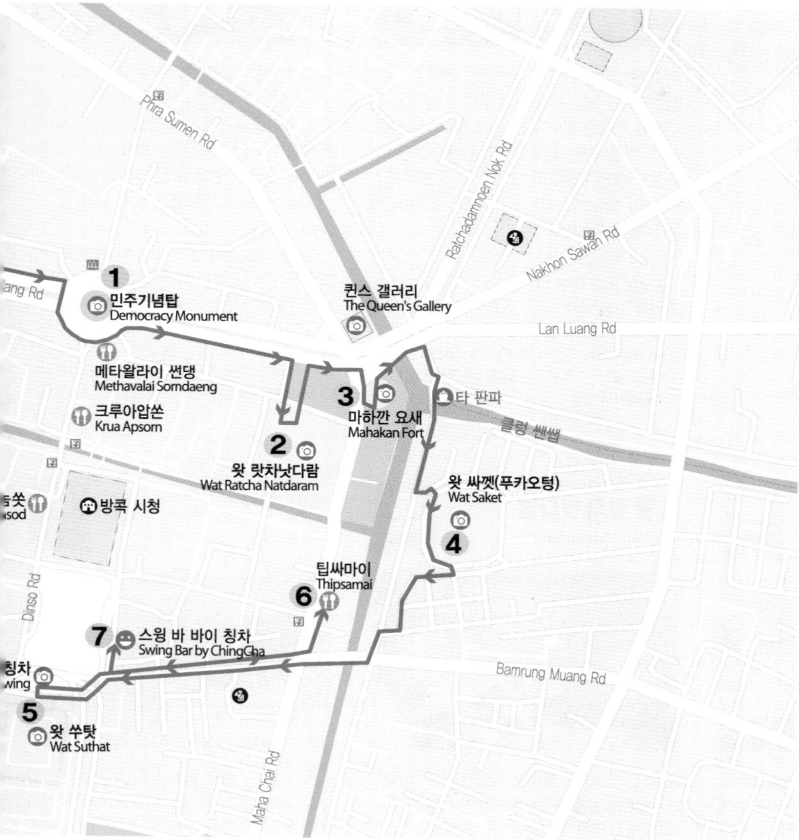

Phra Sumen Rd
Ratchadamnoen Nok Rd
Nakhon Sawan Rd
Lan Luang Rd
Bamrung Muang Rd
Dinso Rd
Maha Chai Rd
1 민주기념탑 Democracy Monument
퀸스 갤러리 The Queen's Gallery
메타왈라이 썬댕 Methavalai Sorndaeng
크루아압쏜 Krua Apsorn
2 왓 랏차낫다람 Wat Ratcha Natdaram
3 마하깐 요새 Mahakan Fort
타 판파
클렁 쌘쌥
왓 싸껫(푸카오텅) Wat Saket
4
방콕 시청
팁싸마이 Thipsamai
6
7 스윙 바 바이 칭차 Swing Bar by ChingCha
5 왓 쑤탓 Wat Suthat

7 스윙 바 바이 칭차

Swing Bar by ChingCha

시간 17:00~23:00

ZOOM IN

민주기념탑

태국 국왕이 거주하는 왕궁과 두씻을 연결하는 광활한 도로가 있어 웅장하다. 국왕과 왕비의 사진이 걸린 거리는 방콕을 처음 방문한 이들에게 생소한 풍경으로 다가온다.

1 민주기념탑

Democracy Monument

타논 랏차담넌 끄랑 중간에 있는 24m 높이의 탑. 1932년 6월 24일, 절대 왕정이 붕괴되고 헌법을 제정한 민주 혁명을 기념하기 위해 세웠다. 가운데에는 민주주의를 위해 희생한 이들을 기리는 위령탑이 있으며, 그 주변에 4기의 탑이 자리한다. 탑의 높이는 모두 24m로 6월 24일을 상징한다.

지도 P.139C
구글 지도 GPS 13.756672, 100.501902 **찾아가기** 랏차담넌 로드 중앙, 카오산 로드 차나 쏭크람 경찰서에서 750m, 도보 9분 **주소** Ratchadamnoen Klang Road **전화** 없음 **시간** 24시간 **휴무** 연중무휴 **가격** 무료입장 **홈페이지** 없음

2 퀸스 갤러리

The Queen's Gallery

씨리낏 여왕이 2003년에 세운 미술관이다. 유명 작가들의 작품과 아직 잘 알려지지 않은 신인 작가들의 작품을 함께 전시하는 것이 특징. 5층 규모의 전시관에는 회화, 사진, 설치미술 등의 작품이 층별로 전시돼 있다. 전시 관련 내용은 홈페이지를 통해 알 수 있다.

지도 P.139D
구글 지도 GPS 13.756439, 100.505196 **찾아가기** 랏차담넌 민주기념탑 로터리에서 시내 방면으로 350m, 도보 4분 **주소** 101 Ratchadamnoen Klang Road **전화** 02-281-5360~1 **시간** 목~화요일 10:00~19:00 **휴무** 수요일 **가격** 50B **홈페이지** www.queengallery.org

3 마하깐 요새

Mahakan Fort

라마 1세 때 지었으며 1959년과 1981년에 두 차례에 걸쳐 보수했다. 마하깐 요새는 도시 북동쪽 경계를 담당했다. 요새 동쪽에는 방콕의 성벽과 도시 외곽을 연결하던 판파 다리가 있다. 다리 밑으로 흐르는 운하가 라마 1세가 방콕을 수도로 정할 당시의 도시 경계인 셈이다.

지도 P.139D
구글 지도 GPS 13.755622, 100.505557 **찾아가기** 라마 3세 공원 옆, 판파 다리(Phanfa Bridge) 건너기 전 마하차이 로드(Maha Chai Road) 코너에 보이는 하얀색 요새, 민주기념탑에서 시내 방면으로 350m, 도보 5분 **주소** Ratchadamnoen Klang Road와 Maha Chai Road 교차로 **전화** 없음 **시간** 24시간 **휴무** 연중무휴 **가격** 무료입장 **홈페이지** 없음

4 왓 랏차 낫다람

Wat Ratcha Natdaram

★★★
도보 5분

철의 신전으로도 불리는 첨탑인 로하 쁘라쌋(Loha Prasat)을 품은 사원이다. 첨탑은 해탈에 이르기 위한 37개의 선행을 의미해 모두 37개로 구성된다. 내부는 미로처럼 이어지며, 탑의 꼭대기까지는 계단을 통해 오를 수 있다. 인근 풍경이 막힘없이 펼쳐지는 보석 같은 공간이다.

1권 P.053 **지도** P.139C · D
구글 지도 GPS 13.754733, 100.504596 **찾아가기** 랏차담넌 로드 민주기념탑에서 시내 방면으로 350m, 도보 5분 **주소** 2 Maha Chai Road **전화** 02-222-9807 **시간** 08:00~17:00 **휴무** 연중무휴 **가격** 20B **홈페이지** 없음

5 왓 쑤탓

Wat Suthat

라마 1세가 건축한 왕실 사원. 1807년에 만들기 시작해 라마 3세 때 완공했다. 1843년 라마 3세 때 지은 본당은 서양의 건축 기술을 도입해 22.6m 높이로 지었다. 내부에는 14세기 쑤코타이에서 만든 8m 높이의 불상이 안치돼 있다.

1권 P.052 **지도** P.139G
구글 지도 GPS 13.751446, 100.501143 **찾아가기** 방콕 시청 광장 맞은편, 랏차담넌 로드 민주기념탑에서 550m, 도보 7분 **주소** 144 Bamrung Muang Road **전화** 02-622-3433 **시간** 08:30~21:00 **휴무** 연중무휴 **가격** 100B **홈페이지** 없음

6 싸오칭차
Giant Swing

★★★ 도보 7분

왓 쑤탓 앞에 놓인 문처럼 생긴 붉은색 기둥. 대형 그네 싸오칭차의 흔적인데, 멋진 자태 덕분에 방콕의 사진 포인트로 꼽힌다. 매년 음력 2월 시바를 맞이하는 그네 타기 행사를 열었으나 사고가 빈번히 발생하며 1930년대부터 사용을 금지했다. 지금은 붉은색 그네 틀만 남아 있다.

1권 P.070 **지도** P.139G
구글 지도 GPS 13.751810, 100.501230 **찾아가기** 방콕 시청 광장 맞은편, 랏차담넌 로드 민주기념탑에서 550m, 도보 7분 **주소** Bamrung Muang Road **전화** 088-616-5297 **시간** 24시간 **휴무** 연중무휴 **가격** 무료입장 **홈페이지** 없음

7 왓 싸껫
Wat Saket

★★★ 도보 9분

90m 높이의 인공 언덕인 푸카오텅에 자리한 사원이다. 언덕 꼭대기에 황금빛 쩨디가 있어 황금 산(Golden Mount)으로도 불린다. 사원으로 오르려면 344개의 계단을 올라야 한다. 조금 힘들지만 언덕 위 조망은 힘든 시간을 보상한다.

1권 P.054 **지도** P.139D · H
구글 지도 GPS 13.753801, 100.506662 **찾아가기** 랏차담넌 로드 민주기념탑에서 시내 방면으로 가다가 판파 다리를 건넌다. 700m, 도보 9분. **주소** 344 Chakkraphatdiphong Road **전화** 02-621-2280 **시간** 07:00~17:30 **휴무** 연중무휴 **가격** 100B **홈페이지** ww.facebook.com/watsraket

8 왓 랏차보핏
Wat Ratchabophit

★★★ 도보 14분

라마 5세가 유럽 방문 후 조성해 유럽 양식이 혼재된 사원이다. 사원의 중앙에는 높은 쩨디가 자리하고, 쩨디를 중심으로 우보쏫과 위한이 원형으로 배치돼 있다. 불상을 모신 우보쏫의 외관은 전형적인 태국 양식이지만, 내부는 유럽풍으로 꾸몄다.

지도 P.139G
구글 지도 GPS 13.749155, 100.497340 **찾아가기** 랏차담넌 로드 민주기념탑에서 방콕 시청 방면으로 걷다가 싸오칭차가 보이면 우회전, 밤룽 무앙 로드(Bamrung Muang Road)를 300m 걸어 프엉나콘 로드(Fuang Nakhon Road)로 좌회전, 1.1km, 도보 14분 **주소** Atsadang Road **전화** 02-222-3930 **시간** 09:00~17:00 **휴무** 연중무휴 **가격** 무료입장 **홈페이지** 없음

9 왓 랏차쁘라딧
Wat Ratchapradit

★★★ 도보 15분

19세기 중반 라마 4세 때 왕실 행사를 위해 아유타야에 있는 사원을 본떠 만든 사원. 대리석, 자개, 목조 조각을 혼합 구성해 태국과 유럽 요소를 가미해 만든 내부 벽화가 볼거리다. 19세기 방콕 사람들의 생활상과 싸오칭차를 타고 행사하던 내용이 그려져 있다.

지도 P.138F
구글 지도 GPS 13.749533, 100.495490 **찾아가기** 랏차담넌 로드 민주기념탑에서 방콕 시청 방면으로 걷다가 싸오칭차가 보이면 우회전, 밤룽 무앙 로드(Bamrung Muang Road)를 따라 500m 걷다가 다리 건너 좌회전, 1.2km, 도보 15분 **주소** 2 Soi Saranrom **전화** 02-622-2076 **시간** 09:00~19:00 **휴무** 연중무휴 **가격** 무료입장 **홈페이지** www.facebook.com/Watrajapradit

10 크루아압쏜
Krua Apsorn
ครัวอัปษร

★★★ 도보 1분

태국 왕실에서도 방문하던 곳으로 소문난 현지 식당이다. 추천 요리는 머드 크랩을 직접 발라 요리하는 느어뿌팟퐁까리. 접시가 작지만 알차고 양이 많다.

1권 P.111, 141 **지도** P.139C
구글 지도 GPS 13.755281, 100.501562 **찾아가기** 방람푸 민주기념탑 로터리에서 딘써 로드를 따라 110m, 도보 1분 **주소** 169 Dinso Road **전화** 02-685-4531, 080-550-0310 **시간** 월~토요일 10:30~19:30 **휴무** 일요일 **가격** 느어뿌팟퐁까리(Stir-fried Crab Meat with Curry Powder) 530B, 쏨땀타이(Papaya Salad) 80B **홈페이지** www.facebook.com/kruaapsorn

느어뿌팟퐁까리 530B

11 메타왈라이 썬댕
Methavalai Sorndaeng
เมธาวลัย ศรแดง

★★★ 도보 1분

1957년에 설립한 태국 정통 레스토랑으로 자극적이지 않은 방콕 본연의 맛을 선보인다. 서빙 복장에서부터 격식이 느껴지며, 정통가요를 라이브로 들려준다.

1권 P.140 **지도** P.139C
구글 지도 GPS 13.756110, 100.502088 **찾아가기** 민주기념탑이 바라보이는 랏차담넌 끌랑 로드 **주소** 78/2 Ratchadamnoen Klang Road **전화** 02-224-3088 **시간** 10:30~22:00 **휴무** 연중무휴 **가격** 팟키마우탈레(Stir-fried Seafood with Holy Basil and Chili) 320 · 480B, 팍붕팟까삐(Stir-fried Morning Glory with Shrimp Paste Sauce) 160 · 240B +17% **홈페이지** www.facebook.com/methavalaisorndaeng

12 몬놈솟

★★★ 도보 3분

Mont Nomsod
มนต์นมสด

1964년에 문을 연 전통 디저트 가게. 빵을 달콤한 소스에 찍어 먹는 카놈빵과 토핑 시럽을 얹은 토스트인 카놈빵삥이 대표 메뉴다. 빵과 함께 즐기는 우유는 설탕을 넣거나 뺄 수 있으며, 차게 혹은 뜨겁게 즐길 수 있다.

1권 P.176 지도 P.139C
구글 지도 GPS 13.754193, 100.501175 **찾아가기** 랏차담넌 로드 민주기념탑에서 방콕 시청 방면으로 260m, 도보 3분 **주소** 160/1–3 Dinso Road **전화** 02–224–1147 **시간** 13:00~22:00 **휴무** 연중무휴 **가격** 놈솟(Milk) 35~50B, 카놈빵삥(Toasted Bread) 20·25B, 카놈빵(Steamed Bread) 70B **홈페이지** www.mont-nomsod.com

카놈빵삥 20~25B

13 팁싸마이

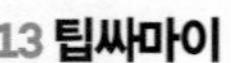

★★★ 도보 8분

Thipsamai
ทิพย์สมัย

방콕 최고의 팟타이 집으로 소문난 곳. 1966년에 지금의 자리에 문을 열었다. 메뉴는 팟타이가 전부지만 종류는 다양하다. 사진과 영어 설명을 곁들인 메뉴를 보고 고르면 된다. 싸얌 파라곤과 아이콘 싸얌에도 매장이 있다.

1권 P.114, 126 지도 P.139H
구글 지도 GPS 13.752777, 100.504839 **찾아가기** 민주기념탑에서 시내 방향으로 가다가 라마 3세 공원이 보이면 우회전 **주소** 313–315 Maha Chai Road **전화** 02–226–6666 **시간** 수~월요일 09:00~24:00 **휴무** 화요일 **가격** 팟타이 90B~, 남쏨칸쏫(Fresh Orange Juice) 99·160B +10% **홈페이지** www.thipsamai.com/public

팟타이 탐마다 90B

14 뻐 포차야

★★★ 도보 12분

Por Pochaya
ป.โภชยา

미쉐린 가이드 빕 구르망에 선정된 로컬 맛집. 가격이 합리적이고 맛있어 단골손님이 많다. 휴일에 쉬며, 주중에도 영업시간이 짧은 편이다.

1권 P.132 지도 P.139D
구글 지도 GPS 13.760386, 100.506426 **찾아가기** 쌈쎈 방면 위쑷까쌋 로드 **주소** 654–656 Wisut Kasat Road **전화** 02–282–4363 **시간** 월~금요일 09:00~14:30 **휴무** 토~일요일 **가격** 팟끄라파오무(Stir Fried Pork with Sweet Basil) 80B, 팟팍루엄밋(Stir Red Baby Corn, Mushroom and Vegetable in Soy Bean Sauce) 50B, 똠얌루엄밋(Hot and Sour Soup_Seafood Combination and Mushroom) 120·150B, 카이찌여우뿌(Scrambled Egg with Crab Meat) 80B **홈페이지** 없음

15 스윙 바 바이 칭차

★★ 도보 6분

Swing Bar by ChingCha

싸오칭차를 조망하며 자리한 루프톱 바. 칭차 호스텔 루프톱에 2층 구조로 마련돼 있다. 인근에 높은 건물이 거의 없어 앞쪽으로는 싸오칭차, 뒤쪽으로는 왓 랏차낫다람과 왓 싸껫이 잘 보인다. 해 질 녘 풍경과 야경을 함께 즐기려면 문 여는 시간에 맞춰 방문하는 게 좋다.

지도 P.139G
구글 지도 GPS 13.752477, 100.502185 **찾아가기** 방콕 시청 광장과 인접한 씨리퐁 로드 **주소** 88/4–89, Siri Phong Road **전화** 063–231–2017 **시간** 17:00~23:00 **휴무** 연중무휴 **가격** 병맥주 100B~, 칵테일 160B~ **홈페이지** www.facebook.com/SwingBarBangkok

16 랏차담넌 스타디움

★★★ 택시 6분

Rajadamnern Stadium

방콕 최초의 무에타이 경기장으로, 1945년부터 경기가 열렸다. 왕실의 후원으로 운영하는 곳이라 룸피니에 비해 엄숙한 분위기가 특징이다. 현대적인 시설을 갖춘 무에타이 경기장 중 하나이며 약 1만 명을 수용하는 거대한 규모를 자랑한다.

1권 P.203 지도 P.139D
구글 지도 GPS 13.761003, 100.508651 **찾아가기** 민주기념탑 근처 폼 마하깐에서 랏차담넌 녹 로드 방면으로 600m, 민주기념탑에서 택시 이용 1km, 도보로 이동 시 14분 소요 **주소** Ratchadamnoen Nok Road **전화** 02–281–4205 **시간** 월·화·금·토요일 19:00, 수·목요일 18:00, 일요일 10:00, 18:00 **휴무** 연중무휴 **가격** 1500~3500B **홈페이지** rajadamnern.com

ZOOM IN

두씻 라마 5세 동상

현재 두씻 지역의 핵심 볼거리는 왓 벤짜마보핏이다. 아난따 싸마콤 궁전과 위만멕 궁전이 있는 두씻 정원의 볼거리는 대부분 폐쇄됐다.

1 아난따 싸마콤 궁전

Ananta Samagom Throne Hall
※ 현재 공사 중 입장 불가

★★★ 도보 5분

라마 5세 때 건설하기 시작해 라마 6세 때인 1925년에 완공된 유럽풍 건물. 단일 건물로는 태국에서 가장 큰 궁전이다. 입장하려면 카메라를 포함한 모든 물건을 로커에 보관해야 한다. 드레스 코드도 엄격하다. 여성은 긴치마가 필수이며 50B에 싸롱을 판매한다.

지도 P.145B
구글 지도 GPS 13.771668, 100.513163 **찾아가기** 라마 5세 동상 뒤쪽에 보이는 건물. 동상 오른쪽 길인 우텅 나이(Uthong Nai) 길을 따라 두씻 동물원 쪽으로 가면 입구가 보인다. 450m, 도보 5분. **주소** Soi Uthong Nai **전화** 02-283-9411 **시간** 10:00~16:00(매표 마감 15:30) **휴무** 연중무휴 **가격** 150B, 왕궁 입장권 소지 시 7일 이내 무료 **홈페이지** www.artsofthekingdom.com

2 위만멕 궁전

Vimanmek Palace
※ 현재 공사 중 입장 불가

★★★ 도보 15분

세계에서 가장 큰 티크목 건물로 유명하다. 못을 하나도 사용하지 않았으며, 내부에는 모두 81개의 방을 만들었다. 내부에 들어가려면 카메라를 포함한 모든 물건을 로커에 보관해야 한다. 드레스 코드도 엄격하다. 여성은 긴치마가 필수이며 50B에 싸롱을 판매한다.

지도 P.145A
구글 지도 GPS 13.774593, 100.512534 **찾아가기** 라마 5세 동상 오른쪽 길, 두씻 동물원 끝에서 랏차위티 로드(Ratchawithi Road)로 좌회전, 1.3km, 도보 15분 **주소** 16 Ratchawithi Road **전화** 02-628-6300 **시간** 09:30~16:00(매표 마감 15:30) **휴무** 연중무휴 **가격** 150B, 왕궁 입장권 소지 시 7일 이내 무료 **홈페이지** 없음

3 왓 벤짜마보핏

Wat Benchamabophit

★★★ 도보 6분

라마 5세가 두씻 지역에 궁전을 건설하며 함께 만든 사원이다. 건물의 주재료가 대리석이라 '대리석 사원'으로도 불린다. 이탈리아에서 수입한 대리석을 사용하고, 사원 내부 창을 스테인드글라스로 꾸미는 등 유럽의 건축양식을 혼합했다.

1권 P.055 지도 P.145B
구글 지도 GPS 13.766541, 100.514125 **찾아가기** 라마 5세 기념상을 등지고 나와 좌회전해 시내 방면으로 500m, 도보 6분 **주소** 69 Nakhon Phathom **전화** 02-282-2667, 02-281-7825, 02-282-5591, 02-904-6177 **시간** 08:00~17:00 **휴무** 연중무휴 **가격** 20B **홈페이지** www.dhammathai.org

4 테웻 시장

Thewet Market

★ 도보 13분

생선, 육류, 채소, 과일, 현지 식품 등을 판매하는 현지인을 위한 시장이다. 여행자가 구매할 만한 제품은 과일 정도. 슈퍼마켓에 비해 몇 배 저렴하다. 테웻 선착장에서 출발한다면 400m 직진한 후 다리가 보이면 좌회전하면 된다.

1권 P.245 지도 P.145B
구글 지도 GPS 13.770292, 100.504188 **찾아가기** 라마 5세 동상 왼쪽 길. 아난따 싸마콤 궁전을 오른쪽에 두고 쌈쎈 로드가 나올 때까지 직진한다. 쌈쎈 로드가 나오면 좌회전해 120m. 오른쪽에 시장 입구가 보인다. **주소** Samsen Road **전화** 가게마다 다름 **시간** 05:00~19:00 **휴무** 연중무휴 **가격** 가게마다 다름 **홈페이지** 없음

A R E A

09 SAMSEN · TH

[สามเสน·เทเวศร์ 쌈쎈 · 테웻]

카오산과 이어진 여행자 거리

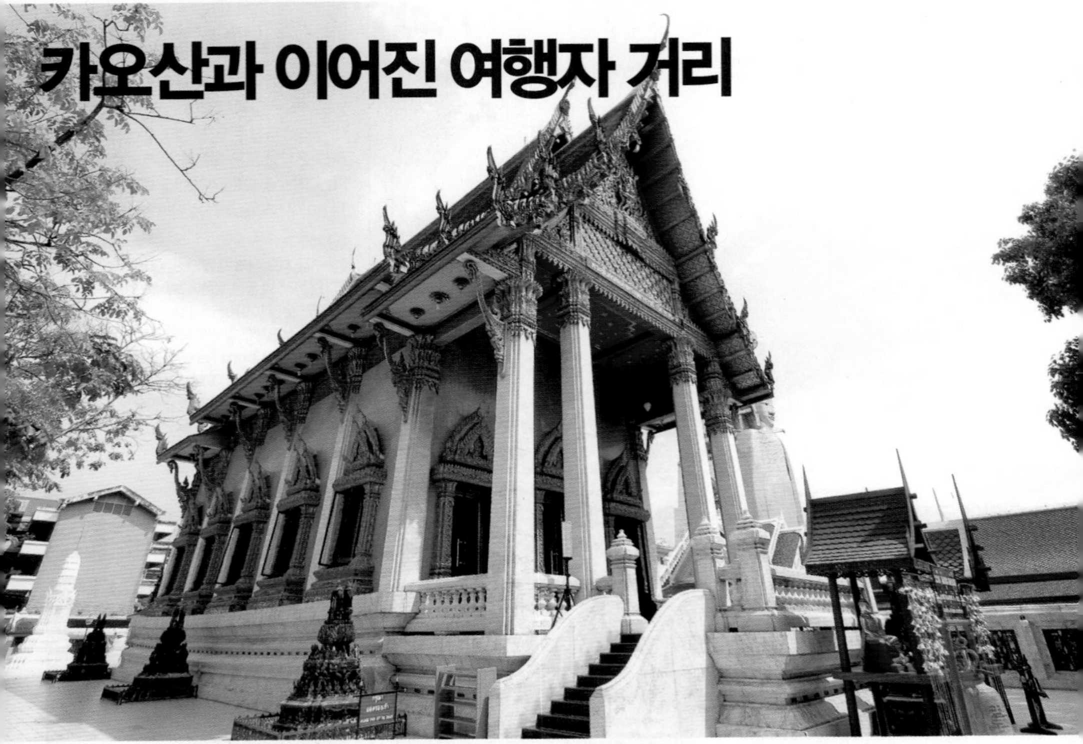

쌈쎈과 테웻만 따로 떼어 여행하기에는 부족하지만, 카오산과 연계해 여정을 꾸리기에는 손색이 없다. 카오산이 점점 확장되며 카오산보다 조금 더 고즈넉하고, 조금 더 저렴하게 둘러볼 수 있는 쌈쎈과 테웻까지 여행자들의 발길이 이어지고 있다. 곳곳에 숨은 맛집과 멋집은 쌈쎈과 테웻을 찾아야 할 또 하나의 이유다.

카오산을 오가며 즐겨 찾는 동네.

왓 인타라위한이 대표 볼거리. "빅 부다"라고 외치며 호객하는 뚝뚝 기사를 주의할 것.

숙소와 식당, 마사지 숍은 많지만 쇼핑 상점은 거의 없다.

가정적인 분위기의 식당이 꽤 있다. 밀집도에 비해 맛집이 많은 편.

짜오프라야 강을 조망하는 레스토랑은 라마 8세 다리에 조명이 켜지는 저녁에 찾기 좋다.

카오산 로드와 가깝지만 훨씬 고즈넉하다.

쌈쎈 · 테웻 교통편

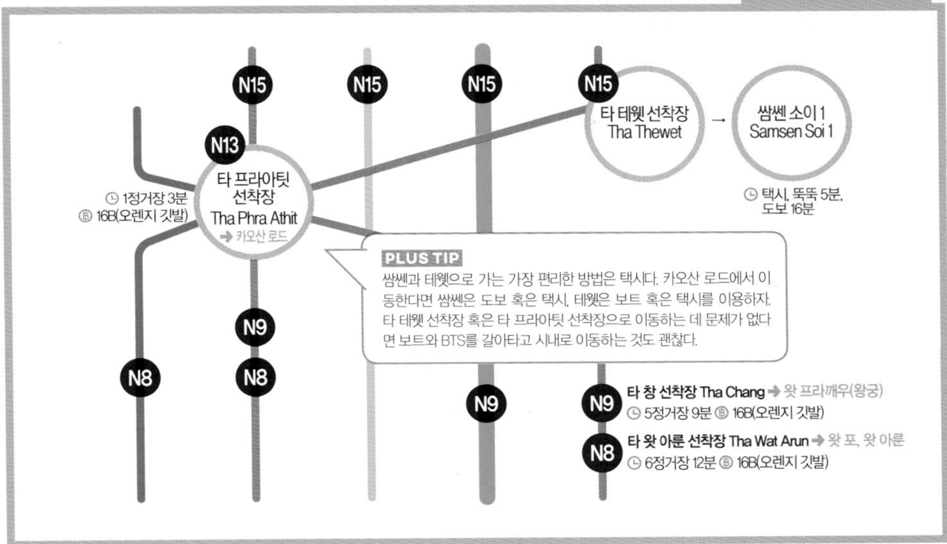

PLUS TIP
쌈쎈과 테웻으로 가는 가장 편리한 방법은 택시다. 카오산 로드에서 이동한다면 쌈쎈은 도보 혹은 택시, 테웻은 보트 혹은 택시를 이용하자. 타 테웻 선착장 혹은 타 프라아팃 선착장으로 이동하는 데 문제가 없다면 보트와 BTS를 갈아타고 시내로 이동하는 것도 괜찮다.

쌈쎈 · 테웻으로 가는 방법

택시
쌈쎈과 테웻을 다니는 가장 유용한 교통수단. '쌈쎈 쏘이 능(1)', '타 테웻' 등 목적지를 말하고 탑승하면 된다. 카오산 로드와 민주기념탑 인근을 오간다면 50B, 시내에서는 100~150B가량 나온다.

수상 보트
선착장과 목적지가 가까운 경우 유용하다. 쌈쎈은 타 프라이팃 혹은 타 프라람 8, 테웻은 타 테웻 선착장 하차.

뚝뚝
카오산, 민주기념탑 인근에서 쌈쎈과 테웻을 오가는 뚝뚝이 많다. 추억 만들기에는 좋지만 택시보다 느리고 가격이 비싸다는 게 함정.

쌈쎈 · 테웻 지역 다니는 방법

도보
쌈쎈과 테웻 사이를 이동할 때는 걷는 게 편하다. 도보 10분 이내, 멀어도 20분 정도 거리다.

택시
빈 택시가 보이면 바로 탑승하자. 미터를 이용하면 기본요금 거리다.

뚝뚝
택시보다는 뚝뚝이 많다. 참고로 서 있는 뚝뚝을 타려면 흥정이 필요하다. 테웻의 골목에서 쌈쎈까지 기본요금 거리를 80~100B까지 부르기도 한다.

MUST EAT
이것만은 꼭 먹자!

No.1

쏨쏭 포차나
สมทรงโภชนา
현지인들이 특히 사랑하는 곳.

No.2
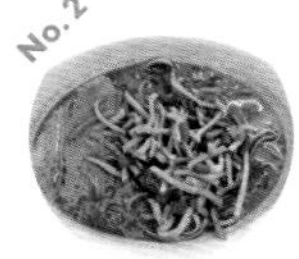
카우쏘이 치앙마이 쑤팝(짜우까우)
ข้าวซอยเชียงใหม่ สภาพ(เจ้าเก่า)
북부의 향기가 물씬.

No.3

쪽 포차나 Jok Phochana
โจ๊ก โภชนา
저렴하고 한국인에게 호의적인 현지 식당.

MUST DO
이것만은 꼭 해보자!

No.1

애드히어 서틴스 블루스 바 Adhere 13th Blues Bar
작아서 더욱 좋은 아늑한 공간.

MAP
쌈쎈·테웻 한눈에 보기

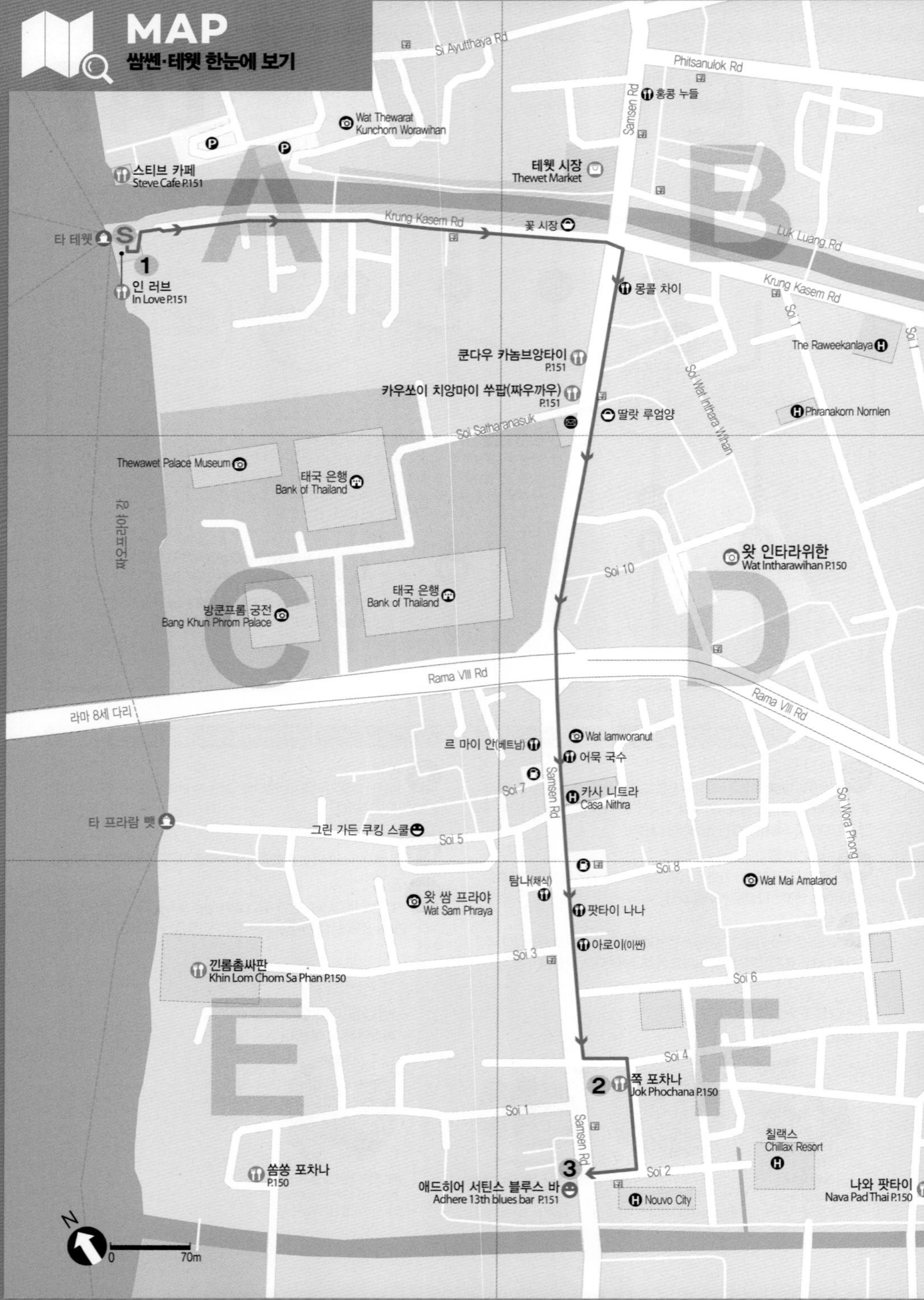

COURSE 1

카오산과 연계할 수 있는 쌈쎈·테웻 저녁 코스

카오산과 연계해 저녁을 보낼 수 있는 코스를 소개한다. 해가 지기 전인 오후 5~6시경 타 프라아팃 선착장에서 보트를 탑승해 타 테웻 선착장으로 이동하면 된다. 쏨쏭 포차나, 카우쏘이 치앙마이 쑤팝 등 추천 업소는 낮에 개별적으로 방문하길 권한다.

코스 무작정 따라하기
START

S. 타 테웻 선착장
바로, 도보 1분
1. 인 러브
1.2km, 택시 5분
2. 쪽 포차나
150m, 도보 2분
3. 애드히어 서틴스 블루스 바
Finish

S 타 테웻 선착장
Tha Thewet

선착장에서 하차해 바로 → 인 러브 도착

1 인 러브
In Love

시간 11:00~24:00

→ 인 러브 앞에 택시와 뚝뚝이 늘 대기하고 있다. 택시 탑승 후 쌈쎈 쏘이 4 하차. 골목으로 들어가 우회전 → 쪽 포차나 도착

2 쪽 포차나
Jok Phochana โจ๊ก โภชนา

시간 월~화 · 토요일 15:30~23:30, 수~금요일 16:00~23:30 휴무 일요일

→ 가게에서 나와 오른쪽 쌈쎈 쏘이 2로 진입해 우회전해 길을 건넌다. → 애드히어 서틴스 블루스 바 도착

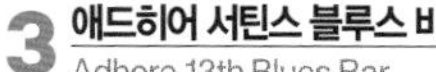

3 애드히어 서틴스 블루스 바
Adhere 13th Blues Bar

시간 18:00~24:00

ZOOM IN

쌈쎈 다리

프라쑤멘 로드와 누보 시티 호텔을 잇는 방람푸 운하 다리. 일반적으로 운하를 기준으로 카오산과 쌈쎈을 구분한다.

1 왓 인타라위한

Wat Intharawihan

★★★ 도보 9분

높이 32m의 대형 불상이 있어 '빅 부다' 사원으로 불린다. 루앙 퍼또라 불리는 대형 불상은 라마 4세 때인 1867년에 건설하기 시작해 60년이 걸려 완성됐다. 불상을 만들 때 24K 황금이 소요됐으며, 불상의 머리 부분에는 부처의 사리를 모셨다.

1권 P.056 **지도** P.148D

구글 지도 GPS 13.766308, 100.502361 **찾아가기** 쌈쎈 다리에서 쌈쎈 로드로 550m 직진. 관광 안내 부스가 있는 사거리가 나오면 우회전해 150m. 왼쪽에 사원으로 들어가는 골목이 있다. 다른 지역에서 갈 경우 택시 이용. 쌈쎈 쏘이 10에 하차해 골목 안쪽. **주소** 144 Wat Inthara Wihan **전화** 02-628-9989 **시간** 08:30~20:00 **휴무** 연중무휴 **가격** 무료입장 **홈페이지** 없음

2 쪽 포차나

Jok Phochana

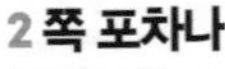

★★★ 도보 2분

카오산 로드에 머무는 여행자들이 즐겨 찾는 곳으로, 입구에 한국어를 적어놓아 어렵지 않게 찾을 수 있다. 대표 요리는 옐로 카레에 볶은 게 요리인 뿌팟퐁까리. 한국어 메뉴에는 '게 커리'라 적혀 있다. 머드 크랩 대신 블루 크랩을 사용하지만 맛은 괜찮다.

1권 P.110, 131 **지도** P.148F

구글 지도 GPS 13.763610, 100.499596 **찾아가기** 쌈쎈 다리를 건너 오른쪽 첫 번째 골목인 쌈쎈 쏘이 2에서 우회전한 후 왼쪽 첫 번째 골목으로 좌회전 **주소** 96-98 Samsen Soi 2 **전화** 088-890-5263 **시간** 월~화요일·토요일 15:30~23:30, 수~금요일 16:00~23:30 **휴무** 일요일 **가격** 게 커리 380B, 모닝글로리 60B, 쏨땀 50B

게 커리 380B

3 쏨쏭 포차나

★★★ 도보 5분

제대로 된 쑤코타이 국수를 맛볼 수 있는 집. 비빔국수 꾸어이띠여우 행, 맑은 수프 꾸어이띠여우 똠쯧, 똠얌 수프 꾸어이띠여우 남똠얌이 있다. 카우깽을 운영해 반찬 혹은 덮밥으로 즐길 수 있다.

1권 P.112, 121 **지도** P.148E

구글 지도 GPS 13.764681, 100.496633 **찾아가기** 쌈쎈 다리 건너 110m 지나 쌈쎈 쏘이 1로 좌회전. 280m 지나 쏘이 람푸(Soi Lamphu)로 좌회전. 태국어와 'Sukhothai Rice Noodles'라고 쓴 입간판이 있다. **주소** 112 Samsen Soi 1 **전화** 081-827-2394 **시간** 10:00~15:30 **휴무** 연중무휴 **가격** 꾸어이띠여우 쑤코타이 50B **홈페이지** www.facebook.com/Somsongpochana

꾸어이띠여우 렉행 50B

4 나와 팟타이

Nava Pad Thai

★★★ 도보 5분

왓 보원니웻, 왓 뜨리토사텝과 멀지 않은 작은 식당이다. 야외 간이 주방에서 팟타이, 카우팟, 끄라파오, 랏나, 팟씨이우, 카이찌여우, 팟키마우 등 볶음 위주의 요리를 선보인다. 국물 요리로는 똠얌이 있다. 달달한 팟타이보다는 돼지고기를 바질에 볶은 끄라파오 무가 괜찮다는 평이다. 실내에 에어컨이 나온다.

1권 P.114 **지도** P.148F

구글 지도 GPS 13.761459, 100.501139 **찾아가기** 방람푸 운하의 우싸싸왓 다리 건너 약 40m 오른쪽 **주소** 71 Soi Banphanthom **전화** 089-455-8628 **시간** 월~토요일 08:00~19:15 **휴무** 일요일 **가격** 팟타이(Pad Thai) 60·70B, 카우팟(Fried Rice) 60·70B **홈페이지** 없음

5 낀롬촘싸판

Khin Lom Chom Sa Phan

★★★ 도보 7분

라마 8세 다리가 보이는 짜오프라야 강변에 자리한 레스토랑. 태국 왕실의 첫째 공주인 우본랏의 단골 레스토랑으로 이름을 알렸다. 쌈쎈 로드 입구까지 전용 뚝뚝을 운행한다.

1권 P.156 **지도** P.148E

구글 지도 GPS 13.766532, 100.497249 **찾아가기** 쌈쎈 쏘이 3 안쪽 끝에 위치. 쌈쎈 다리에서 쌈쎈 로드로 직진 260m, 쏘이 쌈프라야(Soi Sam Phraya)가 나오면 좌회전해 걷다가 쌈쎈 쏘이 3으로 진입 **주소** 11/6 Samsen Soi 3 **전화** 081-893-5552 **시간** 11:00~01:00 **휴무** 연중무휴 **가격** 루엄밋탈레파우(Grilled Seafood Platter) 790B +10% **홈페이지** www.facebook.com/Khinlomchomsaphan

시푸드 플래터 790B

6 애드히어 서틴스 블루스 바

Adhere 13th Blues Bar

★★★ 도보 1분

보헤미안의 소굴 같은 아주 작은 바다. 매일 밤 10시면 연주자와 관객이 뒤섞인 작은 공간이 음악적인 감성으로 충만해진다. 수준 높은 블루스와 재즈 연주로 명성이 자자해 주말에는 자리를 잡지 못하는 경우가 허다하다.

1권 P.196 지도 P.148F
구글 지도 GPS 13.763103, 100.498750 **찾아가기** 쌈쎈 다리 건너자마자 30m 왼쪽 **주소** 13 Samsen Road **전화** 089-769-4613 **시간** 18:00~24:00 **휴무** 연중무휴 **가격** 하이네켄 160B **홈페이지** www.facebook.com/adhere13thbluesbar

ZOOM IN

타 테웻 선착장

타 테웻 이후에도 줄줄이 선착장이 존재하지만, 사실상 여행자들이 이용하는 마지막 선착장이다.

1 인 러브

In Love

★★ 도보 1분

테웻 선착장 바로 옆 짜오프라야 강변에 자리한 레스토랑. 낮부터 문을 열지만 라마 8세 다리의 조명이 켜지는 저녁 무렵에 찾는 게 좋다. 수로 맞은편에 자리한 스티브 카페가 분위기가 비슷한데, 음식 맛은 스티브 카페가 낫고 접근성은 인 러브가 낫다.

1권 P.157 지도 P.148A
구글 지도 GPS 13.771826, 100.500218 **찾아가기** 테웻 선착장에서 나오자마자 오른쪽 **주소** 2/1 Krung Kasem Road **전화** 02-281-2900 **시간** 11:00~24:00 **휴무** 연중무휴 **가격** 뿌님텃 끄라티얌(Deep Fried Soft Shell Crabs with Garlic & Pepper) 330B **홈페이지** 없음

쏨땀타이 100B

2 쿤다우 카놈브앙타이

คุณดาวขนมเบื้องไทย

★★★ 도보 7분

크레이프와 모양이 비슷해 타이 크레이프라 불리는 카놈브앙 전문점. 부모 세대의 전통적인 방식을 고수하는 카놈브앙타이를 선보인다. 페이팅, 코코넛 조각, 파 등을 얹어 만드는데, 달콤한 맛(싸이와)과 짭조름한 맛(싸이켐)이 있다. 위생적으로 굽고 포장도 깔끔해 선물용으로도 괜찮다.

지도 P.148B
구글 지도 GPS 13.768908, 100.502914 **찾아가기** 테웻 선착장에서 나와 400m 직진, 쌈쎈 로드로 우회전해 120m 오른쪽 **주소** 299 Samsen Road **전화** 085-776-0760 **시간** 07:00~19:00 **휴무** 연중무휴 **가격** 카놈브앙타이 10B **홈페이지** 없음

카놈브앙타이 10B

3 카우쏘이 치앙마이 쑤팝(짜우까우)

ข้าวซอยเชียงใหม่ สุภาพ(เจ้าเก่า)

★★★ 도보 8분

태국 북부 요리 전문점. 카우쏘이가 대표 메뉴다. 주문은 소고기(느어)와 닭고기(까이), 작은 그릇(참라)과 큰 그릇(피쎗) 중 선택하면 된다. 카레와 코코넛 밀크를 넣은 국물은 매콤달콤 맛있다. 함께 곁들이는 양파와 라임, 절인 배추는 식성에 따라 첨가하자.

1권 P.113 지도 P.148B
구글 지도 GPS 13.768644, 100.502672 **찾아가기** 테웻 선착장에서 나와 400m 직진, 쌈쎈 로드로 우회전해 160m 오른쪽 **주소** 283 Samsen Road **전화** 02-280-7130 **시간** 일~금요일 08:00~16:00 **휴무** 토요일 **가격** 카우쏘이 50·65B **홈페이지** 없음

카우쏘이 까이 50B

4 스티브 카페

Steve Café

★★★ 도보 9분

가족적인 분위기의 레스토랑으로 라마 8세 다리가 놓인 강을 조망한다. 실내는 신발을 벗고 들어가야 하며, 아기자기하게 꾸몄다. 태국 각지의 요리를 다양하고 깔끔하게 선보인다.

지도 P.148A
구글 지도 GPS 13.772391, 100.500610 **찾아가기** 테웻 선착장에서 약 150m 직진해 다리 건너 시장 통과. 사원 내로 진입해 왼쪽 길을 따라 골목으로 진입하면 된다. **주소** 68 Si Ayutthaya Road **전화** 02-281-0915 **시간** 11:00~22:30 **휴무** 연중무휴 **가격** 바이리양팟카이(Fried Liang Leaves with Egg) 160B, 팟카나쁠라묵카이켐(Fried Squid with Chinese Broccoli and Salty Egg) 180B +17% **홈페이지** www.stevecafeandcuisine.com

꿍채 남쁠라와싸비 190B

AREA

10 CHINATOWN [ถนนเยาวราช 차이나타운]

태국 속 작은 중국

금은방과 약재상이 즐비하고, 중국요리가 일상적인 태국 속 작은 중국이다. 낮에 방문하면 자동차 경적과 매캐한 공기 가득한 싸구려 동네로만 보여 실망, 실망 대실망. 차이나타운의 진짜 매력은 저녁 이후에 발휘된다. 거리의 간판에 불이 들어오고 야시장에 노점이 가득 들어서는 때를 기다려 차이나타운을 찾자.

인기 ★★★★★

야시장이 들어서는 저녁이면 차이나타운의 진가를 확인할 수 있다.

관광지 ★★

몇 군데의 사원이 있지만 필수 볼거리는 아니다. 야오와랏 거리와 야시장으로 만족.

쇼핑 ★★

시장에서 판매하는 B급 아이템은 구매 만족도가 떨어지는 편.

식도락 ★★★★★

샥스핀이나 제비집이 아니라도 특화된 먹거리가 많다. 꾸어이짭, 중국식 볶음밥 추천

나이트라이프 ★★★

펍이 몇 군데 있지만 들르지 않아도 밤을 즐겁게 보낼 수 있다. 야시장을 충분히 활용하자.

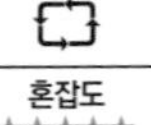

혼잡도 ★★★★★

해가 진 후에는 거리 곳곳에 노점이 들어서 걷기조차 힘들다. 쌈펭 시장도 아주 복잡하다.

차이나타운 교통편

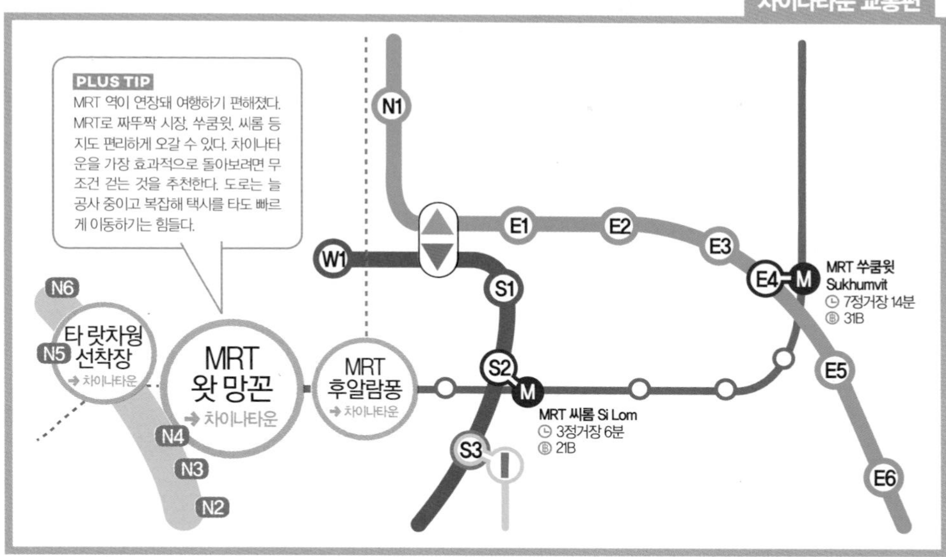

차이나타운으로 가는 방법

MRT
MRT 왓 망꼰 역이 야오와랏 로드와 가깝다.

보트
타 랏차웡 선착장에서 야오와랏 로드까지 걸어서 6분가량 걸린다. 옛 피만 리버 워크(왕궁 주변 참조 P.124), 파후랏 시장, 야오와랏 로드를 걸어서 구경하려면 타 싸판 풋 선착장에서 하차하면 된다.

택시
카오산 로드에서 택시로 60~80B, 쑤쿰윗과 씨롬에서 100B 정도 나온다. 야오와랏 로드 하차.

차이나타운 다니는 방법

도보
차이나타운을 다니는 가장 효과적인 방법.

택시
야오와랏 로드와 짜런끄룽 로드는 일방통행이다. 목적지가 분명해도 돌아가야 하는 일이 생기지만 너무 더운 날이라면 휴식 겸 택시를 이용하자.

MUST SEE
이것만은 꼭 보자!

No.1

야오와랏 로드
Yaowarat Road
차이나타운의 핵심 거리.

No.2

왓 뜨라이밋
Wat Traimit
세계에서 가장 큰 황금 불상.

MUST EAT
이것만은 꼭 먹자!

No.1

T & K 시푸드
T & K Seafood
ต๋อย & คิด ซีฟู้ด
저렴하고 맛있는 해산물 요리.

No.2
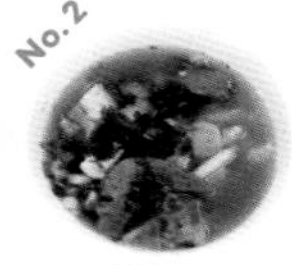
란 꾸어이짭 나이엑
ร้านก๋วยจั๊บนายเอ็ก
꾸어이짭의 진미를 찾아서.

No.3

꾸어이짭우언 포차나
ก๋วยจั๊บอ้วนโภชนา
란 꾸어이짭 나이엑과는 또 다른 매력의 꾸어이짭.

No.4

야오와랏 토스트
ขนมปังเจ้าอร่อยเด็ดเยาวราช
호기심으로라도 맛보자.

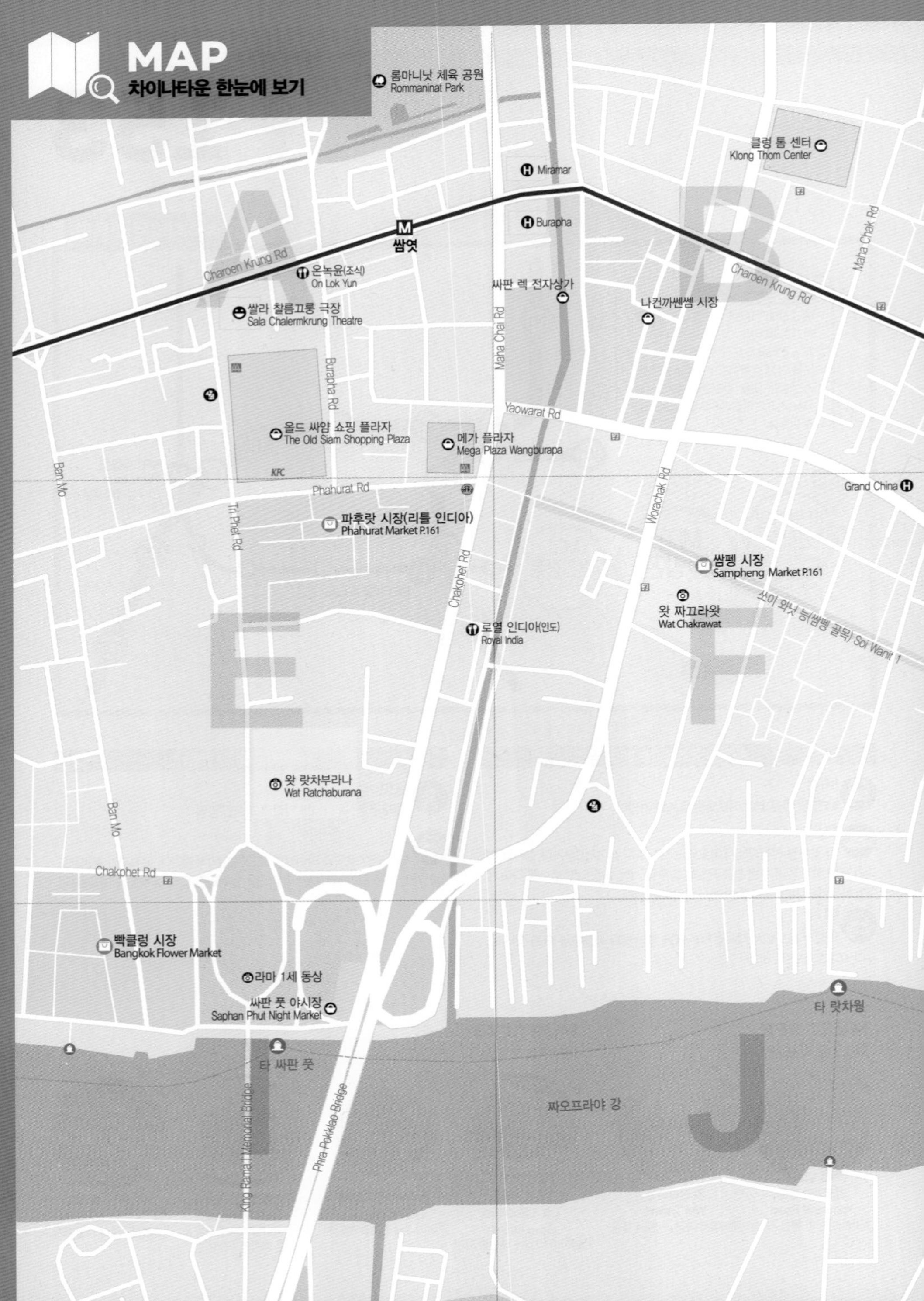

MAP
차이나타운 한눈에 보기
롬마니낫 체육 공원
Rommaninat Park
Miramar
Burapha
클렁 톰 센터
Klong Thom Center
M
쌈엿
Charoen Krung Rd
온녹윤(조식)
On Lok Yun
쌀라 찰름끄룽 극장
Sala Chalermkrung Theatre
싸판 렉 전자상가
나컨까쎈셈 시장
Maha Chak Rd
Burapha Rd
Maha Chai Rd
Yaowarat Rd
올드 싸얌 쇼핑 플라자
The Old Siam Shopping Plaza
메가 플라자
Mega Plaza Wangburapa
KFC
Ban Mo
Phahurat Rd
Grand China
Worachak Rd
Tri Phet Rd
파후랏 시장(리틀 인디아)
Phahurat Market P.161
Chakphet Rd
쌈펭 시장
Sampheng Market P.161
왓 짜끄라왓
Wat Chakrawat
쏘이 와닛 능(쌈펭 골목) Soi Wanit 1
로열 인디아(인도)
Royal India
왓 랏차부라나
Wat Ratchaburana
Chakphet Rd
빡클렁 시장
Bangkok Flower Market
라마 1세 동상
싸판 풋 야시장
Saphan Phut Night Market
타 랏차웡
타 싸판 풋
짜오프라야 강
King Rama I Memorial Bridge
Phra Pokklao Bridge

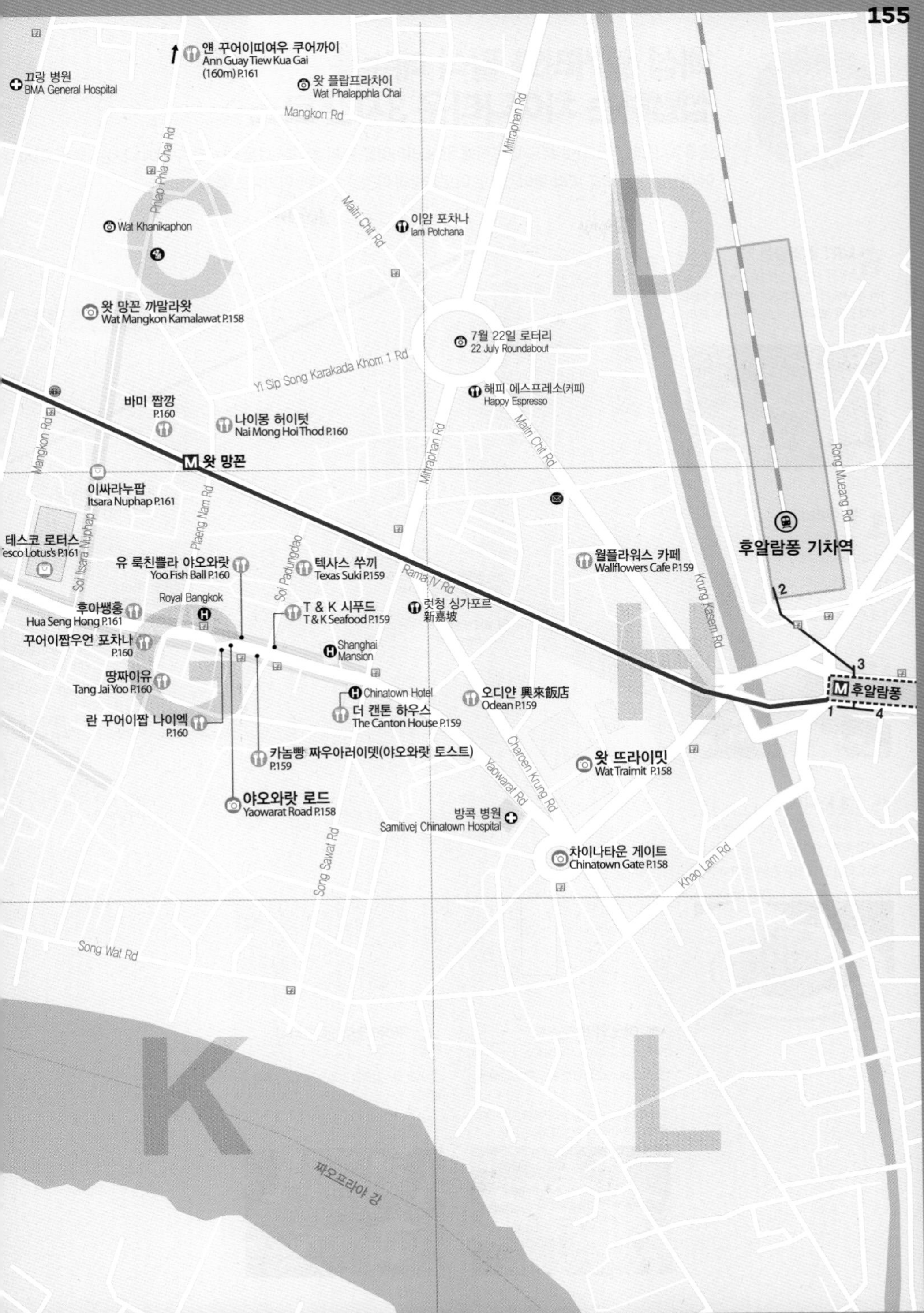

얜 꾸어이띠여우 쿠어까이
Ann Guay Tiew Kua Gai
(160m) P.161
끄랑 병원
BMA General Hospital
왓 플랍프라차이
Wat Phalapphla Chai
Mangkon Rd
Mittraphan Rd
Phlap Phla Chai Rd
C
D
Maitri Chit Rd
이얌 포차나
Iam Potchana
Wat Khanikaphon
왓 망꼰 까말라왓
Wat Mangkon Kamalawat P.158
7월 22일 로터리
22 July Roundabout
Yi Sip Song Karakada Khom 1 Rd
해피 에스프레소(커피)
Happy Espresso
바미 짭깡
P.160
나이몽 허이텃
Nai Mong Hoi Thod P.160
Mangkon Rd
Mittraphan Rd
Maitri Chit Rd
Rong Mueang Rd
왓 망꼰
이싸라누팝
Itsara Nuphap P.161
Plaeng Nam Rd
후알람퐁 기차역
테스코 로터스
Tesco Lotus's P.161
Soi Itsara Nuphap
Soi Padungdao
유 룩친쁠라 야오와랏
Yoo Fish Ball P.160
텍사스 쑤끼
Texas Suki P.159
Rama IV Rd
월플라워스 카페
Wallflowers Cafe P.159
Krung Kasem Rd
Royal Bangkok
후아쌩홍
Hua Seng Hong P.161
T & K 시푸드
T & K Seafood P.159
런청 싱가포르
新嘉坡
꾸어이짭우언 포차나
P.160
Shanghai Mansion
G
H
땅짜이유
Tang Jai Yoo P.160
Chinatown Hotel
더 캔톤 하우스
The Canton House P.159
오디얀 興來飯店
Odean P.159
후알람퐁
란 꾸어이짭 나이엑
P.160
카놈빵 짜우아러이뎃(야오와랏 토스트)
P.159
Charoen Krung Rd
Yaowarat Rd
왓 뜨라이밋
Wat Traimit P.158
야오와랏 로드
Yaowarat Road P.158
방콕 병원
Samitivej Chinatown Hospital
Song Sawat Rd
차이나타운 게이트
Chinatown Gate P.158
Khao Lam Rd
Song Wat Rd
K
L
짜오프라야 강

핵심 볼거리와 필식 메뉴를 섭렵하는 차이나타운 3시간 코스

오후 4시경에 야오와랏 로드에 도착해 왓 뜨라이밋을 먼저 돌아본 다음 야시장 구경에 나서는 코스. 야시장이 야오와랏 로드를 따라 들어서므로 야오와랏의 야경을 사진에 담기에도 좋다.

S MRT 후알람퐁 역
MRT Hua Lamphong

1번 출구에서 차이나타운 방면으로 가다가 첫 번째 로터리에서 좌회전 → 왓 뜨라이밋 도착

1 왓 뜨라이밋
Wat Traimit

시간 09:00~17:00

→ 사원에서 나와 야오와랏 로드로 진입해 약 450m, 파둥다오 로드로 우회전 → T & K 시푸드 도착

2 T & K 시푸드
T & K Seafood ต๋อย & คิด ซีฟู้ด

시간 16:30~02:00

→ 야오와랏 로드 맞은편 → 야오와랏 토스트 도착

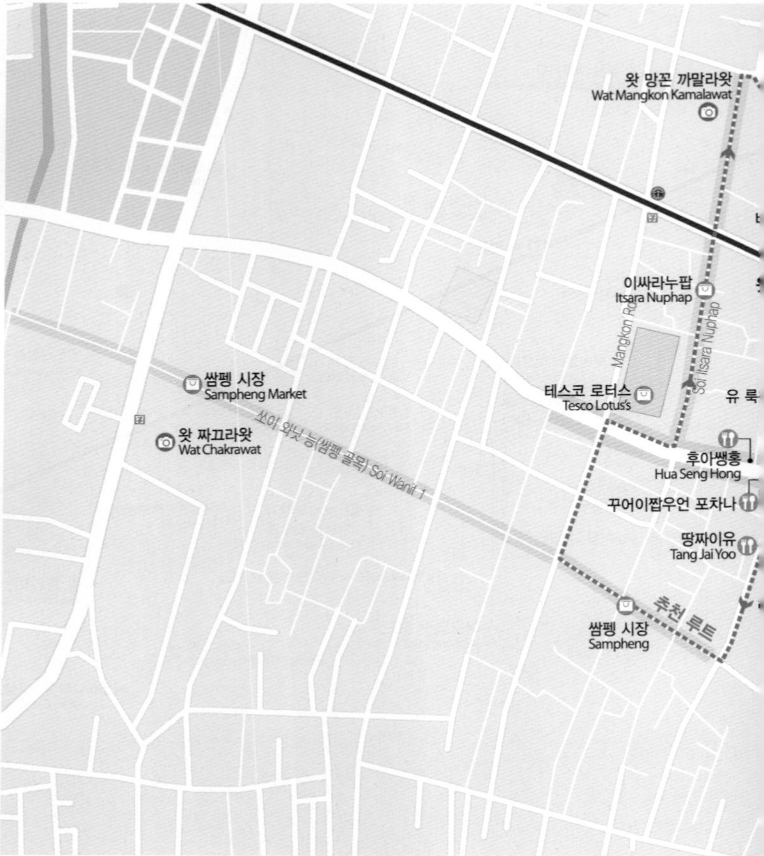

왓 망꼰 까말라왓
Wat Mangkon Kamalawat

이싸라누팝
Itsara Nuphap

Mangkon Rd.

Soi Itsara Nuphap

쌈펭 시장
Sampheng Market

테스코 로터스
Tesco Lotus's

왓 짜끄라왓
Wat Chakrawat

쏘이 와닛 능(쌈펭 골목) Soi Wanit 1

후아쌩홍
Hua Seng Hong

꾸어이짭우언 포차나

땅짜이유
Tang Jai Yoo

쌈펭 시장
Sampheng

추천 루트

3 야오와랏 토스트
ขนมปังเจ้าอร่อยเด็ดเยาวราช

시간 화~일요일 17:00~24:00 **휴무** 월요일

→ 야오와랏 로드를 따라 북쪽으로 130m 왼쪽 → 꾸어이짭우언 포차나 도착

4 꾸어이짭우언 포차나
ก๋วยจั๊บอ้วนโภชนา

시간 화~일요일 11:00~24:00 **휴무** 월요일

코스 무작정 따라하기 START
S. MRT 후알람퐁 역 1번 출구
500m, 도보 6분
1. 왓 뜨라이밋
450m, 도보 6분
2. T & K 시푸드
20m, 도보 1분
3. 야오와랏 토스트
130m, 도보 2분
4. 꾸어이짭우언 포차나
Finish

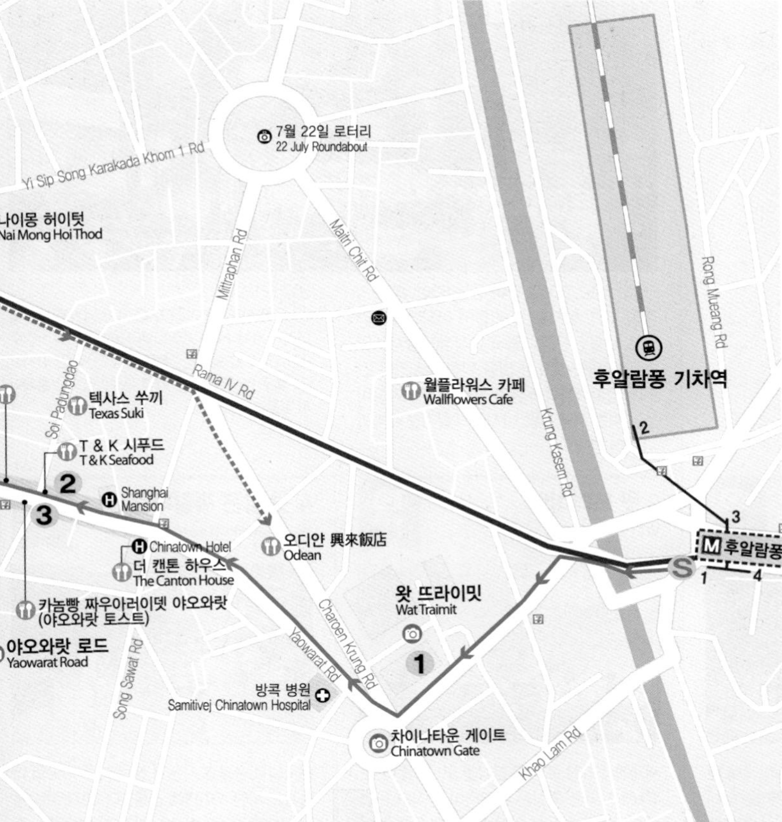

ZOOM IN

차이나타운 게이트

차이나타운의 관문이자 랜드마크. MRT 왓 망꼰 역과 후알람퐁 역 사이에 자리한다.

1 야오와랏 로드
Yaowarat Road

1.5km 정도 길이로 뻗어 있는 차이나타운의 중심 거리. 한자로 된 간판이 어지러이 달려 있고, 대형 금은방과 중국 음식점이 줄지어 있다. 야오와랏 로드가 빛을 발하는 시간은 간판에 형형색색의 조명이 들어오고, 야시장이 문을 여는 저녁 무렵. 야시장의 활기는 새벽까지 이어진다.

지도 P.155G
구글 지도 GPS 13.739968, 100.510596 **찾아가기** 차이나타운 게이트부터 이어진 거리 **주소** Yaowarat Road **전화** 없음 **시간** 24시간 **휴무** 연중무휴 **가격** 무료입장 **홈페이지** 없음

2 차이나타운 게이트
Chinatown Gate

차이나타운의 랜드마크. 1999년 라마 9세 탄생 72주년을 기념해 세웠다. 큰 볼거리는 아니지만 방콕의 차이나타운이 관광지로 변모했다는 상징적인 의미를 지니고 있다. 차이나타운 게이트를 기점으로 로터리 형태로 여러 갈래의 길이 뻗어 있다.

지도 P.155H
구글 지도 GPS 13.737164, 100.513060 **찾아가기** MRT 후알람퐁 역 1번 출구에서 차이나타운 방면 **주소** 685 Tri Mit Road **전화** 없음 **시간** 24시간 **휴무** 연중무휴 **가격** 무료입장 **홈페이지** 없음

3 왓 뜨라이밋
Wat Traimit

세계에서 가장 큰 황금 불상을 모신 사원이다. 4층에 자리한 불상은 쑤코타이 양식의 온화한 이미지로, 높이는 3.98m, 무릎과 무릎 사이 길이는 3.13m, 무게는 5.5톤에 달한다. 2층은 야오와랏 차이나타운 헤리티지 센터로 차이나타운의 다양한 모습을 전시한다.

1권 P.055 지도 P.155H
구글 지도 GPS 13.737700, 100.513570 **찾아가기** 차이나타운 게이트에서 짜런끄룽 로드 북동쪽으로 진입하면 바로 보인다. **주소** 661 Charoen Krung Road **전화** 02-623-1227 **시간** 09:00~17:00 **휴무** 연중무휴 **가격** 4층(불상) 40B, 2~3층(박물관) 포함 100B **홈페이지** www.wattraimitr-withayaram.com

4 왓 망꼰 까말라왓
Wat Mangkon Kamalawat

태국의 소승불교 사원과 전혀 다른 중국의 대승불교 사원. 1871년에 건설됐다. 한자로는 '용련사(龍蓮寺)'로, 왓 렝니이라고도 불린다. 중국 이민자들의 신앙심을 담은 중국적인 색채의 사원으로, 차이나타운에 있는 중국 사원 중에서도 가장 많은 이들이 찾는다.

1권 P.057 지도 P.155C
구글 지도 GPS 13.743687, 100.509611 **찾아가기** 차이나타운 중앙, 야오와랏 로드 로터스에서 망꼰 로드를 따라 300m **주소** 423 Charoen Krung Road **전화** 02-222-3975 **시간** 06:00~18:00 **휴무** 연중무휴 **가격** 무료입장 **홈페이지** 없음

5 월플라워스 카페
Wallflowers Cafe

말린꽃과 소품을 활용한 앤티크한 실내 디자인과 모양이 예쁜 디저트로 방콕 현지인들에게 절대적인 지지를 얻고 있는 카페다. 휴식보다는 SNS용 사진을 찍는 분주한 분위기로 1층에는 꽃집이 자리했다. 카페는 2층이다.

지도 P.155H
구글 지도 GPS 13.739800, 100.514256 **찾아가기** 마이뜨리칫 로드와 쏘이 나나 사이. MRT 후알람퐁 역 3번 출구 이용 **주소** 31-33 Soi Nana **전화** 090-993-8653 **시간** 11:00~19:00 **휴무** 연중무휴 **가격** 아메리카노(Americano) 130B, 와일드 잉글리시 엘더플라워(Wild English Elderflower) 150B **홈페이지** www.facebook.com/wallflowerscafe.th

6 오디얀
Odean 興來飯店
โอเดียน

★★★
도보 3분

바미 국수는 면과 고명을 고른 후 국물이 있는 남, 비빔 면인 행을 선택해 주문하면 된다. 그 밖에 추천 메뉴는 게살 볶음밥인 카우팟 뿌. 실내에 에어컨이 있어 쾌적하다.

지도 P.155H
구글 지도 GPS 13.738838, 100.512647 **찾아가기** 차이나타운 게이트에서 짜런끄룽 로드를 따라 약 200m 왼쪽 **주소** 724 Charoen Krung Road **전화** 086-888-2341, 084-703-4042 **시간** 08:30~20:00 **휴무** 연중무휴 **가격** 바미무댕(Noodle with Roasted Pork) 45B **홈페이지** www.facebook.com/odeannoodle

바미+끼여우 꿍무댕 행 55B

7 더 캔톤 하우스
The Canton House

차이나타운 게이트를 기준해 야오와랏 로드 입구에 자리한 레스토랑이다. 다양한 종류의 딤섬을 저렴한 가격에 선보여 많은 이들이 찾는다. 딤섬 외에 중국 요리, 태국 요리, 일본 요리, 서양 요리 메뉴도 있다. 1908년에 문을 연 곳으로 식사 환경은 쾌적하다.

지도 P.155G
구글 지도 GPS 13.739470, 100.511341 **찾아가기** 차이나타운 게이트에서 야오와랏 로드를 따라 350m 왼쪽 **주소** 530 Yaowarat Road **전화** 092-249-8299 **시간** 11:00~22:00 **휴무** 연중무휴 **가격** 딤섬 25B~ **홈페이지** www.facebook.com/TheCantonHouseYaowarat

8 T & K 시푸드
T & K Seafood
ต๋อย & คิด ซีฟู้ด

★★★
도보 6분

차이나타운에서 가장 유명한 해산물 식당. 신선한 머드 크랩을 사용하는 뿌팟퐁까리가 400B으로 저렴하다.

1권 P.109, 111, 148 지도 P.155G
구글 지도 GPS 13.740068, 100.510587 **찾아가기** 차이나타운 게이트에서 야오와랏 로드를 따라 500m, 파둥다오 로드로 우회전하면 오른쪽에 바로 위치 **주소** 49 Phadung Dao, Yaowarat Road **전화** 02-223-4519, 081-507-5555 **시간** 16:30~02:00 **휴무** 연중무휴 **가격** 똠얌꿍(Seafood Lemon Grass Soup with Milk) 150B, 팟팍붕(Stir-Fried Morning Glory) 80B **홈페이지** www.facebook.com/tkseafood

뿌팟퐁까리 S 400B, L 850B

9 텍사스 쑤끼
Texas Suki

★★★
도보 7분

저렴한 가격으로 풍성하게 쑤끼를 즐길 수 있는 곳. 식사 환경도 쾌적하다. 쑤끼는 채소, 육류, 해산물, 완톤 등을 골라 테이블에 놓인 전기 포트에 끓여 먹으면 된다.

지도 P.155G
구글 지도 GPS 13.740679, 100.511090 **찾아가기** 차이나타운 게이트에서 야오와랏 로드를 따라 500m, 파둥다오 로드로 우회전해 90m 오른쪽 **주소** 17/1 Phadung Dao Road **전화** 02-223-9807 **시간** 11:00~23:00 **휴무** 연중무휴 **가격** 촛팍루엄(Mixed Vegetable Set) 219B, 촛헷하양(5 Mushrooms Set) 135B +5% **홈페이지** www.facebook.com/TexasSuki

촛팍루엄 190B

10 카놈빵 짜우아러이뎃 야오와랏(야오와랏 토스트)
ขนมปังเจ้าอร่อยเด็ดเยาวราช

★★★
도보 6분

야오와랏에서 가장 핫한 카놈빵 노점. 번에 버터를 발라 구워 커스터드, 파인애플, 초콜릿 등의 잼을 곁들여 먹는 간식이다. 주문은 번호가 매겨진 종이에 메뉴를 적는 방식으로 진행된다. 순서가 되면 번호를 부른다.

1권 P.177 지도 P.155G
구글 지도 GPS 13.740082, 100.510364 **찾아가기** 차이나타운 게이트에서 야오와랏 로드를 따라 500m 왼쪽, 야오와랏 로드와 파둥다오 로드가 만나는 사거리 근처 노점으로, 분홍 간판의 GSB 은행 앞 **주소** 452 Yaowarat Road **전화** 065-553-3656 **시간** 화~일요일 17:00~24:00 **휴무** 월요일 **가격** 25B **홈페이지** 없음

카놈빵 25B

11 유 룩친쁠라 야오와랏

도보 7분

Yoo Fish Ball
ยู ลูกชิ้นปลาเยาวราช

어묵 국수 전문점. 사진과 영어로 된 메뉴가 있으며 면과 국물 유무, 옌따포소스 여부에 따라 각각 메뉴가 정해져 있어 주문하기 쉽다. 에어컨과 선풍기를 가동하는 실내가 쾌적하다.

지도 P.155G

구글 지도 GPS 13.740260, 100.510180 **찾아가기** 차이나타운 게이트에서 야오와랏 로드를 따라 550m 오른쪽 **주소** 433 Yaowarat Road **전화** 089-782-7777 **시간** 10:00~23:00 **휴무** 연중무휴 **가격** 쎈렉남(Rice Noodle Soup) · 쎈야이남(Big White Noodle Soup) · 쎈미남(Wheat Flour Soup) 각 60B, 옌따포 20B 추가 **홈페이지** www.facebook.com/YooFishBall

쎈야이남 60B

12 란 꾸어이짭 나이엑

도보 7분

ร้านก๋วยจั๊บนายเอ็ก

돼지고기와 돼지고기 내장을 넣어 끓인 꾸어이짭 국수와 돼지고기 튀김 무끄럽 등 돼지고기 요리를 판매한다. 꾸어이짭은 후춧가루를 넣어 국물이 매콤하고 시원하다. 국수 면은 둥근 롤 형태의 끼엠이로, 숟가락으로 떠먹으면 된다. 늘 손님이 많은 집이다.

1권 P.112, 123 지도 P.155G

구글 지도 GPS 13.740226, 100.510010 **찾아가기** 차이나타운 게이트에서 야오와랏 로드를 따라 550m 왼쪽 **주소** 442 Yaowarat Soi 9 **전화** 02-226-4651 **시간** 08:00~24:00 **휴무** 연중무휴 **가격** 꾸어이짭 70 · 100B **홈페이지** 없음

꾸어이짭 70B

13 꾸어이짭우언 포차나

도보 8분

ก๋วยจั๊บอ้วนโภชนา

꾸어이짭 국수와 돼지고기 요리를 판매한다. 국수 메뉴는 꾸어이짭 단 하나뿐이다. 롤 형태의 끼엠이 면을 숟가락으로 떠먹는데, 돼지고기 육수에 후춧가루를 넣은 국물은 개운하고 매콤하다. 고명으로는 돼지고기와 돼지고기 내장을 쓴다. 저녁에 문을 열어 새벽까지 영업한다.

지도 P.155G

구글 지도 GPS 13.740603, 100.509255 **찾아가기** 차이나타운 게이트에서 야오와랏 로드를 따라 650m 왼쪽, 후아생홍 큰길 맞은편 **주소** 2 Yaowarat Road **전화** 086-508-9979 **시간** 화~일요일 11:00~24:00 **휴무** 월요일 **가격** 꾸어이짭 60 · 100B **홈페이지** 없음

꾸어이짭 60B

14 땅짜이유

도보 7분

Tang Jai Yoo
ภัตตาคารตั้งใจอยู่

미식가들 사이에서 맛있기로 소문난 중국 음식점. 채소, 육류, 해산물을 이용해 다양한 요리를 선보인다. 새끼 돼지고기 통구이 무한, 굴전 어쑤언 등이 대표 메뉴다. 식사 시간에는 많은 이들이 몰려 기다리는 일이 생길 수도 있다.

지도 P.155G

구글 지도 GPS 13.740160, 100.509229 **찾아가기** 차이나타운 게이트에서 야오와랏 로드를 따라 약 700m 이동 후 야오와파닛 로드로 좌회전해 50m 왼쪽 **주소** 89 Yaowa Phanit Road **전화** 02-224-2167 **시간** 11:00~14:45, 17:45~23:45 **휴무** 연중무휴 **가격** 무한(Roasted Suckling Pig) 1800B, 뿌팟퐁까리(Stir-Fried Crab with Curry) 2000B(kg당) **홈페이지** tangjaiyoo.com

15 나이몽 허이텃

도보 9분

Nai Mong Hoi Thod
นายหมง หอยทอด

굴전과 홍합전, 게살 볶음밥 등을 선보인다. 메인 메뉴는 굴전과 홍합전. 바삭하게 혹은 부드럽게 맛볼 수 있다. 영어 메뉴판이 따로 있으며, 현지 메뉴와는 가격에 차이가 있다.

지도 P.155C

구글 지도 GPS 13.742244, 100.510693 **찾아가기** 차이나타운 게이트에서 짜런끄룽 로드를 따라 650m, 플랍프라차이 로드(Phlap Phla Chai Road)로 우회전해 약 50m 오른쪽 **주소** 539 Phlap Phla Chai Road **전화** 089-773-3133 **시간** 수~월요일 11:00~21:00 **휴무** 화요일 **가격** 어쑤언 허이낭롬 남(Plain Oyster Omelette) M 100B, L 150B, XL 200B **홈페이지** 없음

어루어 허이낭롬 끄럽 M 100B

16 바미 짭깡

도보 9분

บะหมี่จับกัง

현지인들에게 인기 있는 바미 국수 전문점. 가게 입구에서 바미 국수와 돼지고기 고명을 연신 그릇에 담는다. 국수는 국물이 있는 남, 비빔 면인 행으로 즐길 수 있으며, 바미 면 대신 쎈렉으로 선택 가능하다. 가격이 매우 저렴하고, 양이 어마어마하게 많다.

지도 P.155C

구글 지도 GPS 13.742382, 100.510023 **찾아가기** 차이나타운 게이트에서 짜런끄룽 로드를 따라 약 700m 간 다음 짜런끄룽 쏘이 23 골목으로 우회전 **주소** 23 Phlap Phla Chai Road **전화** 02-222-6769 **시간** 09:30~16:30 **휴무** 연중무휴 **가격** 40 · 50B **홈페이지** 없음

탐마다 40B

17 후아쌩홍

Hua Seng Hong 和成豐
ฮั่วเซ่งฮง

차이나타운을 대표하는 식당. 딤섬, 국수, 해산물, 육류 등 기본적인 재료를 사용한 요리는 물론 샥스핀과 제비집 요리도 있다.

지도 P.155G
구글 지도 GPS 13.740773, 100.509152 찾아가기 차이나타운 게이트에서 야오와랏 로드를 따라 600m 오른쪽 주소 371~373 Yaowarat Road 전화 02-441-0695 시간 10:00~01:00 휴무 연중무휴 가격 어쑤언카이끄럽(Fried Oyster with Crispy Egg) · 느어팟역팍(Beef Stir-fried with Vegetable) 각 150 · 250B 홈페이지 www.huasenghong.co.th

느어팟역팍 150B

18 앤 꾸어이띠여우 쿠어까이

Ann Guay Tiew Kua Gai
แอน ก๋วยเตี๋ยวคั่วไก่

도보 16분

중국식 태국 요리인 꾸어이띠여우 쿠어까이는 구운 치킨 국수로 겉은 바삭하고 속은 촉촉해 구운 인절미 맛이 난다. 함께 들어가는 달걀의 익힘 정도에 따라 쿠어까이와 업까이로 구분한다.

1권 P.127 지도 P.155C
구글 지도 GPS 13.746743, 100.511146 찾아가기 야오와랏 로드와는 멀다. 왓 망꼰 역에서 야오와랏 로드 반대쪽으로 650m, 도보 8분 주소 419 Luang Road 전화 02-621-5199 시간 142:00~23:00 휴무 연중무휴 가격 쿠어까이(Fried Noodles with Chicken) · 업까이(Fried Noodles with Chicken and Runny Egg) 50B 홈페이지 없음

19 쌈펭 시장

Sampheng Market

쏘이 와닛 능(Soi Wanit 1)을 따라 액세서리 · DIY용품 · 포장용품 · 코르사주 · 천 · 가방 · 신발 · 의류 가게가 다닥다닥 붙어 있다. B급 물건을 판매하는 시장은 확실히 저렴하고 어쩐지 정겹다. 쏘이 와닛 능은 야오와랏 로드보다 100년 이상 앞선 역사를 간직하고 있다.

1권 P.244 지도 P.154F
구글 지도 GPS 13.743191, 100.503939 찾아가기 차이나타운 게이트에서 야오와랏 로드를 따라 650m 직진하다가 이싸라누팝 거리로 좌회전해 140m 정도 걸으면 쏘이 와닛 1이 나온다. 우회전해야 번화한 시장이다. 주소 Soi Wanit 1 전화 가게마다 다름 시간 08:00~18:00 휴무 연중무휴 가격 가게마다 다름 홈페이지 없음

20 로터스

Lotus's

차이나타운에서 유일한 대형 슈퍼마켓. 차이나타운 인근에 머문다면 슈퍼마켓 쇼핑을 즐길 수 있는 최적의 장소다. S&P, 미스터 도넛 등 프랜차이즈 음식점도 함께 자리한다.

지도 P.155G
구글 지도 GPS 13.741722, 100.508213 찾아가기 차이나타운 게이트에서 야오와랏 로드를 따라 750m 직진, 망껀 로드(Mangkon Road)로 우회전 주소 271 Yaowarat Road 전화 02-623-0960 시간 06:00~22:00 휴무 연중무휴 가격 제품마다 다름 홈페이지 www.tescolotus.com

21 이싸라누팝

Itsara Nuphap

도보 9분

야오와랏 중간에 있는 작은 골목으로, 테스코 로터스 뒤쪽에 해당된다. 남쪽은 구시장인 딸랏 까오(Talat Kao)로, 생선, 육류, 중국 음식 등을 거래한다. 여행자들이 살 만한 아이템은 적지만 중국 색채가 강한 시장을 구경하는 것만으로도 재미있다.

지도 P.155C
구글 지도 GPS 13.741172, 100.508570 찾아가기 차이나타운 게이트에서 야오와랏 로드를 따라 650m 직진, 이싸라누팝 거리로 우회전 주소 Soi Itsara Nuphap 전화 없음 시간 야시장 21:00~ 휴무 연중무휴 가격 제품마다 다름 홈페이지 없음

22 파후랏 시장

Phahurat Market

파후랏 로드와 짝펫 로드를 중심으로 형성된 리틀 인디아. 힌두교 관련 종교용품, 인도 전통 복장인 사리와 펀자비, 인도 음식 등을 판매하는 가게와 인도 레스토랑이 즐비해 인도에 온 듯한 착각이 든다.

지도 P.154E
구글 지도 GPS 13.744749, 100.500608 찾아가기 차이나타운 게이트에서 야오와랏 로드를 따라 1.5km, 짝펫 로드(Chakphet Road)로 좌회전해 80m 지나 파후랏 로드로 우회전 주소 Phahurat Road 전화 없음 시간 화~일요일 10:00~18:00 휴무 월요일 가격 제품마다 다름 홈페이지 없음

OUT OF BANG KOK

AREA

01 DAMNOEN SADUAK · AM

[แม่น้ำแม่กลอง 담넌 싸두악 · 암파와 ·

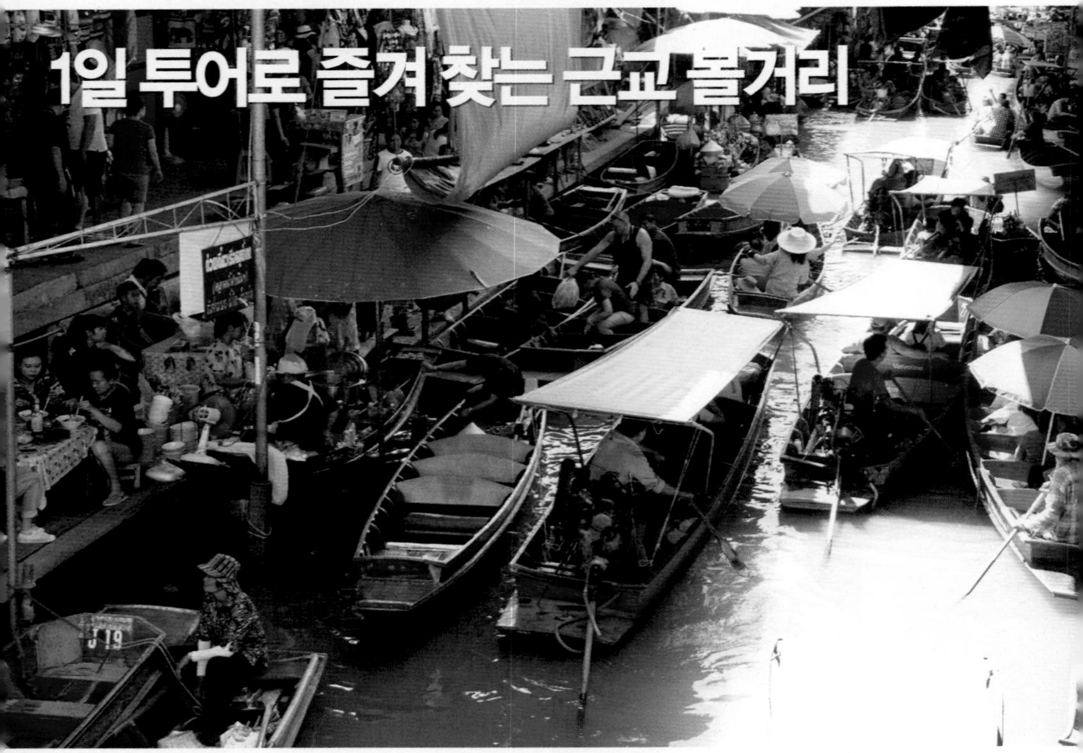

1일 투어로 즐겨 찾는 근교 볼거리

방콕에서 남서쪽으로 80~100km 떨어진 지역. 매끌렁 강을 따라 1일 투어 목적지로 인기인 담넌 싸두악 수상 시장, 암파와 수상 시장, 매끌렁 시장이 위치한다. 1일 투어 상품은 매끌렁 시장과 수상 시장을 묶어 운영하는 경우가 일반적이다. 각 시장은 방콕 남부 버스 터미널에서 버스를 타고 개별적으로 찾을 수도 있다.

외국인 여행자는 물론 현지인에게 인기.

시장 외에 특별한 볼거리는 없다.

소소한 기념품, 액세서리, 의류 구입 가능.

다양한 노점 먹거리를 즐기자.

암파와의 반딧불이 투어를 제외하고는 전혀 없다.

주말에는 인파에 떠밀려 다닐 정도로 매우 혼잡하다.

담넌 싸두악 · 암파와 · 매끌렁 교통편

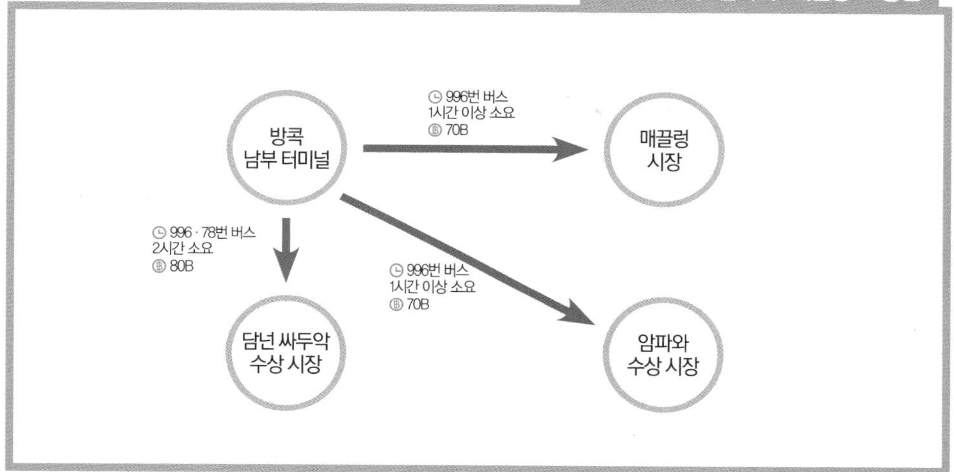

매끌렁 강 주변 시장 가는 방법

버스
방콕 남부 버스 터미널에서 996번 버스를 타면 매끌렁 시장, 암파와 수상 시장, 담넌 싸두악 수상 시장에 차례대로 선다. 터미널에서 첫 목적지인 매끌렁 시장까지 1시간 이상 소요된다. 1일 투어에 비해 시간이 많이 소요되므로 단기 여행자에게는 추천하지 않는다.

롯뚜
미니밴. 방콕 북부 터미널에서 매끌렁, 암파와, 담넌 싸두악행 미니밴 롯뚜를 운행한다. 남부 터미널에서 출발하는 버스보다 10B가량 비싸다.

1일 투어
단기 여행자에게 최선의 선택. 담넌 싸두악, 암파와 수상 시장을 개별로 방문하는 투어와 매끌렁 시장과 연계하는 담넌 싸두악 수상 시장+매끌렁 시장, 매끌렁 시장+암파와 수상 시장 등 다양한 프로그램이 있다

매끌렁 강 주변 시장 다니는 방법

도보
각 시장 내에서는 도보 이동하는 것이 가장 좋다.

보트
담넌 싸두악과 암파와는 보트로 돌아볼 수 있다. 담넌 싸두악 보트 요금은 1인 150B, 대절은 1000B 정도 부른다. 흥정 필수. 암파와 반딧불이 투어의 보트 요금은 1인 60B, 대절하는 경우 500B 정도 한다. 약 1시간 소요.

썽태우
매끌렁 시장과 암파와 시장, 암파와 시장과 담넌 싸두악 시장은 썽태우로 오갈 수 있다. 7~18B. 썽태우를 택시처럼 이용한다면 200~300B으로 흥정하면 된다.

MUST SEE
이것만은 꼭 보자!

No.1

매끌렁 시장 기차
기차가 들어오는 시간에 맞춰 '위험한 시장'의 진면모를 경험해보자.

MUST EAT
이것만은 꼭 먹자!

No.1

껑멩짠
ก๋องเมงจัน 廣銘珍
매끌렁 기차역 인근의 괜찮은 국숫집.

MUST DO
이것만은 꼭 해보자!

No.1

반딧불이 투어
암파와 시장의 핵심 체험.

매끌렁과 암파와를 찾는 주말 여행 코스

매끌렁 시장에 오후 2시 30분에 들어오는 기차를 보고 암파와 수상 시장으로 이동하는 코스. 암파와 시장에서 오후 6시경 반딧불이 투어를 하고 방콕으로 돌아오자. 방콕행 버스는 사전에 예약해두는 게 좋다.

코스 무작정 따라하기 START
S. 방콕 남부 버스 터미널
약 80km, 버스 1시간 10분 이상
1. 매끌렁 시장
약 8km, 썽태우 15분
2. 암파와 수상 시장
Finish

S 방콕 남부 터미널
Southern Bus Terminal

996번 버스 승차 → 매끌렁 시장 도착

1 매끌렁 시장
Maeklong Railway Market

시간 06:20~17:40(매끌렁 도착 08:30 · 11:10 · 14:30 · 17:40, 매끌렁 출발 06:20 · 09:00 · 11:30 · 15:30)

→ 타나찻 은행 앞(구글 지도 GPS 13.408001, 100.000522)에서 암파와행 파란색 썽태우 탑승 → 암파와 수상 시장 도착

2 암파와 수상 시장
Amphawa Floating Market

시간 금~일요일 08:00~21:00

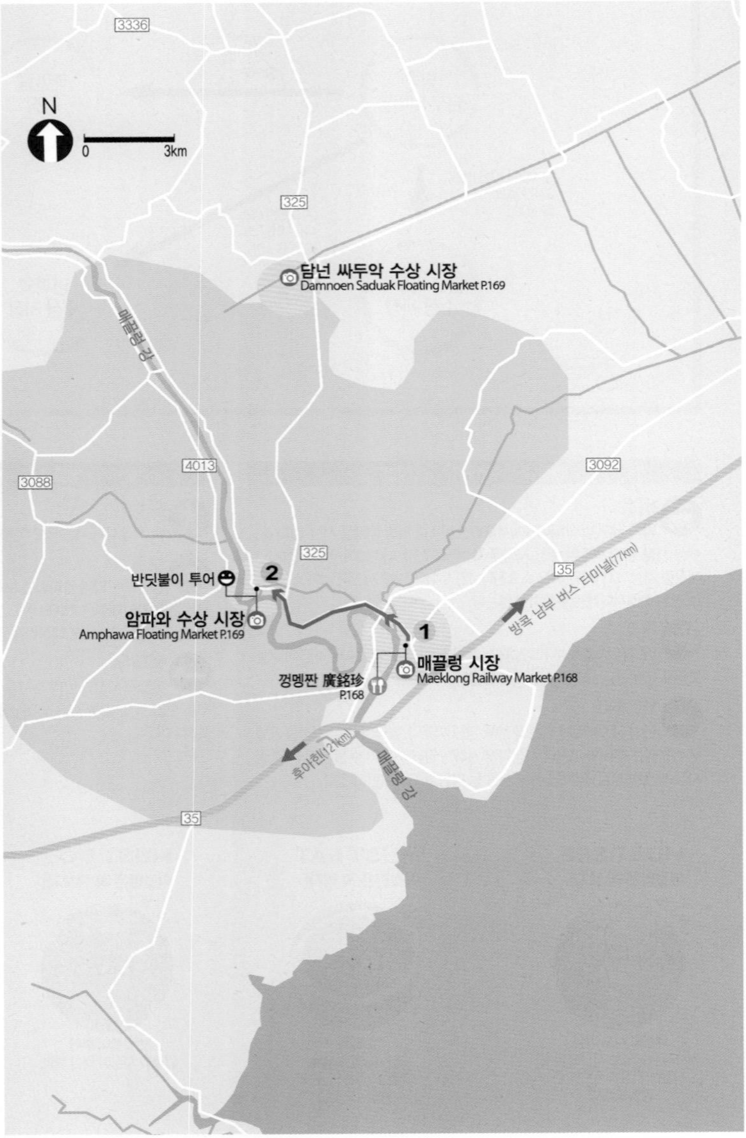

N
0 3km
3336
325
담넌 싸두악 수상 시장
Damnoen Saduak Floating Market P.169
매끌렁 강
4013
3088
3092
325
35
방콕 남부 버스 터미널(77km)
반딧불이 투어
2
암파와 수상 시장
Amphawa Floating Market P.169
1
매끌렁 시장
Maeklong Railway Market P.168
껑멩짠 廣銘珍
P.168
후아힌(121km)
매끌렁 강
35

담넌 싸두악과 매끌렁을 돌아보는 근교 코스

이른 아침에 담넌 싸두악으로 출발해 시장을 구경한 후 매끌렁 시장으로 이동하는 코스. 오전 6시 정도에 담넌 싸두악행 버스를 타고 11시 경에 매끌렁 시장에 도착해야 일정이 매끄럽다. 단, 대중교통 탑승으로 인한 긴 도보 이동을 감수해야 한다.

코스 무작정 따라하기 START
S. 방콕 남부 버스 터미널
약 80km, 버스 2시간
1. 담넌 싸두악 수상 시장
약 20km, 롯뚜 20분, 완행버스 30분
2. 매끌렁 시장
Finish

S 방콕 남부 터미널
Southern Bus Terminal

996 · 78번 버스 승차, 버스에서 내려 1km 이동 → 담넌 싸두악 수상 시장 도착

1 담넌 싸두악 수상 시장
Damnoen Saduak Floating Market

시간 09:00~12:00

→ 담넌 싸두악 병원 맞은편(구글 지도 GPS 13.535399, 99.965242)에서 롯뚜 혹은 담넌 싸두악 관개수로국 옆(구글 지도 13.530266, 99.967864)에서 완행버스 승차 → 매끌렁 시장 도착

2 매끌렁 시장
Maeklong Railway Market

시간 06:20~17:40(매끌렁 도착 08:30 · 11:10 · 14:30 · 17:40, 매끌렁 출발 06:20 · 09:00 · 11:30 · 15:30)

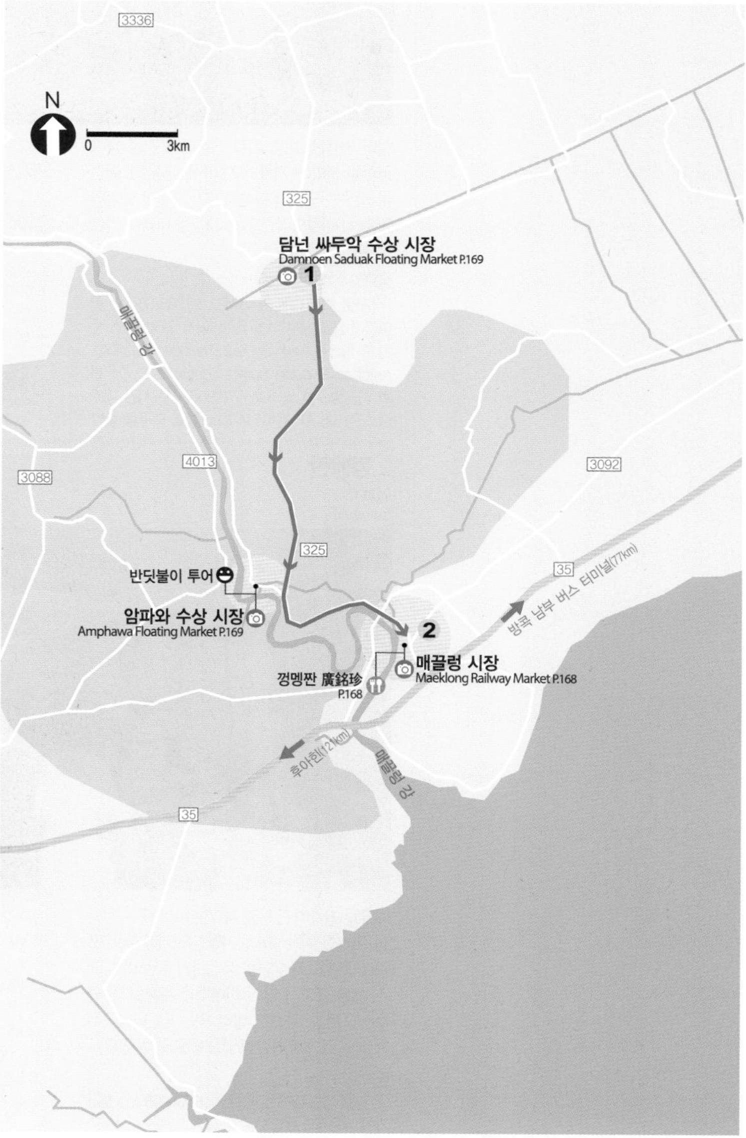

N
0 3km
3336
325
담넌 싸두악 수상 시장
Damnoen Saduak Floating Market P.169
1
매끌렁 강
4013
3088
3092
325
반딧불이 투어
암파와 수상 시장
Amphawa Floating Market P.169
2
35
방콕 남부 버스 터미널(77km)
매끌렁 시장
Maeklong Railway Market P.168
껑멩짠 廣銘珍
P.168
후아힌(121km)
매끌렁 강
35

ZOOM IN

매끌렁 시장

버스 정류장과 매끌렁 시장이 멀지 않다.

1 매끌렁 시장

Maeklong Railway Market

★★★ 도보 1분

일명 위험한 시장. 기차 선로에 물건을 놓고 장사를 하다가 기차가 지나가는 시간에 물건을 치우는 모습이 이색적이다. 특별한 볼거리를 놓치지 않으려면 기차 시간을 미리 확인한 후 찾는 게 좋다.

1권 P.213 **지도** P.166

구글 지도 GPS 13.407482, 99.998756 **찾아가기** 방콕 남부 버스 터미널에서 996번 버스 승차 후 매끌렁 하차 **주소** Tambon Mae Klong, Amphoe Mueang Samut Songkhram **전화** 매끌렁 기차역 034-711-906 **시간** 매끌렁 도착 08:30 · 11:10 · 14:30 · 17:40, 매끌렁 출발 06:20 · 09:00 · 11:30 · 15:30 **휴무** 연중무휴 **가격** 무료입장 **홈페이지** 없음

PLUS TIP

위험한 기차를 못 볼 수도 있다?!

매끌렁 시장에서의 기차 사정에 따라 기차가 운행되지 않거나, 기차 운행 시간이 사전 안내 없이 변경될 수도 있다. 또는 당일 교통 사정에 따라 기차를 운행하는 시간을 맞추지 못할 수도 있어 투어를 신청해도 기차가 지나가는 것을 보지 못하는 경우도 있다.

2 껑멩짠

廣銘珍

ก๋องเมงจัน

★★★ 도보 1분

매끌렁 기차역 근처에 자리한 바미 국수 전문점. 기차를 기다리며 허기를 달래기에 좋은 곳이다. 돼지고기 무댕을 풍성하게 올린 바미 국수 혹은 중국식 만두 끼여우를 주문하자. 국수는 시원한 육수에 말아 먹는 남, 비빔국수 행, 매콤하고 새콤한 똠얌으로 즐길 수 있다.

지도 P.166

구글 지도 GPS 13.407213, 99.998698 **찾아가기** 기차역과 매끌렁 강을 등지고 펫싸뭇 로드로 우회전해 약 25m 오른쪽 **주소** 638 Phet Samut Road, Tambon Mae Klong **전화** 034-711-739 **시간** 08:30~18:30 **휴무** 연중무휴 **가격** 바미 40 · 50B, 끼여우 · 바미 끼여우 50 · 60B, 무댕 70 · 140B **홈페이지** 없음

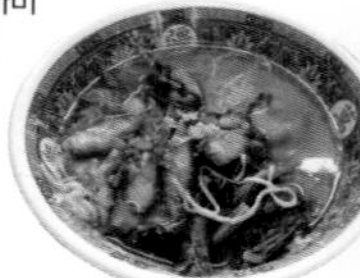

ZOOM IN

암파와 수상 시장

버스 정류장에서 암파와 수상 시장이 근거리에 자리한다.

1 암파와 수상 시장
Amphawa Floating Market

★★★ 도보 1분

주말에만 열리는 수상 시장. 배를 타고 수로를 떠다니며 반딧불이를 감상하는 반딧불이 투어가 유명하다. 해 질 녘 이후에 반딧불이를 감상할 수 있으므로 암파와 수상 시장에만 간다면 방콕에서 오후에 출발하는 게 좋다.

1권 P.212 지도 P.166

구글 지도 GPS 13.425920, 99.955037 **찾아가기** 방콕 남부 버스 터미널에서 996번 버스 승차 후 암파와 수상 시장 하차 **주소** Amphoe Amphawa, Chang Wat Samut Songkhram **전화** 가게마다 다름 **시간** 금~일요일 08:00~21:00 **휴무** 월~목요일 **가격** 무료입장 **홈페이지** 없음

ZOOM IN

담넌 싸두악 수상 시장

버스 정류장에서 담넌 싸두악 수상 시장의 메인 입구까지 가려면 1km가량 걸어야 한다.

1 담넌 싸두악 수상 시장
Damnoen Saduak Floating Market

★★★ 도보 10분

방콕 근교에서 가장 유명한 수상 시장. 태국을 대표하는 풍경 중 하나인 수로를 꽉 메운 배의 모습을 감상할 수 있다. 담넌 싸두악 수상 시장에서는 오전에 상거래가 이뤄지므로 개별적으로 찾는다면 아침 일찍 서둘러야 한다.

1권 P.211 지도 P.166

구글 지도 GPS 13.519253, 99.959302 **찾아가기** 방콕 남부 버스 터미널에서 78 · 996번 버스 승차 후 담넌 싸두악 수상 시장 하차 **주소** Damnoen Saduak, Amphoe Damnoen Saduak **전화** 가게마다 다름 **시간** 09:00~12:00 **휴무** 연중무휴 **가격** 무료입장 **홈페이지** 없음

AREA

02 KANCHANA

[กาญจนบุรี 깐짜나부리]

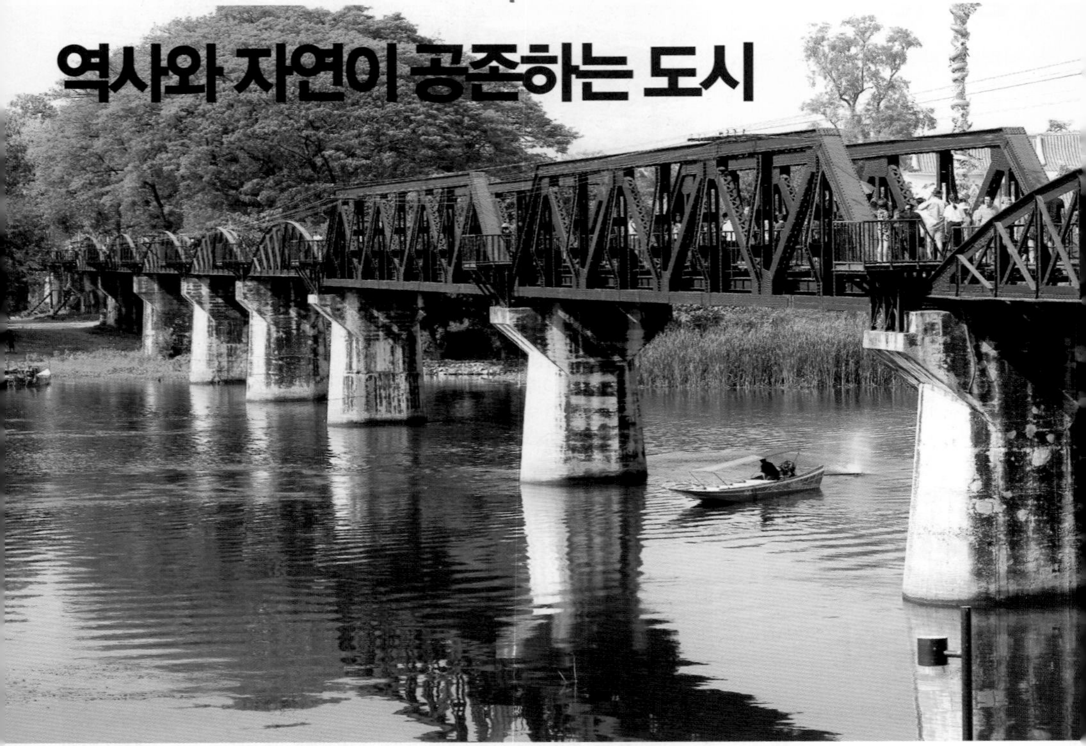

역사와 자연이 공존하는 도시

미얀마와 국경을 접한 도시. 제2차 세계대전 당시 일본군이 만든 태국-버마 간 400km 구간의 철도가 지나던 곳으로, '콰이 강의 다리'로 대변되는 아픈 역사가 고스란히 남아 있다. 깐짜나부리가 품은 역사의 상흔은 당일 여행으로도 충분히 체험할 수 있다. 이틀 정도 깐짜나부리에 머문다면 대자연의 아름다움이 감동을 주는 에라완 폭포와 현지인들에게 인기 만점인 므엉 말리까, 왓 탐 쓰아 등지를 돌아보자.

단기 여행자는 1일 투어를 통해 즐겨 찾는다.

에라완 국립공원, 콰이 강의 다리, 므엉 말리까 등 굵직한 볼거리가 가득하다.

쇼핑 아이템은 많지 않다. 대형 마트로는 여행자 거리와 2km가량 떨어진 빅 시가 있다.

여행자 거리 음식은 무난하고 저렴하다. 몇몇 플로팅 레스토랑은 분위기와 맛이 훌륭하다.

차분한 분위기다. 많은 여행자가 강변의 정취를 느끼며 조용한 밤을 보낸다.

콰이 강의 다리에 관광객이 가장 많다. 그래도 붐빈다는 느낌은 없다.

깐짜나부리 교통편

깐짜나부리로 갈 때는 기차보다는 버스가 편하다. 버스는 방콕의 북부 터미널에서도 출발하지만 남부 터미널이 운행 횟수도 많고 1시간가량 덜 걸린다. 미니밴 롯뚜도 많다. 카오산 로드와 가까운 싸남 루앙과 북부 터미널, 남부 터미널에서 출발한다. 기차는 톤부리 역에서 1일 2회 출발한다. 깐짜나부리 내에서 이동할 때는 도보, 자전거, 썽태우, 뚝뚝 등을 이용하면 된다.

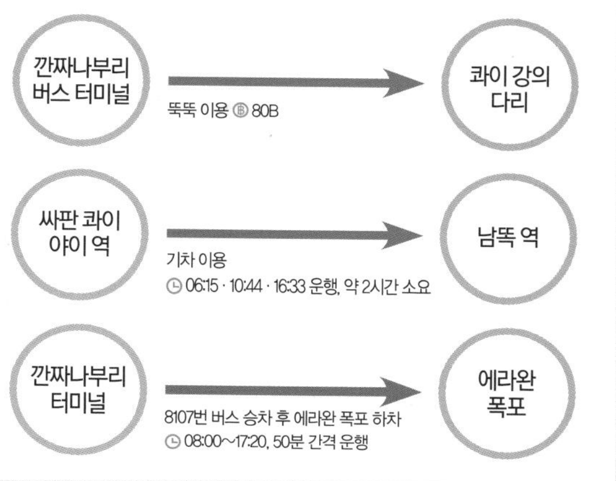

깐짜나부리로 가는 방법

1일 투어
하루 이상 시간을 내기 어려운 여행자에게 최선의 선택이다. 에라완 폭포, 므엉 말리까, 뗏목 트레킹, 죽음의 철도 탑승 등 상품이 다양하다.

버스
방콕의 남부 터미널에서 05:00~20:00에 20분 간격으로 운행한다. 2시간 소요. 북부 터미널에서는 05:00 · 07:00 · 09:30 · 12:30에 1일 4회 출발하며 3시간가량 소요된다.

기차
방콕의 톤부리 역에서 출발해 남똑까지 가는 기차는 07:50 · 13:55에 1일 2회 운행한다. 깐짜나부리 역까지는 2시간 40분, 싸판 콰이 야이 역까지는 2시간 55분가량 소요된다. 외국인은 구간에 관계없이 100B의 요금을 내야 한다.

롯뚜
미니밴. 카오산 로드 주변의 싸남 루앙, 북부 터미널, 남부 터미널에 롯뚜 정류장이 있다. 정해진 시간은 없고, 04:00~19:00에 사람이 차면 수시로 출발한다.

깐짜나부리 다니는 방법

자전거
여행자 거리와 콰이 강의 다리 일대를 돌아볼 때 유용하다. 여행자 거리에 대여소가 많으며, 호텔에서도 자전거를 빌려준다.

썽태우
버스 터미널, 유엔군 묘지, 기차역 등 생추또 로드를 따라 썽태우가 다닌다. 콰이 강의 다리는 가지 않는다.

뚝뚝
흥정이 필요하다. 어디를 가든 대개 60B 이상을 요구한다.

버스
에라완 국립공원, 싸이욕 폭포, 헬 파이어 패스 등 깐짜나부리 외곽으로 이동할 때 이용할 수 있다.

오토바이 렌트
장거리 구간을 자유롭게 이동하려면 오토바이가 편하다. 다만 외곽의 큰 도로로 진입하면 과속하는 차량이 많으므로 조심, 또 조심하자.

MUST SEE
이것만은 꼭 보자!

No.1

콰이 강의 다리 The River Kwai Bridge
깐짜나부리 대표 역사 볼거리.

No.2

에라완 국립공원 Erawan National Park
깐짜나부리 대표 자연 볼거리.

No.3

헬 파이어 패스 Hell Fire Pass
최고의 전시와 트레킹 코스. 멀어도 가치 있다.

No.4

므엉 말리까 เมืองมัลลิกา
전통 복장을 입고 인증 사진을 찍어보자.

MUST EAT
이것만은 꼭 먹자!

No.1

키리 타라 Kee Ree Tara Restaurant คีรีธารา
맛과 분위기가 좋은 플로팅 레스토랑.

No.2

미나 카페 Meena Cafe
논뷰 힐링 맛집.

MAP

깐짜나부리 한눈에 보기

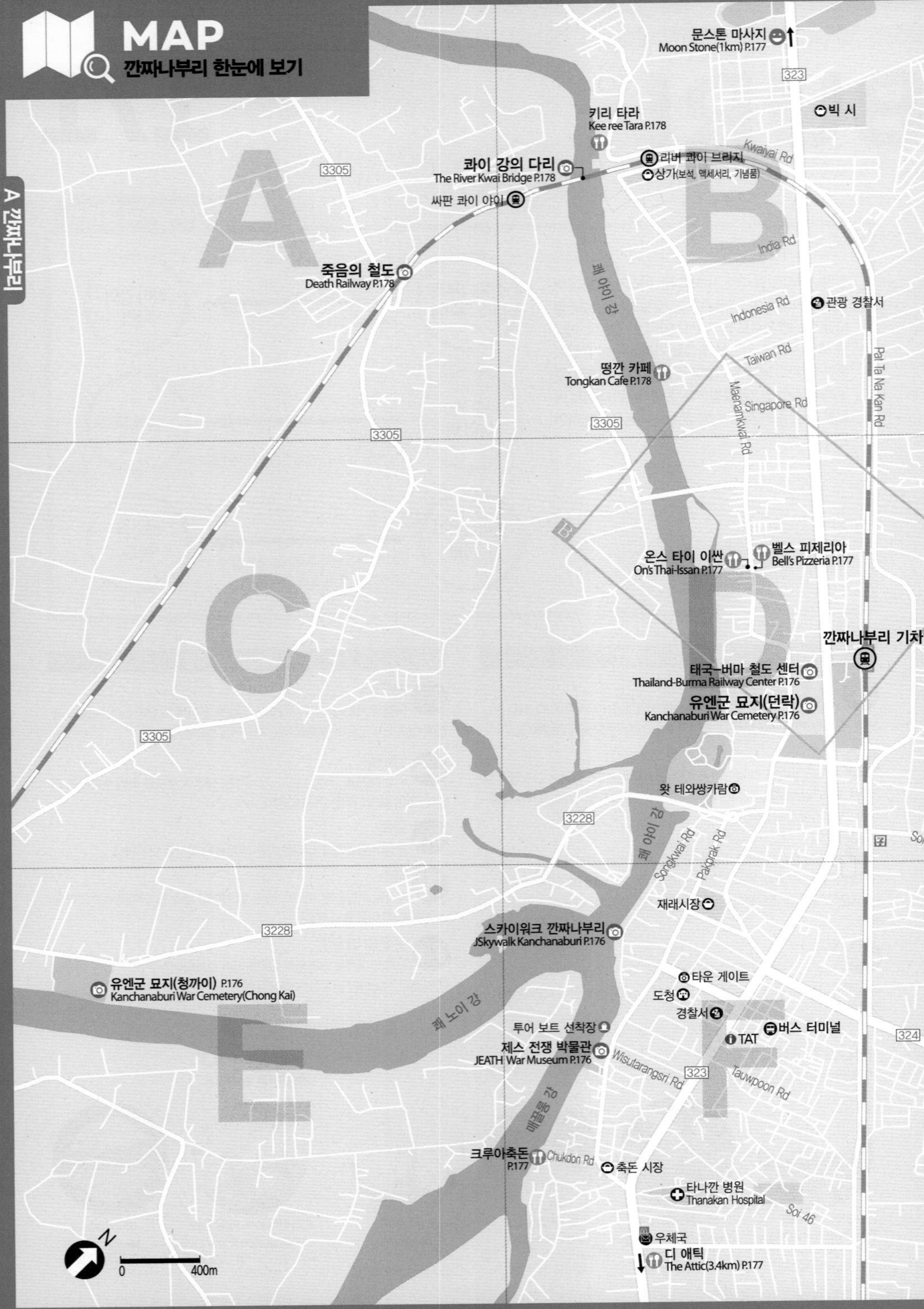

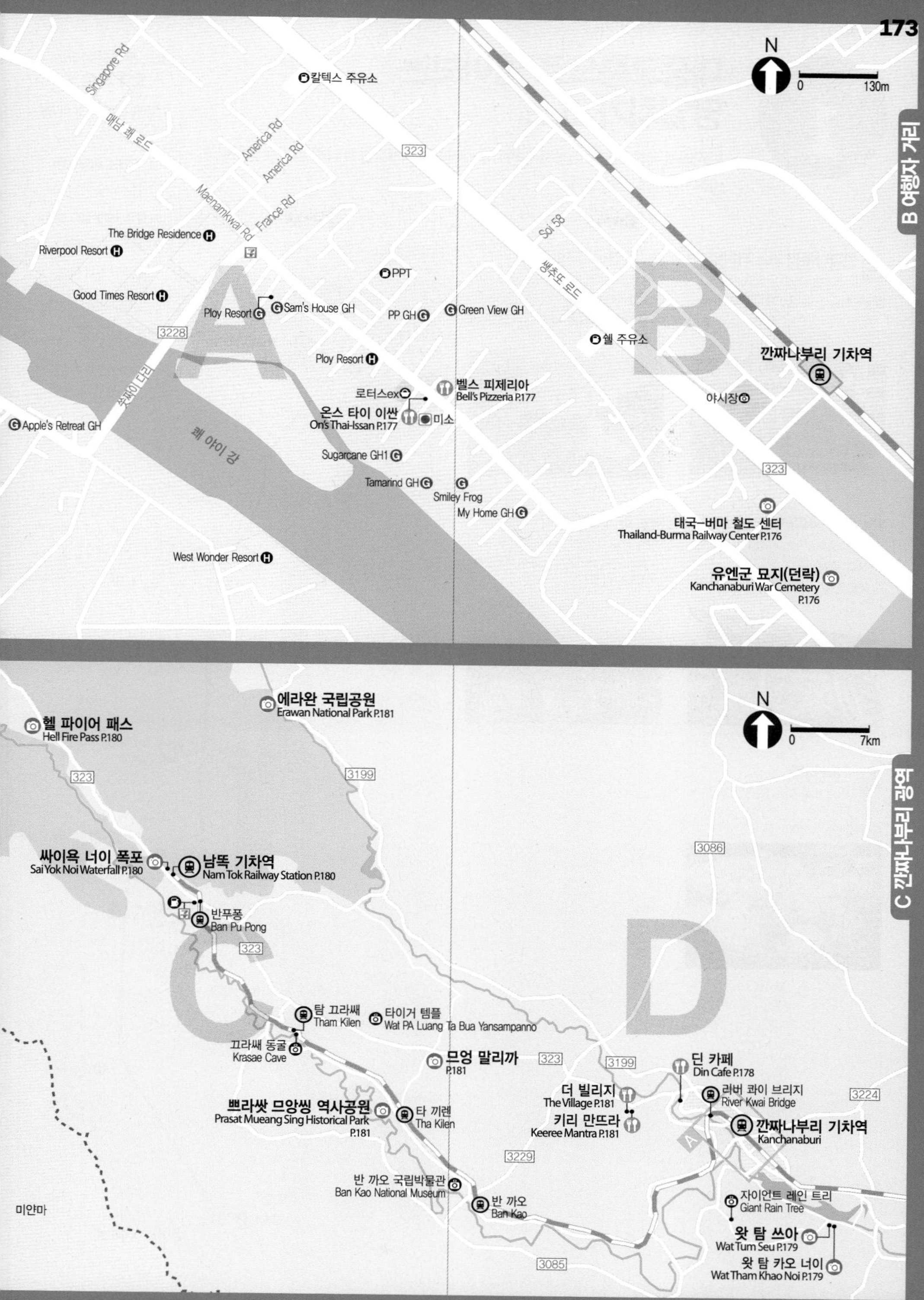
N
0
130m
칼텍스 주유소
Singapore Rd
매남 쾌 로드
America Rd
America Rd
323
Maenamkwai Rd
France Rd
Soi 58
The Bridge Residence
Riverpool Resort
PPT
쌩추또 로드
Good Times Resort
Ploy Resort
Sam's House GH
PP GH
Green View GH
3228
헬 주유소
깐짜나부리 기차역
Ploy Resort
쏭끄라이 다리
로터스ex
벨스 피제리아
Bell's Pizzeria P.177
야시장
온스 타이 이싼
On's Thai-Issan P.177
미소
Apple's Retreat GH
쾌 야이 강
Sugarcane GH1
323
Tamarind GH
Smiley Frog
My Home GH
태국-버마 철도 센터
Thailand-Burma Railway Center P.176
West Wonder Resort
유엔군 묘지(던락)
Kanchanaburi War Cemetery
P.176
A
B
N
0
7km
에라완 국립공원
Erawan National Park P.181
헬 파이어 패스
Hell Fire Pass P.180
323
3199
3086
싸이욕 너이 폭포
Sai Yok Noi Waterfall P.180
남똑 기차역
Nam Tok Railway Station P.180
반푸퐁
Ban Pu Pong
323
탐 끄라쌔
Tham Kilen
타이거 템플
Wat PA Luang Ta Bua Yansampanno
끄라쌔 동굴
Krasae Cave
므엉 말리까
P.181
323
3199
딘 카페
Din Cafe P.178
더 빌리지
The Village P.181
리버 콰이 브리지
River Kwai Bridge
3224
쁘라쌋 므앙씽 역사공원
Prasat Mueang Sing Historical Park
P.181
타 끼렌
Tha Kilen
키리 만뜨라
Keeree Mantra P.181
깐짜나부리 기차역
Kanchanaburi
3229
반 까오 국립박물관
Ban Kao National Museum
반 까오
Ban Kao
자이언트 레인 트리
Giant Rain Tree
미얀마
왓 탐 쓰아
Wat Tum Seu P.179
3085
왓 탐 카오 너이
Wat Tham Khao Noi P.179
C
D

대중교통으로 돌아보는 당일치기 코스

방콕에서 대중교통을 이용해 깐짜나부리에 도착, 콰이 강의 다리 일대를 돌아보고 방콕으로 돌아오는 코스.

코스 무작정 따라하기 START
S. 깐짜나부리 버스 터미널
1.9km, 썽태우 6분
1. 유엔군 묘지(던락)
150m, 도보 2분
2. 태국-버마 철도 센터
2.7km, 뚝뚝 6분
3. 콰이 강의 다리
100m, 도보 1분
4. 키리 타라
Finish

S 깐짜나부리 버스 터미널
Kanchanaburi Bus Terminal

썽태우 탑승 → 유엔군 묘지(던락) 도착

1 유엔군 묘지(던락)
Kanchanaburi War Cemetery(Don Rak)

시간 08:00~17:00

→ 묘지에서 건물이 보인다 → 태국-버마 철도 센터 도착

2 태국-버마 철도 센터
Thailand-Burma Railway Center

시간 09:00~17:00

→ 뚝뚝 탑승 → 콰이 강의 다리 도착

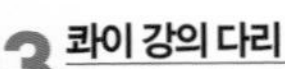

3 콰이 강의 다리
The River Kwai Bridge

→ 콰이 강의 다리에서 나와 좌회전 100m
→ 키리 타라 도착

4 키리 타라
Kee ree Tara Restaurant
คีรีธารา

시간 11:00~23:00

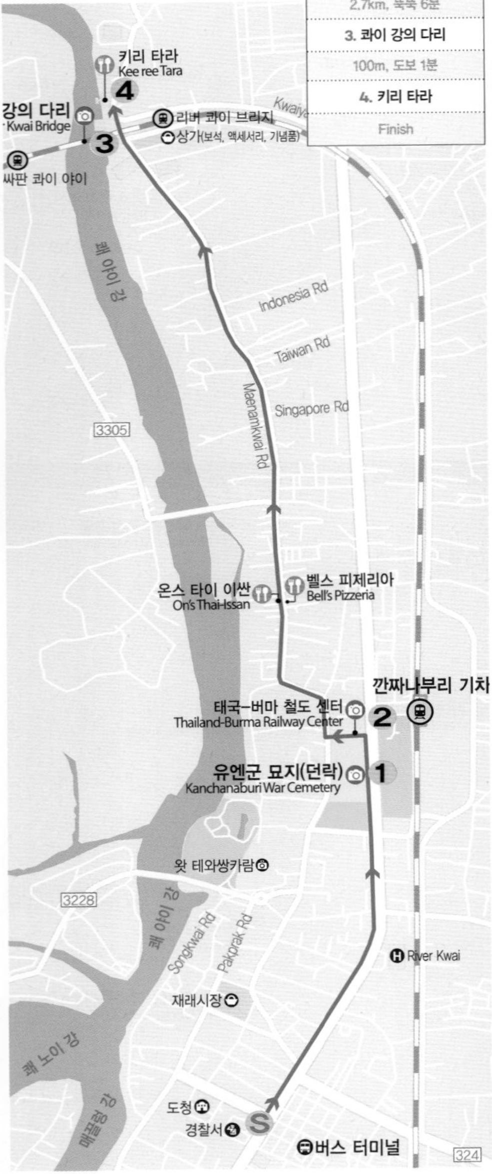

키리 타라 Kee ree Tara 4
강의 다리 Kwai Bridge 3
리버 콰이 브리지
상가(보석, 액세서리, 기념품)
싸판 콰이 야이
쾌 야이 강
Indonesia Rd
Taiwan Rd
Singapore Rd
Maenamkwai Rd
3305
온스 타이 이싼 On's Thai-Issan
벨스 피제리아 Bell's Pizzeria
깐짜나부리 기차
태국-버마 철도 센터 Thailand-Burma Railway Center 2
유엔군 묘지(던락) Kanchanaburi War Cemetery 1
왓 테와쌍카람
3228
쾌 야이 강
Songkwai Rd
Pakprak Rd
River Kwai
재래시장
쾌 노이 강
매끌롱 강
도청
경찰서
S
버스 터미널
324

차량·오토바이 렌트 코스

차량이나 오토바이를 렌트해 깐짜나부리의 핵심 볼거리를 섭렵하는 코스다. 에라완 국립공원은 하루 시간을 따로 내 방문하는 게 좋다. 저녁 무렵에 도착한다면 국립공원 캠핑장을 이용하는 것을 추천한다. 모든 장비를 대여할 수 있다.

코스 무작정 따라하기
START

- S. 콰이 강의 다리
- 바로
- 1. 콰이 강의 다리
- 28km, 자동차 24분
- 2. 므엉 말리까
- 31km, 자동차 25분
- 3. 싸이욕 너이 폭포
- 20km, 자동차 17분
- 4. 헬 파이어 패스
- 70km, 자동차 65분
- 5. 에라완 국립공원
- Finish

S 콰이 강의 다리 도착
The River Kwai Bridge

1 콰이 강의 다리
The River Kwai Bridge

→ 323번 도로 → 므엉 말리까 도착

2 므엉 말리까
เมืองมัลลิกา ร.ศ. 124

시간 09:00~17:30

→ 323번 도로 → 싸이욕 너이 폭포 도착

3 싸이욕 너이 폭포
Sai Yok Noi Waterfall

시간 싸이욕 국립공원 07:00~17:00

→ 323번 도로 → 헬 파이어 패스 도착

4 헬 파이어 패스
Hell Fire Pass

시간 박물관 09:00~16:00

→ 왔던 길을 되돌아 나가 323번 도로로 진입 후 3457 · 3199번 도로를 차례로 이용 → 에라완 국립공원 도착

5 에라완 국립공원
Erawan National Park

시간 08:00~16:30

ZOOM IN

깐짜나부리 역

방콕 톤부리 역에서 출발한 기차가 가장 먼저 정차하는 깐짜나부리의 역. 여행자 거리와도 매우 가깝다. 여행자 거리에서 자전거를 대여해 콰이 강의 다리 등 인근 볼거리를 구경하면 된다.

1 유엔군 묘지(던락)

Kanchanaburi War Cemetery(Don Rak)

★★★ 도보 4분

죽음의 철도 공사에 투입된 후 사망한 연합군 유해를 안치한 묘지다. 6982구의 연합군 유해가 안치돼 있는데, 그중 절반은 영국, 나머지는 호주와 네덜란드 출신이다. 경건한 분위기이며, 시내와 가까워 여행자들의 추모 행렬이 끊임없이 이어진다.

지도 P.172D, 173B
구글 지도 GPS 14.031649, 99.525731 **찾아가기** 깐짜나부리 기차역에서 쌩추또 로드로 좌회전, 350m, 도보 4분 **주소** 284/66 Sangchuto Road **전화** 없음 **시간** 08:00~17:00 **휴무** 연중무휴 **가격** 무료입장 **홈페이지** 없음

2 태국-버마 철도 센터

Thailand-Burma Railway Center

★★ 도보 4분

9개의 전시실에서 조형물, 일러스트, 사진, 비디오를 통해 죽음의 철도와 관련한 다양한 기록을 전시한다. 에어컨을 갖춘 실내에 자리해 제스 전쟁 박물관이나 아트 갤러리 & 전쟁 박물관에 비해 관람 환경이 쾌적하다. 2층 커피숍에서 던락 유엔군 묘지가 보인다.

지도 P.172D, 173B
구글 지도 GPS 14.032234, 99.524846 **찾아가기** 깐짜나부리 기차역에서 쌩추또 로드로 좌회전, 던락 유엔군 묘지 가기 전 **주소** 73 Jaokannun Road **전화** 034-512-721 **시간** 09:00~16:00 **휴무** 연중무휴 **가격** 160B **홈페이지** www.tbrconline.com

3 제스 전쟁 박물관

JEATH War Museum

★ 자전거 15분

죽음의 철도 공사 당시 포로 숙소를 재현해 만든 야외 박물관이다. 1섹션에서는 죽음의 철도 공사 현장과 포로 사진, 2섹션에서는 칼, 총, 폭탄 등 전쟁 무기, 3섹션에서는 죽음의 철도 기사와 비디오 영상을 전시한다. 입장료를 따로 받지만 특이할 만한 전시물이 없고 시설이 매우 낡았다.

지도 P.172F
구글 지도 GPS 14.016193, 99.530574 **찾아가기** 깐짜나부리 기차역에서 남쪽으로 2.6km, 도보 30분, 자전거 15분 **주소** Ban Tai **전화** 034-511-263 **시간** 08:00~18:00 **휴무** 연중무휴 **가격** 50B **홈페이지** 없음

4 유엔군 묘지(청까이)

Kanchanaburi War Cemetery(Chong Kai)

★★★ 자전거 20분

깐짜나부리 시내에서 약 2km 떨어진 곳에 자리한 또 하나의 연합군 묘지다. 죽음의 철도 공사에 투입된 후 사망한 1750구의 연합군 유해를 안치했다. 청까이 유엔군 묘지는 이전에 전쟁 포로수용소로 쓰던 장소다.

지도 P.172E
구글 지도 GPS 14.005734, 99.515080 **찾아가기** 깐짜나부리 기차역에서 강 건너 남쪽으로 3.9km, 자전거로 20분 **주소** Tha Ma Kham **전화** 없음 **시간** 08:00~17:00 **휴무** 연중무휴 **가격** 무료입장 **홈페이지** 없음

5 스카이워크 깐짜나부리

Skywalk Kanchanaburi

★★ 자동차 6분

쾌 야이 강변 위에 조성된 높이 12m, 길이 150m의 유리 다리. 깐짜나부리의 새로운 랜드마크로 떠오르고 있다. 바닥과 난간 등 다리 전체를 유리로 마감해 막힘 없는 뷰를 선사한다. 쾌 야이 강과 쾌 너이 강이 합수하는 풍경이 펼쳐지며 발아래에는 쾌 야이 강의 물줄기가 아찔하게 흐른다.

지도 P.172F
구글 지도 GPS 14.020215, 99.527309 **찾아가기** 강변도로인 쏭 쾌 로드에서 자리. 깐짜나부리 야시장에서 700m, 도보 8분 **주소** Song Khwae Road, Ban Tai **전화** 034-511-502 **시간** 09:00~17:00 **휴무** 연중무휴 **가격** 60B **홈페이지** www.facebook.com/Skywalkkanchanaburi

6 크루아축돈

ครัวชุกโดน

외국인보다는 현지인들에게 인기 있는 플로팅 레스토랑. 매끌렁 강변에 위치한다. 쾌야이 강변의 플로팅 레스토랑에 비해 아주 저렴하다.

지도 P.172F
구글 지도 GPS 14.011854, 99.532059 **찾아가기** 깐짜나부리 기차역에서 3km. 도보로는 약 40분 걸린다. **주소** 19/236 Chaichumphol Road **전화** 034-620-548 **시간** 09:30~22:00 **휴무** 연중무휴 **가격** 카이뚠(Steamed Egg) 140B, 뿌님팟퐁까리(Stir-fried Soft-shelled Crab in Curry Powder) 250B **홈페이지** 없음

쁠라까퐁랏프릭 220B

7 온스 타이 이싼

On's Thai-Issan

도보 13분

깐짜나부리 여행자 거리에 자리한 채식 레스토랑 겸 쿠킹 스쿨. 신선한 재료로 주문 즉시 조리해 요리 본연의 맛이 살아 있다. 모든 메뉴가 저렴하고, 양도 많다. 메뉴판과 테이블이 지저분한 게 흠이다.

지도 P.172D, 173A
구글 지도 GPS 14.033813, 99.519828 **찾아가기** 깐짜나부리 기차역에서 1km, 큰길인 매남쾌 로드에 위치 **주소** 268/1 Maenamkwai Road **전화** 087-364-2264 **시간** 10:00~22:00 **휴무** 연중무휴 **가격** 파파야 샐러드(Papaya Salad) · 라이스 수프(Rice Soup) · 팟씨이우(Pad See Ew) 각 80B **홈페이지** onsthaiissan.com

라이스 수프 80B

8 벨스 피제리아

Bell's Pizzeria

깐짜나부리 여행자 거리에서 피자 맛집으로 소문난 레스토랑 중 하나다. 스위스 출신의 주인아저씨가 화덕에서 구워내는 이탤리언 스타일의 피자를 다양하게 선보인다. 전반적으로 짜지만 만족스러우며, 피자 외에 파스타, 스테이크 등의 메뉴도 있다.

지도 P.172D, 173A
구글 지도 GPS 14.033897, 99.519965 **찾아가기** 깐짜나부리 기차역에서 1km, 큰길인 매남쾌 로드에 위치 **주소** 24/5 Maenamkwai Road **전화** 081-010-6614 **시간** 16:00~24:00 **휴무** 연중무휴 **가격** 피자 180~250B **홈페이지** www.bellspizzeria.com

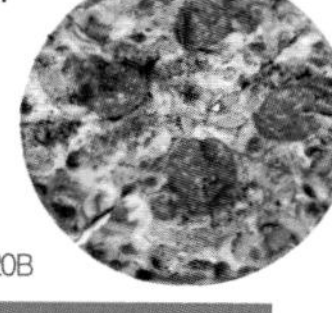

믹스 피자 220B

9 디 애틱

The Attic

스칸디나비안 애틱(다락방) 스타일의 카페다. 다락방 경사면 아래에는 빈백을 놓아 편안하게 쉴 수 있도록 꾸몄다. 걸터앉을 수 있는 로프트 스타일의 창문은 인기 포토 스폿이다. 메뉴는 커피와 음료, 케이크로 단출한 편이다.

지도 P.172F
구글 지도 GPS 13.993257, 99.563136 **찾아가기** 깐짜나부리 시내 남단 쌩추또 로드 쏘이 탈러 40~42 사이 **주소** 83/1 Moo 1, Thalor, Tha Muang **전화** 062-560-8003 **시간** 09:00~18:00 **휴무** 연중무휴 **가격** 아메리카노(Americano) Hot 80B, Cold 85B, Seasonal Blend Hot 120B, Cold 130B **홈페이지** www.facebook.com/theattickan

아메리카노 콜드 85B

10 문스톤 마사지

ร้านนวดมูนสโตน

자동차 6분

깨끗한 시설과 수준 높은 마사지 솜씨를 지닌 곳. 1~3층에 독립된 형태의 마사지 룸이 있어 고요한 분위기에서 마사지를 받을 수 있다. 상주하는 마사지사의 수가 적어 예약 후 찾는 게 좋다. 직원들이 한국어를 조금씩 한다.

지도 P.172B
구글 지도 GPS 14.056065, 99.498604 **찾아가기** 깐짜나부리 시내 북단 쌩추또 로드에 위치. 콰이 강의 다리에서 2.1km, 자동차로 4분 **주소** 16/8 Tha Ma Kham, Mueang Kanchanaburi **전화** 092-899-7635 **시간** 11:00~23:00 **휴무** 연중무휴 **가격** 타이 마사지 1시간 250B, 1시간 30분 350B, 2시간 500B **홈페이지** 없음

ZOOM IN

콰이 강의 다리역

깐짜나부리 시내의 핵심 볼거리다. 깐짜나부리 역에서 기차로 1정거장, 깐짜나부리 여행자 거리에서는 자전거로 10분가량 걸린다. 쾌야이 강변에 다양한 플로팅 레스토랑이 자리해 분위기 있는 식사를 즐기기에도 그만이다.

1 콰이 강의 다리
The River Kwai Bridge

죽음의 철도 중 한 구간. 영화 〈콰이 강의 다리〉로 널리 알려진 깐짜나부리를 대표하는 볼거리다. 1943년 건설 당시 나무로 지었다가 3개월 후 철교로 바꾸었다. 연합군의 폭격으로 파괴된 다리는 종전 이후 복구되어 현재에 이른다. 기차가 다니지 않을 때는 선로 위를 걸어서 오갈 수 있다.

지도 P.172B
구글 지도 GPS 14.041167, 99.503871 **찾아가기** 콰이 강의 다리 기차역에서 하차 **주소** 8 Vietnam Road **전화** 034-514-522 **시간** 24시간 **휴무** 연중무휴 **가격** 무료입장 **홈페이지** 없음

2 죽음의 철도
Death Railway

제2차 세계대전 당시 일본군이 인도네시아를 점령하기 위해 만든 태국-미얀마 간 400km 구간의 철도. 철도 건설 중 11만6000여 명의 전쟁 포로와 아시아 노동자가 사망해 죽음의 철도라는 별칭을 얻었다. 여행자들은 깐짜나부리에서 남똑까지 완행열차를 주로 탑승한다. 소요 시간은 2시간 30분가량.

지도 P.172A
구글 지도 GPS 14.040966, 99.503745 **찾아가기** 넝쁠라둑에서 남똑 역을 잇는 구간이며, 깐짜나부리, 싸판 콰이 야이, 남똑 역 등지에서 기차 탑승 가능 **주소** Ban Tai, Amphoe Mueang Kanchanaburi **전화** 093-194-2202 **시간** 깐짜나부리 역 출발 06:07 · 10:30 · 16:26, 남똑 역 출발 05:20 · 12:55 · 15:30 **휴무** 연중무휴 **가격** 기차 요금 100B **홈페이지** 없음

3 떵깐 카페
Tongkan Cafe

실내 테이블과 강변, 플로팅 래프트, 루프톱 테이블이 있는 강변 카페. 플로팅 래프트에서는 강물에 발을 담글 수 있다. 저녁에는 야외에서 라이브 공연이 열린다.

지도 P.172B
구글 지도 GPS 14.037367, 99.511525 **찾아가기** 여행자 거리 라오 로드 강변에 자리 **주소** 10 Lao Road, Tha Ma Kham, Mueang Kanchanaburi **전화** 089-888-8015 **시간** 일~목요일 10:00~23:00, 금~토요일 10:00~24:00 **휴무** 연중무휴 **가격** 팍붕파이댕 140B, 쁠라까퐁텃 남쁠라 320B **홈페이지** www.facebook.com/TongKanCafe

쏨땀타이 80B

4 키리 타라
Kee Ree Tara Restaurant
คีรีธารา

죽음의 철도 인근 쾌 야이 강변에 자리한 레스토랑. 쾌 야이 강변의 플로팅 레스토랑 중 가장 인기다. 고급스러운 분위기로 플로팅, 에어컨 등 다양한 형태의 좌석이 마련된다. 합리적인 가격대에 음식 양도 많은 편이다.

지도 P.172B
구글 지도 GPS 14.042441, 99.503110 **찾아가기** 콰이 강의 다리에서 강 상류 쪽으로 150m 지점 **주소** Maenamkwai Road **전화** 034-513-855 **시간** 11:00~23:00 **휴무** 연중무휴 **가격** 텃만꿍(Deep Fried Shrimp Cake) 180B, 카우팟꿍(Fried Rice Shrimp with Egg) S 85B **홈페이지** www.face book.com/keereeTara

남프릭 타라 150B

5 딘 카페
Din Cafe

쾌 야이 강을 조망하는 현대적인 느낌의 카페. 수직으로 세운 높은 벽과 네모난 건물, 강과 수평을 이룬 인피니티 풀 등이 정갈한 느낌을 준다.

지도 P.173D
구글 지도 GPS 14.056424, 99.482742 **찾아가기** 콰이 강의 다리에서 매남 쾌 로드를 따라 북단으로 3.8km 지점 **주소** 8/88 Kaeng Sian, Mueang Kanchanaburi **전화** 034-512-888 **시간** 10:30~21:30 **휴무** 연중무휴 **가격** 아메리카노(Americano) Hot 75B, Cold 95B, Frappe 115B **홈페이지** www.facebook.com/dincafekanchanaburi

블랑망제 마차 165B

ZOOM IN

왓 탐 쓰아

깐자나부리 여행자 거리에서 약 15km 거리의 사원. 사원 뒤편에 사원과 논을 조망하는 카페와 음식점이 많다.

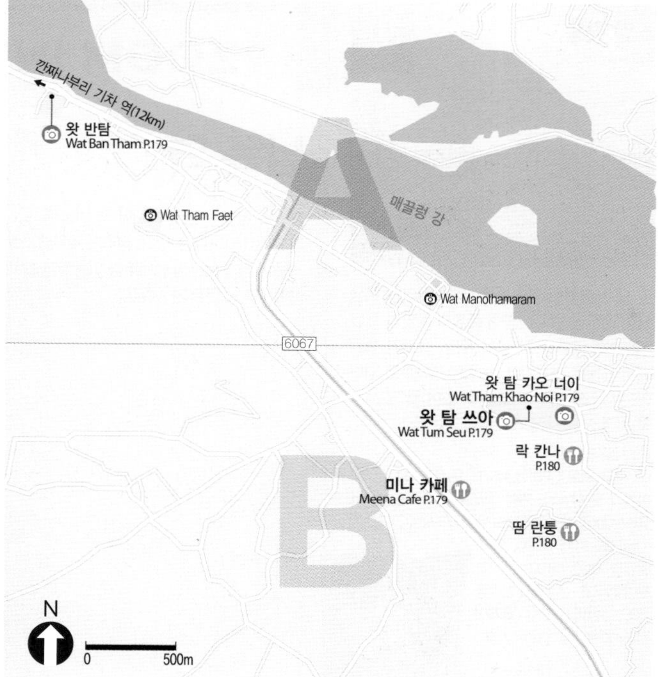

1 왓 탐 쓰아

Wat Tum Seu
วัดถ้ำเสือ

★★★ 자동차 20분

'호랑이 동굴'이라는 이름의 깐짜나부리 으뜸 사원. 언덕 위에 위치하며 157계단 혹은 모노레일로 오를 수 있다. 핵심 볼거리는 높이 18m, 폭 10m의 거대한 불상과 69m 높이의 9층 탑. 탑에 오르면 대형 불상을 비롯해 매끌렁 강과 일대 평야가 한눈에 들어온다.

지도 P.173D, 179B
구글 지도 GPS 13.953262, 99.605411 **찾아가기** 깐짜나부리 여행자 거리에서 323번 도로를 따라가다가 3429번 도로가 나오면 우회전, 강 건너 삼거리에서 좌회전해 강 따라 약 10km. 구글 내비게이션을 이용한다면 'Wat Tham Khao Noi'로 검색하는 편이 낫다. 20분 소요 **주소** Muang Chum, Tha Muang **전화** 깐짜나부리 관광청 034-511-200 **시간** 월~금요일 08:30~16:30, 토~일요일 08:00~16:30 **휴무** 연중무휴 **가격** 모노레일 왕복 20B **홈페이지** 없음

2 왓 탐 카오 너이

Wat Tham Khao Noi

★ 자동차 20분

왓 탐 쓰아 바로 옆에 자리한 중국식 사원으로, 1881년에 세웠다. 중국 색채 가득한 사원 건물이 눈길을 끌며, 사원 내부보다는 외양이 볼만하다. 왓 탐 쓰아에서 바라보는 사원의 모습이 아름답다.

지도 P.173D, 179B
구글 지도 GPS 13.953262, 99.605411 **찾아가기** 렌트 차량 혹은 오토바이 이용, 깐짜나부리 여행자 거리에서 323번 도로를 따라가다가 3429번 도로가 나오면 우회전, 강 건너 삼거리에서 좌회전해 강을 따라 약 10km, 20분 소요 **주소** 99/9 Nong Sa Kae Soi 2, Wang Sala, Tha Muang **전화** 034-655-233 **시간** 08:00~17:00 **휴무** 연중무휴 **가격** 무료입장 **홈페이지** 없음

3 왓 반탐

Wat Ban Tham

★★ 자동차 15분

매끌렁 강이 조망되는 언덕 위에 자리한 동굴 사원이다. 나가 계단을 따라 오르다가 입을 벌린 용머리 안으로 들어가 다시 계단을 오르면 동굴 사원이 나타난다. 사원은 쑤코타이 시대에 지어진 후 잊혔다가 이후 발견된 것으로 여겨진다. 1888년에는 쭐라롱껀 대왕이 방문하기도 했다.

지도 P.179A
구글 지도 GPS 13.970656, 99.578317 **찾아가기** 깐짜나부리 여행자 거리에서 323번 도로를 따라가다가 3429번 도로가 나오면 우회전, 강 건너 삼거리에서 좌회전해 강 따라 약 6km **주소** Moo 1, Khao Noi, Tha Muang **전화** 없음 **시간** 08:00~18:00 **휴무** 연중무휴 **가격** 무료입장 **홈페이지** 없음

4 미나 카페

Meena Cafe

★★★ 자동차 20분

왓 탐 쓰아를 조망하는 논 위에 자리한 카페다. 왓 탐 쓰아로 이르는 광활한 논 위에 다리를 놓아 풍경이 매우 좋다. 인근에 비슷한 분위기의 레스토랑과 카페가 많은데, 이곳이 원조 격이며 조망도 가장 좋은 편이다. 에어컨 실내 좌석은 물론 다양한 형태의 야외 좌석이 마련돼 있다.

지도 P.179B
구글 지도 GPS 13.949248, 99.600331 **찾아가기** 왓 탐 쓰아 뒤쪽 6067번 도로변 **주소** 75/18 Muang Chum, Tha Muang **전화** 085-681-8187 **시간** 목~화요일 08:30~18:30 **휴무** 수요일 **가격** 아메리카노(Americano) 아이스 70B **홈페이지** 없음

아메리카노 70B

5 락 칸나

รักษ์คันนา

왓 탐 쓰아가 조망되는 논 위에 자리한 국수집이다. 국수 맛은 평범한 편이지만 저렴한 가격과 좋은 풍광 덕분에 큰 인기를 얻고 있다. 나무와 짚을 엮어 만든 건물은 야외로 개방된 형태로 신발을 벗고 들어가야 한다. 논 위에 나무로 만든 짧은 다리가 놓여 있다.

지도 P.179B
구글 지도 GPS 13.951065, 99.607563 **찾아가기** 왓 탐 쓰아 뒤쪽 **주소** 88 Muang Chum, Tha Muang **전화** 080-061-6888 **시간** 월~금요일 08:30~19:00, 토~일요일 08:00~19:00 **휴무** 연중무휴 **가격** 꾸어이띠여우 남싸이 35B, 꾸어이띠여우 똠얌카이 40B **홈페이지** noodle-shop-1602.business.site

꾸어이띠여우 똠얌카이 40B

6 땀 란퉁

ตำลันทุ่ง

왓 탐 쓰아를 조망하는 논 위에 자리한 이싼 요리 전문점이다. 다양한 종류의 쏨땀과 랍을 선보이며, 돼지고기 구이 무양, 닭고기 튀김 까이텃 등을 선보인다. 논 위에 대나무로 엮어 만든 다리와 나무 데크 등이 있어 왓 탐 쓰아를 배경 삼아 사진 찍기 좋다.

지도 P.179B
구글 지도 GPS 13.946712, 99.606890 **찾아가기** 왓 탐 쓰아 뒤쪽 **주소** Muang Chum, Tha Muang **전화** 089-258-7899 **시간** 월~금요일 11:00~19:00, 토~일요일 10:00~19:00 **휴무** 연중무휴 **가격** 땀란퉁 199B, 무양찜 80B **홈페이지** tamlunthung.business.site

땀란퉁 199B

ZOOM IN

남똑 역

죽음의 철도 구간의 마지막 역. 싸이욕 너이 폭포까지 걸어갈 수 있다. 쌩추또 로드에서 버스를 타거나 인근의 썽태우를 이용하면 헬 파이어 패스와 연계 가능하다.

1 남똑 기차역

Nam Tok Railway Station

★★★ 도보 1분

죽음의 철도 구간 중 마지막 역. 1일 3회 넝쁠라둑 역에서 남똑 역까지 오가는 열차를 운행한다. 이 중 두 차례는 방콕의 톤부리 역에서 열차가 출발한다. 나무로 지은 작은 간이역으로, 제2차 세계대전 후 태국 국영 철도의 복원 프로젝트에 따라 1958년 6월 문을 열었다.

지도 P.173C
구글 지도 GPS 14.232602, 99.068262 **찾아가기** 남똑 역에서 하차 **주소** Tha Sao, Sai Yok **전화** 034-511-285 **시간** 24시간 **휴무** 연중무휴 **가격** 무료입장(깐짜나부리 역 구간은 100B) **홈페이지** 없음

2 싸이욕 너이 폭포

Sai Yok Noi Waterfall

★★★ 도보 15분

남똑 역과 가까워 여행자들의 발길이 잦은 폭포다. 시기에 따라 폭포의 수량 차이가 많은 편으로 수량이 많을 때는 폭포의 소에서 수영을 즐길 수 있다. 튜브 대여도 가능하다. 남똑 역에서 불과 2km 떨어져 있어 산책하듯 걸어가거나 오토바이나 썽태우를 타고 가면 된다.

지도 P.173C
구글 지도 GPS 14.239104, 99.057391 **찾아가기** 기차를 탄다면 남똑 역에 하차한 후 시간에 맞춰 오는 썽태우를 이용하거나 도보로 15분 이동, 버스는 깐짜나부리 버스 터미널에서 8203번 버스 승차 후 싸이욕 너이 하차, 06:00~18:30, 30분 간격 운행, 돌아오는 마지막 버스는 16:30 **주소** Tha Sao, Sai Yok **전화** 싸이욕 국립공원 086-700-7442 **시간** 싸이욕 국립공원 07:00~17:00 **휴무** 연중무휴 **가격** 무료입장 **홈페이지** 없음

3 헬 파이어 패스

Hell Fire Pass

★★★ 버스 20분

죽음의 철도 공사 중 24시간 강제 노동을 하며 피운 횃불이 지옥 불처럼 보인다고 헬 파이어 패스라는 이름이 붙었다. 헬 파이어 패스 기념 박물관(Hell Fire Pass Memorial Museum)의 전시가 충실하며, 끈유 절벽까지 약 500m 트레일을 따라 걸을 수 있다. 4km에 이르는 전체 트레일을 돌려면 3시간가량 소요된다.

지도 P.173C
구글 지도 GPS 14.352624, 98.954775 **찾아가기** 깐짜나부리 버스 터미널에서 8203번 버스 승차 후 헬 파이어 패스(청카우캇) 하차. 남똑 역 혹은 싸이욕 너이 폭포와 가까운 쌩추또 로드에서도 승차 가능 **주소** Tha Sao, Sai Yok **전화** 박물관 034-919-605 **시간** 박물관 09:00~16:00 **휴무** 연중무휴 **가격** 무료입장 **홈페이지** hellfire-pass.commemoration.gov.au

ZOOM IN

깐짜나부리 외곽

차량이나 오토바이를 렌트하면 편하게 다녀올 수 있는 깐짜나부리 외곽 지역. 깐짜나부리의 손꼽히는 볼거리인 에라완 국립공원은 버스로도 오갈 수 있다.

1 에라완 국립공원

Erawan National Park

★★★ 자동차 70분

깐짜나부리를 대표하는 국립공원. 입구에서 정상까지 2.2km의 길을 따라 7개의 폭포가 차례대로 모습을 드러낸다. 폭포를 따라 트레킹을 즐기거나 석회암에 침식돼 옥빛을 띠는 폭포의 소에서 수영을 즐기기에 좋다. 입구 캠핑장에서 캠핑을 하며 하룻밤 묵어 가도 좋다. 장비도 대여한다.

지도 P.173C
구글 지도 GPS 14.337826, 99.074618 **찾아가기** 깐짜나부리에서 북서쪽으로 67km, 자동차로 1시간 10분, 대중교통을 이용한다면 깐짜나부리 버스 터미널에서 8107번 버스 승차 후 에라완 폭포 하차, 08:00~17:20, 50분 간격 운행, 돌아오는 마지막 버스는 16:00 **주소** Tha Kradan **전화** 034-574-222 **시간** 08:00~16:30 **휴무** 연중무휴 **가격** 300B **홈페이지** 없음

2 므엉 말리까

เมืองมัลลิกา ร.ศ. 124

★★★ 자동차 25분

쭐라롱껀 대왕 시절 짜오프라야 강 유역의 싸얌을 재현한 복고풍 도시. 전통 가옥과 시장을 돌며 먹거리와 쇼핑을 즐길 수 있는 일종의 민속촌이다. 핵심은 태국 전통 복장을 대여해 셀카 즐기기. 먹거리를 사거나 인력거 등의 시설을 이용하려면 입장 전에 말리까 화폐로 환전해야 한다.

지도 P.173C
구글 지도 GPS 14.088777, 99.282383 **찾아가기** 렌트 차량 혹은 오토바이 이용. 깐짜나부리-싸이욕 루트 Km 15. 주유소 뒤쪽에 입구가 있다. **주소** 168 Moo 5, Sai Yok **전화** 034-540-884~6 **시간** 09:00~17:30 **휴무** 연중무휴 **가격** 어른 250B, 어린이 120B **홈페이지** mallika124.com

3 쁘라쌋 므앙씽 역사공원

Prasat Mueang Sing Historical Park

★★★ 자동차 35분

13세기 크메르 제국 자야바르만 7세 때 지어진 바이욘 스타일의 건축물이다. 크메르 제국이 무너지며 현 짜끄리 왕조가 들어설 때까지 잊혔다가 1987년 역사공원으로 조성됐다. 라테라이트 벽에 둘러싸인 73만6,000m²의 부지에 4개의 건축물이 남아 있으며, 남쪽 벽은 쾌너이 강과 접해 있다.

지도 P.173C
구글 지도 GPS 14.039298, 99.242983 **찾아가기** 렌트 차량 혹은 오토바이 이용. 323번, 3455번 도로 경유 **주소** Sing, Sai Yok **전화** 034-670-264 **시간** 08:00~17:00 **휴무** 연중무휴 **가격** 100B **홈페이지** www.muangsinghp.com

4 키리 만뜨라

Keeree Mantra

★★★ 자동차 10분

깔끔한 외관과 잘 조성된 정원이 고급 리조트를 연상케 하며, 서비스 또한 훌륭하다. 많은 장점에 비해 가격은 저렴한 편. 쾌 야이 강변에 자리한 키리 타라와 같은 레스토랑으로 동일한 메뉴를 선보인다.

지도 P.173D
구글 지도 GPS 14.048579, 99.439543 **찾아가기** 깐짜나부리 중심부 북서쪽 323번 도로변 **주소** 88/8 Moo 4, Sachchuto Road **전화** 034-540-889 **시간** 10:00~22:00 **휴무** 연중무휴 **가격** 텃만꿍(Deep Fried Shrimp Cake) 180B, 카우팟 꿍(Fried Rice Shrimp with Egg) S 85B, 팟팍완 남만허이(Stir-Fried Local Vegetables with Oyster Sauce) 150B **홈페이지** www.facebook.com/keereemantra

남프릭 타라 150B

5 더 빌리지

The Village

★★★ 자동차 10분

병풍처럼 둘러친 산 아래 녹지 위에 자리한 대형 카페. 선인장과 각종 열대식물이 자라는 식물원 스타일의 카페다. 키리 만뜨라와 정원을 공유하고 있다.

지도 P.173D
구글 지도 GPS 14.048654, 99.439016 **찾아가기** 콰이 강의 다리에서 남똑 방면으로 8.9km, 자동차로 10분 **주소** 88/8 Moo 4, Sangchuto Road **전화** 034-540-599 **시간** 월~금요일 10:30~21:00, 토~일요일 09:30~21:00 **휴무** 연중무휴 **가격** 올리오 베이컨 카펠리니(Capellini Olio Bacon) 165B, 카우카이콘똠얌꿍(Omelette with Rice and Sauce Tom Yum Kung) 160B, 카우팟뿌(Fried Rice with Crab) 120B, 에그 베네딕트 베이컨(Egg Benedict Bacon) 140B **홈페이지** www.facebook.com/TheVillageFarmToCafe

AREA

03 AYUTTHAYA

[อยุธยา 아유타야]

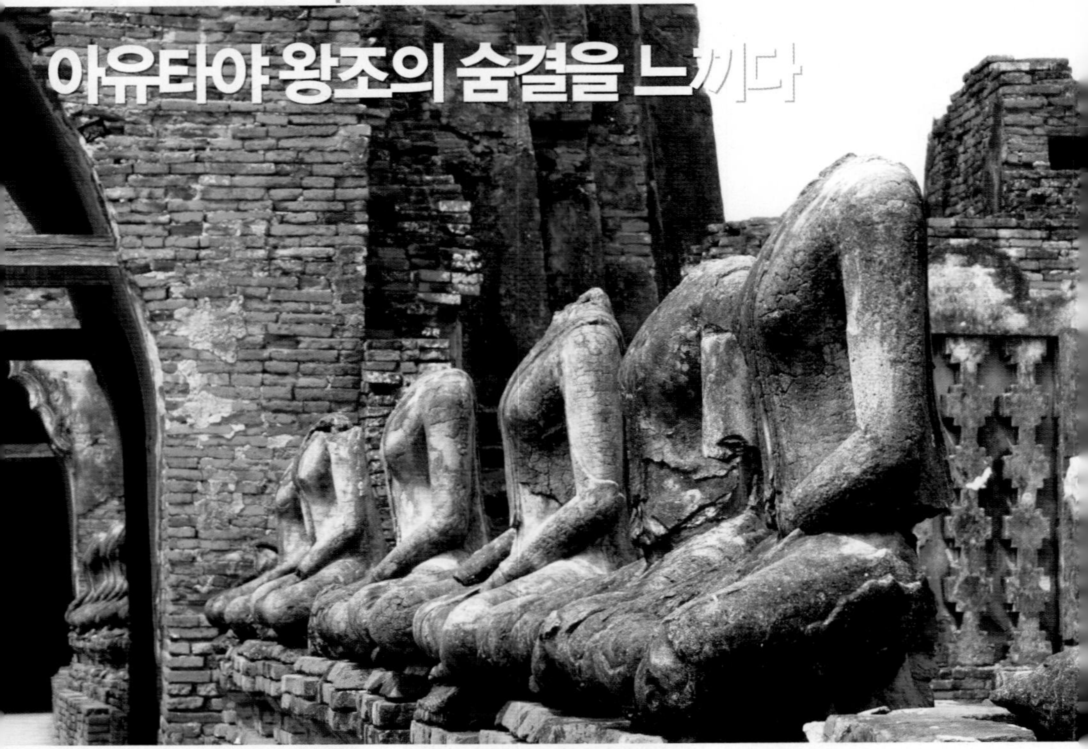

아유타야 왕조의 숨결을 느끼다

1767년 버마의 침략을 받기 전까지 417년간 태국에서 가장 번성했던 왕조인 아유타야는 현 짜끄리 왕조가 방콕을 수도로 정한 후, 과거의 도시이자 현재의 도시인 아유타야로 남았다. 아유타야에는 전쟁의 상흔이 여전히 남아 있지만 영화로운 세월을 품은 태국의 역사와 건축의 아름다움은 숨길 수가 없다.

외국인과 현지인 모두에게 인기.

아유타야 왕조의 숨결이 살아 있는 으뜸 관광지.

소소한 기념품이 전부.

유적지 주변과 여행자 거리에 여행자의 입맛에 맞춘 메뉴가 많다. 특히 국수 맛집이 많다.

여행자 거리의 레스토랑과 카페 정도. 유적지의 분위기에 걸맞게 밤이 고요하다.

인기 유적지는 외국인은 물론 관광을 온 현지인으로 바글바글하다.

아유타야 교통편

방콕에서 버스와 기차로 갈 수 있으며, 어느 교통편이나 편리하다. 버스는 2시간, 기차는 1시간~1시간 30분가량 소요된다. 아유타야를 돌아볼 때는 자전거와 뚝뚝을 주로 이용하는데, 자전거로 강 건너 유적지를 돌아보기에는 무리다.

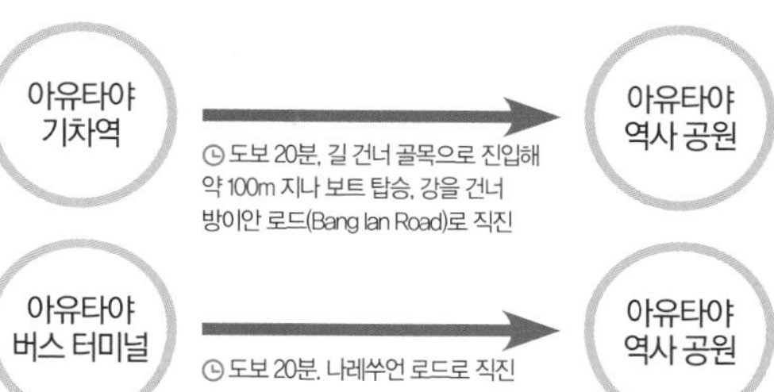

아유타야로 가는 방법

1일 투어
오전에 출발하는 투어, 오후에 출발하는 선셋 투어 등 다양하다. 약 네 군데의 유적을 방문하는데, 왓 프라 마하탓과 왓 프라 씨싼펫은 반드시 포함된다.

기차
태국 북부로 가는 기차는 아유타야에 선다. 방콕 끄룽텝 아피왓 역에서는 급행과 일반, 후알람퐁 역에서는 일반기차를 탈 수 있다.

버스
북부 버스 터미널에서 05:00~18:30에 수시로 출발한다.

롯뚜
미니밴. 카오산 로드 주변의 싸남 루앙, 북부 터미널, 남부 터미널에 롯뚜 정류장이 있다. 05:00~19:00에 수시로 출발한다.

아유타야 다니는 방법

뚝뚝
조금 돈이 들더라도 가장 좋은 교통수단. 더운 날씨에 걷거나 자전거를 타려면 힘들다. 흥정 필수.

자전거
왓 프라 마하탓과 왓 프라 씨싼펫 등 가까운 유적지를 돌아볼 때 괜찮다. 밤에 자전거를 타고 유적지를 돌아본다면 주의가 필요하다. 가로등이 없고, 대여하는 자전거는 라이트가 없다.

MUST SEE
이것만은 꼭 보자!

No.1

왓 프라 마하탓
Wat Phra Maha That
나무뿌리에 감긴 불상은 아유타야를 대표하는 이미지.

No.2

왓 프라 씨싼펫
Wat Phra Si Sanphet
아유타야 왕실 사원.

No.3
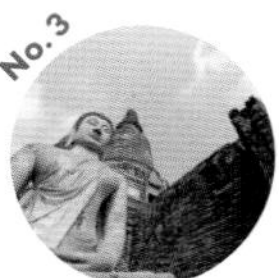
왓 야이차이몽콘
Wat Yai Chai Mongkhon
쩨디와 와불상을 놓치지 말자.

No.4

왓 차이왓타나람
Wat Chaiwatthanaram
크메르 양식의 아름다운 사원.

MUST EAT
이것만은 꼭 먹자!

No.1

쿤쁘라넘 คุณประนอม
닭고기 고명의 똠얌 국수가 일품.

No.2
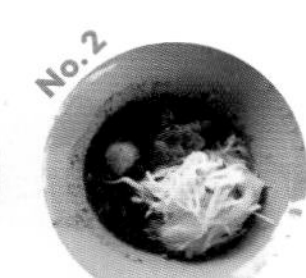
꾸어이띠여우 르아 클렁싸부아
ก๋วยเตี๋ยวเรือคลองสระบัว
生意興隆
저렴하고 맛있는 보트 누들.

MAP
아유타야 한눈에 보기

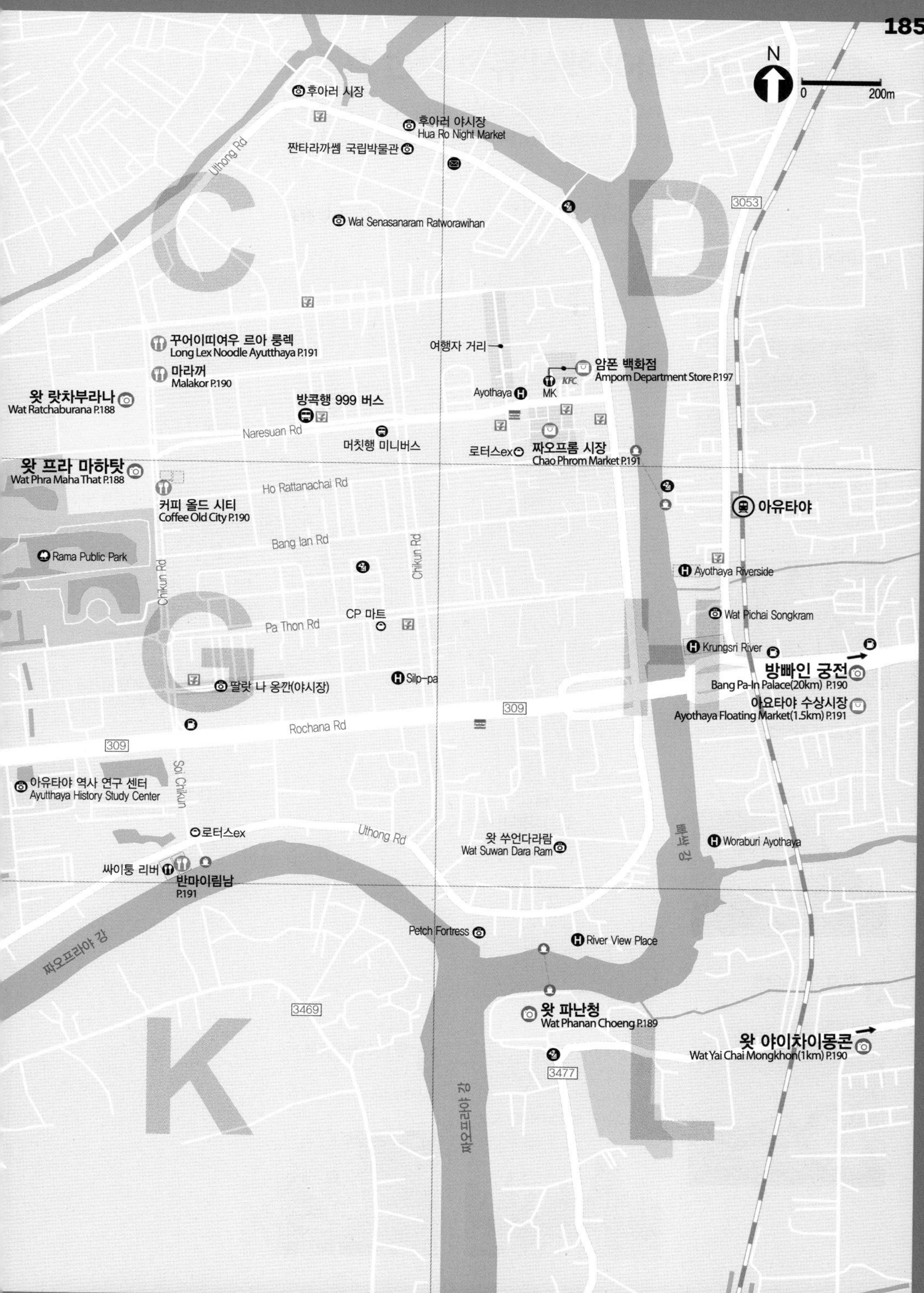
N
0
200m
후아러 시장
후아러 야시장
Hua Ro Night Market
짠타라까쎔 국립박물관
Uthong Rd
3053
Wat Senasanaram Ratworawihan
C
D
꾸어이띠여우 르아 룽렉
Long Lex Noodle Ayutthaya P.191
여행자 거리
암폰 백화점
Ampom Department Store P.197
KFC
MK
마라꺼
Malakor P.190
Ayothaya
왓 랏차부라나
Wat Ratchaburana P.188
방콕행 999 버스
Naresuan Rd
머칫행 미니버스
로터스ex
짜오프롬 시장
Chao Phrom Market P.191
왓 프라 마하탓
Wat Phra Maha That P.188
Ho Rattanachai Rd
커피 올드 시티
Coffee Old City P.190
아유타야
Bang Ian Rd
Rama Public Park
Chikun Rd
Chikun Rd
Ayothaya Riverside
Pa Thon Rd
CP 마트
Wat Pichai Songkram
G
H
Krungsri River
방빠인 궁전
Bang Pa-In Palace(20km) P.190
딸랏 나 옹깐(야시장)
Silp-pa
309
아요타야 수상시장
Ayothaya Floating Market(1.5km) P.191
Rochana Rd
309
Soi Chikun
아유타야 역사 연구 센터
Ayutthaya History Study Center
로터스ex
Uthong Rd
왓 쑤언다라람
Wat Suwan Dara Ram
빠싹 강
Woraburi Ayothaya
싸이통 리버
반마이리림남
P.191
짜오프라야 강
Petch Fortress
River View Place
3469
왓 파난청
Wat Phanan Choeng P.189
왓 야이차이몽콘
Wat Yai Chai Mongkhon(1km) P.190
3477
K
L
짜오프라야 강

아유타야 핵심 유적 완전 정복 코스

강 외곽의 유적지가 다수 포함되므로 뚝뚝을 대절하는 게 좋다. 자전거로 돌아볼 경우에는 왓 프라 마하탓과 왓 프라 씨싼펫을 포함해 왓 랏차부라나, 왓 프라람을 코스에 넣으면 된다.

309
쿤쁘라넘
왓 나 프라멘
Wat Na Phramen
왓 랏차부라나
Wat Ratchaburana
왓 프라 씨싼펫
Wat Phra Si Sanphet
1
왓 프라
Wat Phra Ma
2
3
왓 로까야쑤타람
Wat Lokkayasutharam
왓 프라람
Wat Phra Ram
3412
쑤리요타이 쩨디
Phra Chedi Sri Suriyothai
위한 프라 몽콘보핏
Vihara Phra Mongkhon Bophit
3263
3469
짜오 쌈 프라야 국립박물관
Chao Sam Phraya National Muse
Uthong Rd
짜오프라야
4
왓 차이왓타나람
Wat Chaiwatthanaram
아유타야 병원
반마이림남
꾸어이띠여우 르아 클렁싸부아

S 나레쑤언 로드
Naresuan Rd

서쪽으로 직진 → 왓 프라 마하탓 도착

1 왓 프라 마하탓
Wat Phra Maha That

시간 08:00~18:00

→ 뚝뚝 이용 → 왓 프라 씨싼펫 도착

2 왓 프라 씨싼펫
Wat Phra Si Sanphet

시간 08:00~18:00

→ 뚝뚝 이용 → 왓 로까야쑤타람 도착

3 왓 로까야쑤타람
Wat Lokkayasutharam

시간 08:00~20:00

→ 뚝뚝 이용 → 왓 차이왓타나람 도착

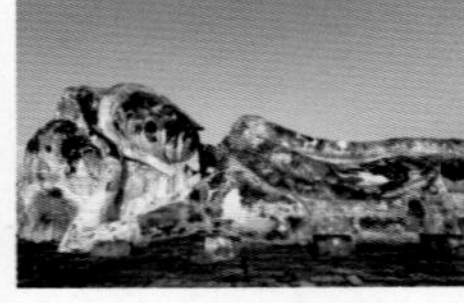

4 왓 차이왓타나람
Wat Chaiwatthanaram

시간 06:00~21:00

→ 뚝뚝 이용 → 왓 야이차이몽콘 도착

5 왓 야이차이몽콘
Wat Yai Chai Mongkhon

시간 08:00~17:00

코스 무작정 따라하기 START
S. 나레쑤언 로드
1.5km, 뚝뚝 8분
1. 왓 프라 마하탓
1km, 뚝뚝 3분
2. 왓 프라 씨싼펫
1.7km, 뚝뚝 6분
3. 왓 로까야쑤타람
3.3km, 뚝뚝 7분
4. 왓 차이왓타나람
9km, 뚝뚝 20분
5. 왓 야이차이몽콘
Finish

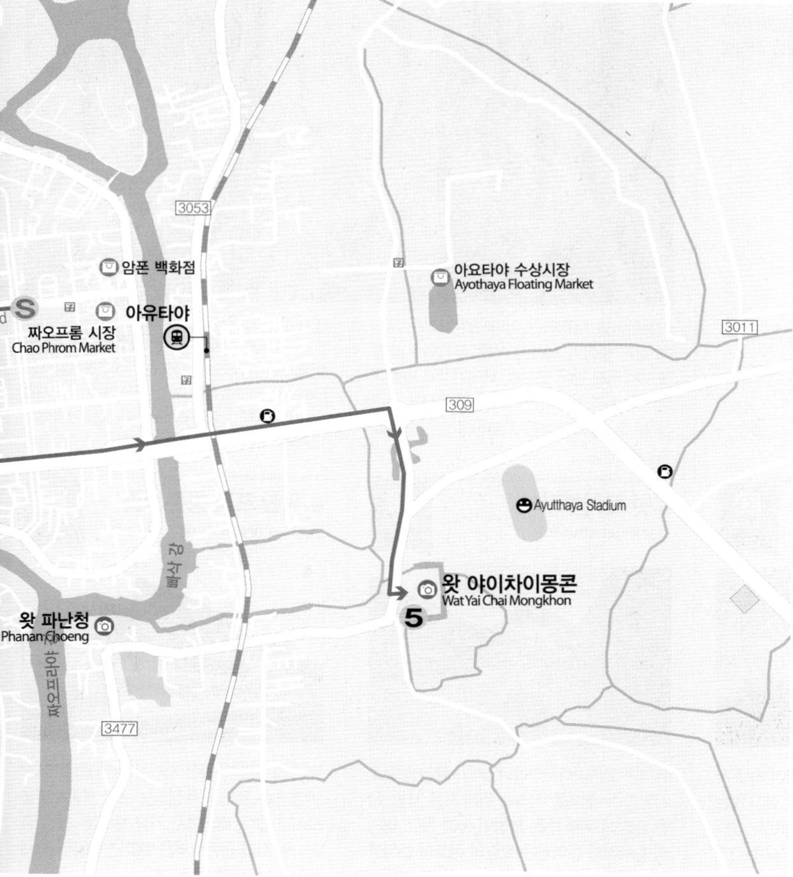

ZOOM IN

왓 프라 마하탓

아유타야 여정의 출발점이 되는 곳. 대중교통을 이용하거나 여행자 거리에서 출발해 아유타야 유적으로 가면 왓 프라 마하탓을 시작으로 아유타야 유적을 돌아보게 된다.

1 왓 프라 마하탓
Wat Phra Maha That

아유타야를 대표하는 이미지인 보리수 뿌리에 감긴 불상이 자리한 사원. 부처의 사리를 모시기 위해 만든 곳으로, 14세기경에 세웠다. 버마의 공격으로 파손돼 지금은 온전한 모습을 볼 수 없지만, 눈을 사로잡을 만한 볼거리가 다양하다.

1권 P.074 지도 P.185G
구글 지도 GPS 14.356986, 100.567468 **찾아가기** 아유타야 역사 공원 내 **주소** Wat Phra Maha That **전화** 083-004-0423 **시간** 08:00~18:00 **휴무** 연중무휴 **가격** 50B **홈페이지** www.ayutthaya.go.th

2 왓 프라 씨싼펫
Wat Phra Si Sanphet

아유타야 왕궁 내에 자리한 아유타야 최대 사원. 방콕의 왓 프라깨우처럼 승려가 살지 않는 아유타야의 왕실 사원 역할을 수행했다. 1767년 버마의 침공으로 완전히 파괴돼 현재는 3개의 쩨디만 남았다.

1권 P.074 지도 P.184F
구글 지도 GPS 14.355901, 100.558602 **찾아가기** 왓 프라 마하탓에서 나레쑤언 로드를 따라 1km **주소** Wat Phra Si Sanphet **전화** 035-242-284 **시간** 08:00~18:00 **휴무** 연중무휴 **가격** 50B **홈페이지** www.ayutthaya.go.th

3 왓 랏차부라나
Wat Ratchaburana

1424년 보롬마라차티라티 2세가 왕권 쟁탈로 사망한 두 형제를 기리기 위해 지은 사원. 사원 중앙에 우뚝 솟은 쁘랑이 눈에 띈다. 버마의 침략에도 살아남은 쁘랑의 정교한 조각들은 아유타야 유적지 내 유물 중에서도 으뜸으로 꼽을 만하다.

1권 P.075 지도 P.185C
구글 지도 GPS 14.359230, 100.568334 **찾아가기** 왓 프라 마하탓 북쪽 너머로 보이는 사원 **주소** Wat Ratchaburana **전화** 035-242-284 **시간** 08:00~18:00 **휴무** 연중무휴 **가격** 50B **홈페이지** www.ayutthaya.go.th

4 위한 프라 몽콘보핏
Vihara Phra Mongkhon Bophit

왓 프라 씨싼펫 옆에 자리한 위한(불당). 1538년에 만든 것으로 추정되는 프라 몽콘보핏을 모시고 있다. 태국에서 가장 큰 청동 불상 중 하나인 프라 몽콘보핏은 1992년 여왕의 60세 생일을 맞아 금박을 입혔다.

1권 P.077 지도 P.184F
구글 지도 GPS 14.354889, 100.557713 **찾아가기** 왓 프라 씨싼펫 왼쪽, 왓 프라 마하탓에서 나레쑤언 로드를 따라 1.3km **주소** Vihara Phra Mongkhon Bophit **전화** 035-242-284 **시간** 08:30~18:30 **휴무** 연중무휴 **가격** 무료입장 **홈페이지** www.ayutthaya.go.th

5 왓 프라람
Wat Phra Ram

★★★ 도보 11분

왕궁과 왓 프라 씨싼펫 인근의 호숫가에 자리한 사원. 습지 이름인 봉프라람에 연유해 왓 프라람이라 이름 지었다는데, 정확한 조성 연대와 이유는 알 수 없다. 나레쑤언 왕이 1369년에 건설을 명해 당시 혹은 그 이후에 세웠을 것이라 추정한다.

1권 P.077 지도 P.184F
구글 지도 GPS 14.354166, 100.561710 **찾아가기** 왓 프라 마하탓에서 공원을 가로질러 900m **주소** Wat Phra Ram **전화** 035-242-284 **시간** 08:00~17:00 **휴무** 연중무휴 **가격** 30B **홈페이지** www.ayutthaya.go.th

6 짜오 쌈 프라야 국립박물관
Chao Sam Phraya National Museum

★★★ 뚝뚝 5분

TAT 맞은편 로짜나 로드에 자리한다. 2개의 전시관과 전통 태국 가옥으로 이뤄진 박물관에서는 아유타야, 롭부리, 우텅, 쑤코타이, 드바라와티 양식의 불상과 목조 조각 등을 전시한다. 왓 마하탓과 왓 프라람에서 발굴된 유물들도 볼만하다.

1권 P.077 지도 P.184F
구글 지도 GPS 14.350930, 100.561775 **찾아가기** 왓 프라 마하탓에서 봉프라람 호수 대각선 건너편, 로짜나 로드 **주소** 108 Rochana Road **전화** 035-241-587 **시간** 수~일요일 09:00~16:00 **휴무** 월~화요일 **가격** 150B **홈페이지** www.museumsiam.org

7 왓 나 프라멘
Wat Na Phramen

★ 뚝뚝 5분

아유타야 왕궁 북쪽 맞은편에 클렁싸부아 운하를 따라 자리한 사원으로, 여행자보다는 현지인이 즐겨 찾는다. 1503년 아유타야 10대 왕 라마티보디티 2세 때 왕실 화장을 목적으로 건설했다. 우보솟 내에 폭 4.4m, 높이 6m의 아유타야 초기 형태의 대형 불상을 안치했다.

지도 P.184B
구글 지도 GPS 14.362301, 100.558993 **찾아가기** 왓 프라 마하탓 북쪽 강변 건너 2km **주소** Wat Na Phramen **전화** 035-242-284 **시간** 08:30~16:30 **휴무** 연중무휴 **가격** 20B **홈페이지** www.ayutthaya.go.th

8 왓 로까야쑤타람
Wat Lokkayasutharam

★★★ 뚝뚝 7분

왓 프라 마하탓과 왓 프라 씨싼펫 기준, 서쪽에 자리한 사원. 길이 42m, 높이 8m의 와불상인 프라부다 싸이얏이 핵심 볼거리다. 돌로 만든 와불상은 보존을 위해 신도들이 금박을 탁발하는 것을 금지하고 있다.

1권 P.076 지도 P.184F
구글 지도 GPS 14.355508, 100.552360 **찾아가기** 아유타야 역사 공원 북쪽 우텅 로드를 따라가다가 이정표를 보고 좌회전, 약 3km **주소** Wat Lokkayasutharam **전화** 083-784-5947 **시간** 08:00~20:00 **휴무** 연중무휴 **가격** 무료입장 **홈페이지** www.ayutthaya.go.th

9 쑤리요타이 쩨디
Phra Chedi Sri Suriyothai

★★★ 뚝뚝 8분

아유타야 짜끄라빳 왕의 왕비 쑤리요타이는 태국에서 여자 영웅으로 칭송받는다. 1548년 버마가 침략했을 당시 왕을 보좌하기 위해 참전해 자신의 목숨을 버렸기 때문이다. 왕비가 죽은 이후 왕비를 위한 쩨디를 만들고 그녀의 유골을 안치했다고 한다.

1권 P.077 지도 P.184E
구글 지도 GPS 14.352549, 100.547585 **찾아가기** 짜오프라야 강과 클렁므앙 운하가 만나는 지점 근처, 왓 프라 마하탓에서 북쪽 우텅 로드를 따라 약 3.6km **주소** Phra Chedi Sri Suriyothai **전화** 035-242-284 **시간** 24시간 **휴무** 연중무휴 **가격** 무료입장 **홈페이지** www.ayutthaya.go.th

10 왓 파난청
Wat Phanan Choeng

★★★ 뚝뚝 10분

아유타야 성립 26년 전인 1324년에 세운 중국식 사원이다. 이 지역에 정착한 송나라 정착민들과 관련된 장소로, 19m 높이의 대형 불상이 핵심 볼거리다. 불상은 태국어로는 루앙퍼또, 태국식 중국어로는 쌈빠꽁이라 불린다. 그 밖에 중국 색채를 띠는 사당 등 볼거리가 많다.

지도 P.185L
구글 지도 GPS 14.344202, 100.578967 **찾아가기** 짜오프라야 강변 동쪽, 왓 마하탓에서 4km **주소** Wat Phanan Choeng **전화** 035-242-284 **시간** 08:30~16:30 **휴무** 연중무휴 **가격** 무료입장 **홈페이지** www.ayutthaya.go.th

11 왓 야이차이몽콘
Wat Yai Chai Mongkhon

★★★ 뚝뚝 10분

1357년 우텅 왕이 스리랑카에서 유학하고 돌아온 승려들의 명상을 위해 세운 사원. 나레쑤언 왕이 버마와의 전쟁에서 승리한 후 1593년에 건설한 종 모양의 쩨디와 사원 입구 왼쪽에 자리한 7m 와불상이 인상적이다. 역사 공원 외곽의 유적지 중에서는 방문자가 가장 많다.

1권 P.076 지도 P.185L
구글 지도 GPS 14.345604, 100.593053 **찾아가기** 방콕 방면 3477번 도로, 왓 프라 마하탓에서 4km **주소** Wat Yai Chaimongkhon **전화** 062-598-1895 **시간** 08:00~17:00 **휴무** 연중무휴 **가격** 20B **홈페이지** www.ayutthaya.go.th

12 왓 차이왓타나람
Wat Chaiwatthanaram

★★★ 뚝뚝 12분

1630년 쁘라쌋텅 왕이 그의 어머니를 위해 세운 사원. 당시 유행하던 크메르 양식으로 건축했다. 중앙에 4개의 쩨디와 함께 35m 높이의 쁘랑이 솟아 있으며, 사방에 8개의 작은 쁘랑이 자리한다. 짜오프라야 강과 어우러진 멋진 사원으로 유적지 내에 있진 않지만 방문할 가치가 충분하다.

1권 P.075 지도 P.184I
구글 지도 GPS 14.342927, 100.541779 **찾아가기** 짜오프라야 강 건너 서쪽 3469번 도로, 왓 프라 마하탓에서 약 5km, 뚝뚝으로 12분 **주소** Wat Chaiwatthanaram **전화** 035-242-284 **시간** 06:00~21:00 **휴무** 연중무휴 **가격** 50B **홈페이지** www.ayutthaya.go.th

13 왓 프라 응암
Wat Phra Ngam

★★ 자동차 9분

고고한 아치 형태의 문을 지닌 사원. '시간의 문(Gate of Time)'으로도 불린다. 정확한 축성 연대는 알 수 없으나 사원의 배치로 아유타야 초기 유적이라 짐작한다. 거대한 보리수가 휘감은 '시간의 문'은 부정할 수 없이 매력적인 볼거리이며, 해자로 둘러싸인 사원 내 주요 볼거리로는 팔각형 탑이 있다.

지도 P.184B
구글 지도 GPS 14.371147, 100.555957 **찾아가기** 왓 프라 마하탓에서 북쪽으로 3.3km, 자동차로 9분 **주소** 1 Moo 3, Ban Pom, Phra Nakhon Si Ayutthaya **전화** 없음 **시간** 24시간 **휴무** 연중무휴 **가격** 무료입장 **홈페이지** 없음

14 방빠인 궁전
Bang Pa-In Palace

★★ 자동차 30분

17세기 중엽 아유타야 쁘라쌋텅 왕이 짜오프라야 강 위의 길이 400m, 폭 40m의 섬에 세운 궁전. 여름 궁전이라고도 불린다. 라마 4세 몽꿋 왕, 라마 5세 쭐라롱껀 대왕 때 복원을 거쳐 서양식과 중국식이 조화를 이루는 현재의 모습을 갖췄다. 입구에서 골프 카트를 대여하지만, 도보로 돌아봐도 문제없다.

1권 P.077 지도 P.185H
구글 지도 GPS 14.230191, 100.577945 **찾아가기** 아유타야에서 남쪽 방콕 방면으로 약 20km **주소** Ban Len, Bang Pa-in, Phra Nakhon Si Ayutthaya **전화** 035-261-044 **시간** 08:00~16:00 **휴무** 연중무휴 **가격** 100B(일주일 이내 방콕 왕궁 입장권 소지 시 무료), 골프 카트 대여 1시간 400B(이후 1시간 100B 추가) **홈페이지** www.palaces.thai.net/index_bp.htm

15 커피 올드 시티
Coffee Old City

★★ 도보 1분

왓 프라 마하탓 바로 맞은편에 자리한 식당. 에어컨을 가동해 음료를 마시거나 식사를 즐기며 쉬었다 가기에 그만이다. 샌드위치, 파스타 등 간단한 서양식 메뉴를 비롯해 태국 요리를 선보인다.

지도 P.185G
구글 지도 GPS 14.357082, 100.568901 **찾아가기** 치꾼 로드 건너 왓 프라 마하탓 맞은편 **주소** Soi Chikun **전화** 089-889-9092 **시간** 월~토요일 08:00~17:30 **휴무** 일요일 **가격** 차놈(Thai Milk Tea) Hot 55B · Iced 65B · Frappe 75B, 팟팍루엄(Stir Fired Mixed Vegetable) 79B, 팟씨이우(Pad See Ew) · 팟키마우(Pad Kee Mow) 각 89B **홈페이지** 없음

팟키마우 89B

16 마라꺼
Malakor
มะละกอ

★★ 도보 5분

서양식 아침 메뉴를 비롯해 간단한 태국 요리를 여행자 입맛에 맞게 요리한다. 나무로 꾸민 실내외에 정갈한 테이블을 배치했다. 실내라도 에어컨을 가동하지 않아 더위에 취약한 게 흠이다. 1층에 카페도 운영한다.

지도 P.185C
구글 지도 GPS 14.359777, 100.568731 **찾아가기** 왓 프라 마하탓 앞 큰길인 치꾼 로드로 나가 좌회전, 왓 랏차부라나 대각선에 위치 **주소** Soi Chikun **전화** 091-779-6475 **시간** 화~일요일 08:00~22:00 **휴무** 월요일 **가격** 팟타이(Pad Thai) · 카우팟(Wok Fried Rice Shrimp) 각 65 · 75B **홈페이지** m.facebook.com/malakorrestaurant

팟타이 65B

17 꾸어이띠여우 르아 룽렉

Long Lex Noodle Ayutthaya
ก๋วยเตี๋ยวเรือลุงเล็ก

★★★ 도보 6분

소고기, 돼지고기, 채소 국수와 돼지고기 싸떼를 선보인다. 꾸어이띠여우 느어는 고기를 써는 방식이나 맛이 타이완 우육면에 가깝다. 테이블 위 채소는 마음껏 먹어도 된다.

지도 P.185C

구글 지도 GPS 14.360499, 100.568574 **찾아가기** 왓 프라 마하탓 앞 큰길인 치꾼 로드로 나가 좌회전 **주소** Soi Chikun **전화** 089-523-3384, 084-086-3442 **시간** 08:30~16:00 **휴무** 연중무휴 **가격** 꾸어이띠여우 느어(Noodle Soup with Beef)·꾸어이띠여우 무(Noodle Soup with Pork)·꾸어이띠여우 망쓰위랏(Noodle Soup with Vegetable)·무 싸떼(Pork Steak 1 Set) 각 50B **홈페이지** 없음

꾸어이띠여우 느어 50B

18 쿤쁘라넘

คุณประนอม

★★★ 뚝뚝 7분

닭 국수 전문점. 닭고기를 잘게 찢은 까이칙 고명을 국수에 얹는다. 비빔국수 똠얌행, 국물이 있는 똠얌남, 맑은 육수의 남싸이로 즐길 수 있다. 매콤새콤한 똠얌 국수가 일품이다. 양이 많지 않아 2~3그릇은 먹을 수 있다.

지도 P.184B

구글 지도 GPS 14.362184, 100.552785 **찾아가기** 역사 유적 북쪽 309번 도로 입구 **주소** Phu Khao Thong, Phra Nakhon Si Ayutthaya **전화** 035-231-476 **시간** 09:00~16:00, 17:00~21:30 **휴무** 연중무휴 **가격** 꾸어이띠여우 까이칙 25B **홈페이지** www.facebook.com/pranomnoodle

똠얌남 25B

19 꾸어이띠여우 르아 클렁싸부아

生意興隆
ก๋วยเตี๋ยวเรือคลองสระบัว

★★★ 뚝뚝 8분

보트 누들인 꾸어이띠여우 르아를 선보이는 현지 식당. 추천 메뉴는 소고기 피를 넣은 꾸어이띠여우 느어 남똑과 새우를 넣은 볶음국수인 팟타이 꿍쏫. 돼지고기 꼬치구이인 무 싸떼도 인기다.

지도 P.184J

구글 지도 GPS 14.340594, 100.552587 **찾아가기** 남쪽 우텅 로드 쌀라 아유타야 호텔에서 600m **주소** Pratuchai, Phra Nakhon Si Ayutthaya **전화** 081-565-0089 **시간** 화~일요일 08:00~18:00 **휴무** 월요일 **가격** 꾸어이띠여우 느어 남똑 20B, 꾸어이띠여우 무 남똑 15B, 까우라우 30B, 팟타이 45B, 무 싸떼 50B **홈페이지** 없음

꾸어이띠여우 느어 남똑 20B

20 반마이림남

บ้านไม้ริมน้ำ

★★★ 뚝뚝 6분

줄 서서 먹는 식당. 짜오프라야 강이 조망되는 좌석과 그렇지 않은 에어컨 실내 좌석으로 구분된다. 100여 가지에 이르는 태국 요리를 선보이는데 민물 새우구이인 '꿍매남파우'가 시그너처 메뉴다. 보통 마리당 300B 정도 예상하면 된다.

지도 P.185G

구글 지도 GPS 14.347926, 100.569584 **찾아가기** 아유타야 남단 짜오프라야 강변. 왓 프라 마하탓에서 1.7km, 자동차로 6분 **주소** Moo 2, 43/1, U Thong Road **전화** 035-242-248, 084-329-3333 **시간** 10:30~21:00 **휴무** 연중무휴 **가격** 꿍매남파우 시가, 쁠라까퐁텃 남쁠라 400B, 팟팍붕파이댕 100B **홈페이지** www.baanmai.co.th

21 짜오프롬 시장

Chao Phrom Market

★★ 도보 20분

나레쑤언 로드 끝자락에 자리한 전통 시장. 암폰 백화점과도 가깝다. 채소, 과일, 생선, 육류 등 현지인을 위한 물품을 주로 판매한다. 노점과 식당에서는 30~40B에 한 끼를 해결할 수 있다.

지도 P.185D

구글 지도 GPS 14.359110, 100.578630 **찾아가기** 방콕에서 기차로 가는 경우, 빠싹 강 건너 나레쑤언 로드로 진입한다. 왓 프라 마하탓에서 약 1.4km. **주소** 3/9 Uthong Road **전화** 가게마다 다름 **시간** 08:00~18:00 **휴무** 연중무휴 **가격** 가게마다 다름 **홈페이지** 없음

22 아요타야 수상시장

Ayothaya Floating Market

★ 뚝뚝 10분

2010년에 쇼핑과 미식을 목적으로 인공적으로 조성한 수상시장이다. 외국인에게는 200B의 입장료를 받는데 보트 탑승과 공연이 무료다. 수로가 그리 길지 않아 맛보기 보트 탑승이라 할 수 있다. 자가용으로 갈 경우, 공영 무료 주차장을 이용하면 된다.

지도 P.185H

구글 지도 GPS 14.358987, 100.593326 **찾아가기** 왓 프라 마하탓에서 동쪽으로 4.1km, 자동차로 10분 **주소** 65/19 Moo 7, Phai Ling, Phra Nakhon Si Ayutthaya **전화** 035-881-733 **시간** 09:00~18:00 **휴무** 연중무휴 **가격** 입장료 200B **홈페이지** ayothayafloatingmarket.in.th

AREA

04 PATTAYA [พัทยา 파타야]

태국 동부 해안 최고의 휴양지

해변에서 한가로운 시간을 보내도, 인근의 섬을 찾아도 좋다. 해변과 가까운 도심은 생동감이 넘쳐 쇼핑과 미식, 나이트라이프를 즐기기에 그만이다. 파타야 비치 북쪽의 나끌르아 해변이나 남쪽의 좀티엔 해변에 묵으며 낮에는 리조트에서 여유를 즐기고, 저녁에는 화려한 나이트라이프를 만끽하러 파타야 비치로 나가는 것도 방법이다.

인기 ★★★★★

전 세계인들이 파타야로 모여든다.

관광지 ★★★★★

볼거리를 모두 섭렵하려 한다면 하루 이틀로는 부족하다.

쇼핑 ★★★★

대규모 쇼핑센터에서 길거리 노점까지 다양하다.

식도락 ★★★★★

바닷가라 해산물 요리 전문점이 많다. 현지인 사이에서 유명한 곳은 좀티엔에 많은 편.

나이트라이프 ★★★★★

정비를 했다지만 파타야의 본성은 숨길 수 없다. 골목골목 고고 바가 가득하다.

혼잡도 ★★★★★

밤이 되면 워킹 스트리트는 물론 비치 로드에 사람들이 몰려든다.

파타야 교통편

파타야로 가는 가장 일반적인 방법은 버스를 이용하는 것이다. 미니밴(롯뚜)과 기차도 이용할 수 있지만 버스가 편리하다. 동부 터미널 에까마이와 북부 터미널 머칫마이에서 출발하는 버스가 많다. 터미널에서 출발한 버스는 쑤쿰윗 로드와 파타야 느아 로드가 만나는 파타야 버스 터미널에 정차한다.
쑤완나품 공항에서 파타야로 바로 가는 버스도 있다. 공항 1층 8번 게이트 앞에서 출발하며, 북파타야의 방콕-파타야 병원, 남파타야의 빅 시 맞은편, 좀티엔의 탑프라야 로드에 버스가 정차한다.

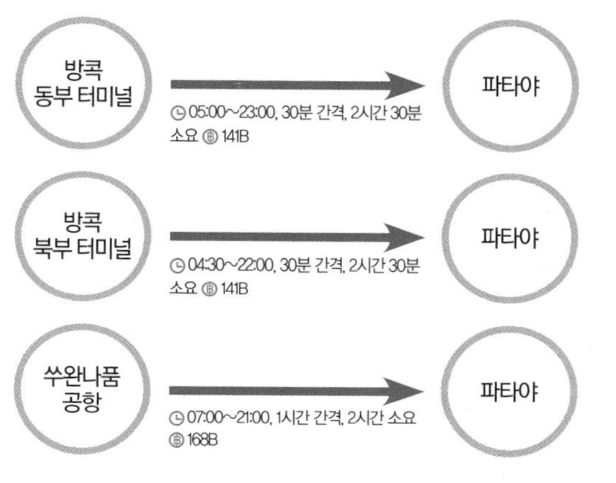

파타야 다니는 방법

썽태우

파타야 내에서 이동할 때 가장 중요한 교통수단이다. 정해진 노선을 따라 움직이지만 기사마다 목적지가 다를 수 있으므로 지리를 숙지해 승하차해야 한다. 지나가는 썽태우는 손을 들어 승차하면 된다. 내릴 때는 천장에 있는 벨을 누르자. 요금은 1인당 10B이며, 내릴 때 기사에게 건네면 된다. 파타야 버스 터미널에서 파타야 비치까지는 50B이다. 썽태우는 택시처럼 이용하는 것도 가능하다. 탑승 전 흥정 필수. 빈 썽태우를 탑승할 때 목적지를 말한다면 택시가 될 수도 있으므로 주의하자.

돌고래 동상 → 워킹 스트리트
파타야 비치 로드 일방통행

워킹 스트리트 → 돌고래 동상
파타야 세컨드 로드 일방통행

돌고래 동상 → 파타야 버스 터미널
베스트 슈퍼마켓 앞 탑승 – 버스 터미널 하차

돌고래 동상 → 나끌르아 해변
렛츠 릴랙스 스파 앞 승차

센트럴 페스티벌 파타야 비치 → 파타야 버스 터미널
파타야 세컨드 로드로 나와 썽태우 기사에게 물어보기. 버스 터미널까지 바로 가는 썽태우가 많다.

센트럴 페스티벌 파타야 비치 → 텝쁘라씻 야시장
파타야 비치 로드 승차 – 워킹 스트리트 지나자마자 파타야 세컨드 로드 입구에서 하차 – 좀티엔 방면으로 가는 썽태우 탑승

미터 택시

파타야 시내에서 흔히 볼 수 있지만 썽태우의 인기에 밀려 타는 이들이 많지 않다. 파타야에서 좀티엔으로 이동하는 등 어느 정도 거리가 있는 곳을 여러 명이 이동한다면 고려할 만하다. 미터기를 사용하지 않고 흥정을 하려는 기사가 대부분이다.

MUST SEE
이것만은 꼭 보자!

No.1

꼬 란 Koh Larn
파타야 여행객의 필수 코스.

No.2

워킹 스트리트 Walking Street
걷지만 말고 밥도 먹고 술도 마시자.

MUST EAT
이것만은 꼭 먹자!

No.1

뿌뻰 ปูเป็น
적당한 거리, 신선하고 맛있는 해산물.

No.2

더 스카이 갤러리 The Sky Gallery
분위기 최고.

MUST DO
이것만은 꼭 해보자!

No.1

호라이즌 Horizon
파타야가 자랑하는 루프톱 바.

No.2

나 스파 Na Spa
고급스러운 시설 대비 저렴한 마사지 숍.

MAP
파타야 한눈에 보기

A 파타야 광역

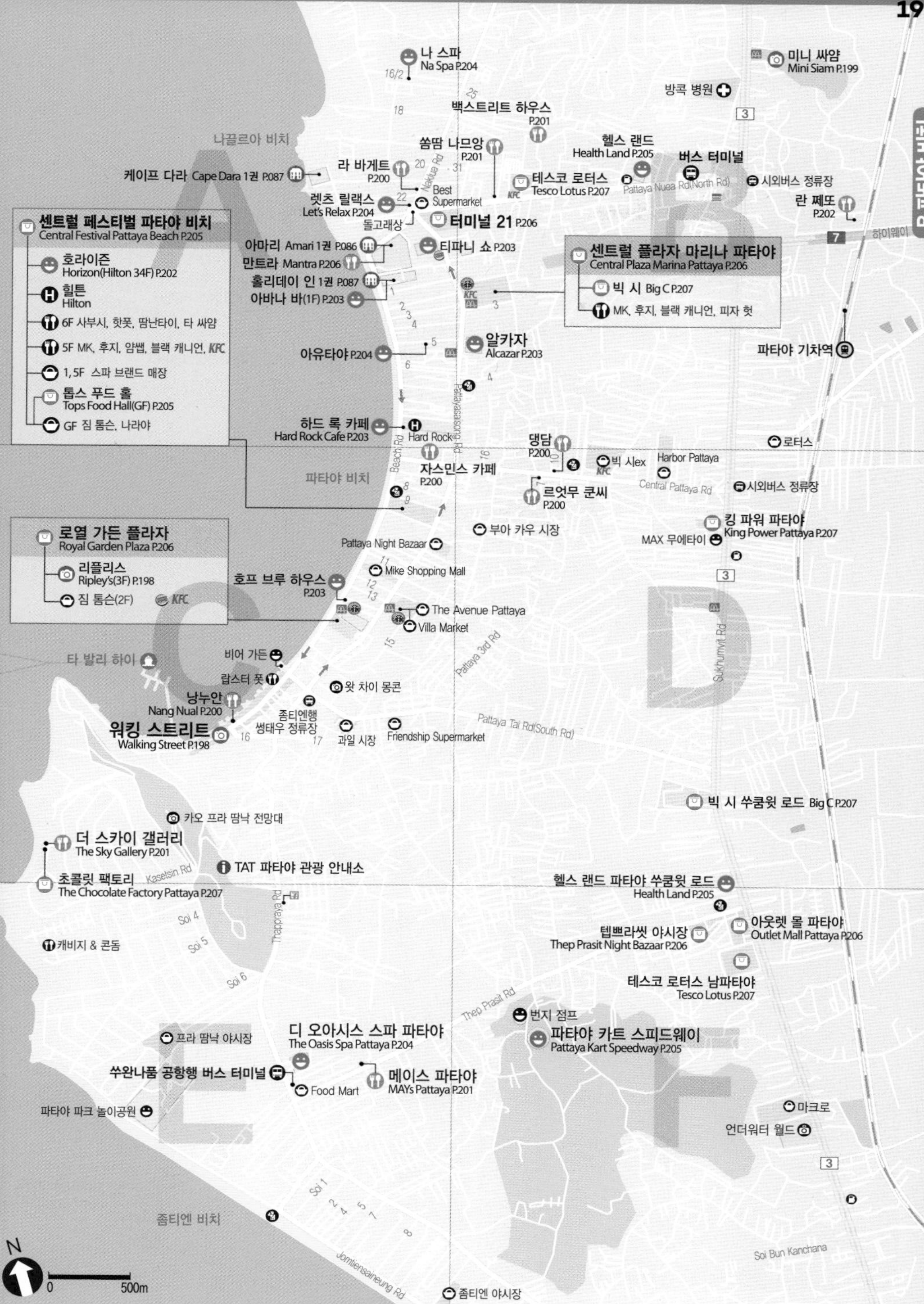
나 스파
Na Spa P.204
미니 싸얌
Mini Siam P.199
방콕 병원
백스트리트 하우스
P.201
나끌르아 비치
쏨땀 나므앙
P.201
헬스 랜드
Health Land P.205
버스 터미널
라 바게트
P.200
케이프 다라 Cape Dara 1권 P.087
테스코 로터스
Tesco Lotus P.207
시외버스 정류장
렛츠 릴랙스
Let's Relax P.204
Best Supermarket
란 쩨또
P.202
돌고래상
터미널 21 P.206
하이웨이
센트럴 페스티벌 파타야 비치
Central Festival Pattaya Beach P.205
호라이즌
Horizon(Hilton 34F) P.202
힐튼
Hilton
6F 사부시, 핫팟, 땀난타이, 타 싸얌
5F MK, 후지, 얌쌥, 블랙 캐니언, KFC
1, 5F 스파 브랜드 매장
톱스 푸드 홀
Tops Food Hall(GF) P.205
GF 짐 톰슨, 나라야
아마리 Amari 1권 P.086
만트라 Mantra P.206
홀리데이 인 1권 P.087
아바나 바(1F) P.203
티파니 쇼 P.203
센트럴 플라자 마리나 파타야
Central Plaza Marina Pattaya P.206
빅 시 Big C P.207
MK, 후지, 블랙 캐니언, 피자 헛
아유타야 P.204
알카자
Alcazar P.203
파타야 기차역
하드 록 카페
Hard Rock Cafe P.203
Hard Rock
댕담
P.200
로터스
빅 Alex
Harbor Pattaya
파타야 비치
자스민스 카페
P.200
르엇무 쿤씨
P.200
Central Pattaya Rd
시외버스 정류장
로열 가든 플라자
Royal Garden Plaza P.206
리플리스
Ripley's(3F) P.198
짐 톰슨(2F)
부아 카우 시장
Pattaya Night Bazaar
킹 파워 파타야
King Power Pattaya P.207
MAX 무에타이
Mike Shopping Mall
호프 브루 하우스
P.203
The Avenue Pattaya
Villa Market
타 발리 하이
비어 가든
랍스터 팟
왓 차이 몽콘
낭누안
Nang Nual P.200
좀티엔행 썽태우 정류장
워킹 스트리트
Walking Street P.198
과일 시장
Friendship Supermarket
Pattaya Tai Rd(South Rd)
Pattaya 3rd Rd
Sukhumvit Rd
Beach Rd
Pattayasaisong Rd
Naklua Rd
Pattaya Nuea Rd(North Rd)
빅 시 쑤쿰윗 로드 Big C P.207
카오 프라 땀낙 전망대
더 스카이 갤러리
The Sky Gallery P.201
TAT 파타야 관광 안내소
초콜릿 팩토리
The Chocolate Factory Pattaya P.207
Kasetsin Rd
헬스 랜드 파타야 쑤쿰윗 로드
Health Land P.205
Thappraya Rd
Soi 4
Soi 5
Soi 6
캐비지 & 콘돔
텝쁘라씻 야시장
Thep Prasit Night Bazaar P.206
아웃렛 몰 파타야
Outlet Mall Pattaya P.206
테스코 로터스 남파타야
Tesco Lotus P.207
Thep Prasit Rd
번지 점프
파타야 카트 스피드웨이
Pattaya Kart Speedway P.205
프라 땀낙 야시장
디 오아시스 스파 파타야
The Oasis Spa Pattaya P.204
쑤완나품 공항행 버스 터미널
Food Mart
메이스 파타야
MAYs Pattaya P.201
파타야 파크 놀이공원
마크로
언더워터 월드
좀티엔 비치
Soi 1
Jomtiensaineung Rd
Soi Bun Kanchana
좀티엔 야시장
N
0
500m

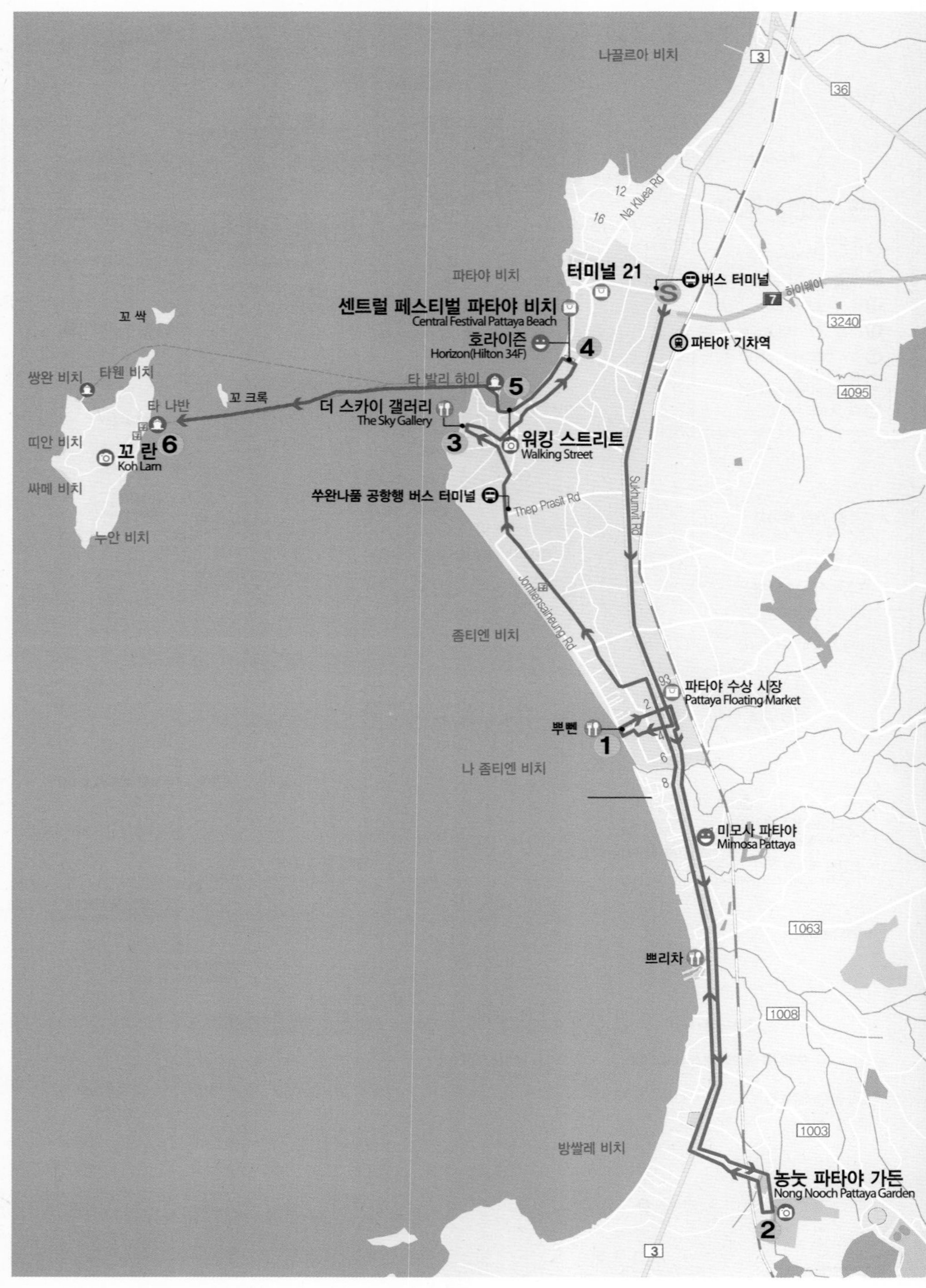

나끌르아 비치
파타야 비치
터미널 21
버스 터미널
하이웨이
센트럴 페스티벌 파타야 비치
Central Festival Pattaya Beach
호라이즌
Horizon(Hilton 34F)
4
파타야 기차역
꼬 싹
쌍완 비치
타웬 비치
타 발리 하이
5
꼬 크록
타 나반
더 스카이 갤러리
The Sky Gallery
띠안 비치
꼬 란
Koh Larn
6
3
워킹 스트리트
Walking Street
싸메 비치
쑤완나품 공항행 버스 터미널
Thep Prasit Rd
누안 비치
Sukhumvit Rd
Na Kluea Rd
Jomtiensaineung Rd
좀티엔 비치
파타야 수상 시장
Pattaya Floating Market
뿌뻰
1
나 좀티엔 비치
미모사 파타야
Mimosa Pattaya
쁘리차
방쌀레 비치
농눗 파타야 가든
Nong Nooch Pattaya Garden
2

COURSE 1

핵심만 즐기는 1박 2일 파타야 여행 코스

전통적인 볼거리 강자에 최근 인기를 얻고 있는 레스토랑과 루프톱 바를 넣은 코스. 둘째 날 오전에 꼬 란에 다녀오는 여정으로, 각자 일정에 따라 코스를 추가하면 된다. 한국으로 돌아가기 위해 파타야에서 바로 쑤완나품 공항으로 간다면 비행기 출발 5시간 전에는 공항버스를 타야 한다.

S 호텔
Hotel

택시 탑승 → 뿌뻰 도착

1 뿌뻰
ปูเป็น

시간 10:00~22:00

→ 택시 탑승 → 농눗 파타야 가든 도착

2 농눗 파타야 가든
Nong Nooch Pattaya Garden

시간 08:00~18:00

→ 택시 탑승 → 더 스카이 갤러리 도착

3 더 스카이 갤러리
The Sky Gallery

시간 10:00~22:00

→ 택시 탑승 → 호라이즌 도착

4 호라이즌
Horizon

시간 16:00~01:00

→ 파타야 비치 로드를 따라 약 1.5km 걷기 → 워킹 스트리트 도착

5 워킹 스트리트
Walking Street

시간 18:00~02:00

→ 호텔로 이동, 다음 날 파타야 비치에서 스피드 보트 탑승 → 꼬 란 도착

6 꼬 란
Koh Larn

코스 무작정 따라하기 START

S. 호텔(비치 로드 기준)

10km, 택시 30분

1. 뿌뻰

14km, 택시 25분

2. 농눗 파타야 가든

24km, 택시 40분

3. 더 스카이 갤러리

4km, 택시 20분

4. 호라이즌

1.5km, 도보 20분

5. 워킹 스트리트 → 파타야 비치

스피드 보트, 15분

6. 꼬 란

Finish

ZOOM IN

센트럴 파타야 비치

파타야 비치 로드 가운데에 자리해 파타야의 이정표 역할을 한다. 파타야 비치는 북쪽 나끌르아 비치, 남쪽 좀티엔 비치와 이어진다. 두 곳 모두 파타야 비치 기준 차량으로 20~30분가량 소요된다.

1 꼬 란

Koh Larn

★★★ 스피드 보트 15분

산호섬이라 불리는 파타야 핵심 볼거리. 파타야 비치보다 물이 맑다. 섬은 가로 약 2km, 세로 약 5km 크기로 따이야이, 텅랑, 따웬, 티안, 싸매, 누안 등의 해변을 품었다. 최고 인기 해변은 핫 따웬으로, 단체 관광객을 위한 식당과 가게가 자리하며, 각종 해양 스포츠 시설이 마련돼 있다.

1권 P.080 **지도** P.194C
구글 지도 GPS 12.925267, 100.778484 **찾아가기** 파타야 발리하이 선착장에서 꼬 란 나반 선착장까지 페리를 운항한다. 발리하이-나반은 07:00~18:30, 나반-발리하이는 06:30~18:00에 1시간 30분~3시간 간격으로 출발한다. 승객이 차면 출발하는 등 운항 시간은 정확히 지켜지지 않는다. 45분 소요, 편도 30B. 파타야 해변에서 출발하는 스피드 보트는 꼬 란 내에서 이동하는 요금이나 오가는 시간을 따지면 오히려 효율적이다. 15분 소요, 왕복 300B가량으로 흥정 가능하다. 꼬 란 내 각 해변으로는 썽태우나 오토바이 택시로 이동하면 된다. 해변에 따라 썽태우는 20~40B, 오토바이 택시는 40~60B. **주소** Koh Larn **전화** 가게마다 다름 **시간** 가게마다 다름 **휴무** 가게마다 다름 **가격** 가게마다 다름 **홈페이지** 없음

2 워킹 스트리트

Walking Street

★★★ 도보 18분

파타야 비치 로드 남쪽에서 발리하이 선착장 전까지 이어진 거리. 저녁 6시부터 다음 날 새벽 2시까지 차량 통행을 금지해 워킹 스트리트가 된다. 해산물 전문점과 고고 바가 빼곡히 자리한 거리를 따라 호객꾼과 관광객이 뒤섞여 시끌벅적한 밤을 맞는다.

1권 P.085 **지도** P.194A
구글 지도 GPS 12.926311, 100.872963 **찾아가기** 파타야 비치 로드 남쪽 **주소** Walking Street, Beach Road **전화** 가게마다 다름 **시간** 18:00~02:00 **휴무** 연중무휴 **가격** 가게마다 다름 **홈페이지** 없음

3 리플리스

Ripley's

★★★ 도보 13분

로열 가든 플라자 내에 자리한 박물관과 놀이 시설. 빌리브 잇 오어 낫(Believe It or Not), 혼티드 어드벤처(Haunted Adventure), 인피니티 메이즈(Infinity Maze), 루이 투소(Louis Tussaud's Waxworks) 등이 자리한다.

지도 P.195C
구글 지도 GPS 12.928586, 100.878576 **찾아가기** 파타야 비치 로드, 로열 가든 플라자 건물 **주소** 218 Royal Garden Plaza, Room no. C 20-21 Moo 10, Pattaya Beach Road **전화** 038-710-294 **시간** 11:00~23:00 **휴무** 연중무휴 **가격** 시설에 따라 다름 **홈페이지** www.ripleysthailand.com

4 미니 싸얌
Mini Siam

세계의 건축물을 축소해놓은 테마파크. 미니 싸얌 존에서는 방콕의 왓 프라깨우와 왓 아룬, 아난따 싸마콤 궁전 등 태국의 건축물을, 미니 유럽 존에서는 파리의 에펠탑, 이탈리아의 콜로세움, 캄보디아의 앙코르 왓 등 전 세계의 축소된 건축물을 볼 수 있다.

지도 P.194B
구글 지도 GPS 12.955039, 100.908801 **찾아가기** 파타야 느아(노스 파타야) 로드와 쑤쿰윗 로드가 만나는 지점에서 방콕 방면으로 1.1km **주소** 387 Moo 6, Sukhumvit Road **전화** 081-735-6340 **시간** 09:00~19:00 **휴무** 연중무휴 **가격** 300B **홈페이지** www.facebook.com/MiniSiam1988

5 농눗 파타야 가든
Nong Nooch Pattaya Garden

★★★
택시 50분

프랑스 정원(French Garden), 이탈리아 정원(Italian Garden), 동물 왕국(Animals Kingdom), 나비 언덕(Butterfly Hill) 등 30여 개 테마로 꾸민 정원. 태국 전통 민속 무용, 코끼리 공연도 펼쳐진다.

1권 P.081 지도 P.194F
구글 지도 GPS 12.765490, 100.933358 **찾아가기** 파타야에서 가장 큰 도로인 쑤쿰윗 로드에서 싸따힙(Sattahip) 방면 썽태우를 탄다. 30분 정도 지나 농눗 빌리지 이정표가 나오면 벨을 누르고 하차. 이정표를 따라 2km 걷거나 택시를 탄다. 썽태우 요금은 30B. 썽태우에 익숙하지 않다면 여행사 프로그램을 이용하는 것도 방법이다. 입장료와 왕복 교통편을 포함한 프로그램을 판매한다. **주소** 34/1 Moo 7, Na Jomtien, Sattahip **전화** 038-238-061~3 **시간** 08:00~18:00 **휴무** 연중무휴 **가격** 가든 어른 600B, 어린이 400B, 가든+쇼 · 가든+뷔페 각 어른 800B, 어린이 650B, 가든+쇼+뷔페 어른 1,200B, 어린이 1,000B **홈페이지** www.nongnoochtropicalgarden.com/ko

6 타이타니 아트 & 컬처 빌리지
Thai Thani Arts & Culture Village

태국의 전통적인 문화 예술을 경험할 수 있는 곳. 전통 간식 만들기, 과일 조각하기, 허브 방망이 만들기, 버쌍 우산 만들기, 도자기 만들기 등 태국 전통문화 체험 프로그램을 무료로 운영한다. 저녁에는 태국 북부 란나의 숨결이 느껴지는 칸똑 디너쇼가 열린다.

지도 P.194F
구글 지도 GPS 12.773955, 100.929037 **찾아가기** 농눗 빌리지 입구 **주소** 88 Moo 3, Sukumvit Road **전화** 038-119-080 **시간** 10:30~20:00 **휴무** 연중무휴 **가격** 300B **홈페이지** 없음

7 카오 치 짠
Khao Chi Chan Buddha
พระพุทธรูปเขาชีจรรย์

별세한 라마 9세(푸미폰)의 만수무강을 기원하며 한화 60억 원의 예산을 들여 조성한 황금 불상이다. 치 짠 산을 깎아 불상을 음각해 금을 입혔으며, 높이는 109m, 너비는 70m에 이른다. 멀리서 바라봐야 한눈에 들어오며 뷰 포인트 주변은 공원으로 조성했다.

지도 P.194F
구글 지도 GPS 12.764586, 100.955870 **찾아가기** 파타야에서 싸따힙 방면으로 가다가 농눗 빌리지를 지나 이정표 따라 좌회전 **주소** Soi Khao Chi Chan **전화** 093-597-9872 **시간** 06:00~18:00 **휴무** 연중무휴 **가격** 무료입장 **홈페이지** 없음

8 카오키여우 오픈 주
Khao Kheow Open Zoo

파타야에서 1시간가량 떨어진 촌부리에 자리한 열린 동물원이다. 전동 카트나 차를 이용해 동물원을 돌아다니며 사슴과 원숭이 등 방사된 동물을 볼 수 있다. 방사된 동물 외에 코끼리, 오랑우탄, 사자, 호랑이 등 포유류, 파충류, 조류 등 8000여 마리의 동물이 서식한다.

지도 P.194B
구글 지도 GPS 13.214983, 101.055989 **찾아가기** 파타야에서 방콕행 고속도로를 타고 30분가량 가다가 이정표 참고. 차량을 빌렸다면 직접 찾아가면 되지만 그렇지 않다면 여행사 투어 프로그램을 이용하는 게 낫다. **주소** 235 Moo 7, Bang Phra, Sriracha **전화** 038-318-444 **시간** 08:00~17:00 **휴무** 연중무휴 **가격** 어른 250B, 어린이 100B **홈페이지** www.khaokheow.zoothailand.org

9 낭누안
Nang Nual
นางนวล

★★★ 도보 20분

파타야에 숙소가 있고, 개별 차량이 없다면 좀티엔이나 방쌀레의 해산물 레스토랑보다는 낭누안을 추천한다.

1권 P.083 지도 P.195C
구글 지도 GPS 12.925523, 100.870891 **찾아가기** 파타야 워킹 스트리트 남쪽 끝, 파타야 쏘이 16 해변 방면 **주소** 214/10 Moo 10, Walking Street **전화** 038-428-177, 478 **시간** 12:00~23:00 **휴무** 연중무휴 **가격** 싸이끄럭뿌(Crabmeat Rolls) 200B, 허이라이팟프릭파오(Stir Fried Baby Clams with Chili Paste) 195B, 쁠라믁팟프릭언(Stir Fried Squid with Green Pepper) 280B +7% **홈페이지** 없음

10 자스민스 카페
Jasmin's Cafe

★★★ 도보 5분

전형적인 여행자 식당이다. 신선한 재료로 맛있게 요리하고, 의사소통이 쉬운 덕분에 인기 있다. 조식, 스낵, 버거, 샌드위치, 샐러드, 스테이크, 스파게티, 태국 요리, 음료 메뉴를 조금씩 갖췄다.

지도 P.195C
구글 지도 GPS 12.937264, 100.885047 **찾아가기** 센트럴 파타야 로드에 위치. 파타야 비치 로드에서 190m **주소** 137 Moo 9, Central Pattaya Road **전화** 081-429-8409 **시간** 10:00~22:00 **휴무** 연중무휴 **가격** 팟끄라파오 무쌉(Pad Karpow Pork) 99B, 카우팟 시푸드(Kao Pad Seafood) 159B +7% **홈페이지** jasminscafepattaya.business.site

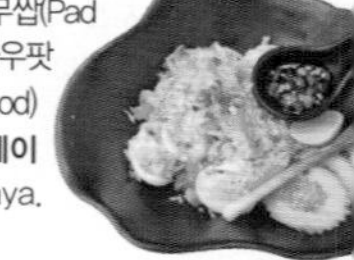

11 르엇무 쿤씨
เลือดหมู คุณศรี

★★★ 도보 15분

돼지고기 꾸어이띠여우 무, 진한 돼지고기 국물의 꾸어이짭 등 돼지고기 국수를 잘한다. 남(국물), 행(비빔), 똠얌, 까우라우(국물 따로)로 주문 가능하다.

지도 P.195D
구글 지도 GPS 12.935083, 100.890862 **찾아가기** 타논 파타야 끄랑 쏘이 7 입구. 영어 간판이 없다. 쏘이 7을 사이에 두고 오른쪽에 'Central Pattaya Dental Center'가 있다. **주소** Central Pattaya Road Soi 7 **전화** 081-778-9517 **시간** 07:00~16:00 **휴무** 연중무휴 **가격** 꾸어이띠여우 무 · 꾸어이짭 각 60B, 까우라우 탐마다(보통) 50B · 피쎗(곱빼기) 60B **홈페이지** www.khunsripattaya.com

꾸어이띠여우 무 60B

12 댕담
喃鈴
แดงดำ

★★ 도보 16분

국수 메뉴가 다양하고 인기 있다. 사진과 영어 메뉴가 있어 주문하기 어렵진 않다.

지도 P.195D
구글 지도 GPS 12.935016, 100.891582 **찾아가기** 파타야 끄랑 로드 쏘이 10 입구. 영어 간판이 없다. 쏘이 10을 사이에 두고 왼쪽에 패밀리마트가 있다. **주소** Central Pattaya Road Soi 10 **전화** 038-426-090 **시간** 24시간 **휴무** 연중무휴 **가격** 꾸어이띠여우 룩친쁠라(Clear Noodle Soup with Fish Ball, Fried Fish Cake) 50B, 꾸어이띠여우 똠얌쏫마나우(Noodle Soup with Fish Ball, Minced Pork Peanut, Spicy) 60B, 팟타이 꿍(Fried Noodle with Prawns) 80B **홈페이지** www.dangdum.com

꾸어이띠여우 룩친쁠라 50B

13 라 바게트
La Baguette French Bakery

★★ 택시 14분

우드 랜드 리조트 입구에 자리한 베이커리 카페. 바게트, 크루아상, 케이크, 아이스크림, 음료, 차와 커피 등을 판매한다. 앤티크하게 꾸민 실내외 좌석이 마련돼 있어 잠시 쉬어 가거나 브런치를 즐기기에 그만이다.

지도 P.195A
구글 지도 GPS 12.952043, 100.888076 **찾아가기** 돌고래 동상에서 파타야 나끌르아 로드로 약 120m, 우드 랜드 리조트 입구 **주소** 164/1 Moo 5, Pattaya-Naklua Road **전화** 038-421-707 **시간** 08:00~23:30 **휴무** 연중무휴 **가격** 빵 25B~ **홈페이지** www.labaguettepattaya.com

레몬 아몬드 타르트 130B

14 백스트리트 하우스
Backstreet House

택시 16분

북파타야 골목 안쪽에 자리한 카페 겸 바. 울창한 나무가 그늘을 드리운 야외 좌석과 빈티지 소품으로 클래식하게 꾸민 실내 좌석이 있다. 바리스타 겸 바텐더가 취향을 고려한 커피와 칵테일을 추천하며, 맥주의 종류가 다양하다.

지도 P.195B
구글 지도 GPS 12.953302, 100.895263 **찾아가기** 노스 파타야 쏘이 2/2 골목 안으로 350m **주소** 570/265 M.5 Northpattaya 2/2, Bang Lamung **전화** 064-636-2365 **시간** 일~화요일 · 목요일 10:00~18:00, 금~토요일 10:00~23:30 **휴무** 수요일 **가격** 아메리카노(Americano) Hot 80B, Cold 90B, 피콜로(Piccolo) 80B **홈페이지** www.backstreethouse.com

피콜로 80B

15 쏨땀 나므앙
ส้มตำหน้าเมือง

택시 17분

외국인 여행자에게도 잘 알려진 현지 식당. 놀랍도록 저렴한 가격 덕분에 많은 이들이 부담 없이 즐긴다.

지도 P.195B
구글 지도 GPS 12.950673, 100.892006 **찾아가기** 타논 파타야 느아 쏘이 4 입구 왼쪽. 테스코 로터스 파타야 느아에서 파타야 비치 방면으로 100m 이내 **주소** Pattaya Neua Road Soi 4 **전화** 038-423-927 **시간** 10:30~21:30 **휴무** 연중무휴 **가격** 팟카나남만허이(Kale Fried in Oyster Sauce) 65B, 쁠라믁팟카이켐(Stir-fried Squid with Salted Egg) 120B, 똠얌꿍(Spicy Thai Shrimp Soup) 100B **홈페이지** 없음

쏨땀타이 45B

16 뭄 아러이
Mum Aroi
มุมอร่อย

택시 27분

대형 해산물 레스토랑. 북파타야의 바다를 접하고 있는 분위기 좋은 야외 테이블과 에어컨 룸을 갖췄다. 파타야 3 로드의 다른 지점은 가깝지만 바다 조망이 없다.

1권 P.083 **지도** P.194B
구글 지도 GPS 12.978663, 100.911372 **찾아가기** 파타야 해변 북쪽, 나끌르아 쏘이 4 바닷가, 돌고래 동상 렌츠 릴랙스 앞에서 썽태우로 15분, 혹은 택시 이용 **주소** Na Kluea Soi 4, Bang Lamung **전화** 038-223-252 **시간** 10:30~21:30 **휴무** 연중무휴 **가격** 허이라이옵너이(Baked Baby Clam with Butter) · 믁끄라티얌끄렙(Fried Round Squid with Garlic) 각 220B **홈페이지** 없음

뿔라까퐁텃남쁠라 470B

17 더 스카이 갤러리
The Sky Gallery

택시 13분

프라 땀낙 언덕 위에 자리해 환상적인 조망을 자랑하는 레스토랑. 햇빛이 쏟아지는 잔디 위 소파에 몸을 눕히거나 커다란 나무 그늘 아래 테이블에서 식사를 즐기자. 에어컨을 가동하는 실내에 머물러도 좋다.

지도 P.194C
구글 지도 GPS 12.921414, 100.859360 **찾아가기** 택시 이용, 파타야 비치와 좀티엔 비치를 잇는 프라 땀낙 로드에서 랏차와룬 로드(Rajchawaroon Road) 안쪽으로 1km **주소** 400 Moo 12 Rajchawaroon Road **전화** 092-821-8588 **시간** 08:00~24:00 **휴무** 연중무휴 **가격** 카우팟뿌(Fried Rice with Crab) S 175B **홈페이지** theskygallerypattaya.com

카우팟끄라파오 옌허이 185B

18 메이스 파타야
MAYs Pattaya

택시 14분

텝프라씻 로드에 자리한 파인다이닝 레스토랑. 꽃과 식물, 그림과 액자로 장식한 실내 분위기가 근사하고, 플레이팅이 고급스럽다. 음식 맛에는 약간의 호불호가 있다. 예약 필수.

지도 P.195E
구글 지도 GPS 12.905357, 100.873068 **찾아가기** 좀티엔 텝프라씻 로드 동쪽 방면. 텝프라야 로드 삼거리에서 400m **주소** 315/74 Moo 12, Thepprasit Road **전화** 098-374-0063 **시간** 목~화요일 12:00~22:00 **휴무** 수요일 **가격** 뻐삐아쩨(Deep Fried Vegetraian Spring Rolls) 160B, 팟팍붕파이댕(Stir Fried Morning Glory) 150B +12% **홈페이지** www.mayspattaya.com

19 쑤탕락
Suttangrak Pattaya
สุดทางรัก

택시 25분

맛과 양이 만족스러운 좀티엔 비치의 해산물 레스토랑. 바다가 보이는 야외와 에어컨을 가동하는 실내에 좌석이 마련돼 있으며, 저녁에는 라이브 공연도 펼쳐진다.

1권 P.082 **지도** P.194D
구글 지도 GPS 12.865249, 100.893413 **찾아가기** 택시 이용, "나 쩜티엔 비치 로드, 쑤탕락"이라고 말하면 된다. **주소** 99 Moo 1, Na Jomtien, Sattahip **전화** 038-232-222 **시간** 10:00~22:00 **휴무** 연중무휴 **가격** 팟루엄뿌(Fried Spicy Mixed Seafood with Vegetables and Herbs) 220B **홈페이지** www.facebook.com/suttangrakofficial

남프릭까삐 350B

20 뿌뻰
ปูเป็น

★★★ 택시 25분

좀티엔 비치의 초대형 해산물 식당. 신선한 해산물을 합리적인 가격에 판매한다. 간판이 태국어로만 되어 있으므로 커다란 블루 크랩 조형물을 이정표로 삼으면 좋다.

1권 P.081 **지도** P.194D
구글 지도 GPS 12.861439, 100.895523 **찾아가기** 택시 이용. "나 쩜티엔 비치 쏘이 2" 혹은 "쩜티엔 비치 뿌뻰"이라고 말하면 된다. **주소** 62 Moo 1, Na Jomtien, Sattahip **전화** 094-424-6966 **시간** 10:00~22:00 **휴무** 연중무휴 **가격** 허이첼 옵너이 끄라티암(Stir Fried Scallop with Garlic) 330B, 쁠라까퐁텃 랏쁘리우완(Deep Fried Sea Bass Top with Sweet and Sour Sauce) 470B **홈페이지** www.pupenseafood.com

뿌마팟퐁까리 360B

21 룽싸와이
ลุงไสว

★★★ 택시 25분

야외 테이블에 지붕을 얹은 형태로, 바다 바로 옆 좌석의 분위기가 좋다. 일대 레스토랑에 비해 가격이 저렴한 편으로 게 요리가 특히 저렴하고 맛있다.

1권 P.082 **지도** P.194D
구글 지도 GPS 12.860497, 100.895966 **찾아가기** 택시 이용. "나 쩜티엔 비치 로드, 룽싸와이" 혹은 "쩜티엔 비치 뿌뻰"이라고 말하고 뿌뻰에서 150m 직진 **주소** 31/1 Moo 1, Na Jomtien, Sattahip **전화** 038-231-398 **시간** 10:00~22:00 **휴무** 연중무휴 **가격** 카우팟뿌 짠렉(Fried Rice with Crab Meat 작은 접시) 80B, 믁팟펫(Fried Squid with Chili Sauce) 250B **홈페이지** lungsawaiseafood.com

뿌탈레팟퐁까리 1800B/kg

22 글라스 하우스
The Glass House

★★★ 택시 30분

좀티엔 비치에서 방쌀레로 넘어가는 길에 자리한 비치프런트 레스토랑. 세련되고 중후한 분위기로, 음료 한잔 즐기며 쉬어 가고 싶은 분위기다.

1권 P.082 **지도** P.194D
구글 지도 GPS 12.848864, 100.902193 **찾아가기** 택시 이용. 좀티엔 쏘이 나 8(Jomtien Soi Na 8) 안쪽 바닷가 **주소** 5/22 Moo 2, Na Jomtien, Sattahip **전화** 038-255-922 **시간** 11:00~24:00 **휴무** 연중무휴 **가격** 카우팟뿌(Fried Rice with Crab Meat) S 170B, M 290B, L 490B +10% **홈페이지** www.facebook.com/TheGlassHousePattaya

믁팟퐁까리 280B

23 쁘리차
ปรีชาซีฟู้ด

★★★ 택시 35분

음식 양이 적은 대신 가격이 저렴한 편이며, 식당 앞으로 백사장이 펼쳐져 분위기가 좋다. 굳이 단점을 꼽으라면 먼 거리. 택시를 이용한다면 배보다 배꼽이 커질 수 있음을 유념하자.

1권 P.083 **지도** P.194F
구글 지도 GPS 12.817617, 100.912240 **찾아가기** 택시 이용. 좀티엔 쏘이 나 28(Jomtien Soi Na 28) 안쪽 바닷가 **주소** 200 Na Jomtien, Sattahip **전화** 089-601-3720 **시간** 08:00~21:00 **휴무** 연중무휴 **가격** 옌허이팟차(Spicy Stir-Fried Tendon-Shell) 200B, 깽빠꿍(Herbal Spicy Soup with Shrimp) 200B **홈페이지** 없음

믁팟끄라파오 150B

24 란 쩨또
ร้านเจ๊โต

★★★ 택시 18분

잘 삶아 육질이 부드러운 소고기 국수 꾸어이띠여우 느어가 별미다. 아쉬운 점은 접근성. 고속도로 진입로 옆에 자리해 대중교통으로 찾기가 쉽지 않다.

지도 P.195B
구글 지도 GPS 12.944629, 100.910449 **찾아가기** 택시 이용. 방콕-파타야 하이웨이 입구. 파타야에서 하이웨이 진입하자마자 왼쪽 도로로 나가면 비포장도로, 바로 주차장과 간판이 보인다. 영어 간판 없음. **주소** Nhong Yai Soi 6 **전화** 089-833-1988 **시간** 08:00~17:00 **휴무** 연중무휴 **가격** 꾸어이띠여우 느어(Beef Noodle Soup)·꾸어이띠여우 무뚠(Pork Noodle Soup)_남/행 각 노멀 60B·스페셜 80B **홈페이지** 없음

꾸어이띠여우 느어 600B

25 호라이즌
Horizon

★★★ 도보 2분

힐튼 파타야 34층에 자리한 루프톱 바. 파타야에서 가장 핫한 곳이라 예약(pattaya.info@hilton.com)해야 전망 좋은 자리를 얻을 수 있다. 파타야 비치 가운데에 자리한 지리적 이점 덕분에 태국만의 수평선은 물론 파타야 시내 풍경이 한눈에 들어온다. 드레스 코드는 스마트 캐주얼.

1권 P.085 **지도** P.194B, 195C
구글 지도 GPS 12.934631, 100.882966 **찾아가기** 파타야 비치 로드 쏘이 9~10. 힐튼 로비 층에서 엘리베이터로 갈아타고 34층에서 내린다. **주소** 333/101 Moo 9, Nong Prue, Bang Lamung **전화** 038-253-000 **시간** 16:00~01:00 **휴무** 연중무휴 **가격** 칵테일 330B, 360B **홈페이지** www3.hilton.com/en/hotels/thailand/hilton-pattaya-BKKHPHI/dining/horizon.html

26 하드 록 카페

Hard Rock Café

★★★ 도보 6분

하드 록 카페를 상징하는 커다란 기타가 입구 외벽을 장식해 눈길을 끌며 내부 시설도 탁월하다. 밤이 되면 라이브 공연이 펼쳐진다. 카페 내부 한편에는 티셔츠 등 하드 록 카페의 기념품을 판매하는 매장이 있다.

지도 P.195A

구글 지도 GPS 12.939363, 100.884267 **찾아가기** 센트럴 페스티벌에서 파타야 비치 로드 북쪽으로 450m **주소** 429 Moo 9, Pattaya Beach Road **전화** 038-428-755~9 **시간** 11:00~02:00 **휴무** 연중무휴 **가격** 칵테일 355B~, 비아 씽 생맥주 머그 119B · 피처 339B **홈페이지** www.hardrock.com/cafes/pattaya

27 호프 브루 하우스

Hopf Brew House

★★★ 도보 8분

파타야 비치 로드에 자리한 펍이자 레스토랑으로 직접 만든 맥주와 화덕에서 구운 피자 등을 판매한다. 통나무로 마감한 따뜻한 분위기로, 저녁에는 라이브 공연도 한다. 가격은 조금 비싸지만 현지 노천카페와는 또 다른 분위기를 느낄 수 있다.

지도 P.195C

구글 지도 GPS 12.930748, 100.878579 **찾아가기** 센트럴 페스티벌에서 파타야 비치 로드 남쪽으로 600m. 로열 가든 플라자와 마이크 쇼핑몰 사이에 위치 **주소** 219 Pattaya Beach Road **전화** 038-710-652~5 **시간** 14:00~02:00 **휴무** 연중무휴 **가격** 수제 맥주 1잔 110~350B(14:00~18:00 90~300B)+17% **홈페이지** 없음

28 더 루프톱

The Rooftop

★★ 도보 19분

홀리데인 인 이그제큐티브 타워 25층에 자리한 루프톱 바. 파타야의 인기 루프톱 바인 호라이즌에 비해 아담하며 베드형 소파, 바 테이블 등으로 모던하게 꾸몄다. 매일 오후 6~8시에는 1+1 해피 아워를 진행하며, 금요일과 토요일에는 DJ 공연이 펼쳐진다.

지도 P.195A

구글 지도 GPS 12.947627, 100.885747 **찾아가기** 홀리데이 인 이그제큐티브 타워 25층 **주소** 463/68, Pattaya Sai 1 Road **전화** 038-725-555 **시간** 18:00~23:00 **휴무** 연중무휴 **가격** 칵테일 230B~+17% **홈페이지** www.holidayinn-pattaya.com/bars-restaurants

29 아바나 바

Havana Bar

★★★ 도보 19분

남성적이면서도 정갈한 느낌의 바. 붉은 벽돌과 나무로 마감을 하고, 카리브 해의 분위기를 담은 흑백사진과 소품을 곳곳에 배치했다. 맥주, 와인, 럼 베이스 칵테일은 물론 햄버거, 피자, 파스타, 스낵, 샐러드 등 식사 메뉴도 다양하다. 밤에는 라이브 공연이 펼쳐진다.

지도 P.195A

구글 지도 GPS 12.947799, 100.885555 **찾아가기** 홀리데이 인 베이 타워 G층 **주소** 463/68, 463/99 Pattaya Sai 1 Road **전화** 038-725-555 **시간** 월~목요일 14:00~24:00, 금~토요일 12:00~01:00, 일요일 12:00~24:00 **휴무** 연중무휴 **가격** 맥주 95B~+17% **홈페이지** www.holidayinn-pattaya.com/bars-restaurants

30 알카자

Alcazar

★★★ 도보 17분

세계 3대 쇼 중 하나로 꼽힐 만큼 유명해진 트랜스젠더 카바레 쇼. 춤과 무용, 팬터마임 등으로 공연이 진행된다. 공연이 끝나면 공연장 밖에서 무용수들과 사진을 찍을 수도 있다. 사진을 찍을 경우에는 팁을 줘야 한다.

1권 P.085 **지도** P.195B

구글 지도 GPS 12.943064, 100.888813 **찾아가기** 파타야 쏘이 5 맞은편. 건물이 웅장해 찾기 쉽다. **주소** 78/14 Pattaya 2nd Road **전화** 038-425-425, 038-422-220, 038-410-224~7 **시간** 17:00 · 18:30 · 20:00 · 21:30(시기에 따라 다름) **휴무** 연중무휴 **가격** 1800B **홈페이지** www.alcazarthailand.com

31 티파니 쇼

Tiffany's Show

★★★ 도보 25분

1974년 새해 전날 친구를 위해 준비한 원맨쇼에서 현재에 이른 40년 전통의 트랜스젠더 카바레 쇼다. 다른 트랜스젠더 쇼에 비해 배우들이 아름답기로 소문났으며, 매년 공연장에서 열리는 '미스 티파니 유니버스' 등 독특한 볼거리도 제공한다.

지도 P.195A

구글 지도 GPS 12.948834, 100.888499 **찾아가기** 돌고래 동상에서 파타야 세컨드 로드로 260m 오른쪽 **주소** 464/6 Moo 9, Pattaya 2nd Road **전화** 038-421-700 **시간** 18:00 · 19:30 · 21:00 **휴무** 연중무휴 **가격** 1000 · 1600 · 2000B **홈페이지** www.tiffany-show.co.th

32 미모사 파타야
Mimosa Pattaya

★★★ 택시 30분

쇼핑과 미식, 즐길 거리가 동시에 펼쳐지는 프랑스풍의 작은 마을. 쇼핑, 레스토랑, 마사지를 위한 매장과 트랜스젠더 카바레 쇼가 펼쳐지는 음악 분수 공연장, 펀랜드 어뮤즈먼트 파크 놀이공원, 아트 인 미모사 3D 박물관 등이 자리한다.

지도 P.194D
구글 지도 GPS 12.839819, 100.912228 **찾아가기** 좀티엔 앰배서더 호텔 맞은편 **주소** 28/19-20 Moo 2, Na Jomtien, Sattahip **전화** 038-237-318~9 **시간** 08:00~17:00 **휴무** 연중무휴 **가격** 공연 300B, 3D 박물관 200B, 공연+3D 박물관 350B, 레스토랑이나 바 예약 후 입구에서 확인 시 무료입장 **홈페이지** 없음

33 컬럼비아 픽처스 아쿠아버스
Columbia Pictures Aquaverse

★★★ 택시 40분

파타야 남쪽에서 15km 떨어진 방쌀레에 자리한 테마파크. 영화를 테마로 한 8개의 놀이 시설과 워터파크, 레스토랑 등의 시설이 있다. 패키지의 구성에 따라 이용요금이 다르다.

지도 P.194F
구글 지도 GPS 12.785216, 100.914959 **찾아가기** 쑤쿰윗 로드, 농눗 빌리지 입구 **주소** 888 Moo 8, Na Jomtien **전화** 033-004-999 **시간** 목~화요일 10:00~18:00 **휴무** 수요일 **가격** 어른 1390B~ **홈페이지** columbiapicturesaquaverse.com

34 아유타야
Ayuttaya

★★ 도보 15분

작은 정원이 딸린 독립된 가옥에 자리해 분위기가 좋은 데다 길거리 숍만큼 저렴하고, 마사지사들의 실력이 출중해 호평받는 곳이다. 예쁜 외관에 비해 실내는 조금 허름하고 소음에 취약한 편이다.

지도 P.195A
구글 지도 GPS 12.943750, 100.886451 **찾아가기** 파타야 비치 로드와 알카자 쇼 센터 사이 골목, 쏘이 파타야 5 **주소** Soi Pattaya 5 **전화** 033-672-477 **시간** 10:00~24:00 **휴무** 연중무휴 **가격** 타이 마사지 60분 300B, 90분 400B, 120분 450B **홈페이지** 없음

35 렛츠 릴랙스
Let's Relax

★★★ 도보 26분

여러 면에서 평균 이상의 만족을 주는 렛츠 릴랙스의 파타야 노스 지점. 로비가 매우 작아 예약한 후 시간에 맞춰 찾는 게 좋다. 개별 룸의 방음이 잘 안 되어 있는데, 전반적으로 조용한 분위기라 크게 문제가 되진 않는다.

지도 P.195A
구글 지도 GPS 12.951508, 100.887543 **찾아가기** 돌고래 동상이 있는 로터리에서 나끌르아 로드 방면으로 20m **주소** 240/9 Moo 5, Na Kluea Road **전화** 038-488-591 **시간** 10:00~24:00 **휴무** 연중무휴 **가격** 타이 마사지 2시간 1200B **홈페이지** www.letsrelaxspa.com/pattaya

36 나 스파
Na Spa

★★★ 택시 15분

태국의 정취를 머금은 2층 가옥에 고즈넉하게 자리한 마사지 숍. 모든 마사지사가 5년 이상 경력의 숙련된 전문가이며, 전문가를 초빙할 때도 이곳의 프로그램을 3개월간 훈련시킨다고 한다. 전통 타이 마사지를 일컫는 '누앗 타이'와 혈액순환에 좋은 핫 스톤 마사지를 추천한다.

지도 P.195A
구글 지도 GPS 12.958326, 100.889174 **찾아가기** 나끌르아 쏘이 16/2 안쪽으로 300m 진입한 후 왼쪽 **주소** 571/31 Moo 5, Na Kluea Road Soi 16/2 **전화** 038-371-454, 082-450-1558 **시간** 10:00~22:00 **휴무** 연중무휴 **가격** 누앗 타이 1시간 500B **홈페이지** www.facebook.com/PattayaNaSpa

37 디 오아시스 스파 파타야
The Oasis Spa Pattaya

★★★ 자동차 12분

치앙마이에 이어 방콕과 푸껫, 파타야에 선보이며 명성을 얻은 스파. 파타야 지점은 샤토 데일 부지 내에 가든 빌라 형태로 자리한다. 내부는 7개의 독립된 스파 룸과 사우나로 구성된다. 예약 시 자체 교통편을 제공한다.

지도 P.195E
구글 지도 GPS 12.906382, 100.870202 **찾아가기** 파타야 비치와 좀티엔 비치를 잇는 메인 도로인 탑프라야 로드에 위치. 텝쁘라씻 로드에 다다르기 전 왼쪽으로 샤토 데일 간판을 보고 들어가면 찾기 쉽다. **주소** 322 Moo 12, Chateau Dale, Thappraya Road **전화** 038-364-070 **시간** 10:00~22:00 **휴무** 연중무휴 **가격** 타이 마사지 2시간 1700B +17% **홈페이지** www.oasisspa.net/destination/pattaya

38 헬스 랜드
Health Land

한국인 여행자들 사이에서도 유명한 헬스 랜드의 파타야 지점. 저렴한 가격으로 깔끔하고 쾌적한 시설에서 마사지를 받을 수 있는 대형 마사지 숍이다. 파타야에만 두 군데의 지점이 자리하며, 쑤쿰윗 로드 지점은 2017년에 오픈해 시설이 아주 좋다. 1000B 이상은 카드 결제 가능.

시간 10:00~22:00 **휴무** 연중무휴 **가격** 타이 마사지 2시간 650B **홈페이지** www.healthlandspa.com

파타야 느아
지도 P.195B
구글 지도 GPS 12.949853, 100.900052 **찾아가기** 파타야 버스 터미널에서 파타야 비치 방면으로 3분 **주소** 159/555 Moo 5, Pattaya Nuea Road **전화** 038-412-989

파타야 쑤쿰윗 로드
지도 P.195D
구글 지도 GPS 12.910334, 100.895772 **찾아가기** 쑤쿰윗 로드 로터스 조금 못 미쳐 위치, 아웃렛 몰 파타야 옆 **주소** 111/555 Moo 11, Nong Prue, Bang Lamung **전화** 038-412-995

39 파타야 카트 스피드웨이
Pattaya Kart Speedway

태국 전역에 자리한 고 카트 중 시설이 가장 좋다. 프로 트랙에서는 스피드를 즐기는 현지 동호인들이 찾아 F1에 버금가는 레이스를 펼치기도 한다. 초보, 프로 트랙과 다양한 카트 중 자신의 수준에 맞게 선택 가능하다. 양궁, 번지 점프, 페인트 볼 파크도 함께 자리한다.

지도 P.195F
구글 지도 GPS 12.904921, 100.882644 **찾아가기** 쑤쿰윗 로드에서 파타야 파크로 향하는 텝쁘라씻 로드 중간. 쏘이 텝쁘라씻 9 골목 안쪽에 위치 **주소** 248/2 Moo 12, Thep Prasit Road **전화** 038-422-044 **시간** 09:00~18:00 **휴무** 연중무휴 **가격** 비기너 트랙 스탠더드 카트 300B, 프로페셔널 트랙 레이싱 카트 600B, 스페셜 카트 400B **홈페이지** www.pattayakart.com

40 센트럴 파타야 비치
Central Pattaya Beach

파타야 비치 앞에 자리한 7층 규모의 쇼핑센터. 파타야 해변을 조망하는 쇼핑몰과 힐튼 파타야 호텔로 이뤄져 있다. 각종 쇼핑 매장과 프랜차이즈 음식점, 대형 슈퍼마켓, 마사지와 스파 숍 등이 알차게 들어서 있다.

1권 P.084 **지도** P.194B, 195C

구글 지도 GPS 12.934786, 100.883637 **찾아가기** 파타야 비치 로드 쏘이 9~10 **주소** 333/102 Moo 9, Pattaya Beach Road **전화** 033-003-999 **시간** 월~목요일 11:00~22:00, 금~일요일 11:00~23:00 **휴무** 연중무휴 **가격** 가게마다 다름 **홈페이지** www.central.co.th

41 톱스 푸드 홀
Tops Food Hall

센트럴 파타야 G층에 입점해 있는 대형 슈퍼마켓이다. 고메 마켓(Gourmet Market)과 비슷한 수준의 쇼핑 수준과 환경을 자랑하며, 가격도 그만큼 비싸다. 과일이 특히 신선하고 즉석식품, 치즈, 햄 등의 종류도 다양하다.

지도 P.195C
구글 지도 GPS 12.934558, 100.884159 **찾아가기** 센트럴 페스티벌 파타야 비치 G층 **주소** G Floor, Central Festival Pattaya Beach, 333/99 Moo 9, Pattaya Beach Road **전화** 038-043-472 **시간** 월~목요일 09:00~22:00, 금~일요일 09:00~23:00 **휴무** 연중무휴 **가격** 제품마다 다름 **홈페이지** 없음

42 로열 가든 플라자
Royal Garden Plaza

★★ 도보 10분

건물 외벽에 추락한 비행기 모형이 꽂혀 있는 쇼핑센터다. 옷 가게, 서점, 기념품 가게, 엔터테인먼트 센터, 극장, 레스토랑이 입점해 즐길 거리와 먹거리가 풍부하다. 탁 트인 파타야 비치 전망이 좋은 푸드코트인 푸드 웨이브도 괜찮다.

지도 P.195C
구글 지도 GPS 12.929782, 100.877782 **찾아가기** 파타야 비치 로드 **주소** 218 Beach Road **전화** 038-710-297 **시간** 11:00~22:30 **휴무** 연중무휴 **가격** 가게마다 다름 **홈페이지** 없음

43 센트럴 마리나 파타야
Central Marina Pattaya

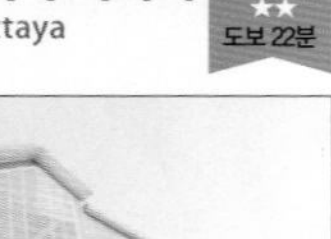
★★ 도보 22분

각종 브랜드 매장과 체인 레스토랑 등이 2층 규모의 쇼핑센터에 자리한다. 쇼핑센터 내에 대형 마트인 빅 시가 입점해 의류, 신발, 기념품 등 일반적인 쇼핑과 더불어 저렴한 슈퍼마켓 쇼핑이 가능하다.

지도 P.195B
구글 지도 GPS 12.945580, 100.890319 **찾아가기** 파타야 세컨드 로드, 알카자 쇼 센터 옆 **주소** 78/54 Moo 9, Pattaya 2nd Road **전화** 033-003-888 **시간** 일~목요일 11:00~21:00, 금~토요일 11:00~22:00 **휴무** 연중무휴 **가격** 가게마다 다름 **홈페이지** shoppingcenter.centralpattana.co.th/branch/central-marina

44 터미널 21
Terminal 21

★★★ 택시 8분

터미널 21의 파타야 지점. G층 파리, M층 런던, 1층 이탈리아, 2층 도쿄, 3층 샌프란시스코 등 각 층을 도시 테마로 꾸몄다. 가격이 저렴한 푸드코트인 피어 21과 MK, 샤부시, 키친 라오 등의 체인 레스토랑이 자리한 3층이 인기다.

1권 P.084 지도 P.194B, 195A
구글 지도 GPS 12.950348, 100.888646 **찾아가기** 돌고래 동상 인근 **주소** 456·777·777/1 Moo 6, Pattaya Neua Road **전화** 033-079-777 **시간** 11:00~23:00 **휴무** 연중무휴 **가격** 제품마다 다름 **홈페이지** www.terminal21.co.th/pattaya

45 텝쁘라씻 야시장
Thep Prasit Night Bazaar
ตลาดการเคหะเทพประสิทธิ์

★★★ 택시 16분

텝쁘라씻 로드에서 열리는 야시장. 주중보다 주말에 큰 시장이 형성된다. 의류, 잡화, 액세서리 등 저렴한 생필품 노점이 대다수다. 음식 노점은 야시장 안쪽에 몰려 있다. 뷔페식 반찬을 덮밥으로 즐기는 카우깽이 많으며, 바비큐, 디저트, 과일 가게 등이 자리한다.

1권 P.084 지도 P.195F
구글 지도 GPS 12.908561, 100.892984 **찾아가기** 쑤쿰윗 로드에서 텝쁘라씻 로드로 400m, 아웃렛 몰 파타야 바로 옆 **주소** Thep Prasit Road Soi 1~3 **전화** 084-660-7233 **시간** 17:00~22:00 **휴무** 연중무휴 **가격** 가게마다 다름 **홈페이지** 없음

46 아웃렛 몰 파타야
Outlet Mall Pattaya

★★★ 택시 18분

세계 유명 브랜드와 로컬 브랜드를 최대 70% 할인된 가격으로 구입할 수 있는 아웃렛. 파타야의 다른 쇼핑센터에 비해 저렴한 가격이 강점이다. 인근에 대형 마트인 로터스가 자리해 더불어 쇼핑하기에 편리하다.

지도 P.195F
구글 지도 GPS 12.908013, 100.895210 **찾아가기** 쑤쿰윗 로드와 텝쁘라씻 로드가 만나는 곳 **주소** 666 Moo 12, Bang Lamung **전화** 038-427-764~5 **시간** 10:00~20:00 **휴무** 연중무휴 **가격** 가게마다 다름 **홈페이지** www.outletmallthailand.com

47 파타야 수상 시장
Pattaya Floating Market

★★★ 택시 25분

인공적으로 조성한 수상 시장. 목조 덱으로 이어진 길을 따라 의류, 액세서리, 먹거리, 전통 공예품 등을 판매하는 상점이 형성돼 있다. 단체와 개별 관광객의 입구가 다르므로 주의할 것. 매표소에서 패키지 상품을 반드시 구매해야 하는 것처럼 말하지만 입장권만 따로 판매한다.

지도 P.194D
구글 지도 GPS 12.867984, 100.904595 **찾아가기** 파타야에서 가장 큰 도로인 쑤쿰윗 로드에서 싸따힙 방면 썽태우를 탄다. 수상 시장은 농눗 빌리지 가기 전에 위치한다. **주소** 451/304 Moo 12, Sukhumvit Road **전화** 038-706-340 **시간** 09:00~19:00 **휴무** 연중무휴 **가격** 입장료 200B **홈페이지** www.pattayafloatingmarket.com

48 초콜릿 팩토리
The Chocolate Factory Pattaya

★★★ 택시 13분

초콜릿 숍과 이탤리언 레스토랑을 함께 운영한다. 매일 초콜릿을 만들고 매주 주말에는 초콜릿을 직접 만드는 체험을 할 수 있는 워크숍을 연다. 다양한 생초콜릿을 진열해놓았으며, 초콜릿과 과자를 이용한 상품이 많아 선물용으로 괜찮다.

지도 P.195C
구글 지도 GPS 12.921144, 100.859284 **찾아가기** 로열 그랜드 호텔 옆, 택시 이용 **주소** 12 Soi Rajchawaroon, Phra Tamnak Road **전화** 092-467-8884 **시간** 10:00~22:00 **휴무** 연중무휴 **가격** 생초콜릿 35B~ **홈페이지** www.facebook.com/thechocolatefactorythailand

49 로터스
Lotus's

★★★ 택시 16분, 21분

대형 마트. 북파타야와 남파타야 두 곳에 익스프레스가 아닌 대형 매장이 자리한다. 북파타야 지점은 파타야 시내에 머무는 이들이 찾기에 좋으며, 남 파타야 지점은 텝쁘라씻 야시장, 아웃렛 몰과 함께 돌아보기 좋다.

휴무 연중무휴 **가격** 제품마다 다름 **홈페이지** www.lotuss.com

파타야 느아(북파타야)
지도 P.195B
구글 지도 GPS 12.951154, 100.893261 **찾아가기** 돌고래 동상에서 파타야 느아(노스 파타야) 로드로 550m 왼쪽 **주소** Moo 12, Pattaya **전화** 038-370-910 **시간** 08:00~21:00

파타야 따이(남파타야)
지도 P.195F
구글 지도 GPS 12.906138, 100.894489 **찾아가기** 쑤쿰윗 로드와 텝쁘라씻 로드가 만나는 인근, 아웃렛 몰 뒤쪽 **주소** Thep Prasit Soi 1 **전화** 038-300-800 **시간** 08:00~22:00

50 킹 파워 파타야
King Power Pattaya

★★★ 택시 17분

태국을 대표하는 면세 브랜드의 파타야 매장. 리셉션에서 여권을 등록한 후 면세 쇼핑이 가능하다. 태국 스파 브랜드와 잡화, 명품, 술, 담배, 기념품 등 쇼핑 아이템은 공항 면세점과 크게 다르지 않아 여유를 갖고 쇼핑을 즐기기에 부족함이 없다.

지도 P.195D
구글 지도 GPS 12.929792, 100.899839 **찾아가기** 쑤쿰윗 로드와 센트럴 파타야 로드가 만나는 지점에서 좀티엔 방면으로 300m **주소** 8 Moo 9, Sukhumvit Road **전화** 1631, 038-103-888 **시간** 10:00~21:00 **휴무** 연중무휴 **가격** 제품마다 다름 **홈페이지** story.kingpower.com/en/store-pattaya-en

51 빅 시 슈퍼센터
Big C Supercenter

★★★ 도보 23분, 택시 17분

테스코 로터스와 함께 태국을 대표하는 대형 마트 중 하나. 쑤쿰윗 로드의 빅 시 슈퍼센터는 규모가 아주 큰 편이며, 센트럴 마리나 지점은 알카자 쇼 센터 등지와 가까워 찾기 좋다. 여행자들이 슈퍼마켓 쇼핑을 즐기기에는 두 곳 모두 불편함이 전혀 없다.

휴무 연중무휴 **가격** 제품마다 다름 **홈페이지** www.bigc.co.th

센트럴 마리나
지도 P.195B
구글 지도 GPS 12.945629, 100.891170 **찾아가기** 파타야 세컨드 로드, 알카자 쇼 센터 옆 센트럴 플라자 마리나 파타야 내 **주소** Moo 9 Bang Lamung **전화** 038-361-361 **시간** 09:00~22:00

쑤쿰윗 로드
지도 P.195D
구글 지도 GPS 12.915687, 100.894008 **찾아가기** 파타야 비치 로드에서 사우스 파타야 로드로 진입, 쑤쿰윗 로드가 나오면 좌회전해 약 150m **주소** 565/41 Moo 10, Nongprue **전화** 038-374-800 **시간** 09:00~22:00

AREA

05 HUA HIN

[หัวหิน 후아힌]

고즈넉한 태국 왕실 휴양지

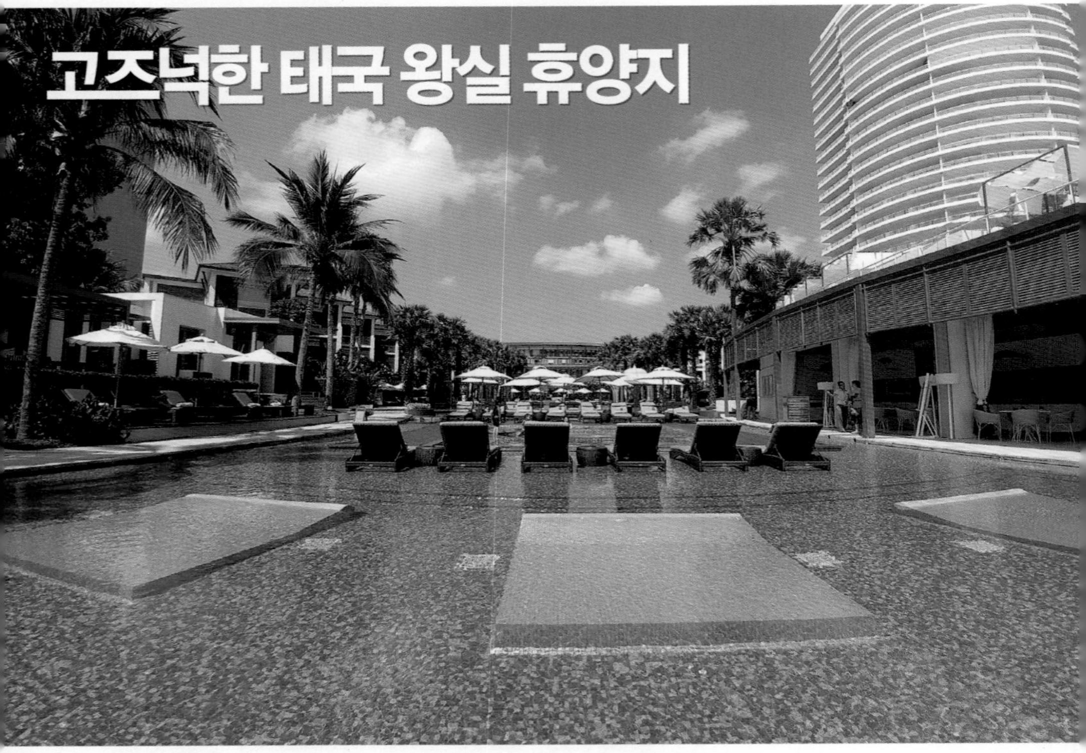

1920년대 라마 6세가 여름 궁전을 지으며 휴양지로 개발했다. 요란한 해양 스포츠보다는 승마와 같은 한가로운 풍경이 어울리는 고즈넉한 해변으로, 태국인들의 주말 여행지로 각광받는다. 해변 외에 후아힌 자체에 큰 볼거리는 없다. 핫 스폿은 야시장으로 그 외의 볼거리는 선택 사항이다.

태국인들에게 인기, 한국인 여행자는 그리 많지 않다.

관광 포인트가 여러 곳 있지만, 봐도 그만 안 봐도 그만이다.

쇼핑센터 외에 야시장이 인기다.

해산물 요리 전문점이 많다. 후아힌 비치에서 걸어서 이동할 수 있으니 충분히 즐기자.

야시장은 후아힌 제일의 볼거리. 야시장 외에 나이트라이프를 즐길 만한 곳은 없다.

야시장에 사람들이 많지만 크게 혼잡하다는 생각은 들지 않는다. 비치도 고즈넉하다.

후아힌 교통편

방콕에서 후아힌으로 갈 때는 기차와 버스가 가장 편리하다. 방콕 남부 · 동부 버스 터미널 등지에 후아힌행 미니밴(롯뚜)을 운행하지만 3시간 이상의 거리를 이동하기에 조금 불편하다. 버스의 경우, 방콕 구간은 쏨밧 투어(sombattour.com), 쑤완나품 구간은 벨 트래블(airporthuahinbus.com)에서 운영한다. 티켓은 인터넷으로 미리 구매 가능하다.

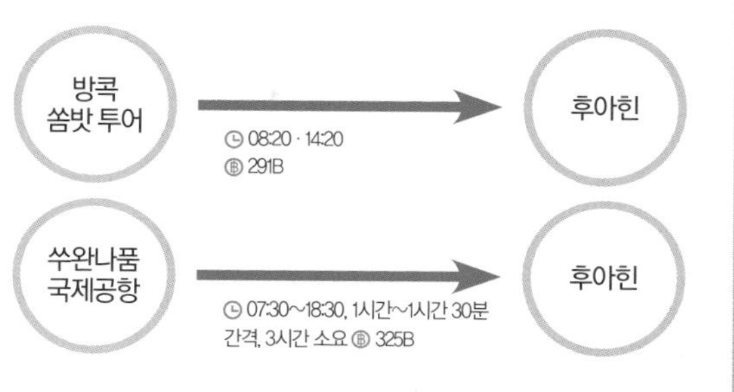

후아힌으로 가는 방법

기차

방콕 끄룽텝 아피왓 역에서 출발한 남부행 기차가 후아힌에 정차한다. 기차의 종류에 따라 소요 시간의 차이가 있다. 가장 빠른 기차가 4시간가량 걸린다. 온라인 예약은 태국 국영 철도 홈페이지에서 가능하다.

홈페이지 dticket.railway.co.th

버스

방콕 북부 버스 터미널 인근 쏨밧 투어(구글 지도 GPS 13.822058, 100.557044)에서 후아힌으로 가는 에어컨 버스를 탈 수 있다. 후아힌 버스 터미널은 블루포트 가기 전 펫까쎔 로드에 자리한다.

쑤완나품 공항에서 후아힌으로 바로 가는 버스도 있다. 공항 1층 8번 게이트 앞에서 출발하며, 차암 비치의 방콕 은행 앞, 후아힌 공항 근처에 버스가 정차한다. 후아힌의 정류장에서 호텔까지 운행하는 밴은 100B에 이용할 수 있으며, 후아힌 시계탑까지 간다면 30B에 셔틀 밴 이용이 가능하다.

후아힌 다니는 방법

썽태우

정해진 노선을 따라 움직이는 녹색 썽태우가 있다. 후아힌 야시장 중간 길인 싸쏭 로드(Sa Song Road)를 기준으로 따끼엡 방면과 공항 방면의 두 노선으로 운행한다. 따끼엡 방면 주요 노선은 후아힌 야시장, 마켓 빌리지, 블루포트, 씨케다 야시장, 왓 카우 따끼엡 등. 공항 방면 주요 노선은 후아힌 야시장, 공항 등이다. 후아힌 야시장에서 탑승할 경우, 길의 대각선 양편에 썽태우 정류장이 있으므로 방향에 맞게 탑승하자. 썽태우는 주요 장소 외에도 벨을 누르면 원하는 장소에 세워준다.

시간 월~목요일 06:00~21:00, 금~일요일 06:00~22:00

가격 기본 10B, 19:00 이후에 15B으로 오른다.

뚝뚝

먼 거리를 택시처럼 이동할 때 이용할 수 있는 교통수단. 후아힌 야시장에서 씨케다 야시장까지 200B가량 부른다. 후아힌 야시장 인근에 호객 행위를 하는 뚝뚝 기사가 많다.

MUST SEE
이것만은 꼭 보자!

No.1

후아힌 야시장
Hua Hin Night Market
후아힌 여행자들이 무조건 들르는 곳.

No.2

씨케다 야시장
Cicada Market
주말에 후아힌을 찾는다면 방문하자.

MUST EAT
이것만은 꼭 먹자!

No.1

유옌 후아힌 발코니
YouYen Garden
อยู่เย็น หัวหิน บัลโคนี
매콤하게 맛있는 해산물 요리.

No.2
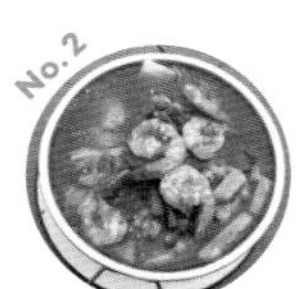
쌩타이 시푸드
Saeng Thai Seafood
แสงไทยซีฟู้ด
바닷가 정취는 사라졌지만 맛은 일품.

A
B
E
F
I
J

마켓 빌리지
Market Village P.219
렛츠 릴랙스
Let's Relax(2~3F) P.219
MK(2F)
테스코 로터스

후아힌 비치
센타라 그랜드
Centara Grand 1권 P.093
메리어트
Marriott
케이프 니드라
Cape Nidhra 1권 P.095
카우니여우 마무앙 빠쯔아
P.216
힐튼
Hilton
차우레
Chao Lay Seafood P.216
Soi Nares Damri
Soi 65
Soi 69
Soi 71
4
Villa Market
성당
Soi 88
Soi 86
Soi 82
Soi 84
Soi 80
Soi 78
쩩삐야 正盛
P.216
왓 후아힌
Soi 55
59
61
63
따끼엡행 썽태우
TAT
롬후안
P.217
꼬티
Koti P.216
시계탑
오티오피
OTOP P.219
72
74
Soi 76
챗씰라 야시장
따끼엡행
썽태우
공항행
썽태우
후아힌 야시장
Hua Hin Night Market P.214
2043
후아힌 기차역
Hua Hin Station P.214

반 이싸라
Baan Itsara P.218
반 끄라이왕
Baan Khrai Wang P.217
유옌 후아힌 발코니
YouYen Garden P.217
코코 51
Coco 51 P.217
벨로 카페
Velo Cafe P.217
Naebkehardt Rd
53
쌩타이 시푸드
Saeng Thai Seafood P.217
미니밴 터미널
Soi 51
4
Soi 49
49
Phetkasem Rd
64
66
Soi 68
Soi 70
아이라이스
I Rice P.218

꾸어이띠여우무 똠얌땀릉
(1,2km, Soi 40/1~2) P.218
신스페이스 후아힌
Seenspace HuaHin(2.2km, Soi 35) P.225
주카타 쉽 팜
Zucata Sheep Farm(30km) P.215
산토리니 파크 차암
Santorini Park Cha-am(31.5km) P.215
프라나콘키리(카우 왕)
Phra Nakhon Khiri(Khao Wang, 65.6km) P.215
탐 카우 루앙
Tham Khao Luang Cave(69km) P.216

패마이 시장
3218
후아힌 아티스트 빌리지
Huahin Artist Village(3.1km) P.215
왓 후어이 몽콘
Wat Huay Mongkol(16.9km) P.215
3218
카우 힌렉파이 뷰포인트
Khao Hin Lek Fai Viewpoint P.214

N
0
250m

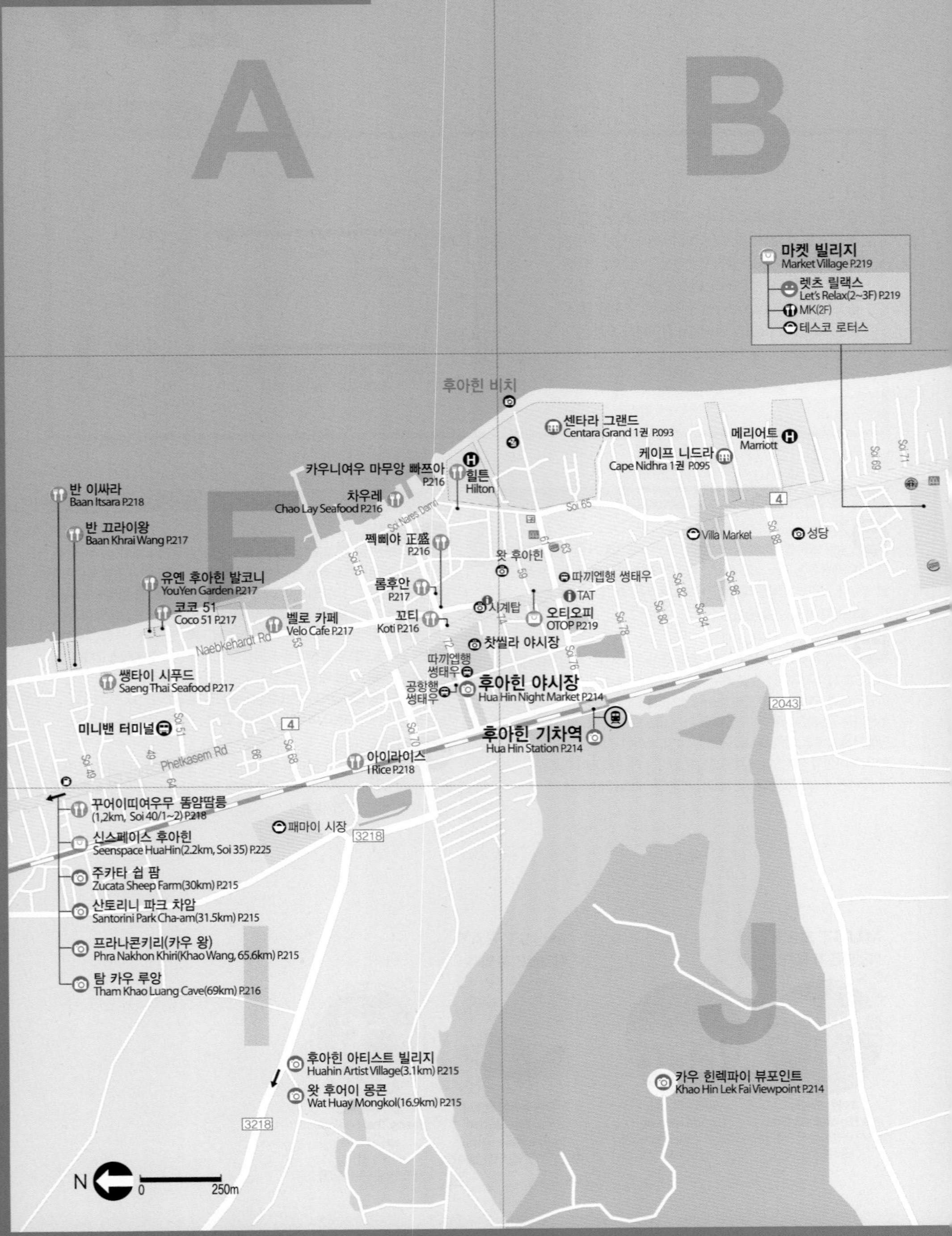

C
G
K
블루포트
BlúPort P.219
Wine Connection
Coca Hua Hin
Peppina
고메 마켓
KFC
인터컨티넨탈
InterContinental 1권 P.094
Soi 77
Soi 79
Soi 81
Soi 83
Soi 85
Soi 102
Soi 104
Soi 96
Soi 98
Soi 100
Soi 94
4
버스 터미널
방콕 병원

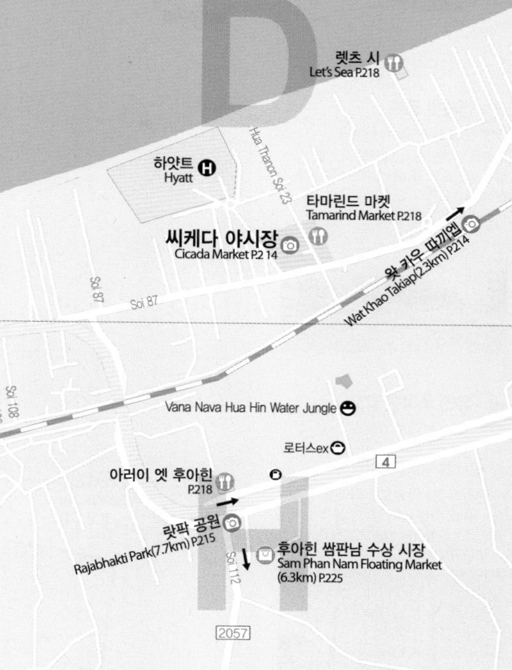
D
H
L
렛츠 시
Let's Sea P.218
하얏트
Hyatt
Hua Thanon Soi 23
타마린드 마켓
Tamarind Market P.218
씨케다 야시장
Cicada Market P.2 14
왓 카우 따끼엡
Wat Khao Takiap(2.3km) P.214
Soi 87
Soi 106
Soi 108
Vana Nava Hua Hin Water Jungle
로터스ex
4
아러이 엣 후아힌
P.218
랏팍 공원
Rajabhakti Park(7.7km) P.215
후아힌 쌈판남 수상 시장
Sam Phan Nam Floating Market
(6.3km) P.225
Soi 112
2057

차가 없어도 즐거운 후아힌 반나절 코스

후아힌에서 반드시 봐야 할 볼거리는 딱히 없다. 후아힌 비치에 숙소를 잡았다면 숙소와 걸어서 다닐 수 있는 맛집을 오가며 즐거운 시간을 보내면 그만. 차량을 따로 빌리거나 뚝뚝을 대절하지 않아도 즐거운 후아힌의 반나절 코스를 소개한다.

S 냅케핫 로드
Naebkehardt Road

후아힌 시계탑에서 냅케핫 로드를 따라 북쪽 방면으로 약 1km 걷기 → 유옌 후아힌 발코니 도착

1 유옌 후아힌 발코니
YouYen Garden
อยู่เย็น หัวหิน บัลโคนี

시간 11:00~22:00

→ 큰길인 펫까셈 로드로 나와 썽태우 탑승, 나이트 마켓 근처 정류장에서 하차해 썽태우가 진행하던 방향으로 600m 걷기 → 후아힌 기차역 도착

2 후아힌 기차역
Hua Hin Station

시간 24시간

→ 기차역에서 나와 약 400m 직진하면 보이는 우체국 근처에서 썽태우 승차, 블루포트 하차 → 블루포트 도착

후아힌 비치
센타라 그랜드 Centara Grand
케이프 니드라 Cape Nidhra
힐튼 Hilton
차우레 Chao Lay Seafood
Soi Nares Damri
Soi 65
유옌 후아힌 발코니 YouYen Garden
1 코코 51 Coco 51
쩩삐야 正盛
시계탑
S
TAT
꼬티
Naebkehardt Rd
Soi 51
Soi 55
Soi 76
Soi 78
Soi 80
Soi 82
Soi 84
4 후아힌 야시장 Hua Hin Night Market
2 후아힌 기차역 Hua Hin Station
Phetkasem Rd
Soi 68
Soi 7
아이라이스 I Rice
4
3218

3 블루포트
BlúPort

시간 11:00~21:00

→ 썽태우 내린 곳 반대편에서 썽태우 탑승, 야시장 하차 → 후아힌 야시장 도착

4 후아힌 야시장
Hua Hin Night Market

시간 18:00~24:00

코스 무작정 따라하기 START
S. 냅케핫 로드
약 1km, 도보 15분
1. 유엔 후아힌 발코니
1.9km, 도보 5분+썽태우 5분+도보 7분
2. 후아힌 기차역
2.7km, 도보 5분+썽태우 6분
3. 블루포트
3km, 썽태우 7분
4. 후아힌 야시장
Finish

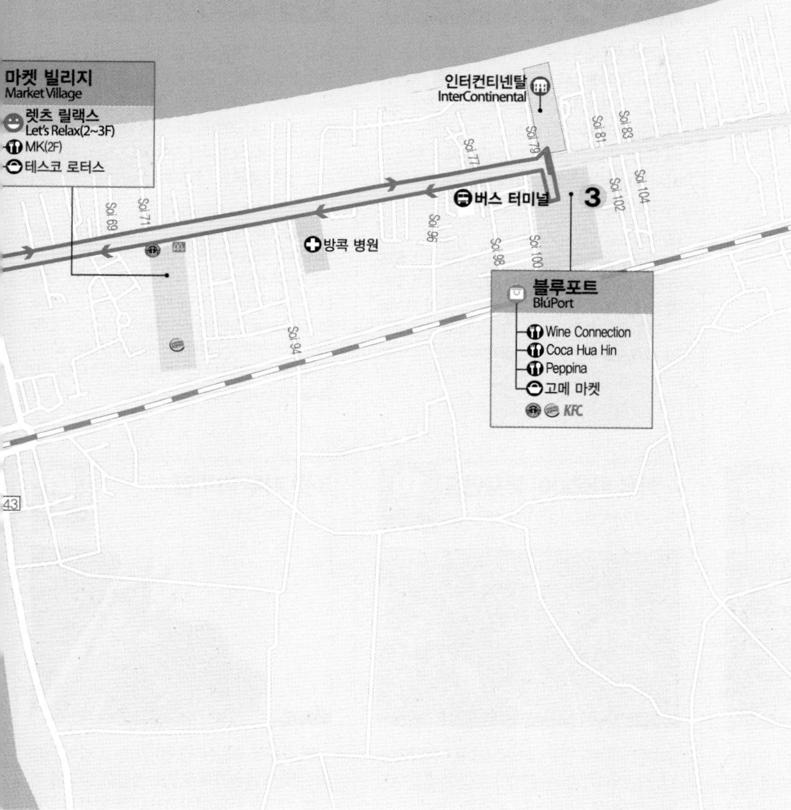

ZOOM IN

후아힌 시계탑

펫까쎔 로드와 냅케핫 로드의 교차로. 야시장, TAT와 가깝다.

1 후아힌 야시장
Hua Hin Night Market

★★★ 도보 1분

후아힌 여행자가 모두 모이는 핵심 볼거리. 오후 5시 이후에 데차누칫 거리에 각종 노점이 들어선다. 먹거리를 판매하는 노점 중에서는 해산물 전문점이 특히 많다. 야시장 입구 근처에 핸드메이드 제품을 주로 판매하는 찻씰라 야시장(Chatsila Night Market)도 들어서 즐길 거리를 더한다.

1권 P.088 **지도** P.210E
구글 지도 GPS 12.571141, 99.955458 **찾아가기** 후아힌 쏘이 72. 후아힌 최고 중심가라 찾기 쉽다. **주소** Soi Dechanuchit **전화** 가게마다 다름 **시간** 18:00~24:00 **휴무** 연중무휴 **가격** 제품마다 다름 **홈페이지** 없음

2 씨케다 야시장
Cicada Market

★★★ 자동차 6분

생활 속에서 예술을 실천하는 이들의 디자인 제품을 판매하는 주말 야시장이다. 의류, 장식품, 홈웨어, 액세서리를 주로 취급한다. 제품 대부분이 핸드메이드라 일반적인 태국의 야시장과는 완전히 다른 분위기다. 외식 공간도 크고, 음식 종류도 다양하다.

1권 P.089 **지도** P.211D
구글 지도 GPS 12.534114, 99.965823 **찾아가기** 택시 이용. 후아힌 쏘이 87 하얏트 리젠시 후아힌(Hyatt Regency Hua Hin) 입구에 위치. 시계탑 로터리에서 따끼엡 방면으로 4.2km **주소** 83/159 Nong Kae-Khao Takiap Road **전화** 099-669-7161 **시간** 금~일요일 16:00~23:00 **휴무** 월~목요일 **가격** 제품마다 다름 **홈페이지** www.cicadamarket.com

3 후아힌 기차역
Hua Hin Station

★★★ 도보 7분

태국에서 가장 오래된 기차역 중 하나. 라마 6세 때 여름 궁전 끌라이 깡원을 지으며 함께 건설했다. 후아힌의 상징과도 같은 공간으로 예쁜 역사와 증기기관차, 역사 밖에 자리한 기차역 도서관(Train Station Library) 등의 볼거리가 있다.

지도 P.210F
구글 지도 GPS 12.567356, 99.954704 **찾아가기** 후아힌 쏘이 76 안쪽에 위치. 시계탑 로터리에서 600m, 도보 7분 **주소** Prapokklao Road, Hua Hin Soi 76 **전화** 032-512-770, 032-511-073 **시간** 24시간 **휴무** 연중무휴 **가격** 무료입장 **홈페이지** 없음

4 카우 힌렉파이 뷰포인트
Khao Hin Lek Fai Viewpoint

★★ 자동차 11분

후아힌 시내가 한눈에 바라보이는 전망대다. 시내와 거리가 있는 편이라 조망이 훌륭하지는 않지만 해 질 녘 바다 풍경을 감상하기 위해 현지인들이 즐겨 찾는다. 인근 숲속에 사는 원숭이, 라마 7세 동상 등 소소한 재미도 있다.

지도 P.210J
구글 지도 GPS 12.565274, 99.943796 **찾아가기** 후아힌 시내에서 서쪽으로 약 3km. 뚝뚝 혹은 오토바이, 자동차 이용 **주소** Khao Hin Lek Fai 2 Road **전화** 없음 **시간** 24시간 **휴무** 연중무휴 **가격** 무료입장 **홈페이지** 없음

5 왓 카우 따끼엡
Wat Khao Takiap

★★ 자동차 17분

사원 주변에 수많은 원숭이가 살고 있어 원숭이 언덕(Monkey Hill)으로도 불린다. 따끼엡 북쪽에 거대한 황금 불상이 바다를 향하고 있으며, 왼쪽으로 후아힌 시내, 오른쪽으로 드넓은 바다가 보인다.

지도 P.211D
구글 지도 GPS 12.515718, 99.981862 **찾아가기** 후아힌 시계탑에서 남쪽으로 약 7km **주소** Wat Khao Takiap, Nong Kae **전화** 032-536-064 **시간** 24시간 **휴무** 연중무휴 **가격** 무료입장 **홈페이지** 없음

6 랏팍 공원

Rajabhakti Park
อุทยานราชภักดิ์

자동차 20분

쑤코타이 왕조의 람캄행, 아유타야 왕조의 나레쑤언과 나라이, 톤부리 왕조의 딱신을 비롯해 짜끄리 왕조의 라마 1세, 4세, 5세 등 태국에서 존경받는 7명의 왕을 동상으로 표현한 공원이다. 태국인들에게 매우 인기인 곳으로 짧은 치마, 짧은 바지로는 입장 불가.

지도 P.211H
구글 지도 GPS 12.502261, 99.964941 **찾아가기** 후아힌 시계탑에서 펫까쎔 로드를 따라 남쪽으로 약 9km **주소** Rajabhakti Park, Nong Kae **전화** 032-900-607 **시간** 월~금요일 07:00~18:00, 토~일요일 07:00~20:00 **휴무** 연중무휴 **가격** 무료입장 **홈페이지** 없음

7 후아힌 아티스트 빌리지

Huahin Artist Village

자동차 12분

예술가들의 스튜디오가 위치해 작품 활동을 하는 모습을 직접 보고 작품도 감상할 수 있다. 크고 작은 갤러리 외에도 예술 활동에 참여할 수 있는 아트 워크숍과 커피숍, 기념품 가게 등이 자리한다.

지도 P.210I
구글 지도 GPS 12.576613, 99.920081 **찾아가기** 후아힌 시계탑에서 3218번 도로 서쪽으로 약 5km **주소** 299/8 3218, Hin Lek Fai **전화** 032-534-830 **시간** 화~일요일 10:00~17:00 **휴무** 월요일 **가격** 무료입장 **홈페이지** www.huahinartistvillage.com

8 왓 후어이 몽콘

Wat Huay Mongkol

자동차 30분

태국 남부 출신으로 아유타야 시대의 고승인 루앙 퍼또의 거대 동상이 자리한 곳. 태국 남부에서 아유타야로 배를 타고 가던 중 바닷물을 담수로 바꾸는 기적을 펼쳐 많은 이들의 목숨을 구하는 등 태국인들의 존경을 받는 인물이다.

지도 P.210I
구글 지도 GPS 12.552582, 99.824297 **찾아가기** 후아힌 시계탑에서 3218 · 3219번 도로 서쪽으로 약 20km **주소** Wat Huay Mongkol, Thap Tai **전화** 032-576-187, 081-858-6661 **시간** 05:00~22:00 **휴무** 연중무휴 **가격** 무료입장 **홈페이지** www.facebook.com/huaymongkoltemplehuahin

9 주카타 십 팜

Zucata Sheep Farm

자동차 35분

차암에 자리한 양 농장으로 양과 말 먹이 주기, 말 타기, 마차 타기 등의 체험을 즐길 수 있으며, 농장 조형물을 배경으로 기념사진을 남기기에도 좋다. 3D 박물관도 무료로 이용할 수 있는 등 즐길 거리가 다양하다.

지도 P.210I
구글 지도 GPS 12.816674, 99.942206 **찾아가기** 후아힌 시계탑에서 방콕 방면으로 32km **주소** 722/22 Petchkasem Road **전화** 032-473-973 **시간** 09:00~18:00 **휴무** 연중무휴 **가격** 150B **홈페이지** 없음

10 산토리니 파크 차암

Santorini Park Cha-am

자동차 35분

그리스 산토리니 분위기로 꾸민 야외 쇼핑 공간이자 놀이 시설이다. 아디다스, 컨버스 등의 쇼핑 매장과 카페, 레스토랑을 비롯해 대관람차, 범퍼카, 아쿠아 보트 등 놀이 시설이 있다. 놀이 기구는 시설마다 이용료가 다르다.

지도 P.210I
구글 지도 GPS 12.830520, 99.933324 **찾아가기** 후아힌 시계탑에서 북쪽으로 약 34km **주소** Santorini Park Cha-am, Kao Yai, Cha-am **전화** 032-772-999 **시간** 월~금요일 09:30~18:30, 토~일요일 09:00~18:30 **휴무** 연중무휴 **가격** 150B **홈페이지** www.santoriniparkchaam.com

11 프라나콘키리(카우 왕)

Phra Nakhon Khiri(Khao Wang)

자동차 60분

라마 4세의 여름 별궁. 트램을 타고 가파른 산길을 올라가면 박물관, 관측탑, 사원과 쩨디 등이 자리한 꽤 넓은 부지의 궁궐 단지가 나온다. 볼거리들은 산책로를 따라 걸어서 돌아볼 수 있다. 산책로에 원숭이가 많다.

지도 P.210I
구글 지도 GPS 13.109168, 99.936636 **찾아가기** 후아힌 시계탑에서 북쪽으로 약 80km **주소** Phra Nakhon Khiri(Khao Wang), Khlong Kra Saeng, Phetchaburi **전화** 032-425-600 **시간** 트램 08:30~16:30, 박물관 09:00~16:00 **휴무** 연중무휴 **가격** 트램 50B **홈페이지** 없음

12 탐 카우 루앙
Tham Khao Luang Cave

★★ 자동차 70분

동굴 사원. 입구 주차장에서 썽태우를 타고 5분, 썽태우에서 내려서 200m 정도 걸어가면 동굴 입구가 나온다. 동굴로 가는 길에 원숭이가 많다. 종유석이 달린 드넓은 동굴 안에는 200여 기의 불상과 탑이 놓여 있다. 썽태우 왕복 15B.

지도 P.210I
구글 지도 GPS 13.135186, 99.932873 **찾아가기** 후아힌 시계탑에서 북쪽으로 약 70km **주소** Tham Khao Luang Cave, Thongchai, Phetchaburi **전화** 087-165-5876 **시간** 07:00~18:00 **휴무** 연중무휴 **가격** 무료입장 **홈페이지** 없음

13 꼬티
Koti Restaurant

★★★ 도보 1분

주말 저녁에는 무조건 줄을 서야 할 정도로 인기 높은 현지 식당. 야시장 해산물 식당보다 저렴하고 외국인에게도 무리 없는 편안한 맛을 선보인다.

지도 P.210E
구글 지도 GPS 12.571474, 99.956717 **찾아가기** 후아힌 시계탑에서 펫까셈 로드를 따라 110m, 도보 1분, 야시장 길 건너 **주소** 69/7 Phet Kasem Road **전화** 032-511-252 **시간** 12:00~24:00 **휴무** 연중무휴 **가격** 뿌팟퐁까리(Stir-Fried Crab with Yellow Curry Powder) 350B, 허이라이팟프릭파오(Stir-Fried Clams with Sweet Chilli Paste) 250B **홈페이지** www.facebook.com/KotiRestaurantHuahin

14 쩩삐야
正盛
เจ๊กเปี๊ยะ

★ 도보 2분

오전 메뉴로는 태국식 죽 쪽과 카우똠, 치킨라이스 카우만까이, 국수 꾸어이띠여우 등을, 저녁 메뉴로는 이싼 스타일 쑤끼인 찜쭘 등을 판매한다. 금요일 저녁이나 주말에는 무조건 줄 설 각오를 해야 한다.

지도 P.210E
구글 지도 GPS 12.571705, 99.957172 **찾아가기** 후아힌 쏘이 57과 냅케핫 로드(Naebkehardt Road)가 만나는 사거리에 위치 **주소** 51/6 Dechanuchit Road **전화** 032-511-289 **시간** 06:30~12:30, 17:30~19:30(실내 좌석 20:00) **휴무** 연중무휴 **가격** 꾸어이띠여우 50B~, 카우만까이 60 · 80B **홈페이지** 없음

꾸어이띠여우 쁠라 60B

15 카우니여우 마무앙 빠쯔아
ข้าวเหนียวมะม่วงป้าเจือ

★★★ 도보 8분

코코넛 설탕물에 지은 찹쌀밥을 망고와 함께 먹는 카우니여우 마무앙으로 이름난 노점이다. 변변한 테이블도 없지만 현지인들은 물론 외국인 여행자들도 줄을 서서 먹을 정도로 인기다. 재료가 떨어지면 문을 일찍 닫으므로 꼭 맛보고 싶다면 오전에 찾는 게 좋다.

지도 P.210E
구글 지도 GPS 12.570845, 99.960035 **찾아가기** 힐튼 호텔 바로 앞 쏘이 쎌라캄(Soi Selakam) 모퉁이 **주소** 118/1-3 Nares Damri Road **전화** 081-259-2140 **시간** 09:30~15:00(재료 소진 시 영업 종료) **휴무** 연중무휴 **가격** 120B **홈페이지** 없음

카우니여우 마무앙 120B

16 차우레
Chao Lay Seafood
ชาวเล

★★★ 도보 6분

바다 위 수상 가옥 형태의 레스토랑으로, 모든 좌석에서 바다가 보인다. 요리는 무난하고 맛있다.

1권 P.091 **지도** P.210E
구글 지도 GPS 12.572704, 99.959835 **찾아가기** 후아힌 쏘이 57 해변에 위치, 시계탑 로터리에서 450m, 도보 6분 **주소** 15 Nares Damri Road **전화** 032-513-436 **시간** 10:00~21:30 **휴무** 연중무휴 **가격** 루엄밋탈레짜런(Stir-fried Mixed Seafood in Hot Plate) 250B **홈페이지** www.facebook.com/profile.php?id=100063542714660

허이딸랍옵와인카우 250B

17 롬후완
ลมหวล

도보 2분

1980년에 문을 연 카우만까이 전문점이다. 닭고기를 부드럽게 삶아내며, 튀긴 마늘을 넣어 기름지지 않게 밥을 짓는다. 탐마다(일반)와 피쎗(곱빼기)의 가격 차이가 거의 없으므로 피쎗이 낫고, 시원한 탕을 곁들이면 멋진 한 끼 식사가 완성된다.

지도 P.210E
구글 지도 GPS 12.571796, 99.957595 **찾아가기** 후아힌 쏘이 57. 쩩삐야 레스토랑에서 해변 쪽으로 36m **주소** 49/5 Hua Hin 57 Road **전화** 086-513-1917 **시간** 목~화요일 07:00~13:00 **휴무** 수요일 **가격** 카우만까이(Chicken Rice) 40·45B **홈페이지** 없음

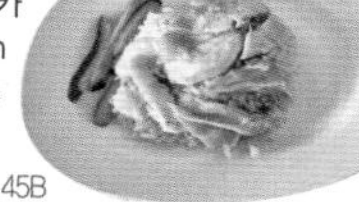
카우만까이 피쎗 45B

18 벨로 카페
Velo Cafe

도보 8분

커피를 내릴 때마다 원두를 갈아 사용하는 등 향과 맛을 훌륭하게 유지해 후아힌의 커피 맛집으로 소문난 곳이다. 작은 카페 특유의 아기자기한 멋이나 포토 스폿이 없음에도 커피 애호가들의 발길이 끊이지 않는다.

지도 P.210E
구글 지도 GPS 12.576312, 99.956666 **찾아가기** 넵케핫 로드. 후아힌 쏘이 53 사거리에서 북쪽으로 52m **주소** 43/21 Naebkehardt Rd **전화** 063-223-9162 **시간** 07:30~16:30 **휴무** 연중무휴 **가격** 아메리카노(Americano) Hot 70B, Cold 75B, 피콜로 라테(Piccolo Latte) 70B **홈페이지** www.facebook.com/velocafehuahin

아메리카노 콜드 75B

19 코코 51
Coco 51
โคโค 51

도보 13분

후아힌 해변의 모래사장과 인접해 전망 좋은 레스토랑이다. 메뉴는 해산물 외에 서양 요리 등 다양하다. 테이블 세팅이 격조 있으며, 그만큼 가격은 높다.

지도 P.210E
구글 지도 GPS 12.579558, 99.956765 **찾아가기** 후아힌 시계탑에서 냅케핫 로드 북쪽으로 1.1km. 후아힌 비치에서 해변을 따라 걸어도 된다. **주소** 51 Phet Kasem Road **전화** 032-515-597 **시간** 12:00~22:00 **휴무** 연중무휴 **가격** 카우팟뿌(Fried Rice with Crabmeat) S 190B · M 350B · L 500B +10% **홈페이지** 없음

20 유옌 후아힌 발코니
YouYen Garden
อยู่เย็น หัวหิน บัลโคนี

도보 13분

후아힌 해변의 모래사장에 인접해 환상적인 조망을 자랑하는 레스토랑. 태국 본연의 매운맛을 부각한 곳으로, 게살튀김 뿌짜 등 맵지 않은 요리를 적당히 섞어 주문하면 좋다.

1권 P.090 지도 P.210E
구글 지도 GPS 12.580152, 99.956468 **찾아가기** 후아힌 시계탑에서 냅케핫 로드 북쪽으로 1.1km **주소** 29 Naebkehardt Road **전화** 032-531-191 **시간** 11:00~22:00 **휴무** 연중무휴 **가격** 뿌짜(Deep Fried Crab Meat with Garlic and Egg) 200B, 팟펫탈레(Stir Fried Seafood with Spicy Curry Sauce) 220B **홈페이지** www.facebook.com/youyenbalcony

쏨땀 마라꺼 105B

21 쌩타이 시푸드
Saeng Thai Seafood
แสงไทยซีฟู้ด

도보 15분

후아힌 일대에서 가장 오래되고 인기 있는 해산물 전문점. 후아힌 비치에서 영업하다가 2017년 지금의 위치로 이전했다.

1권 P.090 지도 P.210E
구글 지도 GPS 12.580868, 99.955651 **찾아가기** 택시 이용. 냅케핫 로드 북쪽 해변에 위치. 시계탑 로터리에서 1.2km **주소** 8/3 Naebkehardt Road **전화** 032-530-343 **시간** 10:00~22:00 **휴무** 연중무휴 **가격** 쁠라까퐁능씨이우(Seaperch Steamed in Soy Sauce) S 650B, 꿍깽쏨빼싸(Steamed Shrimp in Spicy Sour Soup) S 350B **홈페이지** 없음

허이라이팟프릭파오 S 180B

22 반 끄라이왕
Baan Khrai Wang
บ้านใกล้วัง

도보 16분

바다와 접한 대저택에 자리한 디저트 전문점. 테이블은 야자수 아래에 바다가 보이는 위치에 자리한다. 가장 유명한 디저트는 코코넛 가토. 수제 빵에 버터크림을 바르고, 신선한 코코넛 과육을 올렸다.

지도 P.210E
구글 지도 GPS 12.581800, 99.955612 **찾아가기** 택시 이용. 냅케핫 로드 북쪽 해변에 위치. 시계탑 로터리에서 1.5km **주소** 1 Naebkehardt Road **전화** 032-531-260 **시간** 10:00~19:00 **휴무** 연중무휴 **가격** 아이스 아메리카노(Iced Americano) 75B, 베리 스무디(Berry Smoothie) 80B +5% **홈페이지** www.facebook.com/baangliwang

프레시 코코넛 가토 120B

23 반 이싸라

Baan Itsara
บ้านอิสระ

바다와 접한 야외 테이블이 대다수다. 바다 바로 옆 테이블에 앉길 원한다면 식사 시간 전에 방문하자. 블루 크랩을 사용하는 뿌팟퐁까리가 아주 저렴하다.

1권 P.091 지도 P.210E
구글 지도 GPS 12.582390, 99.955664 **찾아가기** 택시 이용. 냅케핫 로드 북쪽 해변에 위치. 시계탑 로터리에서 1.6km **주소** 7 Naebkehardt Road **전화** 081-887-9229 **시간** 11:00~21:00 **휴무** 연중무휴 **가격** 뿌탈레팟퐁까리(Sea Crab with Yellow Curry Powder) 240B/100g **홈페이지** www.facebook.com/BaanItsara

뿌탈레팟퐁까리 1140B

24 아이라이스

I Rice

바닷가에 있는 것도 아니고, 해산물 레스토랑도 아니지만 해산물이 아주 신선하고 맛있다. 모든 요리가 기본 이상의 맛을 낸다.

지도 P.210E
구글 지도 GPS 12.574246, 99.952932 **찾아가기** 야시장 끝 쪽에 해당하는 프라뽁끌라우 로드(Prapokklao Road)에서 우회전해 400m **주소** Rieb Tanrod Fai Road, Hua Hin Soi 68~70 **전화** 089-137-6009 **시간** 일~금요일 11:00~22:00 **휴무** 토요일 **가격** 팟팍루엄(Stir Fried Mixed Vegetables) 120B, 팟쁠라묵(Stir Fried Squid) 180B **홈페이지** www.facebook.com/IRiceHuaHin

쏨땀 150B

25 꾸어이띠여우무 똠얌땀릉

ก๋วยเตี๋ยวหมู ต้มยำตำลึง

국수 맛집. 국물이 있는 똠얌 국수 꾸어이띠여우 똠얌남, 똠얌 비빔국수 꾸어이띠여우 똠얌행, 맑은 국물의 꾸어이띠여우 남을 선보인다. 고명으로는 돼지고기와 돼지고기 내장, 다진 돼지고기, 생돼지고기(쏫), 룩친쁠라 등을 선택할 수 있다. 루엄밋으로 주문하면 골고루 섞어 준다.

지도 P.210I
구글 지도 GPS 12.591582, 99.949832 **찾아가기** 후아힌 시계탑에서 펫까셈 로드를 따라 약 3km 왼쪽 **주소** Phet Kasem Road **전화** 083-608-1050 **시간** 09:00~15:00 **휴무** 연중무휴 **가격** 탐마다 45B, 피쎗 55B **홈페이지** 없음

꾸어이띠여우 똠얌 남 45B

26 아러이 엣 후아힌

อร่อย@หัวหิน

주말여행을 즐기는 태국인들에게 인기 있는 레스토랑. 주메뉴인 해산물 요리가 신선하고 맛있다. 가격대가 비슷한 바닷가 레스토랑에 비해 서비스도 좋다.

1권 P.091 지도 P.211H
구글 지도 GPS 12.535795, 99.959935 **찾아가기** 후아힌 쏘이 112 입구 맞은편에 위치. 4번 국도를 따라 푸껫 방면으로 4.6km **주소** 129/18 Phet Kasem Road **전화** 083-562-4444 **시간** 월~목요일 11:00~21:30, 금요일 11:00~22:00, 토요일 10:30~22:00, 일요일 10:30~21:30 **휴무** 연중무휴 **가격** 허이럿팟차(Fried Razor Clams with Spicy Thai Herb) 220B **홈페이지** www.aroyathuahin.com

꿍깜끄람텃 350B

27 타마린드 마켓

Tamarind Market

팟타이와 까이양, 쏨땀 등 각종 태국 요리와 굴과 새우 등 해산물, 소시지와 핫도그, 한국식 프라이드치킨, 디저트 등 먹거리 가득한 야시장이다. 구입한 먹거리는 곳곳에 마련된 테이블에서 즐길 수 있다. 씨케다 야시장과 가깝고 먹거리가 풍성해 연계해 들르기 좋다.

지도 P.211D
구글 지도 GPS 12.533393, 99.966014 **찾아가기** 씨케다 야시장 바로 옆 **주소** Soi Huahin 23 **전화** 088-611-1644 **시간** 목~일요일 17:00~23:00 **휴무** 월~수요일 **가격** 주차 50B **홈페이지** www.facebook.com/tamarindmarkethuahin

28 렛츠 시

Let's Sea

렛츠 시 리조트 내 레스토랑. 실내보다는 바다와 접한 야외 테이블의 분위기가 좋다.

1권 P.090 지도 P.211D
구글 지도 GPS 12.531572, 99.970769 **찾아가기** 후아힌 쏘이 87 씨케다 야시장 안쪽에 위치. 시계탑 로터리에서 따끼엡 방면으로 5.1km **주소** 83/155 Soi Huathanon 23, Khaotakieb-Hua Hin Road **전화** 032-900-800 **시간** 07:00~23:00 **휴무** 연중무휴 **가격** 카이푸뿌마껀(Thai Omelette w Crab Meat) 280B, 쁠라까퐁카오능마나우(Steamed Sea Bass w Spicy Lime Sauce) 590B +17% **홈페이지** www.letussea.com/dine-al-fresco

쏨땀뿌마 340B

29 렛츠 릴랙스
Let's Relax

★★★ 자동차 5분

한국 여행자들 사이에서 유명한 렛츠 릴랙스의 후아힌 지점. 마켓 빌리지 내에 자리해 쇼핑과 더불어 찾기에 좋다. 깨끗한 시설과 친절한 서비스, 합리적인 가격이 만족스럽다. 마사지 강도는 조금 약한 편이다.

1권 P.184 지도 P.210F

구글 지도 GPS 12.557462, 99.960357 **찾아가기** 마켓 빌리지 2~3층 **주소** 2nd · 3rd Floor, Market Village, 234/1 Phet Kasem Road **전화** 032-526-364 **시간** 10:00~24:00 **휴무** 연중무휴 **가격** 타이 마사지 2시간 1200B **홈페이지** www.letsrelaxspa.com/branch/huahin

30 블루포트
BlúPort

★★★ 자동차 8분

B층부터 3층까지 5층 규모로 자리한 후아힌 대표 쇼핑센터. B층의 푸드트럭과 라이프 스타일 숍, G층의 고메 마켓과 와인 커넥션 등 프랜차이즈 레스토랑, 태국을 대표하는 스파 브랜드를 선보이는 3층의 이그조틱 타이를 주목하자.

1권 P.092 지도 P.211G

구글 지도 GPS 12.547792, 99.962081 **찾아가기** 택시 이용 혹은 야시장 중앙의 싸쏭 로드(Sa Song Road)에서 썽태우를 타고 블루포트 하차 **주소** 8/89 Soi Moo Baan Nongkae **전화** 032-905-111 **시간** 11:00~21:00 **휴무** 연중무휴 **가격** 가게마다 다름 **홈페이지** www.bluporthuahin.com

31 마켓 빌리지
Market Village

★★★ 자동차 6분

블루포트와 더불어 후아힌에서 가장 괜찮은 쇼핑센터다. 가성비가 좋은 태국의 대표 대형 마트인 로터스가 입점해 있으며, 스트리트 푸드 마켓을 포함한 각종 프랜차이즈 레스토랑이 알차게 들어서 있다. 왕립 프로젝트 숍 푸파(Phufa) 등 특색 있는 매장을 구경하는 재미도 쏠쏠하다.

1권 P.092 지도 P.210F

구글 지도 GPS 12.557626, 99.959175 **찾아가기** 택시 이용 혹은 야시장 중앙의 싸쏭 로드(Sa Song Road)에서 썽태우를 타고 마켓 빌리지 하차 **주소** 234/1 Phet Kasem Road **전화** 032-618-888 **시간** 일~목요일 10:30~21:00(금 · 토요일 ~22:00) **휴무** 연중무휴 **가격** 가게마다 다름 **홈페이지** www.marketvillagehuahin.co.th

32 오티오피
OTOP

★★★ 도보 2분

태국의 지역 단위인 땀본에서 생산하는 특산물을 판매하는 매장이다. 견과류, 건과일, 과자, 잼, 꿀, 차, 커피 등 먹거리는 물론 액세서리, 모자, 가방, 의류, 비누, 화장품, 오일 등 취급하는 상품의 범위와 종류가 다양하고, 가격이 저렴하다.

1권 P.249 지도 P.210F

구글 지도 GPS 12.568938, 99.957760 **찾아가기** 후아힌 시계탑에서 펫까쎔 로드 남쪽으로 190m 왼쪽 **주소** 71/17 Phet Kasem Road **전화** 087-171-3030 **시간** 09:00~21:00 **휴무** 연중무휴 **가격** 제품마다 다름 **홈페이지** 없음

OUTRO

무작정 따라하기 : 상황별 여행 회화

*남자는 크랍, 여자는 카

기본 표현

안녕하세요.
สวัสดีครับ/ค่ะ
◀ 싸왓디 크랍/카

안녕히 가세요.
สวัสดีครับ/ค่ะ
◀ 싸왓디 크랍/카

만나서 반갑습니다.
ยินดีที่ได้รู้จักครับ/ค่ะ
◀ 인디 티다이 루짝 크랍/카

저는 한국인입니다.
ฉันเป็นคนเกาหลี
◀ 찬 뻰 콘 까올리

고맙습니다.
ขอบคุณครับ/ค่ะ
◀ 컵쿤 크랍/카

실례합니다.
ขอโทษนะครับ/ค่ะ
◀ 커톳 나 크랍/카

미안합니다.
ขอโทษครับ/ค่ะ
◀ 커톳 크랍/카

정말 미안합니다.
ขอโทษจริงๆครับ/ค่ะ
◀ 커톳 찡찡 크랍/카

괜찮습니다.
ไม่เป็นไรครับ/ค่ะ
◀ 마이 뻰 라이 크랍/카

잘 지내세요?
สบายดีไหมครับ/ค่ะ
◀ 싸바이디 마이 크랍/카

네.
ครับ/ค่ะ
◀ 크랍/카

아니요.
ไม่ใช่ครับ/ค่ะ
◀ 마이 차이 크랍/카

이건 뭐예요?
อันนี้คืออะไรครับ/คะ
◀ 안니 크 아라이 크랍/카

화장실이 어디예요?
ห้องน้ำอยู่ที่ไหนครับ/คะ
◀ 헝남 유 티나이 크랍/카

숫자

0	◀ 쑨	8	◀ 뺏	40	◀ 씨씹	102	◀ 러이썽
1	◀ 능	9	◀ 까오	50	◀ 하씹	110	◀ 러이씹
2	◀ 썽	10	◀ 씹	60	◀ 혹씹	135	◀ 러이쌈씹하
3	◀ 쌈	11	◀ 씹엣	70	◀ 쨋씹	150	◀ 러이하씹
4	◀ 씨	12	◀ 씹썽	80	◀ 뺏씹	200	◀ 썽러이
5	◀ 하	20	◀ 이씹	90	◀ 까오씹	1000	◀ 판
6	◀ 혹	21	◀ 이씹엣	100	◀ 러이	10000	◀ 믄
7	◀ 쨋	30	◀ 쌈씹	101	◀ 러이엣	100000	◀ 쌘

교통

말씀 좀 묻겠습니다.
ขอถามหน่อยครับ/ค่ะ
◀ 커 탐 너이 크랍/카

카오산 로드가 어디입니까?
ถนนข้าวสารอยู่ที่ไหนครับ/คะ
◀ 타논 카오싼 유 티나이 크랍/카

얼마나 걸리나요?
ใช้เวลาเท่าไรครับ/คะ
◀ 차이웰라 타오라이 크랍/카

여기에서 먼가요?
ไกลจากที่นี่ไหมครับ/คะ
◀ 끌라이 짝 티니 마이 크랍/카
*멀다 끌라이(평성), 가깝다 끌라이(위로 올렸다 내리는 성조)

짜뚜짝 시장으로 가 주세요.
ช่วยไปที่ตลาดนัดจตุจักรครับ/ค่ะ
◀ 추어이 빠이 티 딸랏 짜뚜짝 크랍/카

여기에서 세워주세요.
ช่วยจอดรถที่นี่ครับ/ค่ะ
◀ 추어이 쩟 롯 티니 크랍/카

거스름돈은 가지세요.
ไม่ต้องทอนครับ/ค่ะ
◀ 마이 떵 턴 크랍/카

레스토랑

메뉴 좀 보여주세요.
ขอดูเมนูหน่อยครับ/ค่ะ
◀ 커 두 메누 너이 크랍/카

새우 볶음밥 주세요.
ขอข้าวผัดกุ้งครับ/ค่ะ
◀ 커 카우팟꿍 크랍/카

쏨땀 하나, 팟타이 하나 주세요.
ขอส้มตำหนึ่งและผัดไทยหนึ่งครับ/ค่ะ
◀ 커 쏨땀 능 래 팟타이 능 크랍/카

맛있어요.
อร่อยครับ/ค่ะ
◀ 아러이 크랍/카

매운 것을 좋아합니다.
ชอบอาหารเผ็ดครับ/ค่ะ
◀ 첩 아한 펫 크랍/카

팍치는 넣지 마세요.
ไม่ใส่ผักชีครับ/ค่ะ
◀ 마이 싸이 팍치 크랍/카

싱하 비어 주세요.
ขอเบียร์สิงห์หน่อยครับ/ค่ะ
◀ 커 비야 씽 너이 크랍/카

생수(얼음) 주세요.
ขอน้ำเปล่า(น้ำแข็ง)ครับ/ค่ะ
◀ 커 남쁠라오(남캥) 크랍/카

모두 얼마입니까?
ทั้งหมดเท่าไรครับ/คะ
◀ 탕못 타오라이 크랍/카

계산서 주세요.
เช็คบิลครับ/ค่ะ เก็บตังค์ครับ/ค่ะ
◀ 첵빈 크랍/카, 껩땅 크랍/카

쇼핑

이거 좀 보여주세요.
ขอดูอันนี้หน่อยครับ/ค่ะ
◀ 커 두 안니 너이 크랍/카

작아요. 커요.
เล็กครับ/ค่ะ ใหญ่ครับ/ค่ะ
◀ 렉 크랍/카, 야이 크랍/카

얼마예요?
เท่าไรครับ/คะ
◀ 타오라이 크랍/카

이거 얼마예요?
อันนี้ท่าไรครับ/คะ
◀ 안니 타오라이 크랍/카

200밧입니다.
200บาทครับ/ค่ะ
◀ 썽러이 밧 크랍/카

너무 비싸요.
แพงมากครับ/ค่ะ
◀ 팽 막 크랍/카

150밧에 주세요.
ขอเป็น150บาทครับ/ค่ะ
◀ 커 뻰 러이하씹 밧 크랍/카

좀 깎아주세요.
ช่วยลดหน่อยนะครับ/ค่ะ
◀ 추어이 롯 너이 나 크랍/카

이걸(저걸)로 주세요.
ขออันนี้(อันโน้น)ครับ/ค่ะ
◀ 커 안니(안논) 크랍/카

아플 때

두통이 있다.
ปวดหัว
◂ 뿌엇후어

복통이 있다.
ปวดท้อง
◂ 뿌엇텅

치통이 있다.
ปวดฟัน
◂ 뿌엇퐌

감기에 걸리다.
เป็นหวัด
◂ 뻰 왓

기침하다.
ไอ
◂ 아이

토하다.
อาเจียน
◂ 아찌얀

설사하다.
ท้องร่วง
◂ 텅루엉

두통약 있습니까?
มียาแก้ปวดหัวไหมครับ/คะ
◂ 미 야깨뿌엇후어 마이 크랍/카

두통약 주세요.
ขอยาแก้ปวดหัวครับ/ค่ะ
◂ 커 야깨뿌엇후어 크랍/카

두통약 ยาแก้ปวดหัว ◂ 야깨뿌엇후어
감기약 ยาแก้หวัด ◂ 야깨왓
지사제 ยาแก้ท้องร่วง ◂ 야깨텅루엉
소화제 ยาช่วยย่อย ◂ 야추어이여이
모기약 ยากันยุง ◂ 야깐융

위급 상황

도와주세요.
ช่วยด้วย
◂ 추어이 두어이

경찰서가 어디예요?
สถานีตำรวจอยู่ที่ไหนครับ/คะ
◂ 싸타니 땀루엇 유 티나이 크랍/카

경찰을 불러주세요.
เรียกตำรวจให้ด้วยครับ/ค่ะ
◂ 리약 땀루엇 하이 두어이 크랍/카

도난 신고를 하고 싶어요.
อยากแจ้งการถูกขโมยครับ/ค่ะ
◂ 약 쨍깐툭 카모이 크랍/카

가방을 잃어버렸어요.
กระเป๋าหายครับ/ค่ะ
◂ 끄라빠오 하이 크랍/카

가방을 날치기당했어요.
โดนวิ่งราวกระเป๋าครับ/ค่ะ
◂ 돈 윙라우 끄라빠오 크랍/카

가방 กระเป๋า ◂ 끄라빠오
지갑 กระเป๋าเงิน ◂ 끄라빠오 응언
휴대폰 มือถือ ◂ 므트
노트북 โน๊ตบุ๊ค ◂ 놋북
여권 หนังสือเดินทาง ◂ 낭쓰든탕

INDEX